지속 가능한 에너지 전략을 위한

신재생에너지공학

NEW RENEWABLE ENERGY ENGINEERING

송현직 · 송경영 · 윤태림 지음

북스힐

머 리 말

1970년대에 이르러 인류의 생존과 함께 지구의 장래에 큰 문제로서 인구, 식량, 환경 및 자원 문제가 대두되었다. 그중에서도 가장 심각한 문제는 에너지 문제라 할 수 있다.

1973년 중동전쟁으로 인한 1차 석유파동은 세계에너지자원 측면에서 큰 위기에 이르게 되었다. 특히 1979년 2차 석유파동 이래 각 나라에서는 그 대책을 수립해오고 있다. 그 이유가 에너지 자원의 안정공급은 그 나라의 경제는 물론이려니와 안전을 보장하는 매우 중요한 문제 중의 하나이기 때문이다. 이것은 한 나라의 문제일 뿐만 아니라 우주 속의 지구촌이 계속 발전을 지속하느냐 그렇지 않으냐 하는 지구인 공동의 문제인 것이다. 한 나라의 경제지표는 그 나라가 에너지를 얼마나 어떻게 사용하느냐 혹은 전력을 얼마나 쓰고 있느냐 하는 문제로 귀착된다고 하여도 크게 지나치지 않을 것이다. 국제에너지기구(IEA)에 의하면 2025년 세계 1차 에너지 수요는 161억[TOE]으로 추정하고 있다.

1945년 해방 당시 우리나라의 총발전설비 용량이 199[MW]이던 것이 점점 성장하여 2000년에는 53,684[MW]에 이르렀으며, 2020년에는 133,655[MW]의 발전설비를 갖추게 되었다. 또한 2023년 12월에는 총발전설비 용량이 150,037[MW]로 되었으며, 총발전량은 671,490[GWh] 최대전력은 93,615[MW] 인구 1인당 전력 생산량이 11,457[kWh/명]로 그 성장세가 지대함을 알 수 있다.

석탄, 석유 및 천연가스 등의 화석연료는 매장량의 한계가 있으며 지역적, 시기적으로 편재되어 있으므로 많은 문제점을 가지고 있다. 또한, 화석연료는 비록 풍부한 부존자원이 있다고 하더라도 사용 후의 환경오염 문제가 세계적으로 크나큰 문제로 대두되고 왔다.

특히, 제13차 유엔 기후변화협약 당사국 총회에서 채택된 “발리로드맵”을 계기로 온실가스의 감축 문제는 선진국이나 개도국을 막론하고 더 이상 미룰 수 없는 지구촌의 공동 생존과제가 되었다.

이러한 현실에 부응하여 우리나라도 저탄소 녹색성장 분야를 국가적으로 신성장 동력으로 규정하고, 국가적 역량을 이 분야에 집중하고 있는 것은 대단히 고무적인 일이라 생각된다.

이러한 관점에서 저자는 영남대학교 전기공학과 명예 교수이신 이광식 교수님과 함께 오래전에 출판한 “에너지공학의 기초”를 근간으로 최근의 자료를 기반으로 새로운 사항을 크게 보강하여 “녹색성장을 위한 신재생에너지 공학”을 출판하게 되었다.

본 서의 중요 내용은 다음과 같다.

- 1장 에너지와 인류라는 제목하에 에너지의 정의, 현황, 과제
- 2장 에너지의 이용과 절감 기술
- 3장 대용량 전기에너지 발생과 전기에너지 시스템의 개괄
- 4장 녹색성장을 위한 신재생에너지 발생 방식
- 5장 녹색성장을 위한 에너지 저장
- 6장 에너지와 환경이란 제목으로 에너지에 관한 사회적 의의와 공학적 측면

등의 내용을 다루고 있다.

특히 6장에 오존 관련 기술에 관하여 구체적으로 설명함으로써 오존을 이용한 각종 환경개선 분야의 지식을 전하고자 한다.

본서는 전기공학을 비롯한 에너지 관련학과의 학부 2학년 수준이면 충분히 이해할 수 있도록 집필하였으며, 그 외 관련 기술인들도 쉽게 접근할 수 있도록 구성하였다. 관련 통계는 최대한 최신의 것을 수록하였고, 그 출처를 제시함으로써 더욱 깊이 연구하고자 하는 분을 위하여 배려하였다.

본서를 통하여 국가의 신재생에너지 기술 발전의 밑거름이 되어 우리나라가 이 분야에 기술 선진국이 되는데 이바지하기를 기원하는 바이다.

그리고 원고정리에 수고를 아끼지 않은 영남대학교 대학원 전기공학과 에너지 및 환경전자연구실에 감사를 드리며 인용에 배려하여 주신 참고문헌의 저자분들께도 깊은 고마움을 전하는 바입니다.

끝으로 본서의 출간에 물심양면으로 도와주신 북스힐 조승식 사장님께도 깊은 감사의 말씀을 전해드립니다.

2025년 8월 1일

저자 씀

차 례

1장 에너지와 인류

2장 에너지의 이용과 절감 기술

5장 녹색성장을 위한 에너지 저장

6장 에너지와 환경

1장 에너지와 인류

1·1 에너지의 정의와 중요성

1973년과 1979년 2차에 걸친 석유파동 이후, 사회적으로 에너지에 관심이 크게 대두되게 되었다. 에너지의 개념은 물리학 및 경제학 측면으로 규정하는 것이 좋을 것이다. 에너지란 물리학에서 나온 개념으로 '일하는 능력'으로 정의된다. 이렇게 일하는 능력으로서의 에너지는 운동에너지, 위치에너지, 열에너지, 전기에너지 및 화학에너지 등의 여러 형태로 구분할 수 있으며, 이들 사이에는 서로 변환이 가능하게 된다.

경제학적 측면에서 에너지는 거의 모든 경제활동의 필수재(必需財)로 규정되고 있다.

에너지는 산업 활동에서 어떤 시스템에 재료, 노동력, 자본과 함께 투입되어 재화를 얻게 되는 필수재이므로 우리 인류는 에너지 전쟁이라는 상황에까지 이르고 있다.

에너지의 중요성은 대부분의 경제활동에 필수재임은 물론 산업생산, 가정, 상업용 및 수송에 이르기까지 그 이용의 중요성이 너무나 크기 때문에 에너지원의 불균형으로 인하여 세계 및 국내경제에 지대한 영향을 가져오게 된다.

이러한 관점으로 볼 때 에너지 문제로 인하여 각국의 정치, 경제 및 외교적 문제를 야기하고 각국 내에서도 사회적 문제를 가져옴은 당연한 흐름이라고도 할 수 있을 것이다.

우리나라 원유수입량이 약 10억 배럴(barrel)이라 할 때, 수입 유가가 배럴 당 약 100달러가

되면 약 1,000억 달러 정도가 되어 그 양과 금액이 거대하고 국제수지 면으로도 큰 영향을 가져오게 되었다. 이렇게 원유 도입가에 따라 비산유국인 우리나라에서는 수출입 불균형에 지대한 영향을 주므로 경제에 미치는 영향은 너무나 큼을 지난 세기에 두 번의 석유파동으로부터 큰 교훈을 얻게 되었다.

에너지의 종류는 시스템에 따른 분류와 에너지원의 종류로 나눌 수 있다.

먼저 시스템에 따른 분류는 1차 에너지 → 2차 에너지 → 최종에너지 → 서비스로 분류된다. 1차 에너지는 석유, 석탄 등의 에너지 자원, 재생에너지(태양에너지, 풍력, 수력, 지열, 해양에너지) 등을 들 수 있다.

이들 1차 에너지가 에너지 변환장치(발전소, 정유공장, 가스공장 등)를 통하여 2차 에너지(전기, 석유제품, 가스 및 알코올 등)를 가져오게 되고 이들은 다시 에너지 사용기기(모터, 히터, 자동차, 가전제품 등)에 의하여 열, 운동 및 전기에너지인 최종에너지로 변환되어 각종 서비스(냉난방, 열 가공, 수송, 통신 등)에 유용하게 우리 인류가 이용하게 되는 것이다.

후자인 에너지원의 종류는 에너지 자원(비순환에너지)과 재생에너지(순환에너지)로 나눌 수 있다. 에너지 자원은 순간적으로 다량의 에너지와 집중적인 에너지를 사용 가능하다는 장점이 있으나 단점으로는 한 번밖에 쓸 수 없는 점, 환경문제 발생 및 안전 문제(방사성물질) 등을 들 수 있다.

반면 재생에너지는 반영구적 청정에너지(clean energy)라는 장점이 있으나, 단점으로는 분산형(分散形 ; 태양, 풍력 등), 일정량밖에 사용하지 못하고 유동적(수력 등)임을 들 수 있다.

1·2 인류와 인구문제

우리 인류가 사용하는 에너지는 크게 다음 두 영역에 사용된다. 첫째는 식량과 생활 그리고 사회활동에 사용하는 것이고, 둘째로는 생산활동에 사용하는 것이다.

식량으로 사용하는 것은 세계평균 1인당 약 3,000[kcal/일] 정도의 에너지이며, 후자에 사용하는 에너지는 세계평균 1인당 약 60,000[kcal/일](2021년)에 이르고 있다. 후자는 전자의 약 20배 정도이며, 이 수치는 세계 인류 전체의 평균치이고 각국의 경제력에 따라 다르게 나타나게 된다. 후자는 인간 문명의 진전 그리고 시대와 함께 증가하게 된다. 인구의 증가에 따라 에너지뿐만 아니라 식량 기타의 자원 또는 환경문제 등으로부터 지구의 장래를 좌우하게 되는 큰 과제

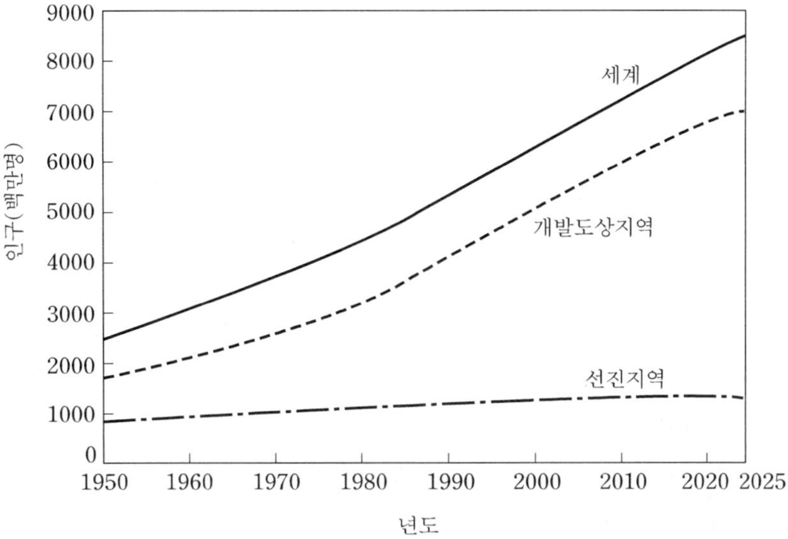

그림 1·1 세계, 선진지역, 개발도상지역의 인구 추이

로 대두되게 된다.

인구문제를 1798년 처음으로 제기한 토머스 맬서스(Thomas Malthus)는 인구가 기하급수적으로 증가함에 따라 식량은 등차급수로 증가할 뿐만 아니라 이들 양자의 밸런스를 위하여 전쟁, 기아, 질병 및 사회적 혼란을 가져오게 된다고 하였다.

그 후, 포스터(Foerster) 등은 도시화, 공업화 및 의학의 발달에 따라 사망률이 출생률보다 급히 감소하게 되어 인구는 매우 증가한다고 하였다.

참고로 그림 1·1에 세계, 선진지역 및 개발도상지역의 인구 추이를 나타내고 있다.

1·3 인류의 생존을 지배하는 식량과 수자원

증가하는 인구에 따라 인류가 살아가기 위해서는 식량과 생활에 필요한 여러 가지의 자원이나 에너지를 확보하지 않으면 안 된다.

식량은 인류의 생존을 위한 가장 중요한 것이므로 각 나라에서는 식량 생산으로 자급자족할 수 있도록 국가정책을 세우고 있으며, 이것이 실패하면 각국의 식량무기화에 지배되어 국제경제사회에 도태되고 말 것이라는 설도 나오게 된다.

세계적으로 1960년에서 2024년 사이 인구는 2배 이상 증가하였고 곡물 생산은 약 3배 이상이 되었으며, 이 증가율이 역으로 되면 식량문제는 큰 사회적 국제적 문제로 야기될 것이다.

경지(耕地)와 수자원(水資源)은 곡물 생산을 위하여 필수적인 바, 국토 및 수자원 확보를 위하여 각국은 다양한 정책을 수립하고 있다.

경지를 위해서는 산지의 개간, 간척사업 등을 동원하고 있으며 수자원 확보를 위해서는 댐의 건설은 물론 인공강우 및 빗물 유효 이용 연구 등에 박차를 가하고 있다.

지구상의 수자원은 대략 아시아(10.5), 남아메리카(10.4), 북아메리카(6.9), 구소련(4.4), 아프리카(4.2), 유럽(2.3) 및 오세아니아(2.0)[$10^{12}/m^3$]의 순이다. 이와 같이 수자원은 시기적 지역적으로 크게 편제되어 있다.

그러므로 수자원은 생활용수, 공업용수 및 농업용수에 필수적인 자원인 바, 국제적으로는 영토와 수자원 확보를 위한 분쟁이 대두되기도 한다.

우리나라도 물 부족 국가로 인식되어 정부에서 일정 규모 이상의 빌딩 공장 등에는 중수도 개념을 도입하고 있으며 소수력 댐의 건설, 빗물의 유효 이용구상 등도 함께 모색하고 있는 실정이다.

1·4 에너지의 특성

에너지 자원의 편재성, 개발의 장기성과 그 파생수요(派生需要)로서의 특성을 에너지의 특성이라고 할 수 있다.

첫째, 에너지 자원의 편재성이란 석탄, 천연가스, 석유 및 우라늄 등 주요 에너지 자원은 지리적으로 한계를 가지고 있으며 이를 지역적 편재성(偏在性)이라 하며 수자원, 풍력 등은 지리적임은 물론 시기적인 편재성을 가지고 있는 특성이 있다. 그림 1·2와 같이 우리나라는 대부분 석유와 석탄을 수입에 의존하며, 석유와 석탄 에너지의 편재성을 완화하기 위한 에너지 공급 목표를 보여주고 있다. 1990년 석탄과 석유가 79.9[%] 공급하던 것을 2023년에는 62.6[%]으로 공급량이 감소하였다. 제2차 국가에너지기본계획에 따르면 2030년에는 58.9[%]로 더욱더 그 비율을 낮추는 방향으로 추진하고 있다. 이들 부족분은 점차로 가스, 원자력 및 신재생에너지로 대체할 계획이다.

둘째, 파생수요의 문제인데, 이는 어느 사회에 속한 구성인의 취향, 문화 수준 및 생활환경 등에 따라 에너지 사용기기를 선택하므로 이에 따라 필요한 에너지가 결정되게 되는 것이다. 예를 들자면 소비자가 난방을 목적으로 전기히터를 요구하게 되면 전기에너지가 필요하게 되고, 석유 히터를 선호하게 된다면 1차 에너지원 중의 하나인 석유 자원이 필요하게 됨을 말한다.

셋째, 에너지 자원은 탐사에서 생산까지 장기간 때로는 10년 이상 소요되며 발전소 건설 또한 5~10년 정도의 기간이 요구되기 때문이다. 그러므로 인구 증가 추이, 경제 성장 추이 등에 근거한 에너지 문제는 면밀하게 대처해야만 한다.

에너지원의 종류에 따른 특징을 표 1·1에 나타내었는데 에너지 자원은 앞에서 논한 바와 같이 지역적 편재성, 환경문제 및 안전상 문제 등을 극복하여야 한다.

반면에 재생에너지는 일반적으로 가격이 높은 것이 단점으로 나타나므로 이들 에너지 이용 기술이 개발되어야만 할 것이다. 수력은 지역적 및 계절적 편재성을 극복하여야 하며 댐 건설시는 수몰 지역 보상 및 환경문제가 크게 대두되고 있다.

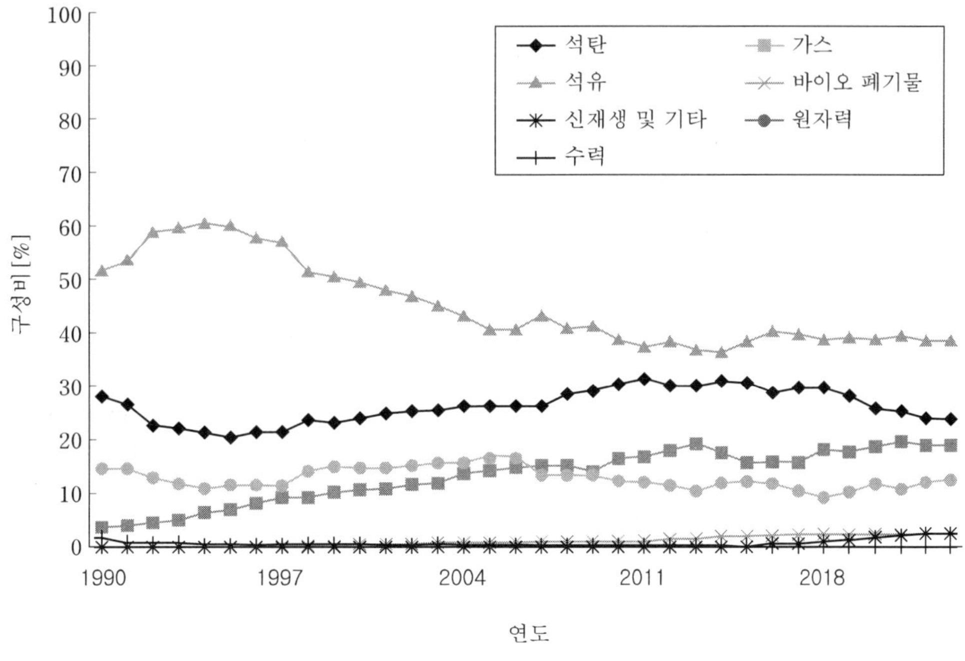

자료: 에너지통계연보, 2024, 에너지경제연구원

그림 1·2 우리나라의 1차 에너지 소비 특성

표 1·1 에너지원의 종류와 특징

구 분	종 류	특 징	
		장 점	단 점
재생 불가 에너지	석 유	1. 액체로서 취급 용이 2. 고발열(10,000[kcal/kg]) 3. 내연기관 및 난방 등에 다용도 활용 4. 연소조정 편리 및 열효율이 높음 5. 석유화학 제품	1. 심한 지역적 편재 2. 부존량의 가채 연수가 가장 적음
	석 탄	1. 부존량이 가장 풍부 2. 편재성이 석유보다 작음 3. 가격이 가장 저렴 4. 제철 및 화력발전 등에 활용	1. 취급, 채굴 및 수송이 불편 2. 재처리 3. 공해물질 배출에 대한 대책 4. 노동력 확보 5. 수송 시설
	천연가스	1. 불순물이 거의 없음 (청정에너지) 2. 연소조정이 가장 편리 3. 연소장치 간단 4. 석유와 유사한 특징	1. 기체로서 저장과 해상 수송상의 제한 2. 거액의 투자 요소(LNG) 3. 고가격(LNG 및 LPG)
	우라늄	1. 풍부한 자원 2. 비축 및 수송의 편리 (석유 1만분의 1 중량)	1. 주로 발전용에만 이용 2. 안전상 문제(방사능 물질) 3. 폐기물의 처리
재생 에너지	수 력	1. 수력발전 이용 및 원가 저렴 2. 빠른 발전 시간 3. 무공해	1. 수몰 보상 2. 지역적 편재 3. 시기적 편재
	태 양	1. 태양광 및 태양열발전 이용 2. 설치 입지가 용이 3. 유지보수가 쉽고, 유지비가 저렴 4. 무공해	1. 가격이 비교적 높음 2. 고온 지역에서 태양광 발전효율이 낮음 3. 태양열발전은 시설이 크고, 과정이 복잡
	지 열	1. 지역발전 및 에너지 절약에 이용 2. 고온 지열 지대에서 활용 중 3. 무공해	1. 고온 지열 지대의 지역적 편재 2. 초기 조사 및 설치비용이 고가
	풍 력	1. 풍력발전 2. 무공해	1. 가격이 높음 2. 지역적 편재
	바이오	1. 바이오에너지 이용 2. 무공해	1. 넓은 면적의 토지가 필요 2. 지역적 편재
	해 양	1. 조력, 조류 및 파력발전 등 이용 2. 무공해	1. 가격이 높음 2. 지역적 편재

1·5 에너지의 과제

앞에서 기술한 바와 같이 에너지는 거의 모든 경제활동의 필수재인 바, 에너지 사용에 따라 환경문제를 가져옴으로써 이의 극복을 위하여 에너지 절약, 이용 기술개발 및 에너지시스템에 수반되는 다양한 분야에 적합한 관련 기술개발을 주요 과제로 한다. 특히, 생산된 전기에너지는 심야에 일반적으로 에너지가 남게 되므로 이 잉여에너지를 이용한 각종 에너지 저장 방법을 구체화하고 있다. 이들에 관한 구체적 기술은 후술하고자 한다.

환경문제에는 수질, 대기, 진동 및 소음 등을 일반적으로 염두에 두고 있다. 그러나 최근에는 이들과 함께 전기에너지를 사용함에 따라서 유발되는 전자적환경(電磁的環境) 문제에 관하여도 선진국에서는 크게 대두되고 있으며 국내에서도 이에 관한 연구가 활발히 진행되고 있다.

1·6 에너지 현황 및 전망

에너지에 관한 현황 및 전망을 세계에너지 자원의 현황 · 전망과 우리나라에서의 에너지 자원 개발 및 에너지 동향 · 전망으로 구분하여 요약하면 다음과 같다.

1) 세계에너지 자원의 현황 및 전망

세계 1차 에너지 수요는 연평균 약 1.8[%]씩 증가하여 2025년에는 2001년 대비 약 54[%]가 증가한 161억[TOE]에 도달될 것으로 전망된다. 여러 에너지원 중에서 석유는 전체 에너지 수요의 약 38[%]을 점유함으로써 가장 지배적인 에너지로 남아 있을 전망이다. 에너지원별 에너지 수요와 시장 동향을 보면, 석유는 2025년까지 연평균 1.8[%]씩 증가하여 2025년에는 121백만 [b/d(배럴/일)]에 이를 전망이다. 수요 증가 원인은 OECD의 수송용 에너지 소비 증가와 비 OECD 국가의 수송, 가정/상업, 산업, 발전 부문의 소비 증가에 기인한다.

천연가스 수요는 2025년까지 연평균 2.2[%]씩 증가하여 2025년은 1차 에너지 수요의 약 28[%]을 점유할 것으로 예상된다. 천연가스 소비는 비OECD 지역의 증가가 연평균 2.9[%]씩 되어서 2025년은 천연가스 소비의 58[%]을 비OECD가 차지할 것으로 전망된다.

석탄 수요는 연평균 1.5[%] 증가에 머물러서 2025년에는 1차 에너지 수요의 22.5[%]를 점유할 전망이다. 환경규제 강화로 전력 부문에서 석탄 사용이 감소하고, 산업 및 가정에서 석탄을 대체한 천연가스 사용량의 증가로 석탄 수요의 감소는 빠르게 진전될 전망이다.

원자력발전은 1차 에너지 소비 중 2001년에는 19[%] 점유에서 2025년 12[%]로 하향 점유될 전망이다. 감축 원인은 여러 OECD 국가들이 원자력발전에 대한 제한을 가하고 있다는 점, 원자력이 다른 화석연료와 경쟁 관계에 있는 점, 천연가스를 이용하는 CCGT의 기술적 우수성이 경제성을 확보할 수 있다는 점으로 요약될 수 있다.

수력발전을 포함한 신재생에너지의 수요는 연평균 1.9[%] 증가하여 2025년은 1차 에너지 소비 중 14[%]에 이를 전망이다. 기후변화협약의 이행을 위하여 이의 확대가 요구되나 상대적으로 낮은 화석연료 가격이 신재생에너지 수요 확대의 제약 요인으로 등장하고 있다. 또한, 세계에너지 수요는 세계의 경제성장, 에너지 가격, 인구 증가의 가정하에 전망된다. 이러한 상황에 따라 국제에너지기구(IEA)는 세계 1차 에너지 수요가 매년 약 1.8[%]씩 증가하여 2025년에는 2001년보다 54[%]가 증가한 161억[TOE]으로 전망하고 있다.

또한, 세계 총에너지 수요 전망에 따라 이산화탄소(CO_2) 배출은 2001년 65억 톤에서 2010년 77억 톤, 2025년 104억 톤으로 늘어날 전망이다. 전망 기간 CO_2 배출에 대한 비OECD 국가의 연평균 증가율은 2.9[%]로 OECD 국가의 1.3[%]보다 2배 이상 높다. 비OECD 국가의 경우 석탄 등 화석에너지에 대한 의존도가 높으므로 OECD 국가를 중심으로 CO_2 배출을 감소시키려고 노력한다고 해도 세계적으로 배출량은 상당량 증가할 것으로 예상된다.

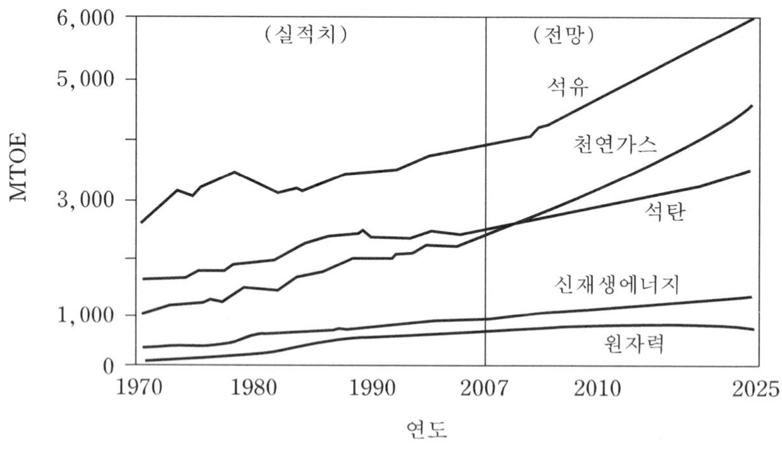

자료: International Energy Outlook, Energy Information Administration, 2008

그림 1·3 세계 1차 에너지 수요 전망(1970년~2025년)

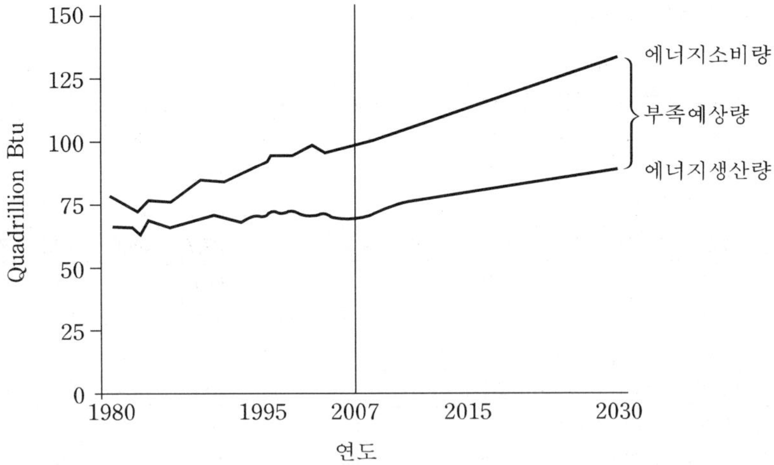

(1[Btu] ≒ 1.06[kJ], 1Quadrillion = 10^{15}Btu)

자료: Annual Energy Outlook, Energy Information Administration, 2007

그림 1·4 미국의 에너지 생산과 소비의 예상치(1980년~2030년)

표 1·2 에너지원별·국가별 매장량 현황

구 분	주요 국가별	매장량	비 중[%]	지속 연수(년)
석유 (10억B)	사우디아라비아	297.5	17.2	73.6
	이 란	157.8	9.1	139.8
	이라크	145.0	8.4	96.3
	쿠웨이트	101.5	5.9	103.2
	UAE	97.8	5.6	73.1
	베네수엘라	303.8	17.5	500 이상
	러시아	107.8	6.2	27.6
	리비아	48.4	2.8	339.2
	미 국	68.8	4.0	11.4
	(세계 규모)	1732.4	100.0	53.5
천연가스 (1조m^3)	러시아	37.4	19.9	58.6
	이 란	32.1	17.1	128.0
	카타르	24.7	13.1	144.0
	(세계 규모)	188.1	100.0	48.8
석탄 (10억톤)	미 국	248.9	23.2	484.0
	러시아	162.2	15.1	407.0
	중 국	143.2	13.3	37.0
	호 주	150.2	14.0	315.0
	인 도	111.0	10.3	147.0
	(세계규모)	1,074.1	100.0	139

자료: Energy Institute, Statistical Review of World Energy 2023

표 1·3 주요 국가별 에너지 소비 구조

국가별	에너지소비량[10^8TOE]							에너지원별 소비 비중[%]					
	석유	천연가스	석탄	원자력	수력	신재생	(계)	석유	천연가스	석탄	원자력	수력	신재생
미국	35.86	31.91	8.20	7.32	2.21	8.78	94.28	38.0	33.8	8.7	7.7	2.3	9.3
캐나다	4.35	4.35	0.37	0.80	3.41	0.68	13.95	31.1	31.1	2.6	5.7	24.4	4.8
멕시코	3.84	3.51	0.26	0.11	0.19	0.54	8.45	45.4	41.5	3.0	1.3	2.2	6.3
(북미)	**44.05**	**39.77**	**8.83**	**8.23**	**5.81**	**9.99**	**116.68**	**37.7**	**34.0**	**7.5**	**7.0**	**4.98**	**8.5**
아르헨티나	1.41	1.62	0.05	0.08	0.28	0.24	3.67	38.4	44.2	1.4	2.2	7.6	6.5
브라질	5.11	1.08	0.57	0.13	4.01	2.97	13.87	36.8	7.7	4.1	0.94	28.9	21.4
베네수엘라	0.84	1.07	0.01	-	0.61	^	2.53	33.2	42.2	0.3	0	24.1	0
(중남미)	**13.01**	**5.82**	**1.16**	**0.21**	**7.01**	**4.06**	**31.28**	**41.5**	**18.6**	**3.7**	**0.6**	**22.3**	**12.7**
프랑스	2.76	1.22	0.18	3.03	0.52	0.95	8.66	31.8	14.0	2.0	34.9	6.0	10.9
독일	4.01	2.72	1.83	0.06	0.18	2.60	11.41	35.1	23.8	16.0	0.5	1.5	22.7
이탈리아	2.47	2.11	0.22	-	0.36	0.78	5.95	41.5	35.4	3.7	0	6.0	13.1
네덜란드	1.70	0.93	0.16	0.04	^	0.61	3.44	49.4	27.0	4.6	1.1	0	17.7
폴란드	1.41	0.70	1.51	-	0.02	0.48	4.12	34.2	17.0	36.6	0	0.4	11.6
스페인	2.57	1.05	0.12	0.51	0.24	1.17	5.66	45.4	18.5	2.1	9.0	4.2	20.6
영국	2.69	2.29	0.18	0.37	0.05	1.38	6.95	38.7	32.9	2.5	5.3	0.7	19.8
러시아	7.21	16.32	3.83	1.95	1.88	0.10	31.29	23.0	52.1	12.2	6.2	6.0	0.3
우크라이나	0.39	0.67	0.49	0.47	0.12	0.08	2.22	17.5	30.1	22.0	21.1	5.4	3.6
우즈베키스탄	0.22	1.68	0.14	-	0.07	^	2.10	10.4	80.0	6.6	0	3.3	0
(유럽)	**37.5**	**38.1**	**13.9**	**8.7**	**8.3**	**12.0**	**118.5**	**31.6**	**32.1**	**11.7**	**7.3**	**7.0**	**10.1**
이란	3.50	8.84	0.08	0.06	0.21	0.02	12.71	27.5	69.5	0.6	0.4	1.6	0.1
사우디아라비아	7.43	4.11	^	-	-	0.05	11.60	64.0	35.4	0	0	0	0.4
UAE	2.20	2.41	0.10	0.29	-	0.13	5.13	42.8	46.9	1.9	5.6	0	2.5
(중동)	**18.28**	**20.80**	**0.38**	**0.35**	**0.26**	**0.39**	**40.46**	**45.1**	**51.4**	**0.9**	**0.8**	**0.6**	**0.96**
이집트	1.49	2.16	0.05	-	0.13	0.10	3.94	37.8	54.8	1.2	0	3.3	2.5
남아프리카공화국	1.09	0.17	3.33	0.08	0.02	0.18	4.85	22.4	3.5	68.6	1.6	0.4	3.7
(아프리카)	**8.49**	**6.16**	**4.08**	**0.08**	**1.51**	**0.54**	**20.87**	**40.6**	**29.5**	**19.5**	**0.3**	**7.2**	**2.5**
호주	2.17	1.44	1.51	-	0.14	0.76	6.02	36.0	23.9	25.0	0	2.3	12.6
중국	32.73	14.57	91.94	3.90	11.46	16.13	170.74	19.1	8.5	53.8	2.2	6.7	9.4
인도	10.57	2.25	21.98	0.43	1.39	2.38	39.02	27.0	5.7	56.3	1.1	3.5	6.1
인도네시아	3.10	1.64	4.32	-	0.23	0.83	10.11	30.6	16.2	42.7	0	2.2	8.2
일본	6.65	3.33	4.54	0.70	0.70	1.49	17.40	38.2	19.1	26.0	4.0	4.0	8.5
한국	5.36	2.16	2.69	1.62	0.03	0.56	12.43	43.1	17.3	21.6	13.0	0.2	4.5
대만	1.63	1.01	1.49	0.16	0.04	0.20	4.53	35.9	22.3	32.8	3.5	0.8	4.4
태국	2.31	1.70	0.60	-	0.06	0.33	5.01	46.1	33.9	11.9	0	1.2	6.5
(아시아·태평양)	**75.10**	**33.67**	**135.70**	**7.01**	**16.72**	**23.57**	**291.77**	**25.7**	**11.5**	**46.5**	**2.4**	**5.7**	**8.0**
[세계]	196.43	144.37	164.03	24.57	39.65	50.58	619.63	31.7	23.3	26.4	3.9	6.4	8.1
(OECD)	87.15	63.25	25.15	16.44	12.96	24.96	229.90	37.9	27.5	10.9	7.1	5.6	10.8

자료: Energy Institute, Statistical Review of World Energy 2024

참고로 세계 1차 에너지 수요 전망(그림 1·3), 미국 에너지 생산과 소비 예상치(그림 1·4), 에너지원별 · 국가별 매장량(표 1·2) 및 주요 국가별 에너지 소비구조(표 1·3)를 보여준다.

천연가스 증가의 원인은 석탄과 원자력에너지에 대한 대체에너지로 급성장할 것이란 전망에서 비롯된다. 특기할 점은 천연가스 수요의 1차 에너지 비율이 2010년 석탄 수요의 1차 에너지 비율을 초과할 것이란 점이다. 특히, 신규 발전설비가 천연가스로 대체될 전망이 높으므로 천연가스 수요의 증가가 예상된다. CCGT 의 기술적 발전이 천연가스 수요를 확대하는 계기가 될 것이 분명하다. 그뿐만 아니라, 환경문제를 고려하면 천연가스는 석탄에 비교하여 극히 낮은 탄소 및 오염배출량이 천연가스 수요 확대의 원인이 될 것이다. 그러나, 천연가스 수요 확대를 위해서는 파이프라인 공사 등 대단위의 하부구조에 대한 투자가 선행되어야 한다.

석탄 수요는 그 수요 증가율이 1.7[%]로 전망됨에 따라서 1차 에너지 수요 증가율인 2[%]보다 낮을 전망이다. 이러한 결과, 1997년 1차 에너지 점유율 27.0[%]에서 2023년은 26.5[%]로 그 점유율이 감소할 전망이다. 수요 감소의 원인은 OECD 국가들이 환경정책 강화로 대규모 수요처인 발전 부문이 그 수요를 조절할 것이란 전망과 산업부문과 가정 부문에서도 수요 대체가 일어나서 수요 감소를 피할 수 없다는 점이다. 여기에 더하여 러시아, 중국, 인도가 석탄의 대규모 수요처인 발전 부문에서 그 수요를 조절할 것으로 전망되기 때문에 석탄 수요의 증가율이 둔화할 것으로 전망된다.

원자력발전은 1차 에너지 수요가 4[%]를 점유하면서 전력공급의 15[%]를 차지하고 있다. 원자력발전은 2010년도에 절정을 이루었다가 하향되고 있다. 1차 에너지의 비율이 줄어드는 이유는 아시아지역에서 소수국가가 원자력발전 증대를 시도할 것이라는 전망에도 불구하고 OECD 국가들이 기존 원자로를 축소할 것이란 전망과 더불어 많은 국가가 원자력발전을 축소할 것이란 전망이 1차 에너지 점유율을 낮추는 결과로 귀결된다.

수력발전은 1차 에너지 수요의 6.4[%]를 점유하면서 전력공급의 18[%]을 차지하고 있다. 이 수력발전이 앞으로는 전력공급의 50[%]으로 확대될 전망에 있는데 대부분 개발도상국이 확대의 주역이 될 전망이다. 이와 같은 수력발전의 증가에 따라서 1차 에너지에서 점유하는 비율은 2020년 3[%]에서 2023년 6.4[%]로 증가할 전망이다.

기타 신재생에너지는 다른 에너지원에 비하여 증가 속도가 크게 되어 연평균 2.8[%]에 이를 전망이다. 이러한 급속한 신재생에너지 수요의 확대에도 불구하고 1차 에너지 수요에서 점유 비율은 현재 2020년 3[%]에서 2023년은 6.33[%]으로 증가할 전망이다. 특히 OECD 국가에서 이러한 수요 증가가 예상되는데 기후변화협약의 이행이 신재생에너지에 대한 사용 확대의 계기를 만들어 줄 수 있겠지만, 상대적으로 낮은 화석연료의 가격이 신재생에너지의 수요 확대에

장애가 될 전망이다.

2) 우리나라 에너지 자원의 현황 및 전망

국내 에너지 자원의 개발 현황

우리나라는 에너지 자원의 부존 상황 측면에서 혜택받지 못한 나라 중의 하나이다. 석유나 천연가스는 대륙붕을 대상으로 탐사가 계속 진행 중이며, 석탄은 생산하였으나 수요 감퇴 현상 속에 있으며 우라늄은 확보된 바 있으나 저품위에 불과한 상태에 있다.

남한 면적의 약 3배나 되는 국내 대륙붕이 석유 탐사 대상 지역으로 인정된 동기는 1968~1969년에 UN 산하 기구인 CCOP 에서 실시한 광역 물리 탐사에 있다. 이 지역에 대한 석유 탐사는 1970년 "해저광물 자원 개발법"이 제정된 후 1970년대 말까지는 주로 외국 조광 회사의 주도로 석유 탐사가 이루어졌고, 1979년 한국석유공사가 설립된 이래 1986년부터 대륙붕 개발 계획에 의거 정부의 주관하에 석유 탐사를 추진하였다. 그 결과로 1998년 동해-1 가스전에서 최초로 경제성 있는 양질의 천연가스층이 발견된 이래, 2009년 1월 기준 국내 대륙붕 석유 탐사를 위해 총 282,464[L-km]의 물리 탐사 및 43공의 탐사시추를 실시하였다.

국내 석탄 자원은 주로 강원도의 삼척 탄전, 정선 탄전, 경북의 문경 탄전, 충남의 충남 탄전과 전남의 호남 탄전 등지에 주로 분포되어 있었다. 그 매장량은 약 13.6억 톤이며, 이 중 가채(可採)매장량은 약 6억 5,000만 톤으로 추정되었고, 이 중 삼척 탄전은 가채매장량의 점유율이 약 46[%] 정도로서 규모가 크고 석탄층의 부존 상황도 그중 가장 양호한 편에 속하였다.

한편 우리나라의 우라늄은 저품위(U: 0.03~0.04[%] : 80~130[US$/kgU])로서 매장량은 약 1억 톤 이상으로 추정되었으며, 그 대부분은 충북의 괴산에서 대전 남쪽 지구에 이르는 지역에 부존하고 있다. 이를 회수 가능한 우라늄 정광으로 환산하면 약 2만 톤에 해당하며, 개발 시 부산물로 저품위 선탄(약 4,000[kcal/kg]) 약 2,000톤 정도가 회수할 수 있을 것으로 보여졌다.

해외 에너지 자원개발 현황

해외 에너지 자원개발은 국내 자원개발과 함께 에너지의 자주적 공급의 차원에서 매우 중요한 사안으로 49개국 218개 사업을 추진하였다. 해외 자원개발의 진출 현황을 보면, 석유개발은

2007년 17개국 46개 해외 유망 석유개발 프로젝트에 참여하여 일일 평균 46천 배럴을 생산하고 있으며, 누적 확보량이 168억 배럴에 이르렀다. 국내 기술력으로 사업 운영 능력을 확보하여 직접 광산권을 취득하여 운영하는 광구가 베트남 11-2 등 19개이고, 6개 광구를 공동 운영하였다. 구체적 성과를 거둔 사업으로 카자흐스탄(잠빌, ADA 광구), 러시아(서캄차카 사업), 예멘(16광구, 70광구), 호주(VIC P56, VIC P49 광구) 등의 탐사광구 진출이다. 특히, 국내 기술로 탐사단계부터 주도적으로 참여하여 발견에 성공한 베트남 15-1광구에서는 2003년 10월부터 원유생산이 시작되었다.

한편 해외 석탄개발은 인도네시아, 호주, 캐나다 등에 진출하였으며, 이 중 인도네시아의 파시르 탄전은 개발 사업이 가장 활발히 진행 중인 해외 개발 탄전이다. 이 탄전은 한인니자원개발이 단독 개발 방식으로 생산 중이고 2007년에 3,120만 톤 정도의 생산을 하였으며, 가채매장량이 약 12억 톤이나 되어 공급원의 확보에 따라 지속적인 생산 규모를 증대하였다.

3) 우리나라 에너지 동향·전망

● 과거의 에너지 동향(1961년~1989년)

1961년에 1인당 GNP 가 83달러인 우리나라는 에너지의 절대빈곤 속에서 총에너지 소비량이 980만[TOE]에 불과한 가운데 에너지원별 구성에서도 석탄이 차지하는 비율이 절반이 넘고, 석유는 9.8[%]에 지나지 않았다. 이와 같은 에너지 부족을 극복하기 위해서 경제개발 계획에서는 에너지 관련 산업의 육성에 비중을 두고 석유, 전력, 석탄의 확보를 우선 과제로 강력히 추진하였다. 그 결과, 1961~1969년 사이에 경제성장률이 8.8[%], 총에너지 수요의 평균 증가율이 7.7[%], 그리고 에너지 구성 비율 중에 석유가 차지하는 비중이 43.2[%]로 증대되었다. 이 기간에 특이 사항으로는 1968년 최대전력 100만[kW] 돌파, 1960년대 중반부터 본격적인 석탄 생산, 그리고 1964년에 국내 최초의 정유공장 신설 등을 들 수 있다.

1973년에 있었던 1차 석유파동은 우리나라 경제에 큰 충격을 주었으나 수출 확대 정책, 중화학공업 추진, 중동 건설 그리고 세계 경제의 빠른 회복에 힘입어 높은 경제성장을 이룩하였다. 1971~1981년의 10년간 에너지원의 수요가 약 2.2배 증가하였고, 국내 무연탄의 증산으로 석탄의 구성 비율이 급속히 감소하였다. 또한 석유의 구성 비율은 1971년의 50.6[%]에서 1979년에는 62.3[%]까지 상승하였고, 전력은 설비 용량이 1970년 250만[kW]에서 1979년에는 3.2배가 늘어난 800만[kW]으로 대폭 증대되었다.

1979년의 2차 석유파동시는 당시의 높은 석유 의존도, 중동 지역만 의존한 원유 도입 등 석유 안정공급 기반의 미흡과 국내 정치사회 혼란 등이 가중되어 최악의 경제 시련을 겪어 1980년에는 −4.8[%]의 GNP 성장률과 에너지 수입액이 62.9억 달러나 되어 총수입액 중 그 비중이 25.4[%]까지 도달하였다. 그러나 1983년부터 시작한 국제 유가의 대폭 하락, 국제 금리 인하, 그리고 달러 가치의 하락, 즉 '3저 현상'에 의하여 국내 경기는 침체 국면에서 벗어나게 되었다. 그 결과 1980~1987년 기간 중 소비자 물가 상승률이 연 3[%] 로 억제되었고, 연평균 8.8[%]의 경제성장률과 연평균 6.3[%]의 에너지 소비 증가율을 이룩하였다.

1990년대 이후의 에너지 동향

1990년 이후 부문별 에너지 소비 현황은 표 1·4와 같이 산업 분야는 51~61[%] 수준의 구성 비율을 유지하는 반면, 가정과 상업·기타 공공 분야가 차지하는 구성 비율은 감소 혹은 둔화하고, 수송 분야의 구성 비율은 1970년대보다 급속히 상승하는 특징을 가지게 되었다.

1990년 이후 특기 사항은 1970년대에 착수한 원자력발전소 건설에 따라 원자력이 주요 동력 에너지원으로 대두된 점, 그리고 1980년대 초부터의 본격적인 유연탄 도입과 1980년대 중반부터의 천연가스 공급 등으로 인하여 에너지 다변화 시대에 돌입하게 되었다는 점이다.

한편, 1990년 이후의 에너지 동향은 전반적인 국제 유가의 상승으로 인하여 에너지 절약의 의지가 약해지고, 경제활동의 규모 증대로 에너지 소비는 표 1·5과 같이 높은 증가를 지속하고 있다는 것이다. 에너지원별 소비 추이를 보면, 유가 상승에 따라 석유 수요가 계속해서 감소하였으며, 천연가스는 급격한 소비 증가를 하고 있으나 국내 무연탄의 급격한 소비 감퇴로 석탄의 소비량은 감소하다가 석유 대체 에너지로써 2000년 이후 다시 약간 상승하다가 2010년 이후 감소하는 특징으로 지적할 수 있다. 그리고 세계적인 관심사인 온실가스 배출 감소 등을 통한 지구온난화 방지 및 기후 환경변화에 따른 대처로써 정부가 추진하고 있는 미래지향적 새로운 패러다임인 저탄소 녹색성장 구현을 위한 에너지정책에 따라 신재생 분야의 에너지 소비가 증가하고 있다.

또한, 2023년까지의 주요 에너지 소비 특성과 1차 에너지 소비 현황을 표 1·6에 나타내었다. 이들 자료에 의하면 2010~2023년 기간에 1차 에너지 소비는 연평균 1.8[%] 증가하여 2023년에는 최종에너지 소비가 208.2[MTOE]로 1990년의 약 2.9배 수준이 되었다.

표 1·4 우리나라의 부문별 에너지 소비 현황 (단위: 천 TOE)

구 분 \ 연 도	1990	2000	2010	2020	2023
최종에너지 소비량	71,749 (100.0[%])	140,956 (100.0[%])	184,372 (100.0[%])	203,956 (100.0[%])	208,172 (100.0[%])
산 업	36,798 (51.3[%])	80,962 (57.4[%])	109,779 (59.5[%])	124,223 (60.9[%])	126,412 (60.7[%])
수 송	12,140 (16.9[%])	25,007 (17.7[%])	31,009 (16.8[%])	34,745 (17.0[%])	35,316 (17.0[%])
가 정	11,262 (15.7[%])	16,284 (11.6[%])	20,733 (11.3[%])	22,356 (11.0[%])	22,058 (10.6[%])
상 업 공 공	10,948 (15.3[%])	18,703 (13.3[%])	22,581 (12.2[%])	22,632 (11.1[%])	24,385 (11.7[%])

자료: 에너지통계연보, 2024, 에너지경제연구원

표 1·5 우리나라의 주요 에너지 소비 특성

구 분 \ 연 도		1990	2000	2010	2020	2023
총에너지 소비량 [천 TOE]	1차 에너지	89,775	183,956	257,952	291,346	304,300
	최종에너지	71,749	140,956	184,372	203,956	208,172
1차 에너지 소비 원별 구성비 추이 [%]	석탄	28.1	24.0	30.5	26.1	23.8
	석유	51.8	49.5	38.6	38.9	38.8
	천연가스	3.7	10.5	16.7	18.7	18.9
	수력	1.7	0.5	0.3	0.3	0.0
	원자력	14.7	14.8	12.4	11.7	12.6
	신재생 및 기타	0.0	0.7	1.5	4.3	5.9
1인당 총에너지 소비량 [TOE/인]		2.09	3.89	5.13	5.51	5.75
국내 총생산(GDP) 단위당 에너지 소비 [TOE/백만 원]		0.18	0.16	0.15	0.14	0.13

자료: 에너지통계연보, 2024, 에너지경제연구원

표 1·6 우리나라의 에너지 관련 특성

구 분	단 위	연 도				연도별 평균 증가율	
		1990	2000	2010	2023	1990~2000	2010~2023
1차 에너지 소비	백만 TOE	89.8	184.0	258.0	304.3	10.5[%]	1.8[%]
최종 에너지 소비	백만 TOE	71.8	141.0	184.3	208.2	9.6[%]	1.3[%]
석유 의존도	%	51.8	49.5	38.6	38.8	-0.6[%]	5.2[%]
에너지/GDP 투입 비중	TOE/백만 원	0.18	0.16	0.15	0.13	-1.3[%]	-1.3[%]
1인당 에너지 소비	TOE/인	2.09	3.89	5.13	5.75	8.6[%]	1.2[%]
1인당 전력 소비	kWh/인	2.20	5.07	8.88	10.64	13.0[%]	2.0[%]

자료: 에너지통계연보, 2024, 에너지경제연구원

석유 의존도는 수송부문의 수요 급증, 산업 및 석유화학 공업의 성장 등에 의하여 1990년의 51.8[%]에서 유가 상승 등으로 2023년에는 38.8[%] 수준이었으나, 석유 의존도 심화에 따른 문제점을 계속해서 안고 있다. 또한 민간 석탄의 소비감소로 무연탄과 신탄의 수요 감소와 천연가스를 포함한 가스의 소비 추세가 계속 많이 늘어나는 것이 특징이다.

한편, 우리나라의 단위 산출량당 에너지 투입량, 즉 에너지 집적도를 볼 수 있는 에너지/GDP를 보면 1990년 0.18에서 2023년 0.13으로 낮아지고 있다. 그러나, 에너지 다소비국인 미국을 제외한 선진 산업국의 수치와 비교할 때 우리나라가 매우 높은 수치를 보이고 있으며, 향후 선진국형의 산업사회 접근에 따라 이 수치가 더욱 감소하여야 할 과제를 안고 있다.

1인당 에너지소비량의 자료를 볼 때, 경제성장이 지속됨에 따라 1990년의 2.20[TOE/인]에서 2023년에는 5.75[TOE/인]에 도달하여 선진국 수준에 이르고 있다. 또한, 표 1·7은 1990년 이후 우리나라의 에너지 수급 현황을 나타낸 것이다.

1997년과 1998년 사이는 IMF 사태로 인한 경제 악화로 에너지 수입액이 −33.1[%]로 매우 감소한 해가 있었으나, 1990년보다 2023년에는 약 20.9배의 에너지를 수입하게 되었다.

판매 전력량을 보면 1990년(94,383[GWh]), 2010년(434,160[GWh])에 이르렀으며, 2023년에는 545,965[GWh로써 1990년 대비 약 5.8배 증가하게 되었다.

여기서 우리 공학도가 깊이 새겨둘 사항은 에너지 해외 의존도가 1990년 88.7[%]에서 2023년에 93.9[%]인 바, 새로운 신에너지 개발의 확보를 통하여 국제경쟁력 신장에 노력함이 중요한 과제로 지적된다.

표 1·7 우리나라의 에너지 수급 현황

항 목 \ 연 도	1990	2000	2010	2020	2023
• 1차 에너지 소비[천TOE]	89,775	183,965	257,952	291,346	304,300
· 석탄	25,217	44,204	78,777	75,911	72,484
· 가스	3,280	19,322	43,019	54,537	57,628
· 석유	46,466	91,050	99,623	113,254	117,975
· 바이오 및 폐기물	6	1,088	3,274	7,479	8,942
· 신재생 및 기타	10	47	499	5,146	7,960
· 원자력	13,222	27,241	31,948	34,119	38,445
· 수력	1,571	1,002	797	826	792
· 열	3	10	16	73	73
* 판매 전력량[GWh]	94,383	239,535	434,160	509,269	545,965
* 부문별 최종에너지 소비 [천TOE]	71,749	140,956	184,372	203,956	208,172
–산업	36,798	80,962	109,779	124,223	126,412
–수송	12,140	25,007	31,009	34,745	35,316
–가정	11,262	16,284	20,733	22,356	22,058
–상업, 공공	10,948	18,703	22,581	22,632	24,385
※에너지 해외 의존도	88.7	97.8	97.5	95.0	93.9
• 에너지 수입액[백만 달러]	8,209	37,622	120,478	85,444	171,437
· 석탄	1,288	21,186	13,131	9,595	20,178
· 천연가스	460	3,882	17,006	15,716	36,049
· 석유	6,462	31,416	89,777	59,406	114,109
· 우라늄(원전 연료)	–	138	564	725	1,101

자료: 에너지통계연보, 2024, 에너지경제연구원

전망

2006년 "에너지 기본법"에 따라 설치된 국가에너지위원회는 대통령을 위원장으로 고유가 지속 및 자원 확보 경쟁 심화 등 에너지를 둘러싼 대외 여건의 복잡화, 에너지 이슈의 국민 경제에 대한 영향력 확대 및 에너지정책에 대한 시민단체의 참여 욕구 증대 등에 따라 범정부적 차원에서 에너지에 관한 주요 정책을 수립하고 있다.

정부는 "저탄소녹색성장기본법 제41조"에 따라서 에너지 기본계획을 1차(2008~2030년), 2차(2014~2035년) 및 3차(2019~2040년)에 의하여 20년을 계획기간으로 5년마다 수립 및 시행하고 있다.

제1차 에너지 기본계획은 그림 1·5와 같이 4대 전략과 10대 이행 과제로써 첫째 에너지 사용 효율의 개선, 에너지 시장의 효율화와 합리적 가격체계 구축, 기후변화 대응능력 향상을 통한 에너지 저소비·저탄소사회 구현, 둘째 신재생에너지 개발·보급 확대와 원전의 공급능력과 국민 이해 기반 구축을 통한 탈 화석에너지화, 셋째 그린에너지 산업 기반 구축과 에너지산업 해외 진출 확대를 통한 그린에너지 산업 성장 동력화, 넷째 해외자원개발 역량 확충, 에너지의 안정적 공급 및 에너지복지 강화를 통한 에너지 자립·에너지 복지 실현을 추진하였다.

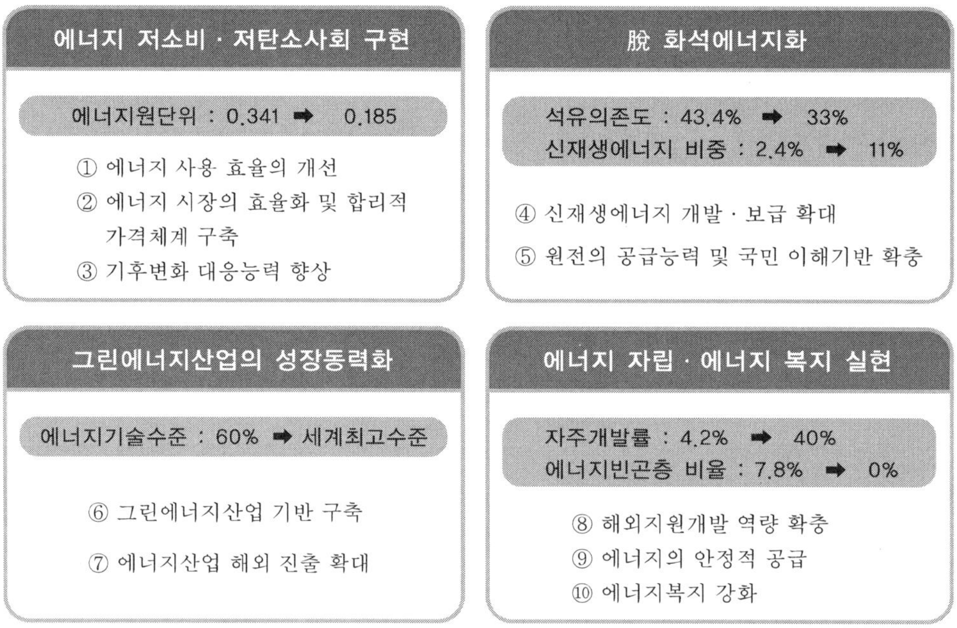

자료: 제1차 에너지 기본계획, 2008, 산업통상자원부

그림 1·5 제1차 에너지 기본계획 4대 전략 및 10대 이행 과제

제2차 에너지 기본계획은 표 1·8과 같이 6대 정책과제로써 수요관리 중심 에너지정책 전환, 분산형 발전시스템 구축, 환경·안전과 조화 모색, 에너지 안보 강화와 안정적 공급, 원별 안정적 공급체계 구축, 국민과 함께하는 에너지정책을 추진하였다.

표 1·8 제2차 에너지 기본계획 6대 정책과제

구 분	단 위
수요관리 중심 에너지정책 전환	- 2035년 전력수요의 15% 감축 - 에너지 세율조정, 전기요금 체계 개선, ICT 수요관리 등
분산형 발전시스템 구축	- 2035년 발전량의 15% 이상을 분산형으로 공급 - 송전 제약 사점 검토, 분산형 정원 확대 등
환경, 안정과 조화 모색	- 신규 발전소에 최신 온실가스 감축 기술 적용 - 기후변화 대응 제고, 원정 안전성 강화 등
에너지 안보 강화와 안정적 공급	- 해외 자원개발 역량 강화, 신재생 보급 11%(1차 에너지) - 자원개발 공기업 내실화, 신재생 보급 확대 등
원별 안정적 공급체계 구축	- 석유, 가스 등 전통에너지의 안정적 공급 - 도입선의 다변화, 국내 비축 여력 강화 등
국민과 함께하는 에너지정책 추진	- 에너지 바우처 제도 도입 - 에너지복지 강화, 갈등관리 선제 대응 등

자료: 제2차 에너지 기본계획, 2014, 산업통상자원부

제3차 에너지 기본계획은 표 1·9와 같이 5대 중점 추진과제로써 에너지정책 패러다임을 소비구조 혁신 중심으로 전환, 깨끗하고 안전한 에너지믹스로 전환, 분산형·참여형 에너지시스템 확대, 에너지산업의 글로벌 경쟁력 강화, 에너지전환을 위한 기반 확충을 추진하고 있다.

표 1·9 제3차 에너지 기본계획 6대 정책과제

구 분	단 위
에너지정책 패러다임을 소비구조 혁신 중심으로 전환	- 소비효율 38% 개선(2017년 대비), 수요 18.6% 감축(2040년) - 부문별 수요관리 강화, 수요관리 시장 활성화
깨끗하고 안전한 에너지믹스로 전환	- 원전은 점진적으로 감축하고 석탄은 과감하게 감축 - 재생에너지 발전 비중 30~35%(2040년)로 확대 - 미세먼지를 저감하고 2030 온실가스 감축 로드맵 이행
분산형·참여형 에너지시스템 확대	- 분산형 전원 확대, 계통체계 정비 - 전력 프로슈머 확대, 지자체 역할·책임 강화
에너지산업의 글로벌 경쟁력 강화	- 재생에너지, 수소, 효율 연계 산업 등 미래 에너지산업 육성 - 전통에너지산업 고부가가치화, 원잔산업 핵심생태계 유지
에너지전환을 위한 기반 확충	- 전력·가스·열 시장제도 개선 - 에너지 빅데이터 플랫폼 구축

자료: 제3차 에너지 기본계획, 2019, 산업통상자원부

이러한 국가 중장기 에너지정책의 수립을 위한 전제조건으로 2017～2040년 기간 중 인구는 연평균 0.1[%] 증가하다가 2031년 이후 감소, 가구는 1인 가수 증가 영향으로 연평균 0.6[%] 증가하고 경제성장률은 연평균 2.0[%] 성장이 전망하였다. 산업구조는 서비스업 비중이 확대되는 가운데 석유화학과 조립금속(반도체, 자동차, 조선 등) 등의 제조업 증가세를 전망하였다. 표 1·10과 같이 총에너지는 연평균 0.6[%], 최종에너지는 연평균 0.8[%] 증가를 전망하고 있으며, 최종 소비 원 단위도 연평균 1.1[%] 개선될 것으로 전망하였다.

표 1·10 에너지 기준수요 관련 주요 지표 전망

항 목 \ 연도	2017	2030	2040	연평균 증가율[%]		
				2017 ~ 2030	2030 ~ 2040	2017 ~ 2040
총에너지 [백만TOE]	244.1	281.1	279.9	1.1	−0.04	0.6
최종에너지 소비 [백만TOE]	176.0	204.9	211.0	1.2	0.3	0.8
최종 소비 원 단위 [TOE/백만 원]	0.113	0.096	0.087	−1.2	−1.1	−1.1

자료: 제3차 에너지 기본계획, 2019, 산업통상자원부

그에 따라 총에너지는 표 1·10과 같이 2017～2040년 전망 기간에 연평균 0.6[%] 증가하여 2040년 279.9백만[TOE]에 달하고, 최종에너지 소비는 2017년 176.0백만[TOE], 2030년 204.9백만[TOE], 2040년에는 211.0백만[TOE]으로 연평균 0.8[%]의 증가, 최종 소비 원 단위는 에너지 이용 기술 보급과 에너지 이용효율 개선 등으로 2017년 0.113[TOE/백만 원]에서 2040년 0.087[TOE/백만 원] 수준으로 연평균 1.1[%] 개선율이 전망되었다.

또한, 표 1·11과 같이 2017～2040년의 전망 기간에 총에너지 수요는 가스와 신재생에너지 등의 수요 점유율이 지속해서 증가하고, 석유 의존도는 고유가로 인한 연료 대체, ICT (Information and communication technology, 정보통신산업) 산업 중심의 산업구조 변화 등으로 0.4[%]가 감소할 전망이다. 표 1·12와 같이 최종에너지 원별 수요를 살펴보면 석유 의존도는 0.3[%] 하락할 것으로 보이지만, 도시가스, 신재생, 전력, 열에너지에 대한 수요는 증가할 것으로 전망되었다.

마지막으로 표 1·13과와 같이 최종에너지 부문별 수요 전망을 살펴보면 산업부문의 수요와

비중이 가장 높으면서 연평균 1.1[%] 증가할 것이며 수송, 상업, 가정, 공공부문 순으로 최종에너지 수요 전망을 보이면서 연평균 0.8[%] 증가할 것으로 전망되었다.

표 1·11 총에너지 원별 수요 전망 (단위: 백만TOE)

구 분	2017	2030	2040	연평균 증가율[%]		
				2017 ~ 2030	2030 ~ 2040	2017 ~ 2040
석 탄	86.0	97.1	85.3	0.9	-1.3	0.0
석 유	62.9	61.8	57.8	-0.1	-0.7	-0.4
가 스	47.2	58.7	71.2	1.7	2.0	1.8
수 력	1.5	1.8	2.1	1.6	1.2	1.5
원자력	31.6	29.8	24.0	-0.4	-2.1	-1.2
신재생	15.0	31.8	39.4	6.0	2.2	4.3
계	244.1	281.1	279.9	1.1	-0.04	-0.6

자료: 제3차 에너지 기본계획, 2019, 산업통상자원부

표 1·12 최종에너지 원별 수요 전망 (단위: 백만TOE)

구 분	2017	2030	2040	연평균 증가율[%]		
				2017 ~ 2030	2030 ~ 2040	2017 ~ 2040
석 탄	33.2	39.7	39.0	1.4	-0.2	0.7
석 유	61.4	61.0	57.1	-0.1	-0.7	-0.3
도시가스	23.7	28.8	30.5	1.5	0.6	1.1
신재생	11.8	16.9	19.9	2.8	1.6	2.3
전 력	43.7	56.1	61.8	1.9	1.0	1.5
열에너지	2.3	2.5	2.6	0.7	0.4	0.5
계	176.0	204.9	211.0	1.2	0.3	0.8

자료: 제3차 에너지 기본계획, 2019, 산업통상자원부

표 1·13 최종에너지 부문별 수요 전망 (단위: 백만TOE)

구 분	2017	2030	2040	연평균 증가율[%]		
				2017 ~ 2030	2030 ~ 2040	2017 ~ 2040
산 업	87.4	107.1	113.3	1.6	0.6	1.1
가 정	22.2	21.9	21.9	−0.1	−0.01	−0.1
상 업	17.6	22.1	23.9	1.8	0.8	1.3
공 공	6.4	7.6	8.0	1.4	0.5	1.0
수 송	42.5	46.2	43.8	0.6	−0.5	0.1
계	176.0	204.9	211.0	1.2	0.3	0.8

자료: 제3차 에너지 기본계획, 2019, 산업통상자원부

1장 연습문제

1·1 에너지의 중요성을 사회과학적 측면으로 설명하시오.

1·2 에너지의 특성에 관하여 설명하시오.

1·3 국내외 에너지 현황과 전망에 관하여 비교 설명하시오.

1·4 에너지 이용에 따른 제반 문제점을 열거하고 그 대책에 관하여 설명하시오.

2장 에너지의 이용과 절감 기술

2·1 에너지 소비의 목적과 구성

1) 최종 수요의 소비목적별 분류

에너지 최종 수요는 그 소비목적에 따라 분류하면, (1) 열로써 이용하는 경우, (2) 동력으로써 이용하는 경우, (3) 전기분해, 통신 등과 같이 전기 이외의 방법이 아닌 전기 고유의 이용법, 혹은 광원으로써 이용되는 경우, (4) 화학공업에 있어서 탄화수소 등과 같은 원재료로써 이용되는 경우로 구분할 수 있다.

열원으로써 이용

열원으로써 에너지를 이용하는 경우는 냉난방, 급탕, 조리, 목욕과 같이 열 그 자체를 이용하는 때도 있지만, 산업 부분에서 이용되는 열은 대부분 필요한 화학반응을 일으키기 위한 조건설정에 이용되고 있다. 따라서 새로운 촉매나 새로운 화학반응 프로세스를 개발하면 같은 제품을 만들어도 이용하는 에너지의 양을 절약할 수 있다는 것을 보여주고 있다.

열원으로써 이용되는 에너지 소비의 큰 특징은 필요한 온도 수준이 목적에 따라서 크게 변한다는 것이다. 예를 들어 동일한 100[kcal]의 열이라도 주택의 냉난방, 조리, 목욕의 경우는 100[°C] 이하이지만, 제철(製鐵)에 사용되는 경우는 1,500[°C] 이상의 고온이다. 그러므로 동일한 열량의 열(에너지)을 고온 측에서 순서대로 저온이 될 때까지 여러 번의 재이용이 가능하다. 이처럼 열에너지의 이용은 결국 온도 차를 이용하는 것이기 때문에 에너지 자원으로부터 가능한 큰 온도 차를 얻는 것이 필요하다. 이 고온의 열을 발생하는 잠재 능력을 갖추는 화석연료를 직접적으로 중·저온용의 열원으로 이용하는 것은 자원의 유효 이용이라는 점에서는 바람직하지 않다. 또한 한편으로는 작은 온도 차를 유효하게 이용하는 기술이 중요하다.

열의 전달에는 기체, 액체, 고체의 여러 물질을 전달 매체로써 이용하는 것 외에 방사열로써도 전달되지만, 양적(量的)으로는 증기(蒸氣)를 매체로 하는 것이 많다. 또한 단열성이 좋지 않으면 수송·저장 중에 열이 발산(發散)하여 큰 손실이 생기므로 수송·저장에 필요한 시간을 단축함과 동시에 단열성을 향상하는 것이 필요하다.

동력원으로써 이용

에너지를 동력원으로써 이용하는 방법으로는 휘발유나 경유 등의 석유제품을 사용하는 내연기관과 전력을 이용하는 전동기로 크게 구별할 수 있으며 에너지소비량은 거의 반으로 나눌 수 있다.

내연기관으로 이용되는 대표적인 예는 자동차를 중심으로 하는 수송기관이 있으며, 효율은 20～30[%]으로 대단히 낮고, 또한 NOx 등의 환경 유해 물질을 발생시키는 문제가 있다. 반면에 전동기는 전기철도를 제외한 수송기관에는 거의 이용하지 않지만, 공장 등에서 대부분의 동력 기계를 구동하는 곳에 이용되며 효율도 대형 기계는 90[%]을 넘는다. 그러나 전동기와 내연기관을 비교하는 경우는 발전소의 전환효율을 비롯하여 수송에 수반되는 손실, 에너지 저장의 어려움, 공해 등의 요인을 고려하지 않을 수 없다.

전기원과 광원으로써 이용

전기에너지 고유의 이용 방법으로 전기분해, 전자석, 전기계측기, 통신기, 전자계산기 등이 있다. 광원(光源)으로는 백열전구, 형광램프, 수은 램프 등으로써 이용되고 있다. 광원용으로 이용되는 경우는 이용효율이 백열전구 수[%], 형광램프 약 20[%]으로 좋지 않으므로 LED를 광범위하게 활용하고 있다.

LED는 형광등을 대체하여 건물의 전반조명, 높은 천정의 홀, 디스플레이용, 백라이트용 등 다양한 분야에서 경쟁력 있는 광원으로 활용되고 있다. 특히 LED는 발광다이오드이므로 전기전자적으로 아주 쉽게 색깔, 광량 및 점멸 등을 제어할 수 있는 소자이므로 일반 가로등에서부터 고부가가치를 유발할 수 있음과 함께 예술적 작품 경지에까지 갈 수 있는 경관조명 분야에도 널리 사용되고 있다.

반면, 과거에 형광등과 함께 독보적 광원으로 사용해 온 백열전구는 그 효율성이 상대적으로 매우 좋지 않으므로 자취를 감추게 되었다. 그러므로 각 전기원을 이용한 설비와 광원의 효율증대 기술을 개발하여 전기에너지 절감하여야 한다.

원재료로써 이용

석유를 비롯한 화석연료는 플라스틱, 합성 고무, 윤활유, 인조섬유 등 제품의 원료로 이용된다. 현재 석유화학공업에서는 나프타 등의 원료를 석유제품의 원재료로 하고 있다. 그러나 이들 원재료로 만든 제품은 에너지로 소비되는 것이 아니므로 상당 부분은 다시 에너지로 사용 가능하다. 또한, 이들 제품의 원재료로써 화석연료를 대체할 수 있는 것을 발견하지 못하였기 때문에 석유를 비롯한 화석연료는 처음부터 직접 에너지로서 연소시켜 버리는 것은 상당히 안타까운 것이다. 이와 같은 사실은 고갈자원으로써의 화석연료를 에너지로써 이용하는 것에 큰 제약을 가하게 되고, 장기적으로 볼 때 화석연료의 대부분을 비 에너지용 자원으로 이용하는 동향을 초래하는 원인으로 볼 수 있다.

2) 에너지 소비의 부문별 구성

1971년 우리나라 부문별 에너지 소비(단위 천[TOE])는 산업 : 9,225(49.0[%]), 수송 : 30(0.2[%]), 가정 및 상업 : 9,381(49.8[%]), 공공 기타 : 209(1.1[%])이었으나, 2023년에는 산업 : 126,412(60.7[%]), 수송 : 35,316(17.0[%]), 가정 : 22,058(10.6[%]), 상업 및 공공 : 24,385(11.7[%])로 각각 증대되었다. 여기서 우리는 다음과 같은 현상을 찾을 수 있다.

1971년 1순위는 가정 및 상업 부문이었으나, 2023년에는 산업부문이 60.7[%]로 가정 및 상업부문 에너지소비량의 13.4배 이상을 차지하고 있는 점이다. 이는 우리나라의 산업이 그만큼 크게 성장하였다는 의미로써 대단히 고무적인 것으로 생각된다. 또한 특기할 사항은 1971년의 수송부문은 4위이며 0.2[%]이던 것이 2023년에는 17.0[%]으로 2위로 성장하였다는 것이다. 이것은 우리나라의 인적 물적 수송량이 그만큼 급격하게 증가하였다는 것을 증명하는 것이라 할 수 있다.

3) 소비 에너지 형태의 구성

일반적으로 선진화되면 될수록 1차 에너지(석탄, 천연가스, 목탄 등)를 사용보다는 2차 에너지(석유제품, 전력, 코크스, 고로가스 등)로 변환하여 소비되는 것이 증가하게 된다.

우리나라는 1990년 1차 에너지인 석유 의존도가 51.8[%]이던 것이 2023년에는 38.8[%]로 13년 사이 13[%] 이상 그 점유율이 낮아지게 되었다.

4) 에너지 소비 동향

위에서 기술한 바와 같이 각 목적에 대한 에너지 소비가 앞으로는 어떻게 변화하는가는 에너지 가격 변화, 산업구조의 변화, 생활 수준, 생활양식의 변화, 자동차 이외의 교통 양식의 변화, 대체에너지의 개발 등 여러 가지 원인에 영향을 받기 때문에 간단히 논할 수는 없지만, 개괄적인 동향은 다음과 같다.

● 열원으로써 에너지 소비

열원으로써 소비는 환경 대책, 민간 부분에서의 냉난방, 급탕 등이 증가요인이 되지만, 폐열의 유효 이용 등 열 이용의 시스템화, 에너지 절약형 프로세스 개발 등 에너지 소비의 감소요인으로 인한 산업부문에의 절약 및 주택 건설에 단열성 향상, 폐열이용에 의한 냉난방, 급탕 등 민간부문의 절약이 기대된다. 현재 코크스의 대부분을 소비하고 있는 제철 부분에서 직접 제철기술이 확립되면 코크스에서 다른 열원(다목적 고온 가스로(爐))으로 대체할 수 있고 에너지로서의 절감 효과와 더불어 화석연료의 절감 효과도 많이 얻을 수 있다.

● 동력원으로써의 에너지 소비

동력원으로써의 소비는 가장 큰 비중을 차지하는 수송 부분에서의 자동차 엔진 효율 향상 등에 따라서 에너지 소비가 감소할 가능성이 있지만, 한편으로는 환경 대책, 산업계에서의 에너지 절약 추진, 민간용 전력기기의 증가, 자동차 수의 증가에 따른 에너지 소비가 증가하는 요인이 있으므로 전체 비율은 크게 변하지 않을 것으로 생각된다.

전기에너지 특유의 소비로써는 알루미늄 공업 등 비금속 부문의 확대, 계측기, 계산기, 통신기 등의 정보기기 증가, 생활 수준의 향상으로 인한 조명의 증가 등으로 소비되는 양이 증가하고 있지만, 알루미늄 제철의 신기술, 조명기기의 효율 향상, 신 회로소자 등의 등장으로 인한 감소도 있다. 원재료용 소비는 생활 수준의 향상 등으로 이후에 증가할 가능성이 있다.

2·2 에너지 소비의 절감

1) 2차 에너지로 전환에 의한 손실의 절감

이미 서술한 바와 같이 에너지의 최종 소비는 대부분 2차 에너지에 의존하며, 1차 에너지에서 2차 에너지도 전환될 때의 손실도 수반하게 된다. 따라서 에너지의 소비량을 절감하기 위해서는 다음과 같은 손실 절감의 예를 들 수 있다.

● 석유제품으로의 전환에 따른 손실의 절감

원유를 석유제품으로 전환할 때 소비되는 에너지의 주된 것은 정유(精溜), 개질탈유(改質脫硫) 등의 프로세스로써 증기의 형태로 소비되는 에너지이며, 정유공장(精油工場)의 경우 전환효율은 90~95[%]이며, 1차 에너지 소비량 전체의 약 5[%] 정도이다. 절감 효과를 가장 크게 볼 수 있는 것은 새로운 촉매나 새로운 재료를 사용하여 개질(改質)이나 탈유(脫硫)에 필요한 에너지의 절감이다. 아스팔트나 중질유(重質油)의 경질화(輕質化), 원료화의 기술도 석유의 유효 이용 측면에서 효과가 크고 시기적으로도 빨리 실현 가능하다고 생각된다.

● 전기에너지로의 전환에 따른 손실의 절감

현재 사용되는 증기터빈에 의한 발전방식으로는 약 53[%] 정도가 이론상의 한계이고, 현재 최신 발전소의 효율이 약 40[%] 이상으로 기술적으로는 상한에 근접되었다고 생각된다. 그 효율을 높이기 위하여 원리적으로 더욱 효율이 높은 발전방식, 예를 들어 고온 가스터빈, 복합사이클 발전 방식(가스터빈이나 MHD 발전기 등과 증기터빈을 조합한 방식)을 개발할 필요가 있으며 현재도 많은 연구를 진행하고 있다.

발전 시 폐열을 유효하게 이용하려면 열 공급 발전방식 등으로 지역사회나 공업단지에 열을 공급하는 방법이 고려되며, 종합 효율 70~80[%]을 기대할 수 있지만, 열 수요와 전기수요의 부하곡선이 조화되고 있을 것, 적당한 규격의 수요가 확보될 것 등 실제의 문제점을 해결할 필요가 있다.

전기에너지의 수송분배에 따른 손실은 6~7[%] 정도로 765[kV]의 초고압 대용량 송전이나 초전도 송전에 의한 효율 향상에 관한 연구가 실현 및 진행되고 있다.

2) 최종 소비에너지의 절감

최종 소비단계에서의 에너지 소비를 절약하기 위해서는 다양한 방법이 있지만, 크게 나누면 기존 기술에 의한 것과 지금부터 개발할 필요가 있는 신기술에 의한 것도 있다. 기존 기술에 의한 경우에도 기술적으로는 가능하여도 원한다고 바로 실시하는 것이 어렵거나, 다른 수단에 비하여 가격경쟁력, 환경에 대한 영향, 안정성의 문제, 지역사회의 영향 등 주변 조건이 갖추어 지지 않고 실효를 올린다는 것은 불가능하다.

또한 실제 가능한 경우라도 그것이 충분히 이용할 수 있을 때까지는 일반적으로 장기적인 시간이 필요한 경우가 많다. 이와 같은 것을 고려하여 2·1절에 서술한 것과 같은 여러 가지 목적으로 이용되는 소비에너지를 절감하는 방법을 요약하면 다음 표 2·1과 표 2·2와 같다.

표 2·1 기존 기술에 의한 에너지 소비 절감

소비 형태 / 절감 항목	열원용	동력원용	전기원용	원재료용
산업용 기기의 설비 효율 향상	기기의 대용량화	기기의 대용량화 가변풍량 시스템 등	전해로의 대용량화 등	
민간용 기기의 설비 효율 향상	건축물 단열구조 강화	건축물 단열구조 강화		
에너지 절약형 프로세스 개발	공정의 연속화	레이아웃의 합리화	전기회로의 합리화	
폐열 등의 유효 이용	히트 펌프 등	천연가스 냉열 이용		
폐기물 이용 시스템	철 분리수거 등		알루미늄, 동의 회수	
기 타	태양열 이용	자동차 연료 효율 개선(경량화 등) 새로운 교통 시스템		에너지원 등으로 재이용

표 2·2 신기술에 의한 에너지 소비 절감

소비 형태 / 절감 항목	열원용	동력원용	전기원용	원재료용
산업용 기기의 설비 효율 향상	촉매연소 히트 파이프 등			
민간용 기기의 설비 효율 향상			고효율 조명 등	
에너지 절약형 프로세스 개발	직접 제철 등		신 알루미늄 제련 기술	
폐기물 재이용 시스템	신 분리 회수 기술		신 분리 회수 기술	타이어, 플라스틱 등으로부터 유분 회수
태양열 이용	난방 등	냉방 등		
신추진 기관		스탈링 엔진 등		

2·3 산업용 기기·설비의 효율 향상

1) 효율 향상 방법

2·1에서 서술한 것처럼 광공업분야(鑛工業分野)에서의 에너지 소비는 다른 부분에 비해 대단히 크기 때문에, 이 부분에 대한 에너지 절감은 대단히 효과적이다. 산업용으로 사용되고 있는 기기 · 설비는 연소기, 보일러, 전기로, 모터에 의한 에너지를 변환하는 장치와 전열 관이나 구동 기구 등과 같이 열이나 동력을 전달하는 장치, 펌프 · 팬 · 컴프레셔 등 동작 부분으로 크게 구분할 수 있지만, 사용되는 대수가 많으므로 각각의 기구와 설비의 효율 향상이 조금이라도 이루어진다면 전체적인 양에 대해서도 상당히 절감된다.

이러한 설비 · 기기의 효율을 향상하는 방법으로써 설비의 대형화, 가열로의 단열성 강화 등의 방법이 있다. 이후에 각 분야에 기대될 수 있는 새로운 기술로 촉매연소로 히트 파이프 등이 있다.

2) 촉매연소(觸媒燃燒)

연료의 연소에 촉매를 이용함으로써 연소조건, 연소 형태의 제한이 줄어들고, 불필요한 에너지 소비의 방지가 가능하다. 또한 통상적으로 연료로 얻을 수 있는 물질(예를 들면, 저농도 탄화수소가스 등)의 안정적 연소가 가능하고, 또한 저온에서의 연소나 공기 중 산소와의 선택적 반응에 의한 NO_X의 발생을 억제·제어하는 것이 가능하다.

백금 촉매를 사용하는 기술은 오래전부터 사용되었지만, 비용과 자원적으로 백금을 대신할 수 있는 촉매의 개발이 중요하다. 또한 이 기술은 자동차의 배기가스 처리, 가정용 연소기구 등으로의 파급효과가 기대된다.

3) 히트파이프

히트파이프(heat pipe)는 N_2, NH_3, H_2O, Hg, Na, K 등의 작동유체를 고온 부에서 증발시킨 후 증기의 압력 차로 저온 부로 수송하며, 그 저온 부에서 응축시켜 방열시킴으로써 열을 수송하게 되는 가동 부분을 가지지 않는 장치이다. 이런 전열(伝熱)작용을 연속적으로 행하는데, 많은 방법으로 저온 부에서 응축한 작동유체를 고온 부로 이동하는 히트 펌프를 윅(wick)이

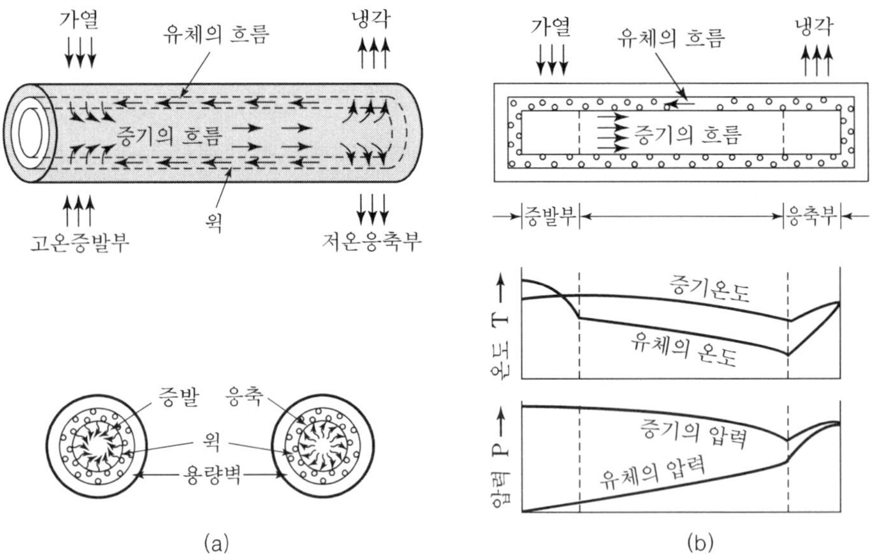

그림 2·1 히트파이프

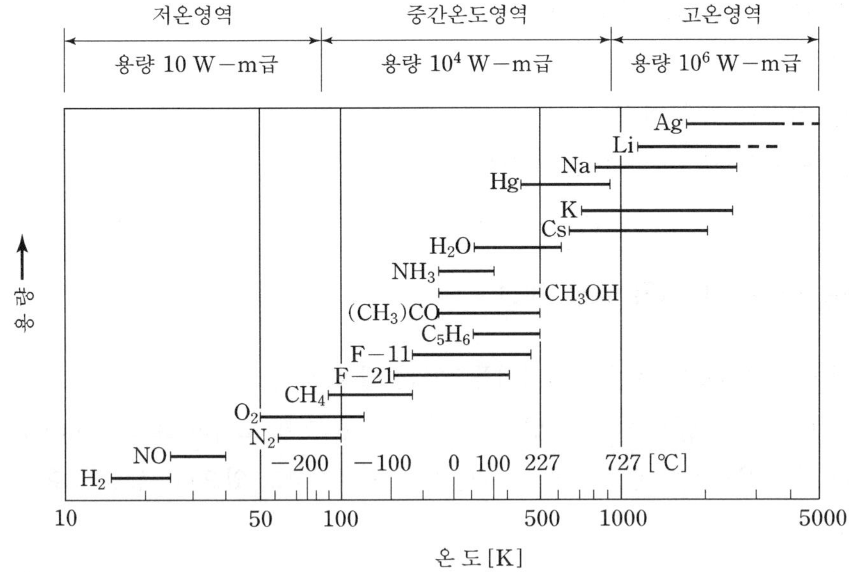

그림 2·2 작동 유체별 작동온도

라고 하며, 석유스토브 심지 부분과 같은 모세관 현상을 이용한 것이다(그림 2·1 참조). 일반적으로 직경 1~2[cm], 길이 수십[cm]의 것이 많지만 점차 소형이 개발되고 있다. 작동유체로써는 고온 용도는 Na, K와 같은 액체금속을, 또한 저온 용도는 액체질소 등이 사용되고 있다.

그림 2·2는 각 작동온도영역에 따른 작동유체를 보여주고 있다. 히트펌프의 전열(伝熱) 능력은 수[kW/cm^2] 정도이며 열전도율이 매우 크다.

다공질체의 윅 재료는 스테인리스강에 유리섬유 등이 사용된다. 또한 외부 용기로 저온용의 경우는 알루미늄이나 동, 고온용은 스테인리스강이나 유리, 세라믹 등이 이용된다.

히트파이프는 열의 수송이나 방열 등 열전달이 필요한 곳에 이용될 뿐만 아니라, 효율이 좋은 열교환기로써 배열회수 등에 이용된다.

2·4 민간용 기기·설비의 효율 향상

일반주택, 빌라, 아파트 및 그 내부에 이용되는 기기나 설비의 에너지 소비 효율을 높이기 위해서는 다음과 같은 방법이 있다.

① 가정용 내구 소비재의 효율 개선
② 조명효율의 개선
③ 냉난방 설비의 효율 개선
④ 빌라, 가옥 등 건축물의 단열 구조화

1) 주택용 내구 소비재의 효율 개선

주택용 내구 소비재로 사용되는 전기제품으로는 냉장고, 룸에어컨, 냉·온수기, 공기청정기 등이 있다. 이들 중 모터를 응용한 제품은 종래 가정용 소형 모터의 효율이 50~70[%] 정도로 낮으므로 정류 브러시의 반도체화 및 무접점화가 추진되고 있으며, 상당한 효율의 향상을 추구하고 있다.

냉장고, 룸에어컨 등에 사용되는 컴프레셔는 소형이기 때문에 효율이 낮으며, 효율 개선도 쉽지는 않지만, 냉매의 개량과 시스템설계 개량 등에 의해 에너지 소비율을 어느 정도로 향상하는 것이 가능하다.

열 응용 품이나 전자 부품에 관해서는 그다지 효율 향상의 여지는 없는 것으로 고려되고 있다. 가스 또는 등유는 난방, 급탕, 조리용으로 주로 사용되기 때문에 연소효율은 거의 100[%]에 가깝지만, 배기관에서 방사되는 열도 적지 않으므로, 그것을 유효하게 이용함에 따라서 어느 정도의 효율은 개선될 수 있다.

2) 조명효율의 개선

과거 빌딩이나 가정 등의 조명은 수은을 봉입한 형광램프를 사용하였지만, LED 등과 같이 주광색과 백색광에 가까운 특성을 가진 램프를 개발함으로써 상당한 효율 개선이 가능하였다. 이에 따라서 절약되는 에너지는 선진국의 경우 수십만[kℓ]의 석유에 해당하는 것이다.

또한 자연채광을 이용한 빌딩・가정이나 반사율이 높은 조명설비의 채용 등도 조명에너지의 절감에 효과적이다. 그리고 등기구의 반사갓이나 구(球) 등을 정기적으로 청소하여 효율의 증대를 가져오고 있다.

3) 냉난방 설비의 효율 개선

냉난방으로 사용되는 열에너지는 민생용 에너지 소비의 상당한 부분을 차지하지만, 그 에너지를 절감하기 위해서는 냉난방 시스템 전체의 효율을 개선하는 방법과 기기·설비 자체의 효율을 개선하는 방법 두가지가 있다. 후자(後者)의 방법으로는 개개의 기기·설비의 효율을 개선하거나 히트펌프 등 효율이 우수한 기기를 사용하는 방법이 있지만, 전자(前者)의 방법에 대해서는 다음과 같은 방법이 고려되고 있다.

● zone control의 채용

공조하는 경우의 냉난방 부하는 빌딩이나 주택의 외측에 접하는 부분에는 건물의 방향(일조방향), 계절, 시각 등에 따라 변하지만, 건물의 중심부에는 조명이나 인간의 밀도에 따라서 변화한다. 따라서 냉난방 부하의 특성에 맞추어 건물을 몇 개의 구역으로 분할하고, 각 구역을 독립적으로 공조하는 zone control에 의하여 과냉, 과열을 억제하는 것이 가능하다.

● spot 공조

hall, lobby, 회의장 등과 같이 큰 공간 중 인간이 특정한 장소에 모이는 경향이 있는 곳에서는 그 공간 전체를 공조하지 않고 사람이 모이는 곳에만 spot으로 공조하거나, 성층현상(成層現象)을 이용하는 방법 등을 활용하고 있다.

● 기타

에너지 소비가 큰 이중 덕트(duct) 방식을 채용하지 않고, 실내 복사기 등의 발열량이 큰 기구에서 나오는 배열을 이용하여 다른 방의 난방을 하는 등 각 건물 각부에 열교환을 행함으로써 열을 유효하게 이용하는 것을 고려하고 있다.

4) 건물의 단열성 개선

건물의 단열성을 향상하는 것은 설계, 재료, 구조 등에 따라서 다음과 같은 여러 가지의 방법을 생각할 수 있다.

① 단열재를 벽, 천장 등에 이용함으로써 건물 전체의 열저항을 크게 하여 외부와의 열 출입을 억제한다.

② 건물 외부와의 열 출입은 창으로부터 많이 이루어지므로 창의 면적을 감소시켜 반사 유리, 흡열 유리, 이중 단열유리 등을 채용한다.

③ 건물의 방향, 형상, 면적 등을 고려하여 냉난방 부하를 감소시킨다.

④ 냉방 부에는 일사(日射)를 차폐하는 설비를 채용하고, 기밀성을 높이기 위해 샤시를 사용하여 냉난방 부하를 감소시킨다.

위의 방법 중 가장 효과적인 것은 ①, ②의 것이지만, 이상의 모든 대책을 적절히 조합함에 따라서 10～30[%]의 에너지 절감이 기대된다.

그림 2·3에는 1호당 주택에 단열재를 사용하는 경우 각부의 열 손실의 변화를 나타낸 것이다.

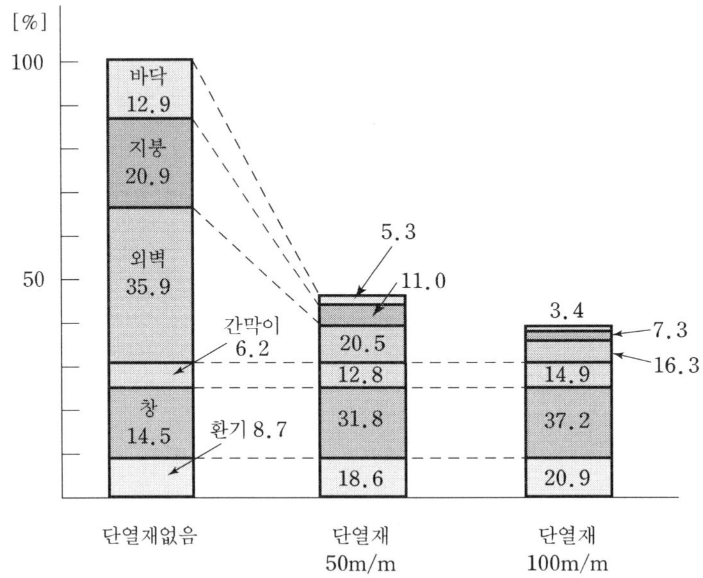

그림 2·3 단열재에 의한 효과와 열 손실 구성비[%]

2·5 에너지 절약형 프로세스의 개발

선진국의 에너지 소비는 산업부문이 많은 부분을 차지하고 있으므로 이 부문에서의 에너지 절약 효과는 대단히 크다고 할 수 있다. 제조 프로세스에 있어서 에너지 절약의 효과적인 방법으로는 개개의 기기・설비의 대형화, 효율 향상 등 이외에 1개의 제품을 제조하는 과정에서 폐열을 제거하였다가 다시 열을 가하는 경우와 같이 불필요한 에너지를 낭비하는 일이 없도록 공정을 연속화하고, 제조 프로세스 도중에 생기는 폐열을 이용하여 원재료를 예열하거나, 혹은 이를 위한 프로세스의 레이아웃을 합리화, 조업 조건을 최적화하는 방법이 유효하다.

이러한 방법은 제철 부문을 시작으로 화학산업의 많은 부분에서 이미 구체적으로 실시하여 효과를 본 사례가 많다.

또한 위에 서술한 것과 동시에 신재료, 신촉매를 이용하여 반응조건을 향상하는 새로운 원재료에 의해 새로운 프로세스의 개발 등이 진행되고 있다.

2·6 폐열 등의 유효 이용

1) 폐열의 이용 방법

현재 발전, 석유정제 등 1차 에너지를 2차 에너지로 전환할 때, 각종 산업부문에서 발생하는 폐열, 폐가스, 배압 등이 상당히 배출된다. 이 폐열 중 비교적 고온에서 양적으로 안정하게 배출되는 것은 이미 발전용 연료나 연소를 위한 공기 혹은 원재료의 예열, 난방, 급탕에 이용되는 양이 많지만, 그 외의 용도로 사용하는 경우는 폐열을 이용하지 않고 버리기 때문에 열 손실은 물론이며 환경을 오염시키는 경우도 많다.

현재 비교적 고온의 폐열을 이용하는 경우는 고온 용융체 또는 코크스의 냉각 시 수반되는 열에너지나 고로(高爐)의 노정압(爐頂壓) 에너지 등의 회수 기술개발이 진행되고 있다. 천연가스의 냉열 에너지로 식품의 동결, 폐기물의 파쇄(破碎) 등으로의 이용이 실용화되어 있다.

폐열 중 양적으로는 대단히 많지만, 온도가 낮은 배수(排水)는 일부 농업이나 융설(融雪) 등에 이용되고 있으나 버려지는 경우가 있다. 이것을 이용하기 위하여 낮은 온도 차를 이용하여 발전하는 저온 터빈 사이클, 열을 저온 열원에서 고온 열원으로 옮기는 히트펌프 등이 있다. 또는 우리나라와 선진국에서 널리 이용되는 열병합 발전 시스템 등도 유효하다.

2) 저온 터빈 사이클

저온 터빈은 작동유체로서 끓는점이 낮은 아이소부탄, 프론, 암모니아 등을 이용하여 폐열 등에 의한 낮은 온도 차를 이용하여 동력을 얻어내는 열사이클이다.

폐열매체와 작동 매체의 온도 차가 작으므로 고효율의 열교환기를 개발하는 것이 필요하다. 현재 공장에 폐열을 이용하는 소형의 저온 터빈이 일부 실용화되어 있지만, 지열(地熱)의 열수(熱水) 이용을 위하여 아이소부탄을 이용하는 터빈이 검토 중이다.

저온 터빈의 열사이클은 통상적으로 기력 터빈의 열사이클과 같아 과열, 재열, 재생 등이 이루어지지만, 실용상 문제가 되는 것은 작동유체로써 무엇을 선택하는가 하는 것이다. 고온, 저온 열원의 온도에 의존하지만, 작동유체가 가져야 할 일반적인 성질은 다음과 같다.

① 저온에서 증발할 수 있을 것
② 증발기 또는 응축기를 작게 하도록 증발이나 잠열이 작을 것
③ 터빈 날개의 통과속도를 낮게 하도록 고분자량일 것
④ 순환 유량을 줄이고, 열전달을 좋게 하도록 비열이 클 것
⑤ 열교환기를 작게 하도록 열전도율 및 밀도가 클 것
⑥ 펌프의 소요 동력을 줄이기 위하여 액체 밀도가 클 것
⑦ 그 외 폭발성, 독성이 작고 값싸고 쉽게 구할 수 있을 것

이상의 조건을 만족하는 것으로는 암모니아, 프로판, 아이소부탄, 프론 등이 있다. 그 외에 일반 열 회수용으로써 방향족 탄화수소 및 할로겐 화합물, 알코올계 저 비점 매체를 생각해 볼 수 있다.

표 2·3에 물, 암모니아, 프로판, 아이소부탄, 프론(R－22)의 물성값을 나타내었다.

3) 히트펌프

히트펌프의 원리는 일반 냉동기를 역(逆)으로 사용하는 것으로써 냉매의 응축열 및 잠열을

이용하여 저온의 에너지를 고온의 에너지로 변환하는 것이다.

히트펌프의 성능을 나타내는 지표로 출력(고온 측에서 본 에너지)/입력(히트펌프의 구동 에너지)으로 정의되는 성적계수(performance index)를 이용하며, 그 성적계수의 값이 100[%]을 초과하는 것이 대단히 많고 주택용으로서도 250[%] 정도로 높다.

소형의 히트펌프는 가정 또는 빌딩의 냉난방에 광범위하게 실용화되어 있지만, 성적계수가

표 2·3 작동유체의 물성값

단위 \ 종류			H_2O	C_3H_6	C_4H_{10}	$C_2Cl_3F_3$	NH_3
분자량			18.02	44.06	58.13	86.47	17.03
비점		°C	100	−42.3	−11.7	−40.8	−33.3
응고점		°C	0	−189.9	−169.7	−160	−77.7
임계온도		°C	374.2	94.4	134.9	96.0	133
임계압력		kg/cm^2abs	225.6	47.96	38.44	50.74	120
임계용적		m^3/kg	0.00318	0.0045	0.00452	0.00190	0.00429
임계밀도		kg/m^3	314.5	220	221	525	233
밀도	액체	(30[°C]) kg/m^3	995.7	(20°C) 500.5	544	1177	595
	증기	(비점) kg/m^3	0.598	2.429	2.814	4.83	0.906
비열	액체	(30[°C]) kcal/kg°C	0.998	0.65	0.60	0.335	1.15
	증기	(30[°C], 1atm) kcal/kg°C	(100°C) 0.501	0.411	0.411	0.152	0.52
비열비		(30[°C], 1atm)	(100°C) 1.283	1.14	1.11	1.184	1.31
증기 잠열		(비점) kcal/kg	538.8	101.8	87.6	55.92	327
열전도도	액체	(30[°C]) kcal/mh°C	0.526	0.083	0.091	0.089	0.43
	증기	(30[°C], 1atm) kcal/mh°C	0.0195	0.016	0.014	0.0101	0.019
점도	액체	(30[°C]) CP	0.800	0.101	0.160	0.229	0.22
	증기	(30[°C], 1atm) CP	0.009	0.008	0.008	0.013	0.014
독성		(UL group No.)		5B	5B	5A	2
가연 범위		(진공 중의 Vol %)	불연	2.3~7.3	1.8~8.4	불연	1.6~2.5

우수하면서 입력 2,500[kW] 이상의 대형 히트 펌프는 실용화되어 있지 않다. 향후 대형 히트 펌프를 개발하기 위해서는 컴프레셔의 효율 개선 및 열역학적으로 우수한 냉매의 개발이 필요하다.

현재까지 히트펌프는 장치비용이 비교적 고가이기 때문에 폐열 회수용으로서는 대형 이외는 경제적인 면에서 불리한 측면도 있다.

2·7 열공급 이용 시스템

1) 열에너지의 종합 이용

이미 서술한 바와 같이 열에너지는 고온의 열로부터 저온의 열에 도달하는 사이에 용도에 따라서 다양한 목적으로 이용할 수 있다. 이 때문에 열에너지를 한가지 목적으로만 사용하는 것을 막기 위하여 열의 전환, 수송 및 이용의 각 부문을 결합하여 전체적으로 열의 종합 이용효율의 향상을 도모하게 되었다. 이를 위하여 기술적으로는 새로운 기술을 개발함으로써 종래의 기술을 합리적으로 결합한 시스템을 구성하는 시스템 기술이 중요하다. 어떤 시스템을 구성한다는 것은 적용하는 지역이나 산업의 종류에 따라서 다양한 방법이 고려되고 있지만, 시스템 구성에 중점을 두는 방향에 따라 다음과 같은 여러 가지 방법이 고려할 수 있다.

● 열병합 발전시스템

원자력, 화력발전 시 복수기에서 폐기되는 열에너지를 열수 또는 증기의 형태로 지역냉난방 등으로 공급한다.

● 열 공급 콤비네이트(combinate)

여러 단계의 온도 레벨의 증기를 이용하여 다양한 화학공장의 콤비네이트 내에 대규모 보일러를 설치하여 콤비네이트 내에서 증기의 형태로 열에너지를 공급한다. 때에 따라서는 공동 화력 발전소 등을 설치하는 것도 있다.

토털(total) 에너지 시스템

빌딩 등이 집중된 일정 지역에 열(열수, 증기, 냉수 등)이나 전력을 중앙 에너지 센터로부터 공급된다.

열 이용 콤비네이트(combinate)

열 공급 콤비네이트의 일종이지만 온도 레벨이 다른 다양한 업종을 연계하여 고온 열원에서의 열을 순차적, 단계적으로 이용하는 시스템이다.

저온 폐열 이용 시스템

발전소나 공장 등에서 배출되는 100[°C] 이하의 대량 온·배수 등의 폐열을 유효하게 이용하는 시스템이다.

이상 각종 시스템의 열원으로서는 중유, 천연가스 등의 연료 외에 고온 가스로 등의 원자력, 폐기물 소각열, 지열, 철강업의 공장 폐열의 이용이 가능하다. 열의 수요로써는 고온 측으로부터의 철강업, 요업, 화학공업, 식품 가공, 종이 펄프 등 증기 소비가 많은 산업이나 화력발전 배열에 의한 해수의 담수화, 지역집중 냉난방, 농업으로의 이용, 융설(融雪) 등이 고려된다.

종합적인 열효율로서는 어떠한 시스템에서도 70～80[%] 정도로 고려되고 있지만, 열에너지 이용의 종합 효율을 높이기 위해서는 다음 조건을 충족시켜야만 한다.

① 전력수요와 열 수요에 대한 협조가 이루어질 것
② 계절적으로 안정된 에너지 수요가 확보할 수 있을 것
③ 열의 수송손실을 작게 하도록 소비지역이 집중될 것
④ 수요 밀도나 부하율을 높을 것
⑤ 에너지 센터를 소비지역에 근접하여 설치할 것
⑥ 배관 등 설비공사의 관점에서 도시계획이나 콤비네이트 계획 전체와 조화를 이루게 할 것

2) 열병합 발전 및 지역난방

이상 서술한 바와 같이 열병합 발전은 미국, 러시아, 독일 등에서 19세기 말부터 지역난방을

중심으로 시작되어 현재는 우리나라뿐만 아니라 스웨덴, 덴마크, 노르웨이 등에서도 활발하게 이루어지고 있다.

열병합 발전 시스템은 열 및 전기에너지의 공급 플랜트와 열수요 두 가지로 이루어진다. 발생한 전력은 일반적으로 전력 시스템에 연계 운용하기 때문에 열 수요에 의하여 플랜트에서 발생한 에너지를 소비하는 전력수요가 특정 지역에 존재할 필요는 없다. 따라서 공급 플랜트의 운전은 열 수요의 크기, 부하곡선의 형태에 따라 크게 좌우된다.

열병합 플랜트

열병합 플랜트에는 여러 가지 방식이 고려되고 있지만, 추기복수식, 배압식, 가스터빈식의 세 가지로 크게 나눌 수 있다(그림 2·4 참조). 이들 각 방식의 장단점은 표 2·4에 나타냈으며, 70~100[°C]의 저온 에너지를 공급하는 경우는 배압식, 100~120[°C]의 중간영역에는 추기복수식, 130~170[°C]의 고온 영역에서는 가스터빈식이 사용된다.

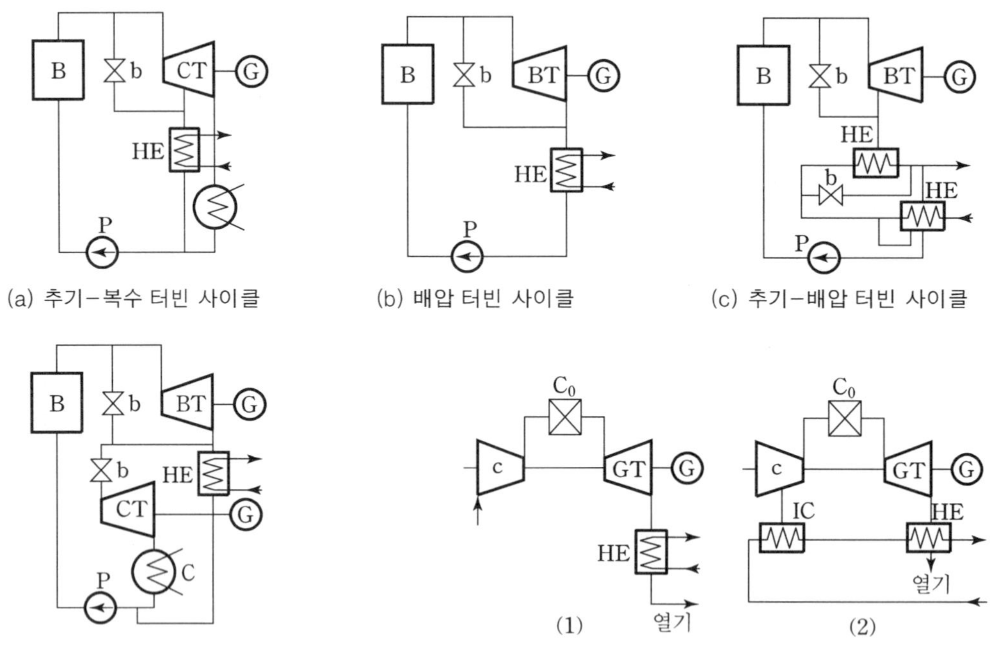

(a) 추기-복수 터빈 사이클 (b) 배압 터빈 사이클 (c) 추기-배압 터빈 사이클
(d) 배압-복수 터빈 사이클 (e) 가스 터빈 사이클

B : 보일러, b : by pass 조정변, BT : 배압터빈, CT : 복수터빈, GT : 가스터빈
C : 복수기, c : 압축기, HE : 열교환기, IC : 중간 냉각기, G : 발전기, P : 펌프, Co : 연소기

그림 2·4 기본적인 열병합 플랜트

표 2·4 각 열병합 발전 플랜트의 장단점

항목 \ 발전방식		추기-복수식	배압식	가스터빈
입지상의 문제점	용 수	냉각용수 대량 필요로 해서 해안 하천에 가까이 건설하며, 또한 냉각탑을 설치하지 않으면 안 된다.	냉각수는 그다지 필요하지 않으며, 비교적 자유스러운 입지가 가능하다.	냉각수는 거의 필요하지 않기 때문에 부하중심에 가까운 곳에 건설하는 것도 가능하다.
	용 지	비교적 출력이 대용량이기 때문에 광대한 발전소 용지를 확보하지 않으면 안 된다.	비교적 출력이 작아서 그 정도 광대한 용지가 필요하지 않다.	컴팩트한 배치가 가능하므로 용지가 가장 작아도 된다.
	연 료	중유 시설의 경우 SO2 제거대책을 고려하지 않으면 안 된다. 연료확보로 인해 산탄지의 해안 가까이 건설하지 않으면 안 된다.	좌동	액체 연료, 기체 연료밖에 사용하지 않는다. SO_2 제거대책을 구축하지 않으면 안 된다.
	공 해	매진 처리설비 SO_2 제거설비 소음 대책, 온배수 대책	좌동	SO_2 제거대책 소음 대책에 가장 힘을 주지 않으면 안 된다.
운전상의 문제점	건설비	비교적 용량이 크므로 건설단가가 낮지만 많은 금액의 건설자금이 필요하다.	비교적 용량이 작으므로 건설단가가 높다.	가장 건설비가 적게 들어간다.
	인 원	운전원, 보수원을 포함하여 비교적 많은 수의 인원이 필요하다.	좌동	가장 인원수가 적게 들어간다.
	배관방식	3관 방식적용 가능	3관 방식 전용 가능	2관 방식뿐
	열병합 시 출력	발전 전용보다 8~10[%] 출력감소가 된다.	열부하의 많고 적음에 의해 발전출력이 좌우된다.	열부하에 의해 발전출력은 거의 영향을 받지 않는다.
	발전 전용 시 출력	정격출력	복수터빈을 설치하지 않는 경우 출력은 0이다.	정격출력
	열매체의 종류에 의한 제약	제약 없음	제약 없음	제약 없음
	열매체 온도	추기 점에서 임의의 온도를 추출하여 출력감소를 수반하므로 최적의 적용 범위에서 운전해야 한다.	배압 점을 올리면 출력이 감소하므로 될 수 있는 한 낮은 온도 영역의 것이 유리하다.	배기가스 온도는 노점에서 제압되므로 170~400°C의 범위를 유효하게 이용한다.

표 2·4 (계속)

항목 \ 발전방식		추기-복수식	배압식	가스터빈
운전상의 문제점	열 공급상의 문제점	운전 중 열병합 부하의 조정, 공급개시, 정지는 비교적 자유롭게 이루어지고 있다. 전기 출력과의 관련 상 터빈을 기동 정지할 때는 대체용 열원으로 공급할 필요가 있다.	열부하의 공급이 필요하지 않을 때는 후치 복수터빈과 병용하는 경우를 제외하고 터빈을 정지하지 않으면 안 된다.	운전 중 열부하 조정은 물론 기동 정지가 단시간에 이루어지기 때문에 제약은 거의 없다.
	온수 온도 영역	100~120 [°C] 중온 영역	70~100 [°C] 저온 영역	130~170 [°C] 고온 영역
그 외 기타		많은 양의 증기를 중간단계에서부터 추기하는 것은 터빈의 구조상 또는 추기 점 전의 단락 날개의 강도상 좋지 않다.		터빈 휴지 시 및 피크 시의 열부하 변동에 대응하여 보조연소로의 설치가 가능.

표 2·5 열매체 비교

항 목 \ 종 별		열매체	
		열 기	온 수
보유 열량		소 (피크 시에는 불리)	대 (증기의 20~30배, 피크 시에 유리)
보일러 소유 용량		최대 일 부하의 1.5배	최대 열부하의 1.05배 (증기의 경우 70~75[%])
송열 손실		트랩 손실, 블로우 손실, 복수 flash out 손실(20[%] 정도), 배관 구경 대→방열 손실 대	모두 없음 배관 구경 소 → 방열 손실 소
배관	구 경	대(압력손실 대)	소(압력손실 소)
	종 류	세 종류(증기관, 복수관, 소수관)	두 종류(왕복관뿐, 2관 방식의 경우)
	제 약	배관 기울기에 유의, 트랩 설치	특별한 제약이 없음
	건설비	비싸다.	일반적으로 싸다.
열 공급		근거리 수송에 유리 특수용도에 유리 (프로세스, 고층건축물) 비교적 소용량 쪽이 유리	중·원거리 수송에 유리 규모가 작은 곳에 불리 발생 열량이 큰 곳에 유리

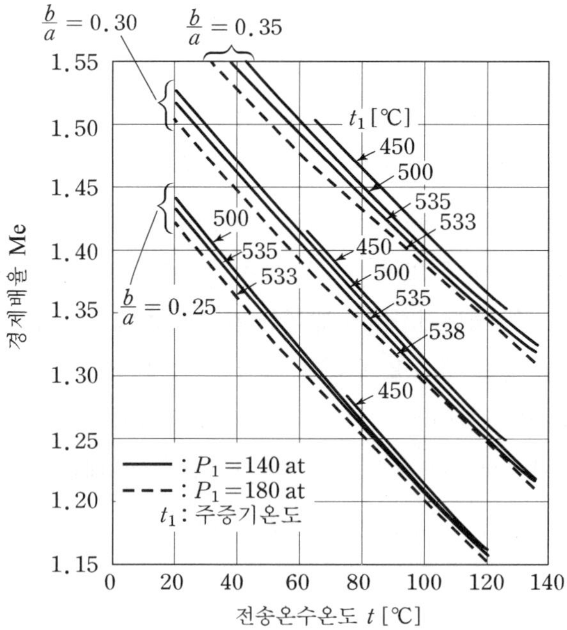

그림 2·5 열병합 발전의 경제효율

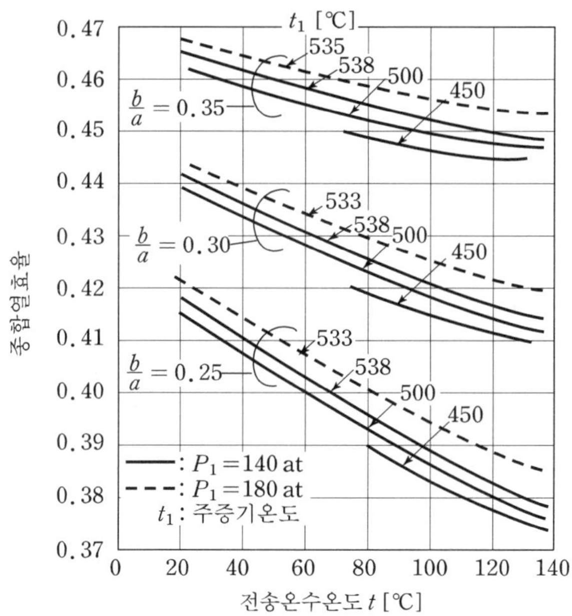

그림 2·6 열병합 발전의 종합 효율

송열(送熱) 매체로는 온수와 증기 두 가지가 사용되며, 표 2·5에 나타낸 바와 같이 부하 형태나 지리적 조건 등에 따라서 선택할 필요가 있다. ·

그림 2·5에 열병합 발전시스템의 경제성을 나타냈으며, 그림에서 경제 배율 Me은 같은 목적을 달성하기 위해서 열병합 발전을 행하는 경우와 단독 발전 및 단독 증기발생기로 행하는 경우의 경제가치에 대한 비(比)를 나타낸다. a는 동력가격[원/kcal], b는 열 가격[원/kcal]이며, 지금 보내어진 온수의 온도가 100[°C]이고 $b/a=0.3$의 경우에 Me=1.3이 되어 열병합 발전 분야가 유리하다. 그림 2·6은 열병합발전소에서 발생한 열량을 동력으로 환산하여 발생 전력에 가산한 경우의 열병합 발전의 종합 효율을 나타낸 것으로써 그 효율은 대단히 높다.

열병합 발전은 전술한 바와 같이 에너지 유효 이용의 측면에서 효과가 있을 뿐만 아니라 열 공급원의 집중화로 인한 공해방지의 쉬움과 동시에 방재 대책에 대한 이점도 있으면서 주의해야 할 점도 있다. 열병합 발전 시 공급 플랜트 자체는 큰 문제는 없으나, 연간 열병합 플랜트를 효율적으로 사용하여 안정한 열수요 및 전력수요의 밸런스를 통하여 열 수요를 확보 가능한가 하는 문제점이 있다. 우리나라에서도 잠실 롯데월드, 신라호텔, 대구의 비산 염색단지, 반월공단 등에서 대형 열병합 발전을 실현하고 있다. 주택 분야로써는 목동과 당인리발전소를 열병합 발전형식으로 개조하여 여의도, 반포, 동부 이촌의 남서울지방에 가동되어 있으며, 일산, 산본, 분당지역에도 실시되고 있다.

열수요

열병합 발전 플랜트 공급으로부터 공급된 열을 이용하는 방법으로는 지역냉난방, 하수처리, 융설, 레이저 설비, 공업 콤비네이트, 해수담수화(海水淡水化), 농축 수산 등이 있다.

① 지역냉난방

지역냉난방은 열병합 플랜트 가까운 곳의 아파트, 주택, 학교 그 외 공공시설에 사용된다. 냉방, 난방 급탕 등에 열을 공급하는 것으로써 용도에 따라서 공급되는 열의 온도도 다양하다. 국내에서는 1985년 지역냉난방을 시작한 이래, 1991년 집단에너지사업법을 제정하여 보급을 촉진한 결과 지역난방은 2023년까지 국내 총 주택 대비 19.4[%]의 보급률, 지역 냉방은 3,152개의 건물에 냉동기 용량이 약 5,515[Gcal/h] 설치되었으며, 2023년 열 생산량은 107,776천[Gcal]에 달하고 있다.

한편, 국외에서는 이미 대규모로 지역냉난방이 실용화되었다. 러시아는 예로부터 지역냉난방이 이루어져서 도시에 필요한 열에너지의 75[%]를 열병합 화력 플랜트로 공급하고, 규모·보급도 세계 최고이다. 현재 플랜트로는 최대 250[MW], 240[atg], 565[°C]를 초과하며 원자력의 대체 이용도 계획하고 있다. 또한 증기·온수의 장거리 대량 수송이 본격적으로 이루어져서 관의 길이가 20[km] 나 되기도 한다. 그 외에 동유럽, 미국, 영국, 독일 등에도 보급되어 있다.

일반적으로는 냉난방 부하는 시간에 따라서 변동하고, 냉난방 기간 중 평균 열부하는 약 45[%]로 된다. 그러므로 열 수요를 고려한 합리적인 시스템 구성이 중요하다. 송열 매체(送熱媒體)로써는 일반적으로 온수가 증기보다 유리하다. 송열 방식으로는 1차 온수를 직접 이용하는 방법과 열교환기를 설치하여 2차 온수를 이용하는 방법이 있지만, 열 수요의 규모, 공급지역의 면적, 설비비, 효율 요금 등을 고려하여 결정해야 한다.

② 하수처리

저비용과 안정된 운전이 요구되는 하수처리 플랜트에 있어서 화력·원자력 발전 플랜트의 배열을 이용하면 2차 처리에 있어서 온도조절을 통하여 처리효율을 향상할 수 있고, 잉여오니(剩餘汚泥)의 혐기성소화(嫌氣性消化), 건조 시 연료비 절감이 가능하지만, 실용화는 아직 크게 되고 있지 않다.

현재 이루어지고 있는 하수처리 방식은 그림 2·7에 나타낸 바와 같이 활성오니(活性汚泥)로 총칭되는 미생물에 하수 중의 유기물을 먹여서 처리하는 2차 처리, 또한 2차 처리 결과 발생한 잉여오니(剩餘汚泥)를 밀폐 탱크에 넣고 가열하는 유기산 발효를 시켜 메탄 발효를 하여 유기성분을 메탄가스로 변환하여 회수하는 혐기성소화가 있다. 그러나 혐기성소화는 통상 20~30일이 소요되기 때문에 현재는 건조로소각(乾燥爐消却) 방법이 보급되어 있지만, 오니(汚泥)를

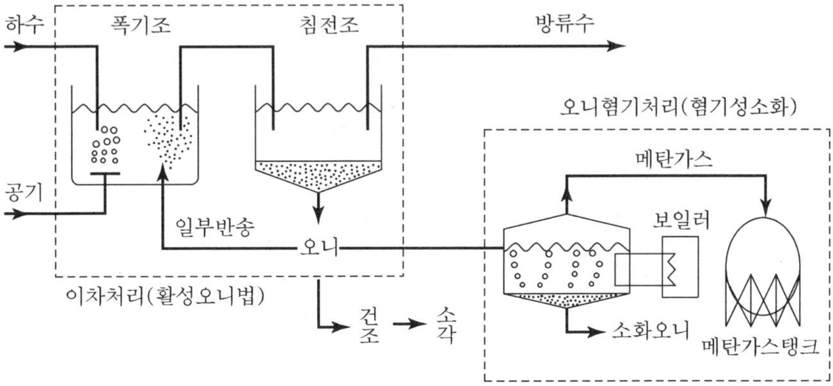

그림 2·7 하수처리 방식의 한 예

원심분리하여 농축하여도 70～80[%] 정도의 수분이 함유되어 있으므로 그 연료비가 문제가 되고 있다. 이러한 점에서 열병합 플랜트로부터의 배열을 이용하는 데는 다음 3가지의 방법을 생각해 볼 수 있다.

- 2차 처리에 이용 : 현재 2차 처리는 온도조절 없이 옥외에서 이루어지기 때문에 겨울철에는 처리능률이 저하되는 경향이 있다. 열병합 플랜트로부터 온수를 직접 유입 희석하거나 열교환기에서 온수를 병합하여 온도조절 하는 것을 생각해 볼 수 있다.
- 혐기성 처리에 이용 : 소화조 내의 열교환기에 온수를 넣는 온수 순환식이나 증기를 직접 소화조 내로 유입시키는 증기 직접 유입식이 고려되고 있다. 이로 인한 대폭적인 처리 효과 향상, 연료비의 절감이 가능하다.
- 오니 건조 : 드럼 드라이어 등 증기 그 자체의 건조기를 이용하는 것을 생각해 볼 수 있다.

③ 공업 콤비네이트

종래보다 많은 공업 분야에서는 자가용 발전소로부터 열 증기, 전력을 일정하게 공급하는 방식을 취하여 왔는데, 이것들은 어느 것이나 공장 단위 단독으로써 규모도 작은 것이었다. 그러나 석유화학 콤비네이트와 같이 각종 기업을 1개소에 집중하여 공동의 열병합발전소를 운영하는 것이 다방면에 큰 이점이 있다.

④ 해수담수화

발전 플랜트의 배열로써 해수를 담수화하는 시도가 이루어져 왔으며, 그 대표적인 방법의 특징을 표 2·6에 나타냈다.

표 2·6 해수담수화의 조합 방식과 그 특징

조합 방식		특 징
복수터빈 추기방식	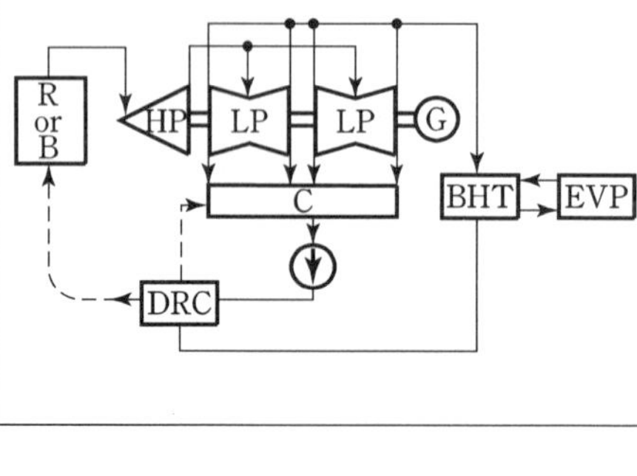	(1) 발전, 물 제조와 함께 base load 운전을 행하는 경우 적합하다. (2) 물 제조 프랜트 가열 증기량이 발전 프랜트의 증기량에 비하여 그 비율이 낮지 않을 때 채용된다. (3) 추기 압력은 0.8～3.0 기압의 추기를 대상으로 하고, 터빈의 부하 변동에 대하여 추기 점을 압력이 높은 쪽으로 절환하여 수량의 확보를 도모할 수 있다.

표 2·6 (계속)

	조합 방식	특 징
tandem 배압식 터빈 배기 이용	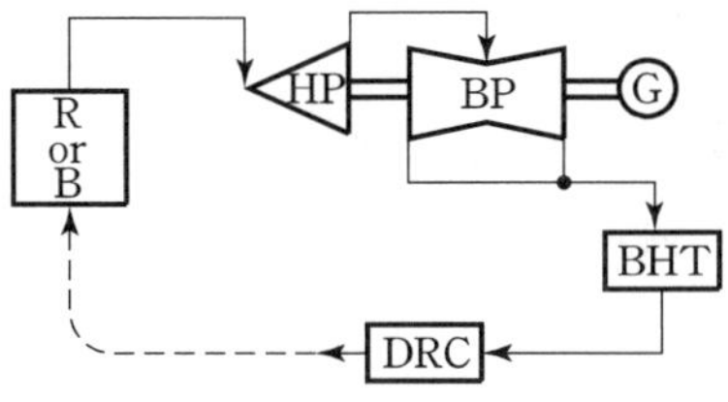	(1) 특별히 대용량의 조수를 필요로 할 때, 적합하다. (2) BHT(brine heater)가 복수기의 역할을 해서 열효율이 높다. 단 brine의 가열온도를 지나치게 낮게 하면 flash 온도 범위가 작게 되고 설비비가 늘어나게 된다. (3) 발전량은 작지 않다. (4) 전력과 물 제조 수요의 불균형으로 운전상의 융통성이 부족하다. 물 제조를 하지 않을 때는 발전이 되지 않음.
배압 복수터빈 (tandem형)	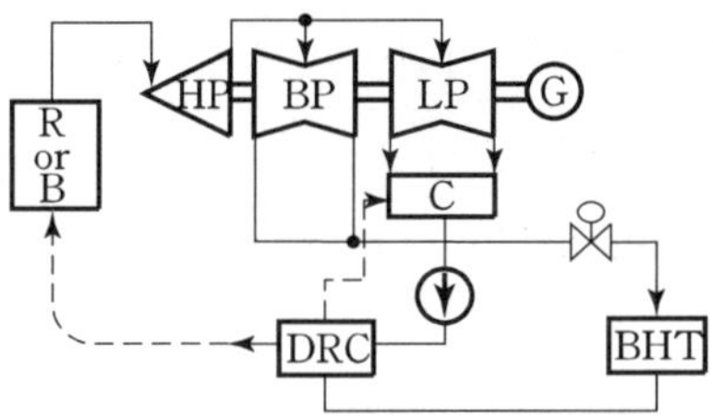	(1) 발전, 물 제조량이 큰 경우에 적합하다. (2) 발전량 또는 물 제조량이 어느 한쪽에 의해 제한된다. (3) 물 제조가 필요하지 않았을 때는 발전량이 제한된다.
배압 복수터빈 (cross compound형)	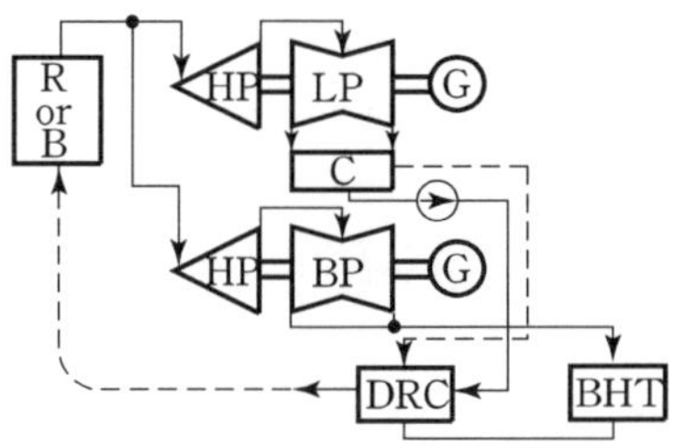	(1) 대용량 발전, 대용량 물 제조를 할 때, 적합하다. (2) 발전량, 물 제조량과 함께 운전의 유연성이 풍부하며, 부하의 변동이 흡수할 수 있어 이용률이 향상된다. (3) 물의 제조가 필요하지 않을 때는 발전 전용 터빈만이 운전할 수 있다.
가스터빈 이용	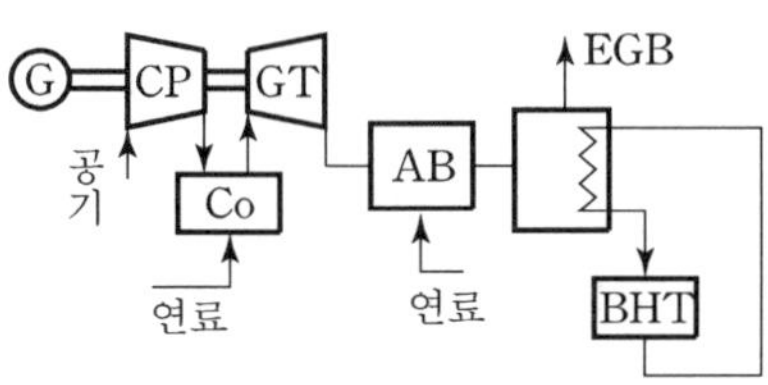	(1) 발전과 용수가 제한적일 때 적합하다. (2) 발전출력의 감소 없이 플랜트 전체의 열효율이 크게 향상된다. (3) 연료 중에 유황이 함유되면 저온부식 또는 부식의 우려가 없는 경우에도 스케일(scale) 문제가 전열관에서 발생하기 때문에 EGB를 설치하는 것이 좋다.

R : reactor, B : boiler, HP : 고압 터빈, LP : 저압 터빈, BP : 배압 터빈
CP : compressor, G : generator, BHT : brine heater, EVP : evaporator
DRC : drain cooler, C : condenser, GT : gas turbine, AB : after burner
Co : 연소기, EGB : 배가스 보일러

2·8 폐기물 재이용 시스템

1) 폐기물에 의한 자원 및 에너지 회수

우리들의 일상생활에서 배출되는 생활폐기물 및 산업 활동에서 배출되는 산업폐기물에는 유용한 자원이나 에너지가 함유되어 있다. 이들 폐기물을 자원화하여 에너지를 추출하는 것은 에너지 절약에 공헌하는 것이다.

폐기물에서 자원이나 에너지를 회수하는 것은, 우선 폐기물을 수집하는 시스템, 수집한 폐기물을 분리하는 기술을 확립하는 것이 전제조건이지만, 최종적으로는 분리한 폐기물을 처리하는 기술이 중요하다. 그 처리단계에서 폐기물로부터 유용한 자원이나 에너지를 회수하는 것은 물리적, 화학적 방법 및 생물 이용에 의한 방법 2가지가 있다.

현재 폐기물에서 에너지를 회수하는 주요 방법으로는 다음 3가지가 알려져 있다.

① 폐기물 소각에 따라 발생하는 열의 회수
② 열분해 처리에 의한 연료 회수
③ 생물 이용에 의한 폐기물의 연료화

표 2·7 연도별 폐기물 발생 현황 (단위: 만 톤/년, %)

구 분		2018년	2019년	2020년	2021년	2022년	2023년
총 계	발생량	16,283	18,149	19,546	19,738	18,645	17,619
	전년 대비 증감률[%]	3.9	11.5	7.7	1.0	−5.5	−5.5
생활계 폐기물	발생량	2,045	2,116	2,254	2,270	2,304	2,241
	전년 대비 증감률[%]	4.8	3.4	6.6	0.7	1.5	−2.7
사업장 배출 시설계 폐기물	발생량	6,122	7,396	8,087	8,490	8,106	8,326
	전년 대비 증감률[%]	1.7	20.8	9.3	5.0	−4.5	2.7
건설 폐기물	발생량	7,554	8,070	8,644	8,381	7,618	6,437
	전년 대비 증감률[%]	3.2	1.1	−1.2	6.6	3.3	−0.6

자료: 전국 폐기물 발생 및 처리 현황, 2024, 환경부

폐기물은 표 2·7과 같이 생활폐기물, 사업장 배출 시설계 폐기물 및 건설 폐기물로 나눌 수 있으며 산업 종류, 대기업 · 중소기업 등 기업 종류, 상업활동의 크기, 지역에 따라서 폐기물의 조성이 각각 다른 특징을 가지고 있다. 또한 폐기물의 발생량은 계절에 따라 변동된다.

2) 폐기물 소각으로 발생하는 열의 회수

가연성 쓰레기를 소각할 때 발생하는 열을 그 지역의 냉난방에 이용하거나 하수처리의 에너지원 혹은 발전용으로써 이용하는 방법은 이미 일부 실용화되었다. 계절에 따라서 가연성 쓰레기의 열량이 변동하고 열 수요의 변화와 가연성 쓰레기 소각로에서 발생하는 열이 균형을 이루는 것이 중요하다. 특히 발전용으로 이용하는 경우, 가연성 쓰레기의 질에 따른 증기조건의 변동으로 인하여 보일러 등의 부식이 심하므로 안정적인 공급이 곤란할 때가 많으며, 소각로의 내식성으로 인한 연소제어 기술을 개량할 필요가 있다.

표 2·8은 2023년 가연성 폐기물 발생량과 에너지 회수량을 나타내었고, 폐기물 소각으로 발생하는 열의 회수를 할 수 있는 에너지 회수량이 폐기물 발생량의 약 15[%] 수준이다. 하지만 그 수치는 해마다 상승할 것으로 예상된다. 가연성 쓰레기의 소각으로 얻어지는 증기 온도는 200～300[°C]으로 비교적 저온이며, 지역난방에 사용되는 경우가 많다.

표 2·8 가연성 폐기물 발생량 및 에너지 회수량 (단위: 천 톤/년)

가연성 폐기물 종류	발생량	에너지 회수량
폐지류	1,499	182
폐합성수지류	2,249	315
폐고무류	133	15
폐섬유류	398	58
음식물류 폐기물	539	73
폐목재류	462	160
기타	1,750	227
합계	7,030	1032

자료: 전국 폐기물 발생 및 처리 현황, 2024, 환경부

3) 열분해 처리에 의한 연료 회수 기술

생활폐기물 및 산업폐기물은 불완전 연소상태로 열 분해되며, 가연성 가스 또는 연료유를 추출하는 방법으로는 열분해 처리기술이 중심이 된다. 열분해 프로세스의 한 예를 그림 2·8에 나타냈다. 열분해 처리에 의한 방법은 다음과 같은 장점이 있다.

① NO_x, 염화수소 등의 배출량이 적다.
② 생성 가스 또는 연료유는 간단한 처리로 청정에너지로 된다.
③ 소각의 경우와는 다르게 노 내의 온도가 낮으므로 산화로 인한 노 재의 부식이 일어나기 어렵다.

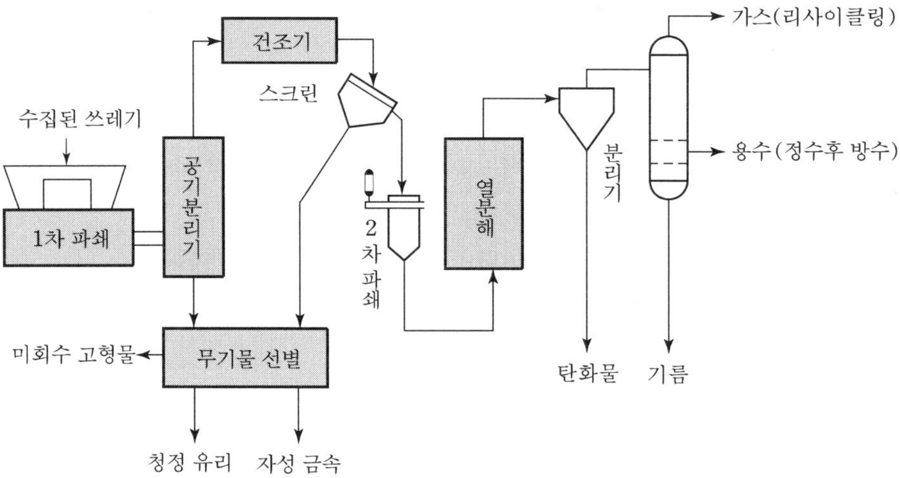

그림 2·8 Garrett 열분해 process system의 구성

4) 생물 이용에 의한 폐기물의 연료화

혐기성 미생물의 거동에 따라서 각종 쓰레기나 소변, 가축 분뇨 등의 농업 폐기물을 메탄 발효시켜 이것을 연료로 하여 회수하는 방법이 있다. 이 방법은 한국, 일본에서 이미 실시되고 있으며, 미국에서는 하수처리장에 오니(汚泥)의 혐기성소화 처리로 발생하는 가스로 하수처리의 에너지로 제공하는 예가 많다. 또한 대만의 농촌에서는 가축 분뇨를 이용하여 소규모로 가정용 가스 병합 플랜트가 실용화되어 있다.

국외에서는 예로부터 가정용의 오수처리시설로부터 연료가스를 병합하는 시도가 많았지만, 연료가 필요한 겨울에는 미생물의 활동이 둔하다는 것과 분해한 오니(汚泥)의 처리가 곤란한 것 등을 고려한 실용화를 진행하고 있다. 이 방법을 실용화하기 위해서는 미생물에 의해 소화(消化)를 촉진하는 기술, 겨울철 미생물 활동을 유지하기 위한 보온 기술 및 분해 오니에 대한 처리 기술의 개선이 진행되고 있다.

2·9 태양열에 의한 주택 냉난방·급탕

1) 주택에 있어서 태양열의 이용

일반 가정에서 이용되는 에너지의 많은 경우는 냉난방, 급탕(목욕, 조리용) 등이 있으며, 태양열을 이용하는 방법에 따라서 상당한 부분을 공급하는 것이 가능하다. 태양열은 그 이용 방법에 따라서

① 태양열 급탕 시스템
② 태양열 난방 시스템
③ 태양열 냉난방 시스템
④ 태양열 히트펌프 냉난방 시스템

의 네가지로 구분하는 것이 가능하다. 이들 기술은 종래의 기술에 의해서도 가능하지만, 문제는 경제성, 내구성, 신뢰성 등 실시상의 문제에 귀착된다.

2) 태양열 급탕

태양열에 의한 급탕 시스템으로써는 개인주택의 옥상 등에 집열기를 설치하는 개별식과 아파트, 병원, 학교 등의 옥상에 고효율 집열기를 설치하는 집중식으로 분류된다. 개별식은 상당 부분 보급되어 있으며, 여름에는 50~60[°C] 겨울에는 20~30[°C]의 온수를 200[ℓ] 정도 얻는 것이 가능하고, 이 용량을 석유로 환산하면 연간 1대당 100[ℓ] 이상 에너지를 절약하는

것이 가능하다. 기술적으로는 차후 효율 향상과 설비의 수명 연장에 대한 노력이 필요하다.

3) 태양열 난방

태양열로 주택난방을 하는 경우는 태양열을 평판형 집열기 등으로 낮 동안 30~50[°C]으로 집열하고, 이것을 축열하여 저장한 후 그 열을 순환하고 실내를 난방한다.

기존 태양열 주택의 예를 들면 집열면적과 상면적(床面積)의 비율에 따라서 다소의 차이가 있지만 전체 난방에너지의 50~60[%]을 태양열로 공급하는 것이 가능하다. 나머지 에너지는 보조 보일러로 연료를 연소한다.

차후 태양열 난방을 설치한 주택구조를 개발하는 것, 비용의 저감, 내구성, 신뢰성의 향상이 중요하다. 그림 2·9는 태양열 난방의 개략도를 나타낸 것이다.

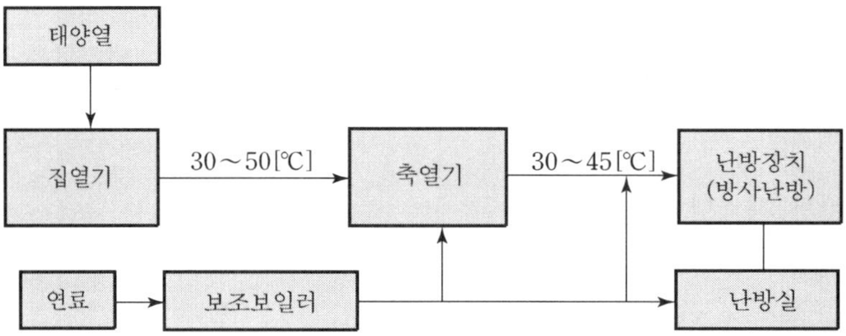

그림 2·9 태양열 난방

4) 태양열 냉난방

태양열 냉난방 시스템의 경우 동계 난방은 2·9절 3)에서 기술한 직접난방과 동일한 형태이지만, 여름에는 집열된 태양열을 흡수냉동기의 동력원으로 이용한다. 이 시스템의 구성은 그림 2·10과 같이 집열기, 고온 측 축열조, 냉동기, 냉각탑, 보조 보일러, 저온 측 축열조, 실내 냉난방장치 및 열을 전달하는 열매체로 이루어진다. 이 중에서 중요한 역할을 하는 흡수냉동기는 열을 가하여 물체를 냉각하는 장치이고, 그 동작 원리는 다음과 같다.

식염을 공기 중에 방치하면 공기 중의 습기를 흡수하여 소위 조해(潮解)라는 현상이 일어난다. 공기 중의 습기가 흡수되면 온도가 내려가기 때문에 공기는 주변으로부터 다시 습기를 흡수하게 되지만, 이때 주변으로부터 기화(氣化)의 잠열을 빼앗게 된다. 습기를 흡수한 식염에 열을 가하면 건조되면서 수분을 방출하기 때문에 이 식염을 다시 습한 공기에 두면 새로운 습기를 흡수하게 된다. 흡수 냉동기는 이러한 원리를 기초로 하고 있다.

그림 2·11은 암모니아 수용액을 냉매로 이용한 경우의 예로써 냉매 증기의 압축은 기계적 방법이 아니고, 용매로의 흡수 및 용액으로부터의 방출 때문에 행하여진다. 즉, 농도가 짙은 암모니아 용액은 가열기로 가열되어 농도가 짙은 암모니아 증기를 발생하고, 남은 용액은 암모니아 농도가 낮은 용액으로 된다. 농도가 짙은 암모니아 증기는 응축기에서 액화된 후, 팽창변(膨脹弁)을 통하여 팽창되고 냉동효과를 발휘하여 저온, 저압의 암모니아 증기로 된다. 한편, 가열기에서 농도가 약하게 된 암모니아 용액은 강압되어 흡수기로 보내지고, 흡수기에서 증발기

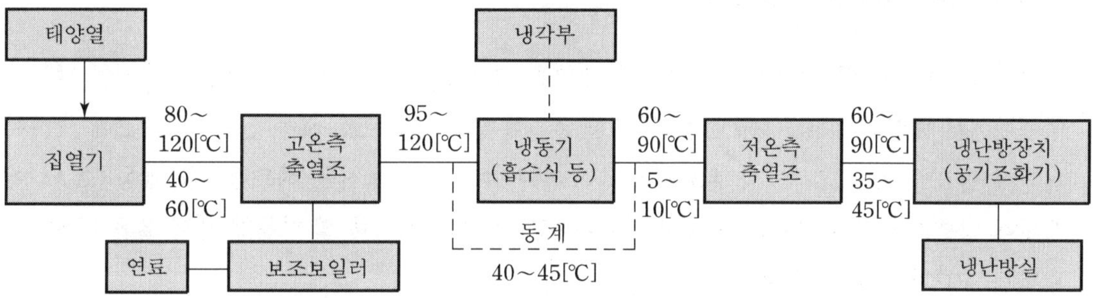

그림 2·10 태양열 냉난방

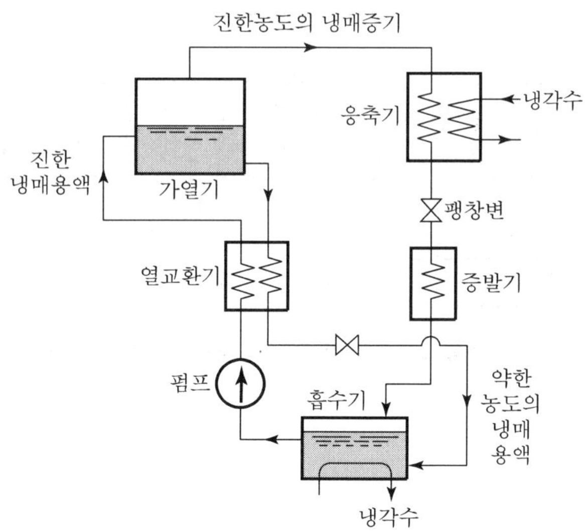

그림 2·11 흡수 냉동기의 동작

로부터 발생한 암모니아 증기를 흡수하여 다시 농도가 짙은 암모니아 용액으로 된 후, 다시 가열기로 보내진다.

0[°C] 이상의 고온 영역의 대형흡수기에서는 염화리튬(LiCl) 또는 브롬리튬(LiBr)의 수용액이 이용되고, 물이 냉매로 된다. 0～－25[°C] 중온용으로는 암모니아수, －25～－50[°C]의 저온용으로는 암모니아수와 NH_3－$LiNO_3$을 이용한 1단 혹은 2단 흡수식이 이용된다.

흡수냉동기에 필요로 한 열원의 온도는 80～120[°C]이며, 집열에는 집광형 또는 고열성의 평판 집열기가 필요하다. 80[°C] 이상의 온도를 얻는 집열 설비 및 높은 단열성능을 가진 배관이나 축열조 등을 갖추는 것은 경제성, 주택구조를 고려하여 검토할 필요가 있다.

5) 태양열 히트펌프 냉·난방

히트펌프를 이용한 태양열 냉・난방의 방법을 그림 2·12에 나타냈다. 겨울 난방시는 태양열 집열기에서 태양열을 10～20[°C]로 집열한 후, 이 열을 열원으로 하는 전동히트펌프에 의하여 난방에 필요한 30～50[°C]의 온도로 상승시킨다. 여름의 냉방시는 히트펌프를 냉동기로써 이용하여 냉방한다. 기술적으로 큰 문제는 아니지만, 비용의 저감화 및 여름철 과잉 열을 이용하는 방법을 고려할 필요가 있다.

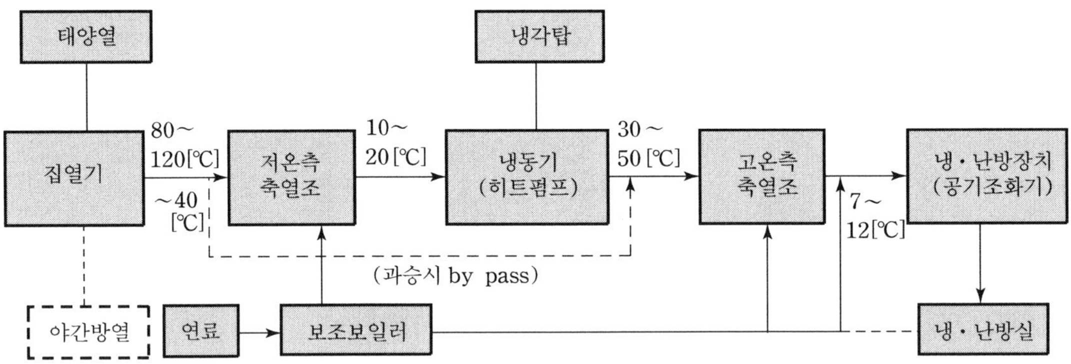

그림 2·12 태양열 히트펌프 냉·난방

2·10 교통과 에너지

1) 수송에 이용되는 에너지

수송에 이용되는 에너지는 2023년 기준 국내 최종 수요 전체의 17.0[%] 정도로 산업 부분 그다음의 비중을 차지하고 있다. 수송량은 여객 수송과 화물 수송으로 구분된다.

일본의 경우 자가용 승용차는 수송량이 전체의 1/3 정도이지만, 소비하는 에너지는 전체의 2/3에 이른다. 여기에다 국철 · 민간철도를 더하면 수송은 전체 수송량의 46[%] 정도를 차지하고 에너지소비량은 전체의 12[%] 정도에 지나지 않으므로 에너지의 소비 측면에서 철도의 우위성이 분명하게 나타난다. 화물 수송은 일본의 경우 50[%] 을 초과하는 수송량이 선박에 의해서 이루어진다. 에너지 소비 측면에서는 28[%] 정도이다. 화물수송량의 36[%] 을 차지하는 트럭은 68[%] 이상의 에너지를 소비하기 때문에 자동차의 에너지 소비가 크다고 할 수 있다.

우리나라도 1971년 0.2[%], 1980년 13.0[%], 2023년 17.0[%] 로 수송이 점하는 에너지 소비 비율이 크게 상승하여 수송에너지, 즉 물류비용 저감을 기함으로써 생산품의 경쟁력이 유지됨을

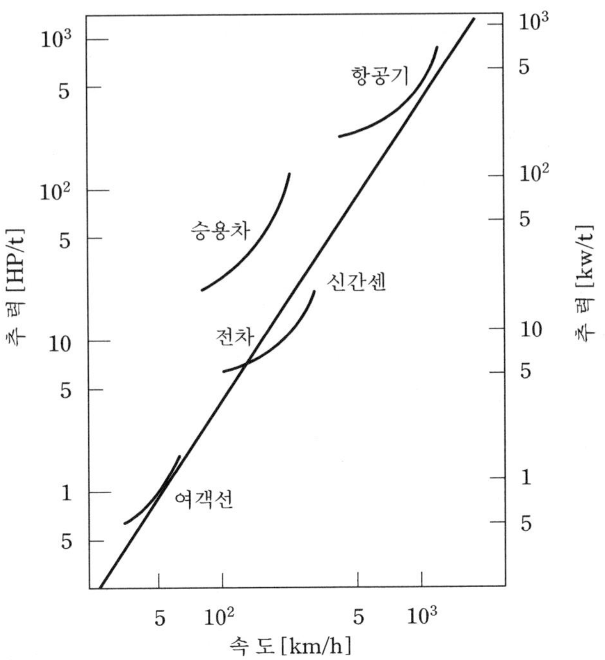

그림 2·13 운송기관의 중량당 필요 추력(推力)

알 수 있다. 수송에너지의 저감을 위해서는 각종 수송기관의 효율 개선에 많은 연구를 아끼지 않아야 하겠다.

그림 2·13은 각종 수송기관의 속도와 중량에 대한 추력(推力) 특성을 나타낸 것으로써 중량당 필요 추력은 속도에 거의 비례하여 증가하지만, 승용차나 항공기는 철도 등에 비하여 큰 추력이 필요하고 많은 에너지를 소비하는 것으로 알려져 있다.

2) 자동차의 에너지 소비율 개선

전술한 바와 같이 자동차는 에너지 소비율이 높으므로 큰 문제가 되고 있으나, 그 편리성으로 인하여 많이 사용되고 있다.

그러므로 자동차의 에너지소비량을 감소하는 것이 중요하다. 에너지소비량을 감소하는 방법으로써 ① 기관효율의 개선, ② 본체의 경량화, ③ 주행저항의 감소 등이 있다.

종래의 자동차 추진기관은 카르노 사이클의 이론효율에서 고안되어 대폭 개선은 곤란하며, NO_x 등의 배출규제에 따라서 촉매식 배기가스 제어장치의 부착과 연소제어에 의한 연소온도의 저하 등에 따라서 효율이 저하되는 경향이 있다. 이 때문에 기존의 엔진을 대신하여 경제적으로 우수함과 동시에 환경오염이 작은 엔진으로써 가스터빈 엔진, 랭킨 엔진 등과 같은 내연기관 엔진, 전력을 동력으로 하는 전기자동차 및 수소와 메탄올 등을 연료로 하는 새로운 내연 기관 등이 고안되고 있다.

그중에서 실현성이 높고, 경제적으로 우수한 것으로 외연 기관과 전기자동차 등이 있다. 외연기관은 각종 연료의 사용이 가능하고, 제어가 내연기관과 비교하여 쉬우며 환경에 주는 영향도 적다. 랭킨 엔진은 증기기관으로써 알려졌지만, 효율이 그다지 높지 않고 엔진 중량이 크다는 결점이 있어서 현재는 자동차용 가스터빈, 스탈링 엔진의 개발에 주력하고 있다.

전기자동차는 출력이 작고, 중량이 크다는 결점 때문에 과거에는 실용화되지 않았지만, 최근 고출력 전지와 수소 연료전지 출현과 함께 승용과 화물용 등으로 세계 자동차 시장을 주도할 정도로 광범위하게 사용되고 있다. 수소나 메탄올을 이용한 새로운 내연기관은 장치의 수명, 경제성의 측면에서 많은 문제가 남아 있어서 본격적인 실용화가 되지 못하고 있다.

자동차는 본체의 경량화 측면에서 차체 중량과 연료 소비량은 거의 비례하기 때문에 우리나라와 미국, 독일 등 자동차 선진국에서도 이것이 자동차의 에너지소비효율 개선의 가장 효과적인 대책으로 고려되고 있다. 구체적으로 알루미늄합금 등의 경금속을 차체로 사용하고, 중량을 가

볍게 하여 엔진에 대하여 부하를 줄이는 대책이 고려되고 있으며, 알루미늄합금 제조에 필요한 에너지를 상쇄하고도 10~20[%]의 에너지 절약이 가능하다.

3) 새로운 교통 시스템

에너지 소비 효율이 낮은 자동차가 현실에 큰 역할을 하는 최대 이유는 전술한 바와 같이 자동차를 사용하는 사람의 편리성 때문이다. 이 때문에 기존 교통기관에는 없는 사용하기 쉬운 새로운 교통 시스템을 개발하여 자동차에 대한 수요를 전환함에 따라서 에너지를 절약하는 것을 고려하여야 한다. 현재, 세계적으로 연구개발 또는 실용화되고 있는 새로운 교통 시스템은 100가지 이상이지만, 기능적으로는 보면 표 2·9와 같이 6가지로 분류할 수 있다.

표 2·9 새로운 교통 시스템

운송 형태	동력	궤도의 유무	운전원	개요	적용장소	장점·단점
(1) 연속	지상	유	무인	보도	터미널, 공항	단거리 수송에 적용되며 자유도, 쾌적성 속도가 떨어짐
(2) 불연속	지상	유	무인	벨트 상에 소형 차량을 달리게 하는 것	공장, 터미널	자유도, 운송에 탄력성이 떨어짐
(3) 불연속	차상	유	유인	모노레일 (기존의 철도)	도시 내 도시근교	운송 수요의 변화에 대한 여유 있음. 편익성, 쾌적성, 스피드 좋음
(4) 불연속	차상	유	무인	컴퓨터에 의한 목적지까지 무인 유도	상동	편익성, 탄력성이 충분하여 guide way 망을 완비하여야 할 필요
(5) 불연속	차상	무	유인	미니카, 시스템, demand bus	단지, 터미널	본질적으로 기존의 버스, 택시와 같음
(6) dual mode				guide way와 일반도로를 자유롭게 주행 가능	도시 내 도시근교	(4)와 (5)의 장점을 합친 guide way는 무인운전과 지상 구동이 가능하며, dual mode를 위한 엔진 개발이 필요

2·11 심야전기에너지 이용시스템

1) 빙축열 시스템(ice thermal storage system)

빙축열 시스템은 심야(22 : 00~08 : 00)에 값싼 전력으로 냉동기를 가동하여 얼음을 생산하고 생산된 얼음(빙축열) 또는 냉수(수축열)를 축열조에 저장하였다가 낮에 녹여 가며 냉방에 이용함으로써 저렴한 비용으로 냉방을 실현할 수 있는 설비로서 뛰어난 부하 추정성을 지녔으며, 안정된 냉방 상태를 유지할 수 있어 고품질의 쾌적 냉방을 보장한다.

국가적으로는 심야전력 활용으로 전원설비의 효율성이 매우 높아지게 된다. 또한 여름철 뜨거운 한낮에 집중되는 전력수요를 고르게 분산하는 효과를 가져와 여름철 주간 최대부하에 대비한 전원설비 투자 증가에 대한 과잉 부담을 크게 덜 수 있다.

이렇게 심야전력을 적극적으로 활용하는 것은 사용자의 경제적 냉방을 실현하는 한편, 국가경제적으로도 크게 유익할 뿐만 아니라 환경보존의 차원에서도 적극적으로 권장하고 있다.

2) 빙축열 시스템의 주요 구성기기

● 저온 냉동기(brine chiller)

심야에는 얼음을 만들기 위하여 영하의 온도로 가동(제빙 운전)되며, 주간 시간에는 일반 냉동기와 같은 상태(냉수 운전)로 운전된다.

● 냉각탑(cooling tower)

냉동기 가동 시 고온의 냉매 가스를 응축하기 위해 응축기에 일정한 온도의 냉각수를 공급하며, 냉동기와 연동으로 운전된다.

● 빙축열조(ice storage)

낮에 필요한 냉방부하를 심야에 얼음의 형태로 저장하는 저장조이다.

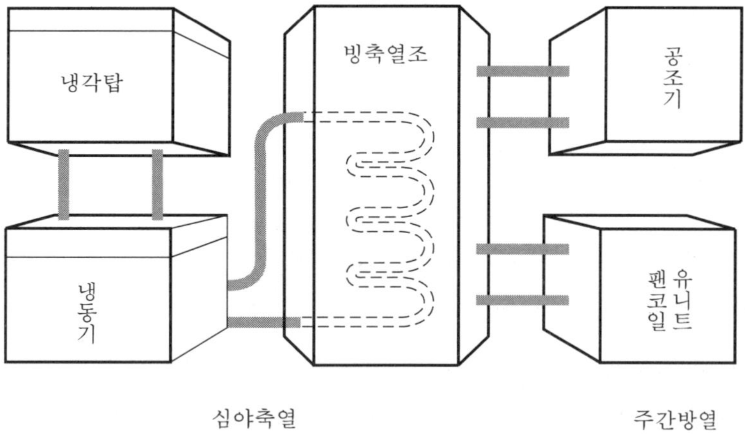

그림 2·14 빙축열 시스템의 구성도

● 열교환기(heat exchanger)

1차 냉열원의 브라인과 2차 냉방부하 측의 냉수를 서로 열 교환시켜 필요한 냉방 열량 공급장치로서 대부분 전열 성능이 우수한 판형 열교환기를 사용한다.

3) 심야전기 이용 난방

심야전기를 이용하여 난방으로 이용하는 현황을 보면 ① 기타 연료 사용 시에는 인력 문제와 비용이 증가하고, ② 연료 사용으로 인한 비용을 줄이고자 축열조를 이용한 유효전력(심야전력) 시스템을 도입하여야 한다는 것이 지적되고 있으며, 개선내용으로는 ① 연료와 심야전기 사용 시의 비교분석이 필요하며, ② 심야전기 사용에 필요한 전용 회로를 설치하여야 할 것이 대두되고 있다.

다음에 심야전기에너지를 난방에 이용할 때의 한 예를 보여준다.

표 2·10 심야전기 이용 난방 시 기대효과

절감가능액(천원)	투자비(천원)	회수기간(년)	비 고
49,207	80,000	1.63	심야전력비 : 30[원/kWh]

• 개선 전 : 연료(경유) 사용

– 시간당 연료 사용량 : 37[ℓ/h]

– 연간 연료 사용량 : 37[ℓ/h]×6[h/일]×270[일/년]=59,940[ℓ/년]

– 연료비 : 59,940[ℓ/년]×1,125[원/ℓ]=67,432[천원/년]

• 개선 후 : 심야전기 사용(심야전력 : 22 : 00 ~ 08 : 00)

– 전기 설비 용량 : 75[kW]×3대

– 전기사용량 : 75[kW]×3대×10[h/일]×270[일/년]=607,500[kWh/년]

– 전기 사용요금 : 607,500[kWh/년]×30[원/kWh]=18,225[천원/년]

• 절감 금액 : 67,432[천원/년] – 18,225[천원/년] = 49,207[천원/년]

• 투자비 : 80,000[천원]

• 투자비 회수 기간 : 80,000[천원]÷49,207[천원/년] = 1.63[년]

2 장 연습문제

2·1 산업용 기기나 설비의 효율 향상 방법 현황과 개선책에 관하여 설명하시오.

2·2 폐열의 유효 이용 방법에 관하여 설명하시오.

2·3 열에너지의 종합 이용 방법을 설명하시오.

2·4 폐기물 재이용 시스템을 설명하시오.

2·5 태양열에 의한 냉·난방시스템을 설명하시오.

3장 대용량 전기에너지 발생과 전기에너지 시스템의 개괄

3·1 전기에너지 시스템의 개괄, 성장률 및 주요 에너지원

1) 전기에너지 시스템의 개괄

에너지를 이용하고 활용하는 것은 생활의 질 향상을 위하여 중요한 요소이다. 에너지의 사용은 사회적으로 우리의 능력을 발전시키고 육체적으로 편안함을 주게 한다. 이 절에서는 전기에너지 시스템을 이해하는 것에 그 목적을 둔다. 특히, 종합시스템뿐만 아니라 전기에너지 발생시스템의 광범위한 부분까지도 이해할 것이다. 또한 광범위한 비전기기계적(非電氣機械的) 에너지 변환 방법에 관해서도 서술할 것이다. 이 절에서는 광범위하고 중요한 내용을 다루고 있다. 전력장치와 시스템의 원리에 대한 이해는 현재 우리가 직면하고 있는 에너지, 공해와 기아의 문제를 개선하기 위해 전기적 기술 활용을 확장하기를 원하는 사람들에게 중요한 것이다.

전기기계의 적용성에 관하여 우리가 가지고 있는 지식으로부터 산업의 많은 부분이 중요시되고, 연구나 진보된 발전을 위한 필요성으로 사회의 요구에 부응하고 있다. 예를 들면, 매년 생산되고 있는 많은 수의 시계 모터는 디자인과 생산에 있어 거의 표준화되어 있다. 그러나, 이것은 많은 다른 산업용 모터도 마찬가지이다. 이것은 단지 하나의 예이지만 오늘날의 전기기계적인 발전의 형태이다. 비록 고전적인 모터를 제조하는데 뚜렷한 변화는 없지만, 머지않은 장래에 크게 바뀔 것이다. 가정, 사무실, 사업용, 산업공장에서 사용하는 작은 유도 전동기의 효율을 개선하기 위한 노력을 통하여 효율을 20[%] 개선하는 것으로 선진국에서는 하루에 1~2백만 배럴의 기름을 절약할 수 있다.

이러한 노력의 결과, 재료와 디자인, 재료의 유효성을 유지하고 제조업에서의 환경적 영향을 바꾸고 절연재료의 사용과 이러한 재료들의 제조에너지 단가를 개선함으로써 모터의 효율을 지속적으로 개선할 수 있다. 예를 들면, 알루미늄은 전기기계적으로 적용하는데 좋은 전기적 특성을 많이 가지고 있고, 지구상에서 가장 풍부한 금속 중의 하나이다. 그러나 원석에서 가공하기 위한 에너지의 사용이 너무 크다. 이외에 제조업 및 전통적인 기기 운전의 변화는 에너지와 환경적인 필요성으로 대두되기 시작하였다. 새로운 전기기계를 구성하기 위하여 많은 흥미로운 적용이 있고, 고전적인 구성물의 비정상적인 운용, 모든 형태의 전기기계에 대한 복잡한 전자제어, 그리고 훨씬 더 경제적이고 효율적으로 전기기계를 설계하기 위하여 이론과 설계기술의 이해가 필요하게 되었다.

전기기계의 전자제어는 전자 기원의 여명기에서부터 사용되어왔고, 천연 수은-아크 정류기 제어 모터의 사용과 더불어 시작되었다. 그러나 오늘날 반도체 등 고체 상태의 전력 소자, 집적회로, 고성능 컴퓨터 모듈의 출현과 급속한 발전으로 모터제어의 범위, 질 및 정밀도는 실제로 끝없이 발전시킬 수 있다.

전기기계와 전자회로의 통합이 시작되었다. 항상 환경은 전기기계의 디자인과 동작의 변화를 제공하고 있다. 예를 들면, 효과적으로 신뢰성 있는 전기절연은 초기의 전기기계 설계자들에게는 매우 어려운 문제점 중의 하나였다. 최근에는 회전기기를 원자력발전소와 우주선에 사용하기 위하여 다양한 형태의 핵 방사능이 포함된 특정한 환경에 대하여 발전하고 있다. 이러한 환경에 대한 신뢰성은 우주에 적용하는데 요구되고 있다. 마지막으로 새로운 에너지원은 경제적 생존능력이 되고, 전기기계적 에너지 변환기는 열변환기, 풍차, 다양한 핵 시설물, 석탄-석유 변환공정, 수소시스템 등과 같은 에너지원과 조합을 위한 특성이 필요하게 될 것이다.

그림 3·1은 화력발전소로부터 수용가에 전력을 공급하는 개략도를 나타낸다. 여기서 종합시스템뿐만 아니라 이 시스템의 중요한 전기적 구성요소를 이해할 것이다. 그림과 같이 종합시스템의 전기적 구성요소에 대한 이해뿐만 아니라, 서로 연관된 몇 가지의 전력 발전시스템에 대한 상호연관성에 대해서도 다룰 것이다. 그러한 개별시스템 사이의 상호연관성은 전기에너지를 수용가에 경제적, 안정적으로 공급하는데 필요할 것이다.

그림 3·1과 같이 화력발전소에서 열에너지는 전기에너지로 변환된다. 그리고 전기에너지는 수용가 근처에 있는 변전소로 전송된다. 일반적으로 발전소는 수용가로부터 멀리 떨어진 지점에

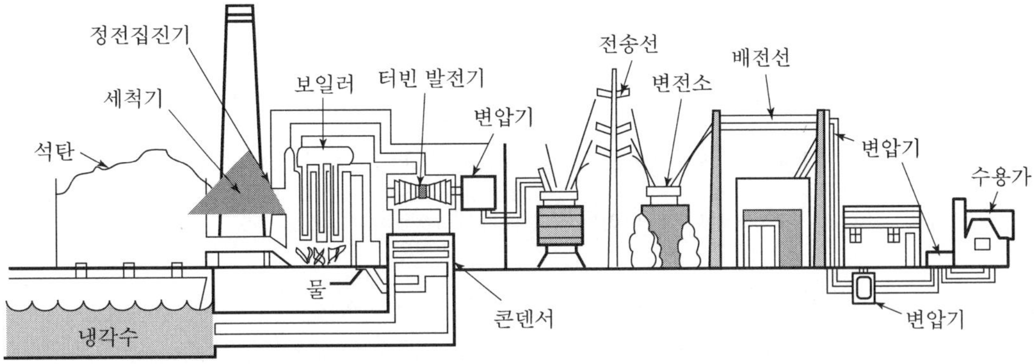

그림 3·1 화력발전소에서 수용가까지의 전력공급 과정

있다. 그래서 전력 사용의 주요한 장점 중의 하나는 발전지점에서 수용가 지점으로의 전력 전송이 편리하다는 것이다. 그림과 같이 발전기 측의 변압기는 발전된 전기에너지의 전압을 상승시켜 송전하는 데 사용되며, 수용가 측의 변압기는 높은 전압을 적절히 강하시켜서 수용가에 배전하는 데 사용된다. 전압을 상승시키는 것은 송전 혹은 배전 시의 손실을 적게 할 목적과 대용량의 에너지를 공급하기 위함이고, 전압을 강하시켜 수용가에 보내는 것은 사용기기의 정격전압에 대처하고 사고 시 위험을 감소시키기 위함이 그 이유이다.

1) 절에서는 전력장치와 시스템과 관련된 개괄적 개념에 대하여 언급하였으며, **2)** 절에서 에너지에 대한 개념을 위하여 단위와 기초적 정의, 성장률 및 주요 에너지원의 개괄에 관하여 소개할 것이다.

2) 에너지와 힘

F 방향으로의 선형변위 l 을 통하여 물체를 이동할 때, 물체에 가해진 힘을 F 라 한다. 힘으로 행하여진 일 U 는 F 와 l 의 곱으로 정의된다. 즉

$$U = Fl \tag{3·1}$$

만약 변위가 F 방향이 아니면, 행하여진 일은 변위와 변위 방향으로의 힘 성분과 곱으로 된다. 즉,

$$U = Fl\cos\alpha \tag{3·2}$$

여기서 α 는 F 와 l 사이의 각이다. 일은 줄(J)로 측정된다. 식 (3·1)에서 1줄은 하나의 물체를

힘의 방향으로 1[m] 이동시키는 데 1뉴턴(N)의 힘으로 행하여진 일이다.

$$1[J] = 1[N \cdot m]$$

비록 에너지가 형태별로 다른 단위를 사용하더라도 에너지는 일과 같은 단위를 사용한다. 전기에너지의 기본단위는 watt－second[W・s]이며, 여기서

$$1[W \cdot s] = 1[J] \qquad (3 \cdot 3)$$

그러나 일반적으로 전기에너지는 kilowatthours[kWh]로 측정된다. 식 (3·3)에서 식 (3·4)가 얻어진다.

$$1[kWh] = 3.6 \times 10^6[J] \qquad (3 \cdot 4)$$

가장 중요한 두 가지 형태의 기계적 에너지는 운동에너지와 위치에너지다. 질량 M[kg] 인 물체가 속도 u[m/s]로 이동하면 운동에너지 (K_E)는

$$K_E = \frac{1}{2}Mu^2[J] \qquad (3 \cdot 5)$$

어떤 물체의 위치에 의하여 위치에너지(P_E)가 주어진다. 예를 들면, 중력장에서 중력에 의한 위치에너지는 물체의 위치에 의하여 결정된다. 지표면의 높이 h [m]에서 질량 M[kg] 은 식 (3·6)과 같이 중력에 의한 P_E을 가진다.

$$P_E = Mgh\,[J] \qquad (3 \cdot 6)$$

여기서 g 는 중력 가속도이고 [m/s^2]로 표시된다.

열에너지는 일반적으로 칼로리[cal] 단위로 측정된다. 1칼로리는 15[°C]에서 물 1[g]을 1[°C] 올리는데 필요한 열이다. 열에너지의 단위로써 더욱더 일반적인 단위는 [kcal]이다. 실험적으로 식 (3·7)이 사용되어 왔다.

$$1[cal] = 4.186[J] \qquad (3 \cdot 7)$$

열에너지의 다른 단위는 British thermal unit[Btu]이고 이것은 식 (3·8)과 같이 줄과 칼로리의 관계식으로 표시된다.

$$1[Btu] = 1.055 \times 10^3[J] = 0.252 \times 10^3[cal] \qquad (3 \cdot 8)$$

줄과 칼로리는 각각 작은 단위이기 때문에, 열에너지와 전기에너지는 일반적으로 Btu와 [kWh]로 각각 표시한다. 지금까지 큰 에너지의 단위는 quad를 사용하고 있으며, 이것은 'quadrillion British thermal unit'을 의미한다. 이들 단위 사이의 상호관계는

$$1[\mathrm{quad}] = 10^{15}[\mathrm{Btu}] = 1.055 \times 10^{18}[\mathrm{J}] \tag{3·9}$$

(어떤 필자는 1[quad] 을 10^{18}[Btu]로 정의하기도 한다)

힘은 행하여진 일에 대한 시간의 비로 정의되기도 한다. 전력은 시간에 대한 에너지의 변화율이다. 이와 같이 순시전력 p 는 식 (3·10)과 같이 계산된다.

$$p = \frac{dU}{dT} = \frac{dW}{dT} \tag{3·10}$$

여기서 U 는 일이고, W 는 에너지를 나타낸다. 전력의 SI 단위는 [W]이다. 1[W]은 초당 1[J]과 같다.

$$1[\mathrm{W}] = 1[\mathrm{J/s}] \tag{3·11}$$

전력공학에서 일반적으로 사용되고 있는 watt의 배수는 [kW]와 [MW]이다. 전동기의 정격(혹은 출력)은 horsepower[hp]로 표시된다. 1[hp]은 식 (3·12)와 같다.

$$1[\mathrm{hp}] \fallingdotseq 745.7[\mathrm{W}] \tag{3·12}$$

예제 3·1

어느 나라의 에너지 수요량은 거의 2.82×10^6[GWh]이었다. 이 에너지를 British thermal unit으로 환산하라.

풀이 $1[\mathrm{GWh}] = 10^9[\mathrm{Wh}] = 10^6[\mathrm{kWh}]$에서 $2.82 \times 10^6[\mathrm{GWh}] = 2.82 \times 10^{12}[\mathrm{kWh}]$을 얻는다. 다음에 식 (3·4)로부터

$$2.82 \times 10^{12}[\mathrm{kWh}] = 3.6 \times 10^6 \times 2.82 \times 10^{12}[\mathrm{J}] = 10.152 \times 10^{18}[\mathrm{J}]$$

마지막으로, 식 (3·8)과 식 (3·9)에서 다음의 식을 얻을 수 있다.

$$10.152 \times 10^{18}[\mathrm{J}] = \frac{10.152}{1.055} \times 10^{15}[\mathrm{Btu}] = 9.623 \times 10^{15}[\mathrm{Btu}] = 9.623[\mathrm{quad}]$$

예제 3·2

석탄은 940[W·year/ton]의 평균 에너지를 가지고 있고, 천연가스는 평균 0.036[W·year/ft^3]의 평균 에너지를 가지고 있다. 만약 예제 3·1에서 에너지 요구량의 80[%]를 석탄으로 20[%]를 가스로 혼합하여 사용한다면, 석탄과 석유가 얼마나 필요하겠는가?

풀이 예제 3·1에서

$$2.82\times 10^{6}[\text{GWh}]=\frac{2.82\times 10^{15}}{365\times 24}[\text{W}\cdot\text{years}]=3.22\times 10^{11}[\text{W}\cdot\text{years}]$$

여기서 석탄에 의하여 공급되는 에너지는

$$=0.8\times 3.22\times 10^{11}=2.576\times 10^{11}[\text{W}\cdot\text{years}]$$

천연가스에 의하여 공급되는 에너지는

$$=0.2\times 3.22\times 10^{11}=6.44\times 10^{10}[\text{W}\cdot\text{years}]$$

$$\text{석탄 요구량}=\frac{2.576\times 10^{11}}{940}=2.74\times 10^{8}[\text{tons}]$$

$$\text{가스 요구량}=\frac{6.44\times 10^{10}}{0.036}=1.79\times 10^{12}[\text{ft}^3]$$

예제 3·3

일정량의 연료가 발전소에서 3×10^{-3}[quad]의 에너지로 변환될 수 있다. 만일 24시간 동안 발전기의 평균 부하가 50[MW]이면, 연료를 몇 일 동안 사용할 수 있겠는가? 효율은 입력에 대한 출력의 비율로써 정의되고 발전소에 대하여 20[%]의 효율이 있다.

풀이 식 (3·9)와 (3·11)에서, 연료로 사용할 수 있는 에너지는

$$3\times 10^{-3}[\text{quad}]=3\times 10^{-3}\times 1.055\times 10^{18}[\text{W}\cdot\text{s}]$$
$$=\frac{3\times 10^{-3}\times 1.055\times 10^{18}}{60\times 60\times 10^{6}}[\text{MWh}]=8.79\times 10^{5}[\text{MWh}]$$

24시간 동안 발전소에서는 부하에 $50\times 24=1{,}200$[MWh]의 에너지를 부하에 공급하여야 한다. 발전소 효율이 20[%]이므로 매일 $\frac{1{,}200}{0.2}=6{,}000$[MWh]의 에너지를 발전소 입력에너지로 투입하여야 한다. 따라서 연료는 $\frac{8.79\times 10^{5}}{6000}=146.5$일 동안 사용할 수 있다.

예제 3·4

어떤 나라의 에너지 소비량(quad)은 다음과 같다. 석탄 16.1, 기름 32.1, 천연가스 20.2, 수소 2.9, 그리고 핵 2.9이다. 이들 에너지원으로부터 생산될 수 있는 총 전기에너지를 [GWh]로 계산하라. 평균 전력 설비 변환효율은 0.1이다.

풀이 1981년 총에너지 소비량은

$$16.1+32.1+20.2+2.9+2.9=74.2[\text{quad}]$$

$$\frac{74.2\times1.055\times10^{18}}{3.6\times10^{6}}[\text{kWh}]=21.75\times10^{6}[\text{GWh}]$$

효율이 0.1이라면, 이것은 $2.175\times10^{6}[\text{GWh}]$의 에너지를 얻는다.

예제 3·5

천연가스의 평균 열함유량은 $1.05[\text{Btu/ft}^3]$이고, 석탄은 14,000[Btu/lb]이다. 예제 3·4의 데이터를 이용하여 소비되는 천연가스와 석탄 소비량을 계산하시오.

풀이 20.2[quad]는 천연가스에서 얻어진 것이므로 $20.2[\text{quad}]=20.2\times10^{15}[\text{Btu}]$와

$$\frac{20.2}{1.05}\times10^{15}=19.238\times10^{15}[\text{ft}^3]$$

같은 방법으로, 석탄의 경우는 $16.1[\text{quad}]=16.1\times10^{15}[\text{Btu}]$와

$$\frac{16.1\times10^{15}}{14{,}000}=1.15\times10^{12}[\text{lb}]\ \text{혹은}\ 5.75\times10^{8}[\text{tons}]$$

3) 성장률(Growth Rates)

미래의 전기에너지 요구량을 계획하기 위해서는 이러한 요구량이 증가하는 비율을 산출하는 것이 필요하다. 그림 3·2는 어떤 나라의 전형적인 에너지 수요량을 나타낸 것이다. 어떤 양 M은 주어진 M에 비례하여 증가한다고 가정하면, 수학적으로 식 (3·13)과 같이 주어진다.

$$\frac{dM}{dt}=aM \tag{3·13}$$

여기서 a는 단위 성장률로서 비례정수이다. 식 (3·13)의 해는 식 (3·14)로 표현된다.

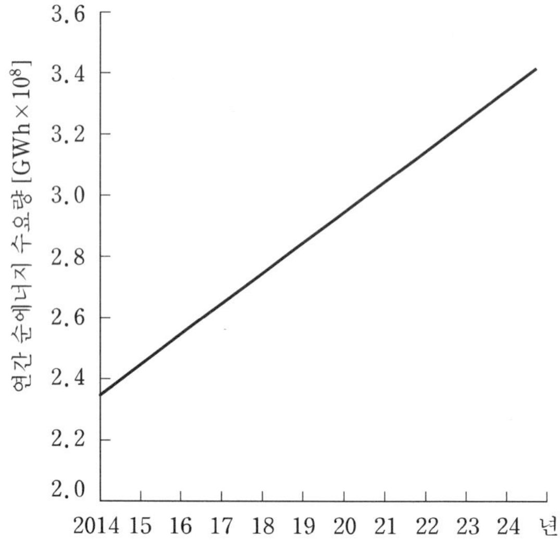

그림 3·2 에너지 수요량

$$M = M_0\, e^{at} \tag{3·14}$$

여기서 M_0는 $t=0$에서의 M값이다. 시간 t_1과 t_2에서 M_1 및 M_2에 대응하는 역 비율은

$$\frac{M_2}{M_1} = e^{at_d} \tag{3·15}$$

식 (3·15)에서 $M_2 = 2M_1$, $t_2 - t_1 = t_d$와 같은 증배시간(doubling time) t_d을 얻을 수 있다. 이것은 식 (3·16)과 같이 주어진다.

$$t_d = \frac{\ln 2}{a} = \frac{0.693}{a} \tag{3·16}$$

또한 전력 시스템 설계자는 얼마나 많은 전력이 수요될 것인지 알 필요가 있다. 지난 10년 동안 어떤 나라의 최대 전력수요를 그림 3·3의 실선으로 나타내었다. 또한 그림 3·3의 점선은 식 (3·17)에 의한 근사적으로 나타낸 곡선이다.

$$P = P_0 e^{bt} \tag{3·17}$$

여기서 P_0은 시간 $t=0$에서의 최대전력이고, b는 최대전력에 대한 단위성장률이다. 주어진 기간 동안 곡선 아래의 면적은 소비에너지 Q의 평가치이다.

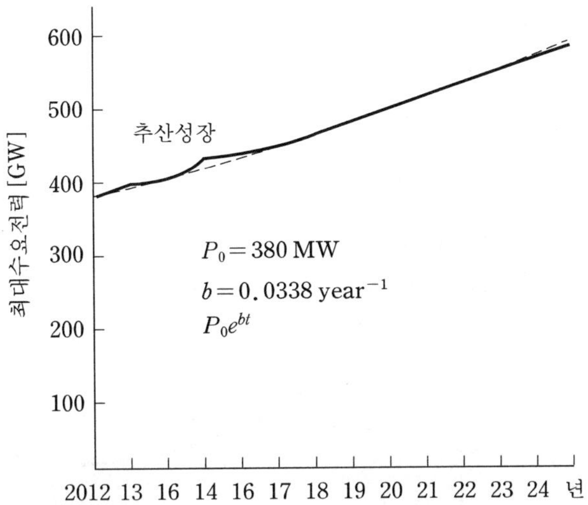

그림 3·3 최대 수요와 $P_0 e^{bt}$ 에 의한 근사치

식 (3·16)과 (3·17)에서 단위 성장률이 변하지 않는다면, 하나의 증배기간(doubling period) 동안에 소비된 에너지는 그 증배주기까지의 전시간(全時間) 동안에 소비된 에너지와 동일하다. 특히, 식 (3·17)에서 시간 t_1 까지, 소비된 에너지 Q_1 과 증배시간 $t_d = t_2 - t_1$ 동안에 소비된 에너지 Q_2 는 식 (3·18)과 같이 계산된다.

$$Q_1 = \int_{-\infty}^{t_1} P_0 e^{bt} dt = \frac{P_0}{b} e^{bt_1}$$

그리고

$$Q_2 = \int_{t_1}^{t_2} P_0 e^{bt} dt = \frac{P_0}{b}(e^{bt_d} - 1)e^{bt_1}$$

식 (3·16)에서 $t_d = (\ln 2)/b$, 그래서 Q_2 는 식 (3·18)로 주어진다.

$$Q_2 = \frac{P_0}{b}(2-1) e^{bt_1} = \frac{P_0}{b} e^{bt_1} = Q_1 \qquad (3·18)$$

여기서 b 는 단위 성장률이다. 그림 3·4는 연간성장률의 백분율 함수로써 증배시간을 보여주고 있다.

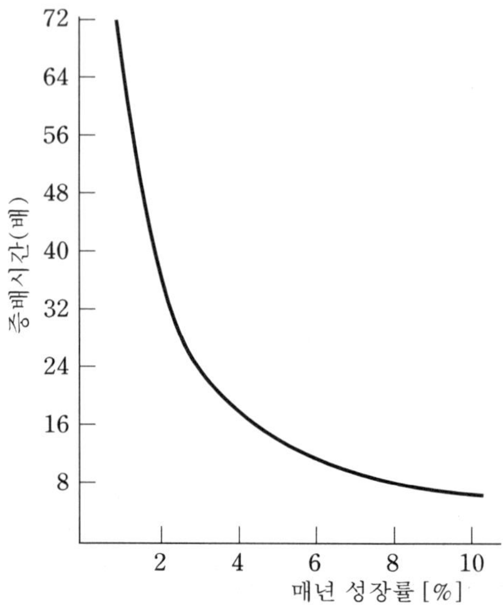

그림 3·4 증배시간과 성장률

예제 3·6

어떤 나라의 에너지 소비가 매년 4[%]의 성장률을 가지고 있다면, 에너지 소비가 3배 되는데 몇 년이 걸리는가?

풀이 식 (3·15)에서 $Q_2 / Q_1 = 3$ 이다. $3 = e^{0.04t}$ 혹은 $\ln 3 = 0.04t$ 이므로

$$t = \frac{\ln 3}{0.04} = 27.47[\text{years}]$$

일반적으로 시간 T에서 전체소비량이 비축량과 같다면, Q_T는 다음과 같이 얻어진다. 현재시간을 $t=0$이라 하면

$$Q_T = \int_0^T P_0 e^{bt} dt = \frac{P_0}{b}(e^{bT} - 1)$$

이것은 다음과 같이 쓸 수 있다.

$$e^{bT} = \frac{bQ_T}{P_0} + 1$$

여기서

$$T = \frac{1}{b} ln\left[\frac{bQ_T}{P_0} + 1\right] \tag{3·19}$$

4) 주요 에너지원의 개괄

3) 절에서, 증배시간에 관한 성장률의 영향을 서술하였다. 세계적으로 산업을 목적으로 소비되는 에너지는 10년마다 거의 2배가 될 것이다. 이러한 성장률과 함께 세계의 화석연료, 즉 석탄, 석유, 천연가스 등을 대신하여 다른 에너지원을 개발하지 못한다면, 화석연료는 몇백 년 안에 고갈될 것이다. 지구상의 다른 주요한 에너지원은 태양에너지이다. 이 에너지는 방사된 태양에너지가 직접적으로 이용될 수 있다. 에너지의 다른 중요한 형태는 조력에너지, 지열에너지 및 핵에너지이다.

먼저 화석연료를 고려하면, 표 3·1과 같이 세계에 남아 있는 부존량과 그들의 대략적인 에너지 보유량이 주어진다. 만약 세계의 모든 에너지 요구량이 석탄에 의하여 공급되고 증배시간이 약 14년이라면, 전체 석탄 부존량은 125년 안에 고갈될 것이라고 한다.

표 3·1 화석연료 부존량의 개산(概算)

연료	계산된 부존량	근사에너지 함유량 [watt－years]
석탄	7.6×10^{12}[ton]	937 / ton
석유	2×10^{12}[barrels]	168 / ton
천연가스	10^{16}[ft^3]	0.036 /ft^3

비록 화석연료의 부존량이 많다 하더라도 최종적인 생산량을 경제적, 정치적, 환경적인 측면에서 예상한다는 것은 불가능하다. 궁극적으로, 우리가 현재에 사용하고 있는 연료보다 효율이 더 높은 화석연료를 사용하는 것과 더불어 대체 에너지원이 필요하게 될 것이다.

따라서 이제부터는 대체 에너지원에 관해서 서술할 것이다. 태양에너지가 주요 에너지원이라는 것은 이 절의 서두에서 언급하였다.

태양에너지에 의하여 지구 표면으로 입사되는 평균전력은 182[W/m^2]이다. 이것은 매일 평균 에너지 4.4[kWh/m^2]와 같다. 미국의 경우는 빌딩에서 태양에너지 사용에 따른 연료 절약에 대한 포텐셜은 0.2～0.3 quadrillion Btu 정도로 산출되었다. 태양에너지가 직접적으로 사용되는 방법은 태양전지(혹은 광전지)를 포함한 능동적인 형태이거나 집열기로 태양열을 이용하는 수동적인 방법이 있다.

태양에 의한 전력 생산에 가장 적합한 장소는 사막이다. 현재, 태양열에너지를 대규모로 사용하기 위해서는 태양전지의 가격, 태양열 집열기－열교환 시스템과 매일 변화하는 부하에 대응하는 적당한 에너지 저장시스템의 필요성 때문에 제한되고 있다. 나아가서 태양전지는 직류를 발생한다. 이 때문에 큰 규모에 사용하기 위해서 요구되는 교류를 얻기 위해서 인버터와 부가장치가 필요하다. 빌딩에서의 능동적인 태양전지 시스템을 그림 3·5에 보여주고 있다.

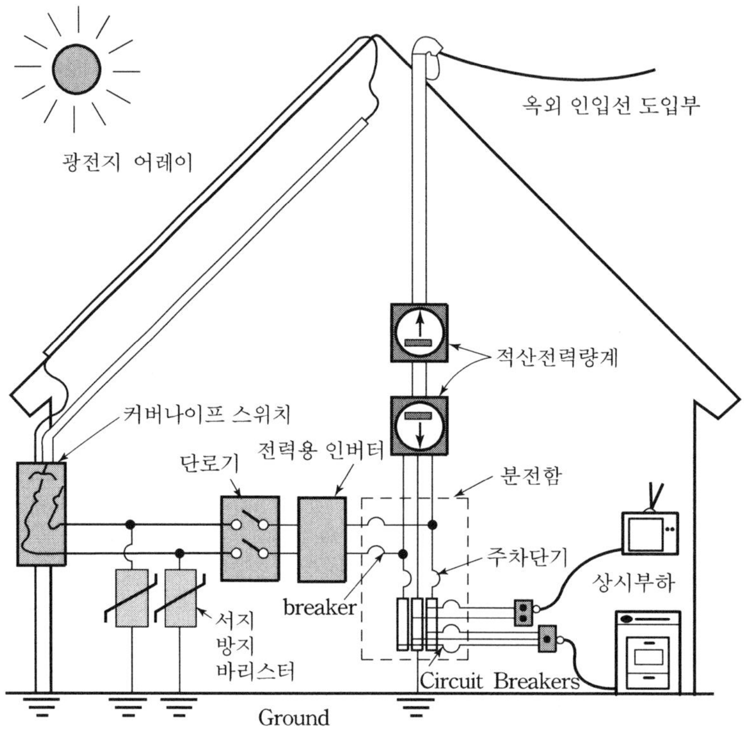

그림 3·5 광전지 시스템

그림 3·6 풍력발전기

태양에너지의 간접적 사용은 풍력에너지이다. 터빈 형태의 풍력에너지 발생기는 바람의 운동에너지를 회전축 운동, 그리고 전기적 에너지로 변환한다. 에너지원으로 바람을 선택하는 것은 다음과 같은 특성 때문이다.

1. 바람은 저밀도 유체이다. 따라서 운동에너지를 유용한 형태로 변환시키기 위하여 큰 치수의 날개를 사용하여야 한다. 바람에서 얻어낼 수 있는 전력은 식 (3·20)과 같이 계산할 수 있다.

$$P = 2.46 \times 10^{-3} D^2 u^3 [\mathrm{W}] \tag{3·20}$$

여기서, D는 날개의 피트 단위 직경이고, u는 [miles/hour]로 표시되는 풍속이다. SI 단위로 변환시키면 식 (3·20)은 다음과 같이 된다.

$$P = 0.296 D^2 u^3 [\mathrm{W}] \tag{3·21}$$

여기서 D는[m] 단위이고, u는[m/s]이다.

2. 주어진 기간 동안, 바람의 크기와 방향은 불규칙적이다. 그러므로 이러한 변화를 제거하기 위해서는 에너지를 저장할 필요가 있다. 그렇지 않으면, 전력 계통과 함께 풍력발전기를 운용해야만 한다. 소형 발전기의 출력은 풍속 20∼50[km/h]에 대하여 0.7∼7.0[kW]이다.
3. 풍속은 지표면의 높이에 비례하여 증가하며, 유효전력은 풍속의 3승에 비례하므로 발전소의 장소 선택이 매우 중요하다. 풍력에너지의 이점은 광범위한 유용성, 환경적 장해가 작다는 것, 발전설비에 필요한 소요 면적이 작다는 것이다. 풍력에너지의 좋은 환경적 영향

표 3·2 서로 다른 에너지원에서의 상대적인 전력 단가

에너지원	원/kWh
석탄	66.3
유류	253.0
LNG(액화천연가스)	210.1
원자력	39.6
태양광	599.3
풍력	101.0

자료: 한국전력통계, 2023, 한국전력공사

력은 풍력이 화석연료의 사용을 줄이고 탄소 산화물, 황산화물 및 질소산화물 등의 부가적인 공해의 배출량을 줄인다는 것이다. 풍력발전기에 의한 전력 발생단가와 다른 형태의 발전설비단가를 비교한 것을 표 3·2에 나타냈다. 풍력발전기는 그림 3·6에서 보여준다. 2021년 국내에서는 약 1.7[GW]의 풍력발전이 설치 운전되고 있다.

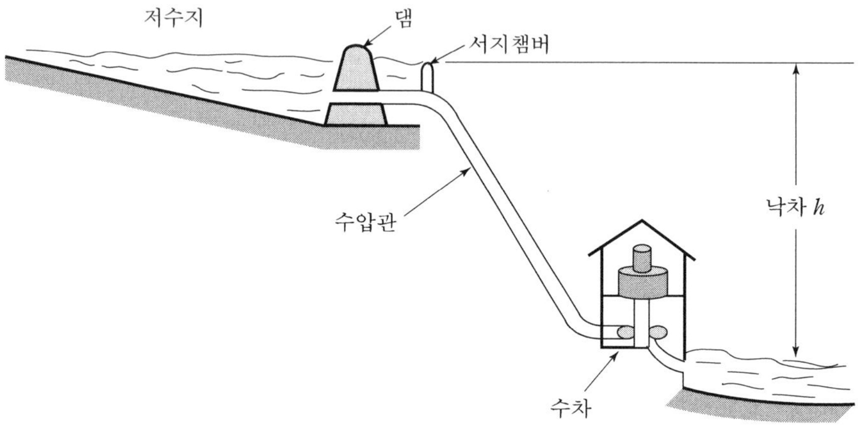

그림 3·7 수력발전소의 개략도

태양력의 다른 간접적인 이용 방법은 수리학적 사이클의 흐름이다. 수력 변환에서 표고차에 의한 수량의 위치에너지는 발전기를 동작시키는 수력터빈에 의하여 운동에너지로 변환된다. 그림 3·7에 그 개략도를 나타냈다. 위치에너지는 식 (3·6)에 의하여 주어지므로 표고차 100[m]에 대한 1[m^3/s]의 유량은$(9.8\times10^3\times \text{head}) = 9.8\times10^3\times100 = 9.8\times10^5$[W]의 수력을 가진다. 세계의 총 수력 전력 용량은 약 3×10^{12}[W] 정도로 추산되지만, 많은 지역에서 경제적인 이유로 인하여 단지 이 용량의 8.5[%]만이 개발되었다.

또 다른 형태의 에너지는 조력이다. 조력은 밀물 때와 썰물 사이에 댐으로 막힌 만에 의하여 얻어진다. 조력은 이미 오래전부터 사용되고 있다. 터빈을 운전하기 위한 조력 사용의 개략도를 그림 3·8에 나타내었다. 터빈은 가역적이고, 만의 만수와 배수 시 수량의 모두를 사용하는 것이 가능하다. 이와 같이 조력 시간은 12시간 25분의 조수 주기 동안에 두 번 사용이 가능하다. 만의 최대 수위 H에 대한 단위 면적당의 평균 조력은 식 (3·22)로 주어진다.

$$P_{av} = 0.219\,\mathrm{H}^2[\mathrm{MW/km^2}] \tag{3·22}$$

여기서 최대 표고차는 미터법으로 측정하였고, 그림 3·8에 그 개략도를 나타냈다. 이것은 최대 표고차 5[m], 조수 주기가 12시간 25분일 때 2.45×10^{11}[J/km^2]의 에너지와 상응한다. 세계의 조력 포텐셜(potential)은 약 640억[W]으로 추산된다.

그러나 gigawatts 단위의 대규모의 조력발전소는 경제적, 기술적 문제로 불가능하다. 12시간 25분 동안의 조수 주기 중 두 번의 짧은 엔진 가동으로 최대전력이 생산되고 값비싼 터빈을 요구한다. 이러한 요건들 때문에, 그리고 이것을 이용할 수 있는 장소가 매우 한정되어 있으므로

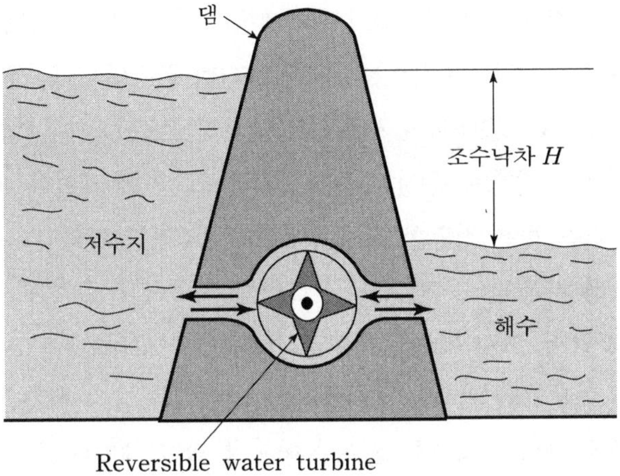

그림 3·8 조력발전 터빈, 댐 및 저수지

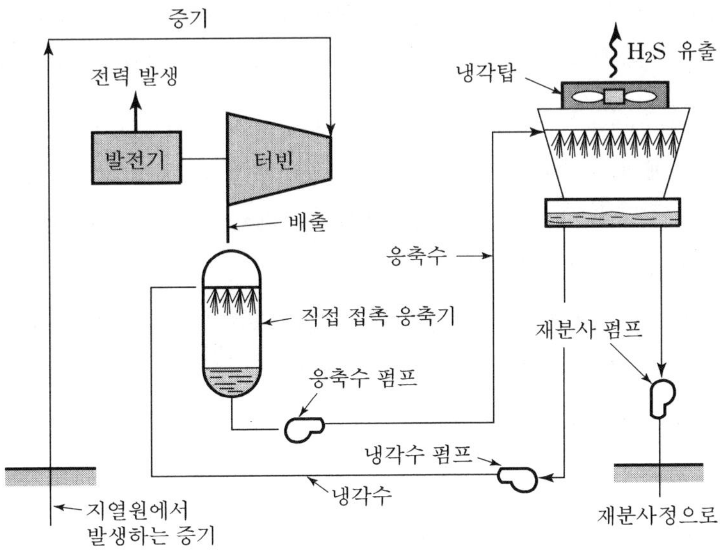

그림 3·9 직접 접촉식 응축기를 사용한 지열발전소의 개략도.

조력은 세계적인 에너지 요구에 미치지 못하고 있다.

지표면에서의 평균 발열 전력밀도는 0.063[W/m^2](혹은 1.5[μcal/cm^2 · s])인 것으로 알려져 있다. 지열은 지구 내부에 지닌 열이 출력되는 것이다. 주요 지열 발생지역에서 발생하는 열 축적에너지의 합은 4×10^{20}[J]인 것으로 추정되고 있다. 변환효율이 25[%]일 때, 이것은 3×10^6 megawatt−years에 상응한다. 지열발전소의 개략도를 그림 3·9에 나타냈다.

발전소는 지하에 있는 지열원에서 생산되는 증기를 사용한다. 지열원의 깊이는 1~2 [km]이다. 지열원에 의한 증기는 액체와 원심분리기로 분해될 수 있는 부유물질을 포함하고 있다. 분리기로부터 증기는 고온(예를 들어 179 [°C])의 상태로 터빈에 유입된다. 증기는 터빈에서 대기압보다 낮은 내부의 압력을 가진 콘덴서의 사용으로 낮아진 온도(예, 50 [°C])에서 터빈에서 벗어난다. 고온의 건조증기는 터빈으로 운전되는 발전기에서는 이상적이다. 어떠한 지열원에 존재하는 약 125 [°C]의 뜨거운 물은 적당한 작동유체로써 2차적인 열역학 사이클에 사용함으로써 증기터빈을 운용하는 데 사용될 수 있다.

마지막으로, 핵에너지의 두 가지 형태인 핵분열과 핵융합을 고려한다. 그림 3·10에 이 두 가지의 핵반응을 나타냈다. 핵분열의 경우는 우라늄 235($_{92}U^{235}$)와 같은 무거운 핵이, 반면에 핵융합의 경우는 중수소와 같은 가벼운 핵결합을 포함한다. 분열이 가능한 물질 중에서 $_{92}U^{235}$는 원자력발전을 위한 관점에서 가장 적합하지만, $_{92}U^{235}$는 희귀한 동위원소이다(100,000개의 우라늄 원자 중에서 711개의 $_{92}U^{235}$원자를 포함하고 있다). 따라서 본질적으로 유용한 핵연료는 공급이 매우 제한되어 있다. 이러한 어려움은 아마도 우라늄($_{92}U^{238}$)이 중성자를 흡수함으로 분열할 수 있는 플루토늄 239($_{94}Pu^{239}$)로 변환시킬 수 있는 고속 증식로를 사용함으로써 극복될 수 있다. 이와 유사하게, 토륨 232($_{90}Th^{232}$)도 분열 가능한 우라늄 233($_{92}U^{233}$)으로 변환된다. 등가 에너지로서 고속 증식로에서 우라늄($_{92}U^{238}$) 1[g]은 8.1×10^{10}[J]의 열을 생산한다. 이것은 석탄 2.7톤이 만드는 열에너지와 등가적이다. 핵연료를 사용해서 얻어지는 전기에너지의 생산단가는 화석연료에 비하여 조금 높은 편이다.

핵융합에 의한 전력은 과학적으로 가능하지만, 많은 공학적 문제들이 완전하게 해결되지 않고 있다. 이와 같은 이유로 핵융합 원자로는 아직 존재하지 않는다. 핵융합로를 공학적으로 개발하는 것은 가까운 장래에는 불가능할 것이다. 중수소 및 트리튬과 같은 수소 동위원소는 핵융합 연료로 적합하다. 중수소는 양이 풍부하고(수소 원자 6,700개 중에 하나의 원자), 분리하는데 소비에너지는 핵융합으로 발생하는 에너지의 양과 비교하면 거의 무시될 수 있다. 그러나 트리튬은 자연계에서 아주 극소량만이 존재하며, 증식로에서 증식되어야만 한다. 융합시키려면 핵

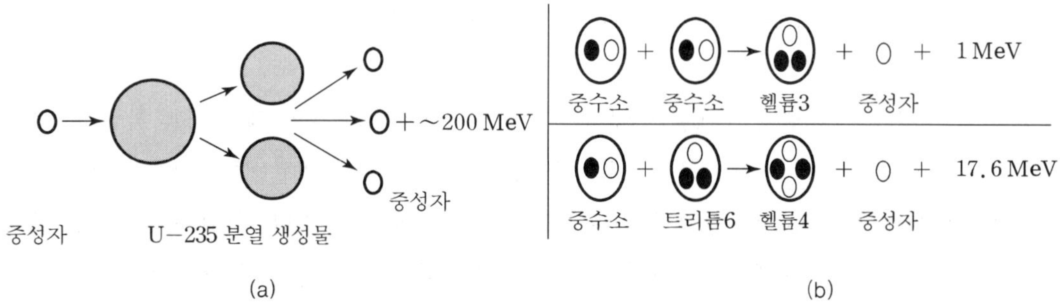

그림 3·10 (a)핵분열 반응, (b)핵융합 반응

은 반드시 플라즈마에서 형성되어야만 한다(원자는 그들의 전자를 전리시킬 수 있는 아주 높은 온도로 가열되어야만 한다). 플라즈마는 밀도가 높게 되도록 일정 공간의 영역 안에 밀폐되어야 한다. 또한 플라즈마는 융합과정을 발생시킬 수 있도록 충분히 길어야 한다. 가열과 플라즈마의 밀폐는 핵융합발전에서 가장 중요한 기술적 문제들이다. 새로운 에너지에 관한 구체적 기술은 4장에서 논하고자 한다.

5) 환경적 고려와 다른 제한 요소들

4) 절에서 서술한 일부 에너지원들은 잠재적으로 제한적이라는 문제를 가지고 있다. 그러나 제한적이라는 것은 소비의 증가가 제한적이라는 것을 의미하지는 않는다. 그것은 사용이 가능한 연료의 제한과 기술적인 제한들과 에너지 변환을 제한하는 요소이기 때문에 이들은 생물물리학, 사회학, 윤리학, 경제와 정치학 등에 기인한다.

생물물리학적 제한은 저온에서 가열되는 모든 에너지의 감소 때문이다. 어떤 에너지원으로부터 에너지 변환공정에 의하여 얻어진 모든 에너지는 지표면 온도를 조금씩 가열하게 된다. 또한 높은 열은 기후요건에 영향을 미친다. 화석연료의 연소는 공기의 광학적 특성을 변화시키고 기후에 심각한 영향을 미치는 탄소 산화물과 특정한 고체입자들을 형성한다.

만일 에너지의 사용이 계속 성장한다면, 다음 세기에는 심각한 기후 문제가 나타날 것이다. 황과 질소산화물로 인한 공공건강에 미치는 악영향은 에너지 변환에 대한 생물물리학적인 제한을 유발할 것이다.

지열, 물, 자연과 생태학 시스템에 대한 에너지 변환의 영향은 사회적, 윤리적인 제한을 만든다. 에너지 변환과 사용의 질병에 관한 영향은 자원의 고갈, 수질오염, 기름유출과 산성비 등과 연관된다. Three Mile Island와 Chernobyl 사건 이후에 핵에너지의 안전한 사용은 윤리적인 문제를 항상 증대시키고 있다.

또한 높은 경제적, 기술적 문제들은 에너지 변환의 지속적인 성장을 제한한다. 복합기술에는 발전소를 위한 핵연료의 사용이 포함된다. 핵발전의 좋은 출력의 비율(약 2/3)은 그 성장률을 유지하기 위해서는 필요하며, 부가적인 에너지 손실도 극복할 수 있다. 복잡하고 새로운 에너지 기술의 습득, 핵연료 사용 등은 에너지시스템의 성장률에 대한 다른 한계를 나타낸다. '모든 불공정을 만드는 상업적인 독점이나 기술적인 독립에 대한 현대 에너지 기술의 감수성' 때문에 에너지 성장률에 대한 억제는 정치적 영향력을 생각하게 한다. 화력발전소에서의 배기가스에는 황산화물(SO_X)과 질소산화물(NO_X), 탄소산화물, 탄화수소와 미립자가 포함되어 있다. 비록 그 의미가 대기오염 배출을 억제하는 것이지만, 이러한 배기와 폐열 제거가 심각한 문제로 나타난다.

3·2 수력발전

1) 수력발전의 개요

수력발전의 원리

수력발전(水力發電)은 1차 에너지로써 하천 또는 호수 등에서 물이 갖는 위치에너지를 수차를 이용하여 기계에너지로 변환하고 다시 이것을 발전기로 전기에너지, 곧 전력으로 변환하는 발전 방식이다.

여기서 발생하는 출력은 낙차와 수량과의 곱에 비례하므로 발전소 상부의 포장 수력에 좌우되지만, 이때의 출력을 늘리기 위해서는 이들의 물을 1개소에 집중하도록 인공적으로 유수(流水)를 바꾸고 또 수차에 큰 낙차가 작용할 수 있는 발전지점을 선정하여야 한다.

지금 사용 유량 $Q[\mathrm{m^3/s}]$의 물이 유효 낙차 $H[\mathrm{m}]$을 낙하해서 수차에 유입될 경우, 수차에 주는 동력 $P_0[\mathrm{kW}]$는 3·1에서 기술한 바와 같이

$$P_0 = 9.8QH[\mathrm{kW}] \qquad (3\cdot23)$$

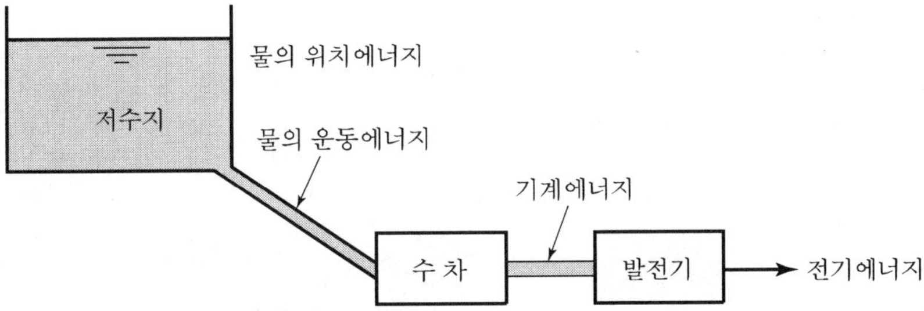

(a) 수력발전의 구성도

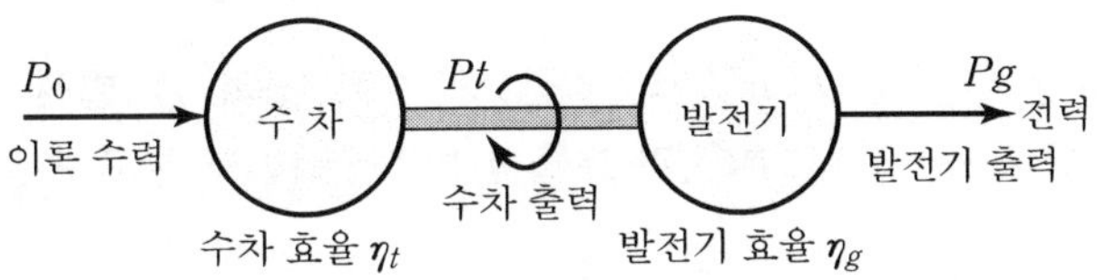

(b) 입출력의 개념도

그림 3·11 수력발전의 개요

로 되는데 보통 이것을 이론수력(理論水力, theoretical water power)이라고 부른다.

이러한 이론수력은 그림 3·11에서 보는 바와 같이 수차에의 입력으로 되어 수차, 발전기를 회전하게 된다. 수차 출력 P_t 및 발전기 출력 P_g 는 각각 수차 효율을 η_t, 발전기 효율을 η_g 라고 할 때,

$$P_t = 9.8\ QH\eta_t[\text{kW}] \tag{3·24}$$

$$P_g = 9.8\ QH\eta_t\eta_g[\text{kW}] \tag{3·25}$$

로 표시된다.

η_t, η_g 는 수차, 발전기의 각각의 형식, 용량, 부하의 크기 등에 따라 약간 다르지만, 정격운전에서 $\eta_t = 80 \sim 90[\%]$, $\eta_g = 90 \sim 97[\%]$ 정도의 값을 가지며 이 양자의 곱 $\eta_t\ \eta_g$ 을 종합효율(combined efficiency)이라고 한다. 식 (3·25)으로부터 알 수 있는 바와 같이 수력을 유효하게 사용하려면, 어떻게 해서 큰 낙차(H)와 사용 유량(Q)을 경제적으로 얻을 수 있을 것인가 하는 것이 문제가 된다. 하천의 하류부를 이용하는 경우는 유량을 크게 잡을 수 있으나 그 대신 낙차는 작아지며, 반대로 하천의 상류부에서는 큰 낙차를 얻을 수 있는 대신 유량은 일반적으로 감소하게 된다.

표 3·3 수차 및 발전기 효율의 개략 값

출력[kW]	수차 효율 η_t[%]	발전기 효율 η_g[%]	종합 효율 η[%]
5000 이하	85~87	96	82~84
5,000~20,000	87~90	97	84~87
20,000 이상	88~91	98	86~89

예제 3·7

총 낙차(H_0) 300[m], 사용 유량(Q) 20[m^3/s]인 발전소의 수차 출력(P_t), 발전기 출력(P_g)을 구하여라. 단, 수차 효율 η_t는 90[%], 발전기 효율 η_g는 98[%]이라 하고 손실 낙차(H_l)는 총 낙차의 6[%]라고 한다.

풀이 손실 낙차 $H_l = 300 \times 0.06 = 18$[m]

유효 낙차 $H = H_0 - H_l = 300 - 18 = 282$[m]

따라서 $P_t = 9.8\,QH\eta_t = 9.8 \times 20 \times 282 \times 0.9 = 49{,}745$[kW]

$P_g = 9.8\,QH\eta_t\eta_g = 9.8 \times 20 \times 282 \times 0.9 \times 0.98 = 48{,}750$[kW]

주 수력발전에서 사용하는 유효낙차 H는 총 낙차를 H_0, 손실 낙차 H_l이라 할 때,

$$H = H_0 - H_l\text{[m]}$$

의 관계가 있다. 여기서 총 낙차란 발전소 취수구(取水口)와 방수구(放水口)의 고저 차를 말하고, 손실 낙차란 물이 취수구(取水口)로부터 방수구까지 흘러나가는 과정에서 수로, 침사지, 상수조, 수압관 등에서 주로 마찰에 의한 손실수두가 생기기 때문에 총 낙차가 일정하더라도 손실 낙차의 크기에 따라 유효낙차의 크기가 달라진다.

예제 3·8

최대출력 50,000[kW]의 수력발전소가 있다. 유효 낙차가 80[m], 수차 및 발전기 효율이 각각 92[%], 97[%]라고 할 경우, 이 수차에서의 사용 유량 Q는 얼마인가? 또 이 발전설비의 연간 이용률이 75[%]이라면 이 발전소에서의 연간 발전 전력량 W는 얼마 [MWh]로 되겠는가?

풀이 발전기 출력에 관한 계산식

$$P_g = 9.8\,QH\eta_t\eta_g$$

로부터 사용 유량 Q는

$$Q = \frac{P_g}{9.8\,H\eta_t\eta_g} = \frac{50000}{9.8 \times 80 \times 0.92 \times 0.97} \fallingdotseq 71.5[\mathrm{m^3/s}]$$

곧 이 발전소에서의 사용 유량은 71.5[m³/s]이다.

다음으로 이 발전설비의 연간 이용률 $U=0.75$이므로 연간 발생 전력량 W는

$$W = P_g \times U \times 365 \times 24 = 328.5 \times 10^6[\mathrm{kWh}] = 328.5 \times 10^3[\mathrm{MWh}]$$

수력발전소의 종류

수력발전소는 취수(取水) 방법 및 운용 방법에 따라 여러 가지로 분류된다.

▶ 취수(取水) 방법에 따른 분류

① 수로식(水路式) 발전소

이것은 하천의 경사에 의한 낙차를 그대로 이용하는 방식으로써 그림 3·12에서 보는 바와 같이 하천의 상·중류부에서 경사가 급하고 굴곡된 곳을 짧은 수로로 유로를 바꾸어서 높은 낙차를 얻는 발전소이다.

우리나라에서는 북한강 상류에 있는 화천 발전소 등이 이러한 수로를 갖추고 있다.

이 방식은 상류 측에 취수댐을 만들어서 취수댐 → 취수구 → 침사지 → 수로 → 상수조 → 수압관 → 발전소 → 방수로 → 방수구의 순으로 연결하는 것이 보통이다.

② 댐식 발전소

하천을 가로질러 높은 댐을 쌓아 댐 상류 측의 수위를 올려서 하류 측과의 사이에 낙차를 얻고 이 낙차를 이용해서 발전하는 발전소이다.

댐에 저장되는 수량이 풍부할수록 경제적으로도 유리하고, 또 운용 면에서도 바람직하므로 우리나라에서는 경사가 완만하고 수량이 풍부한 한강계 중·하류부에 이 형식의 발전소가 많이 건설되고 있다(춘천, 의암, 팔당, 소양강 발전소 등).

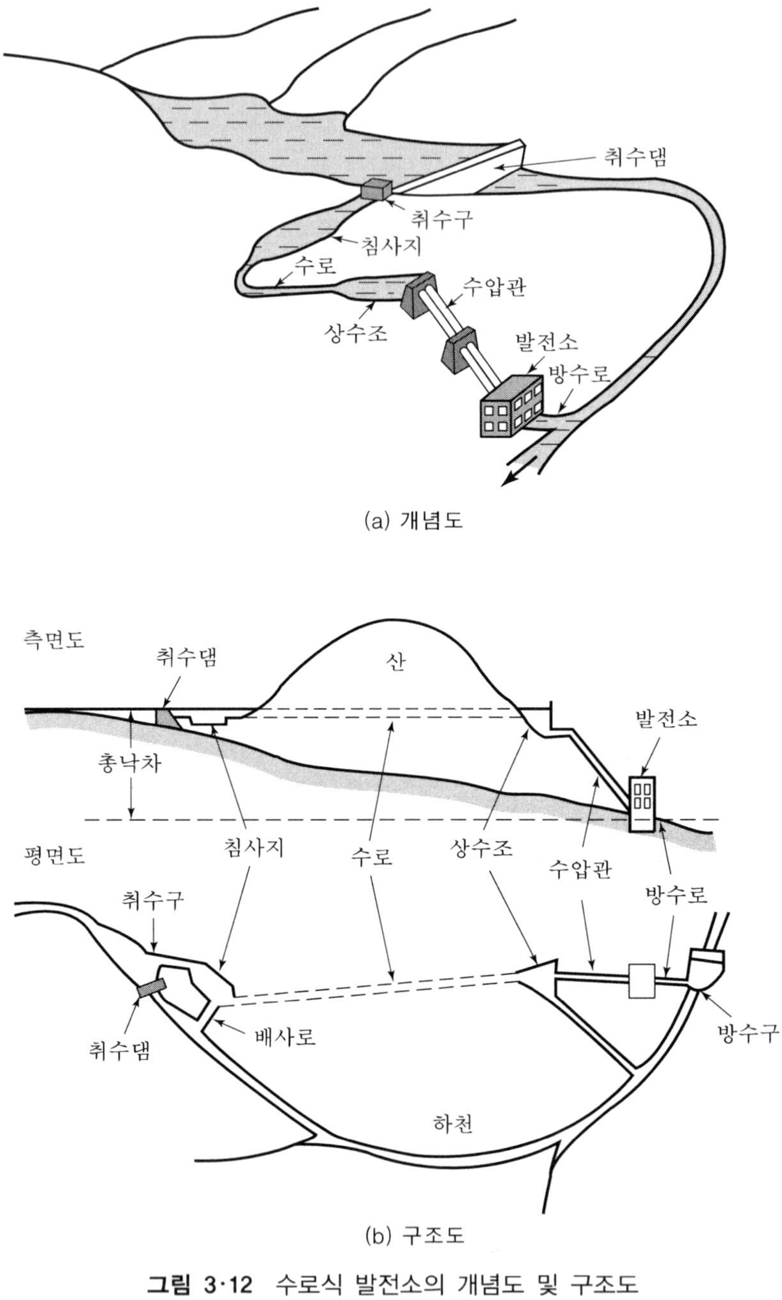

(a) 개념도

(b) 구조도

그림 3·12 수로식 발전소의 개념도 및 구조도

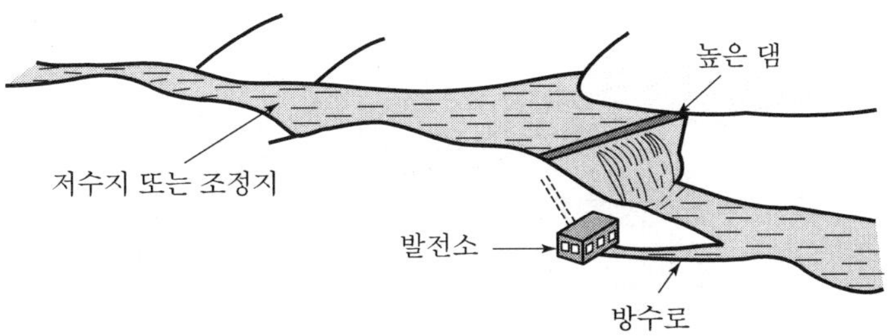

(a) 개념도

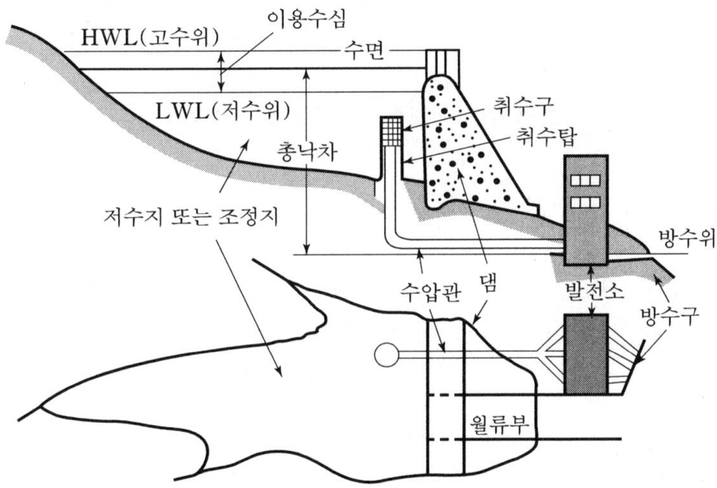

(b) 구조도

그림 3·13 댐식 발전소의 개념도 및 구조도

③ 댐수로식(水路式) 발전소

댐식과 수로식을 병용한 것으로써 댐으로 얻어진 낙차와 하류부의 경사를 함께 이용하는 발전소이다. 우리나라의 수력발전소는 거의 모두가 전술한 댐식 발전소이지만 북한강 상류에 있는 화천 발전소는 상류에 댐을 축조하고 여기서 저수한 물을 수로를 통해 하부의 발전소로 유도해서 발전하고 있으므로 대표적인 댐수로식 발전소라고 할 수 있다.

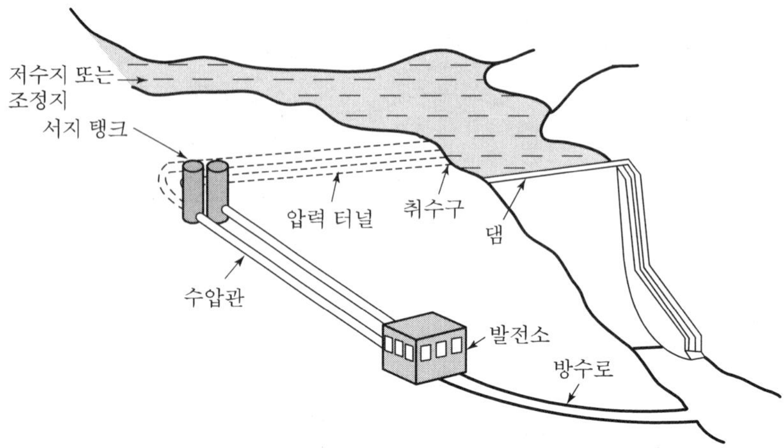

그림 3·14 댐수로식 발전소의 개념도

④ 유역(流域)변경식 발전소

어느 하천에 인접해서 다른 하천이 있고, 이 두 하천 사이에 큰 낙차를 얻을 수 있을 때 두 하천을 수로로 연결해서 그 낙차를 이용하는 발전소이다.

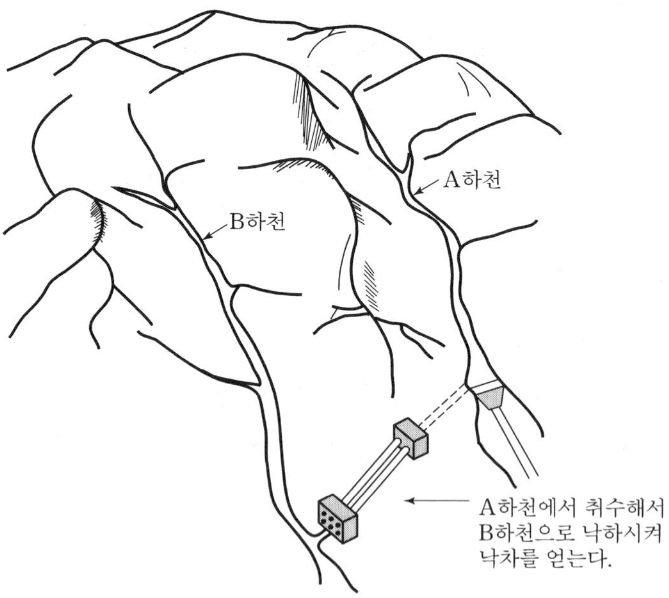

그림 3·15 유역변경식 발전소의 개념도

▶ 운용 방법에 따른 분류

하천을 흐르고 있는 자연유량을 어떻게 조절하느냐에 따라 유량의 사용법이 달라진다. 가령 홍수량을 모아 두었다가 이것을 갈수 시에 방출하면 1년간을 통하여 유량이 평균화되어 안정된 유량을 얻을 수 있다. 또한 전력의 사용량이 적은 심야 등 경부하 시에 유량을 모아 두었다가 수요가 가장 많은 첨두부하 시에 그 수량을 사용하면 이른바 피크(첨두시) 발전을 할 수 있다. 이와 같이 하천 유량을 어떻게 사용하느냐에 따라서 수력발전소는 다음과 같이 몇 가지로 나누어진다.

① 유입식(流入式) 발전소

발전소 소정의 최대 사용 수량의 범위 내에서 하천의 자연유량을 인공적으로 아무런 조절을 가하지 않고 그대로 발전에 이용하는 발전소이다. 저수지 또는 조정지가 없는 수로식 발전소가 이 방식이라고 할 수 있다.

우리나라에서는 이 방식의 발전소가 없지만, 러시아나 브라질처럼 수량이 풍부한 하천에서는 자연유량을 그대로 이용하는 유입식 발전소를 건설해서 운용 중이다.

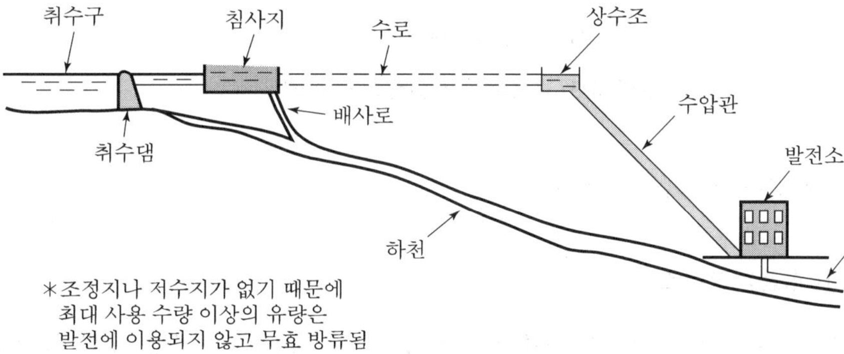

그림 3·16 유입식 발전소의 개념도

② 저수지(貯水池)식 발전소

계절적인 하천의 유량 변화를 조정할 수 있는 대용량의 저수지를 가진 발전소로서, 가령 풍수기에 남는 물을 저수하였다가 갈수기에 방출해서 하천 유량을 장기간(보통 1년간) 유효하게 이용하는 발전소이다.

현재 우리나라에서 대표적인 저수지식(貯水池式) 발전소의 유효 저수량을 보면 소양강댐이

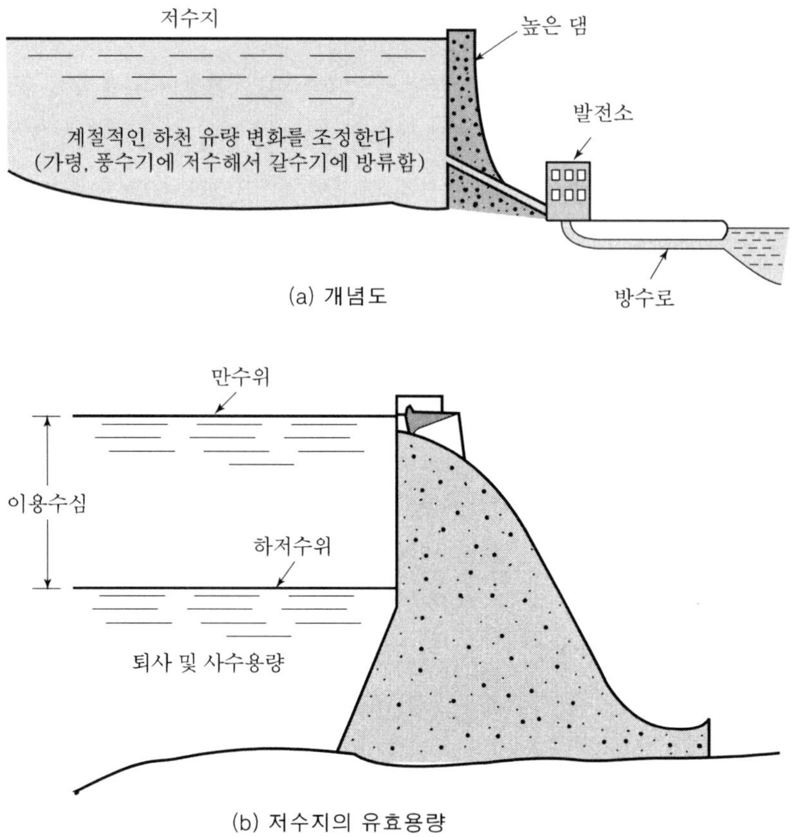

그림 3·17 저수지식 발전소의 개념도

약 19억 톤, 충주댐이 약 18억 톤이다.

③ 양수식(揚水式) 발전소

조정지식 또는 저수지식 발전소의 일종으로 전력수요가 적은 심야 또는 주말 등의 경부하 시에 원자력발전소 등의 잉여전력을 이용하여 펌프로 하부 저수지의 물을 상부 저수지에 양수해서 저장해 두었다가 첨두부하 시에 이것을 이용하는 발전소이다.

이 방식에는 상부 저수지에 하천으로부터의 자연 유입량이 있고 부족한 수량만을 하부 저수지로부터 양수하는 혼합식 양수(混合式 揚水)발전소와 상부 저수지에는 전혀 자연 유입량이 없이 양수된 수량만으로 발전하는 순양수식(純揚水式) 발전소의 두 가지가 있다.

현재 우리나라에서 운전 중인 청평 및 삼랑진 양수발전소는 후자의 순양수식 발전소로서 각각 40만[kW]와 60만[kW]의 발전 능력을 갖추고 있다.

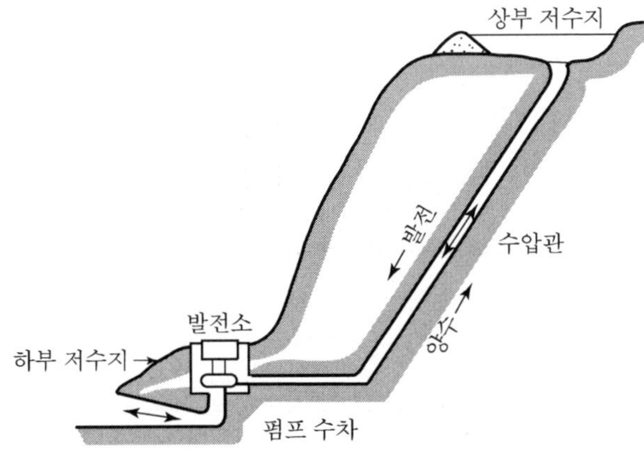

(a) 개요도

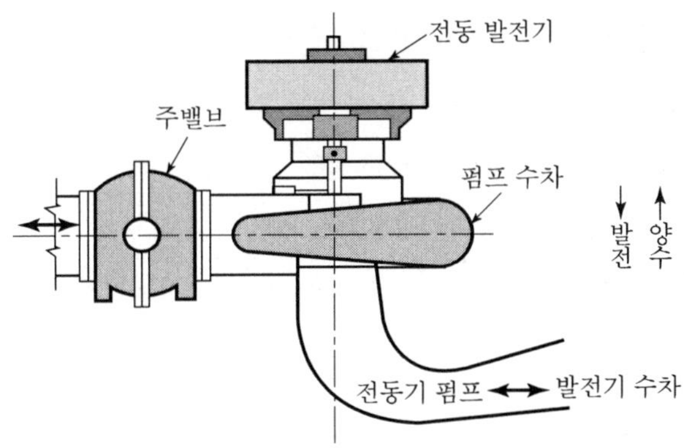

(b) 기계 구성도

그림 3·18 양수발전소의 개념도

④ 조정지식 발전소

수로의 도중 또는 취수구(取水口) 앞(댐식일 경우)에 조정지(regulating pond)를 설치해서 하천으로부터의 취수량과 발전에 필요한 수량과의 차를 이 조정지에 저수 또는 방출함으로써 수 시간 또는 수일간에 걸친 부하 변동에 대응할 수 있게 한 것이다. 이 방식은 유입식 발전소와 달라서 하천의 취수량보다도 발전소 최대 수량을 상당히 크게 설계할 수 있다. 또 첨두부하를 분담하는 경우가 많아서 그러한 경우에는 이것을 특히 피크(첨두용) 발전소라고 부르기도 한다.

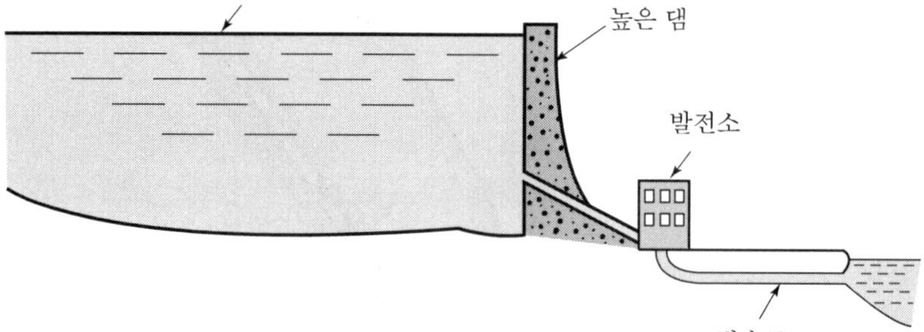

그림 3·19 조정지식 발전소의 개념도

⑤ 조력(潮力)발전소

바닷물의 조수간만에 의한 해수위의 변화에 따른 낙차를 이용하는 발전소이다.

조력발전소의 운전 예로써 프랑스의 랑스 조력발전소(규모는 10[MW]×24기 240[MW])가 유명하다. 우리나라에서도 경기도 시흥시 시화호를 중심으로 한 몇 군데에서 조력발전을 운영 및 계획하고 있다. 시화호 조력발전소는 시설용량 254[MW](수차 발전기 10기), 연간발전량 552[GWh](소양강댐의 1.56배) 규모로 2018년 완공되었다. 조력발전의 기본개념은 3·1에 기술하였다.

▶ 조정지(調整地) 및 저수지(貯水池)의 운용 계산

여기서 간단히 조정지(調整池) 운용에 관해서 설명해 둔다. 전술한 바와 같이 조정지는 일간(日間)의 부하 변동에 따라서 하천의 자연유량을 시간적으로 조정하는 것이며, 저수지는 계절간의 부하 변동에 따라서 하천의 유량을 계절적으로 조정하는 것인데 양자의 차이는 조정 용량의 크기에 따르고 있을 뿐이다.

그림 3·20처럼 유입량(자연유량)을 Q[m^3/s], 첨두부하 시의 사용 유량 및 계속 시간을 각각 Q_p[m^3/s], T[h]라고 한다면 필요한 조정지 용량 V[m^3]는

$$V = (Q_p - Q) \cdot T \times 3{,}600[\text{m}^3] \tag{3·26}$$

한편 저수는 첨두부하가 아닐 때 하게 되므로 이때의 사용 유량 Q_0[m^3/s]와 유입량 Q[m^3/s]과의 관계는

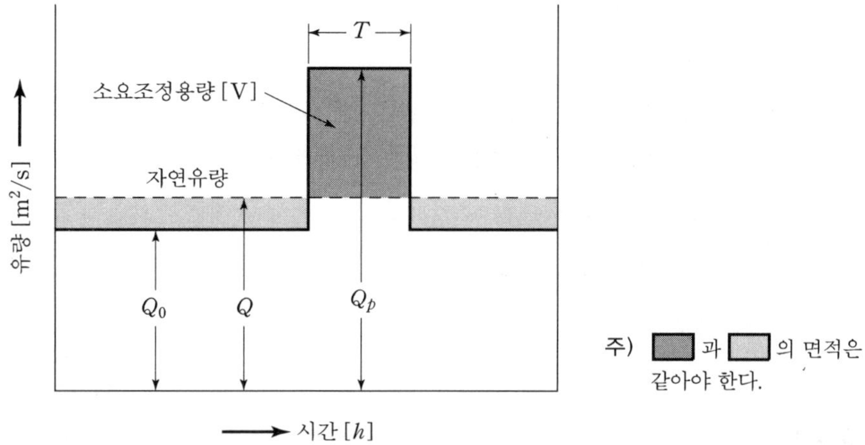

그림 3·20 조정지의 운용

$$(Q-Q_0)(24-T)\times 3{,}600=V \qquad (3\cdot 27)$$

로 된다. 이로부터

$$Q_p=Q+\frac{V}{3{,}600\cdot T}[\mathrm{m^3/s}] \qquad (3\cdot 28)$$

$$Q_0=Q-\frac{V}{3{,}600\cdot(24-T)}[\mathrm{m^3/s}] \qquad (3\cdot 29)$$

로 쉽게 계산할 수 있다.

예제 3·9

상시(常時) 출력 8,000[kW], 상시 첨두 출력 12,000[kW], 8시간 계속 발전할 수 있는 조정지식 수력 발전소가 있다. 평균 유효 낙차가 60[m]이고 수차 발전기의 종합 효율이 80[%]이라고 할 때, 저수 면적 80,000[m²]로 단면적이 일정한 이 조정지에서는 위와 같은 운전을 하면 수심 몇 [m]까지 사용하면 되겠는가? 단, 이 조정지에서는 낙차 변동의 영향은 무시하는 것으로 한다.

풀이 첨두 출력 시의 사용 유량을 $Q_p[\mathrm{m^3/s}]$, 상시 출력 시의 사용 유량을 $Q_0[\mathrm{m^3/s}]$라고 한다면 $Q=P/9.8H\eta$로부터

$$Q_p=\frac{12{,}000}{9.8\times 60\times 0.8}=25.51[\mathrm{m^3/s}]$$

$$Q_0 = \frac{8,000}{9.8 \times 60 \times 0.8} = 17.0[\mathrm{m}^3/\mathrm{s}]$$

따라서 이 조정지는 $25.51 - 17.0 = 8.51[\mathrm{m}^3/\mathrm{s}]$의 유량을 8시간 공급해 주어야 한다. 지금 조정지 용량을 $V[\mathrm{m}^3]$, 사용 수심을 $h[\mathrm{m}]$라 하면

$$V = 8.51 \times 8 \times 3,600 = 245,088[\mathrm{m}^3]$$

$$h = 245,088/80,000 = 3.06[\mathrm{m}]$$

곧 조정지 사용 수심은 3.06[m]이다.

예제 3·10

유효 저수 용량 $200 \times 10^3[\mathrm{m}^3]$의 조정지를 갖는 유효 낙차가 80[m]인 수력발전소가 있다. 자연유량이 $25[\mathrm{m}^3/\mathrm{s}]$일 때 아래 그림 3·21과 같은 부하곡선으로 운전하였을 경우의 첨두 부하 시 및 저수 시(곧 경부하 시가 됨)의 출력을 구하여라. 단, 수차와 발전기의 종합 효율은 86[%], 조정지는 최대한으로 이용해서 저수 시에도 물이 넘치지 않는 것으로 한다.

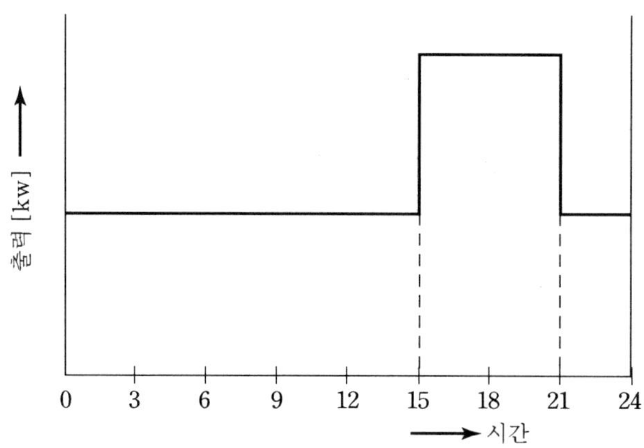

그림 3·21 부하곡선의 일례

풀이 첨두 부하 시 및 경부하 시의 사용 유량을 각각 $Q_p[\mathrm{m}^3/\mathrm{s}]$, $Q_0[\mathrm{m}^3/\mathrm{s}]$라고 하면 식 (3·28), (3·29)로부터

$$Q_p = Q + \frac{V}{3,600 \cdot T} = 25 + \frac{200 \times 10^3}{3,600 \times 6} = 34.26[\mathrm{m}^3/\mathrm{s}]$$

$$Q_0 = Q - \frac{V}{3,600 \cdot (24 - T)} = 25 - \frac{200 \times 10^3}{3,600 \times 18} = 21.9[\mathrm{m}^3/\mathrm{s}]$$

따라서 첨두 부하 시 및 경부하 시의 출력 $P_p[\mathrm{kW}]$ 및 $P_0[\mathrm{kW}]$는

$$P_p = 9.8 \cdot Q_p \cdot H \cdot \eta = 9.8 \times 34.26 \times 80 \times 0.86 \fallingdotseq 23{,}100[\text{kW}]$$

$$P_0 = 9.8 \cdot Q_0 \cdot H \cdot \eta = 9.8 \times 21.9 \times 80 \times 0.86 \fallingdotseq 14{,}770[\text{kW}]$$

예제 3·11

최대 사용 유량 80[m³/s], 유효 낙차 75[m], 발전소 종합 효율 85[%]인 수력발전소의 최대출력 P_m을 구하여라. 또 이 발전소를 1년 중 200일은 평균 사용 유량 60[m³/s], 효율 70[%]로, 50일은 평균 사용 유량 30[m³/s], 효율 55[%]로, 나머지 기간은 최대 사용 유량으로 운전하였다고 하면 1년 365일을 통한 전체 발전량 W[kWh]는 얼마로 되겠는가? 단, 유효 낙차는 사용 유량의 대소와 관계없이 일정하다고 한다.

풀이 최대출력 $P_m = 9.8 Q_1 H_1 \eta_t \eta_g = 9.8 \times 80 \times 75 \times 0.85 = 49{,}980[\text{kW}]$, 200일간 발생하는 전력량 W_2[kWh]는 제의에 따라 $Q_2 = 60[\text{m}^3/\text{s}]$, $\eta_2 = 0.7, T_2 = 200 \times 24[\text{h}]$로부터,

$$W_2 = 9.8\, Q_2 H \eta_2 T_2 = 9.8 \times 60 \times 75 \times 0.7 \times 200 \times 24$$
$$\fallingdotseq 148 \times 10^6[\text{kWh}]$$

50일간 발생하는 전력량 W_3[kWh]는

$$W_3 = 9.8\, Q_3 H \eta_3 T_3 = 9.8 \times 30 \times 75 \times 0.55 \times 50 \times 24$$
$$\fallingdotseq 14.6 \times 10^6[\text{kWh}]$$

기타의 기간(115일간)을 최대출력으로 운전하였다고 하면 이때의 발전량 W_1[kWh]는 P_m의 출력을 115×24[h]배 함으로써,

$$W_1 = 49{,}980 \times 115 \times 24 = 138 \times 10^6[\text{kWh}]$$

따라서 1년간의 전체 발전량 W[kWh]는

$$W = W_1 + W_2 + W_3 \fallingdotseq 301 \times 10^6[\text{kWh}]$$

예제 3·12

경사 1/1,500, 길이 3[km]의 수로를 갖는 수력발전소가 있다. 이 발전소의 취수구와 방수구와의 고저차를 170[m], 수압관의 손실 낙차를 1.5[m], 방수구의 손실 낙차를 1[m], 최대 사용 유량을 매초 50[m³]라고 한다면 이 발전소에서 발생할 수 있는 최대출력은 몇 [kW]인가? 또 발전소가 연부하율 60[%]로 운전할 경우, 연간 발생 전력량은 얼마인가? 단, 수차의 효율은 86[%], 발전기의 효율은 96[%]라고 한다.

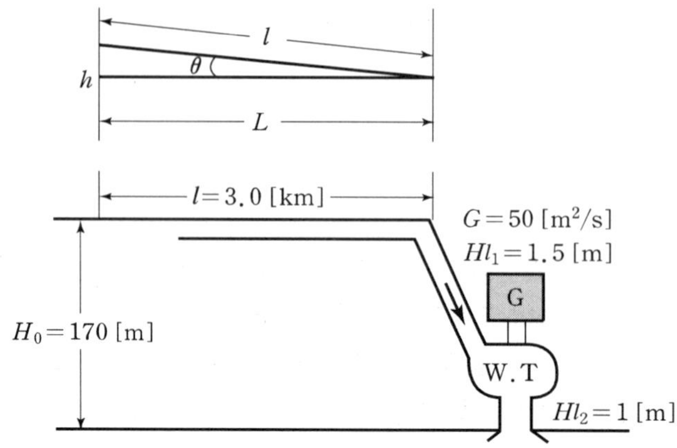

그림 3·22

풀이 이 문제를 제의에 따라 그려보면 그림 3·22처럼 된다.

먼저 경사 $\tan\theta = \dfrac{h}{L} = \dfrac{1}{1{,}500}$

θ가 작을 경우는 $\tan\theta \fallingdotseq \sin\theta = \dfrac{h}{l}$에서 수로손실

$$h = l \cdot \tan\theta = 3{,}000 \times \frac{1}{1{,}500} = 2[\text{m}]$$

로 된다. 따라서 손실 낙차의 합계 H_l는,

$$H_l = h + H_{l1} + H_{l2} = 2 + 1.5 + 1 = 4.5[\text{m}]$$

총 낙차 $H_0 = 170[\text{m}]$이므로 유효 낙차 H는

$$H = 170 - 4.5 = 165.5[\text{m}]$$

최대출력 $P_m = 9.8QH\eta_t\eta_g = 9.8 \times 50 \times 165.5 \times 0.86 \times 0.96 \fallingdotseq 66{,}950[\text{kW}]$

한편 연간 부하율 F_y는

$$F_y = \frac{\text{연간발생 전력량}}{\text{최대 출력} \times \text{연간 시간수}} = 0.6$$

이므로 연간 발생 전력량 $W[\text{kWh}]$는

$$W = P_m \times T \times F_y = 66{,}950 \times 365 \times 24 \times 0.6 \fallingdotseq 352 \times 10^6[\text{kWh}]$$

2) 수력학(水力學)

물의 물리적 성질

물의 밀도는 대기압에서는 4[°C]에서 최대로 되고 온도에 따라서 다소 변화하지만, 그 변화는 아주 작으므로 보통 수력학상의 계산에서는 일정한 무게라고 취급하여도 무방하다. 즉, 물의 중량은 $1[\mathrm{g/cm^3}]$ 또는 $1[\mathrm{t/m^3}]$라고 한다.

물에 압력을 가하면 극히 작은 값이지만 체적이 감소한다. 그러나 그 체적의 변화 비율, 곧 물의 압축률이 매우 작으므로 상온 상압에서는 1기압의 변화에 대하여 약 5×10^{-5} 밖에 안되므로 보통 물을 비압축성이라고 보아도 별문제가 없다.

운동하고 있는 액체 내부에서 유속의 차가 있으면 그 상대 운동에 저항하는 힘을 발생하게 된다. 이 성질은 점성(粘性, viscosity) 또는 내부 마찰이라고 하며, 그 정도는 점성 계수로 나타내고 있다.

정수력학(靜水力學)

그림 3·23처럼 정지하고 있는 수면으로부터 깊이가 $H[\mathrm{m}]$이고 단면적이 $A[\mathrm{m^2}]$인 수주를 생각한다. 이 수주의 체적은 $AH[\mathrm{m^3}]$이며 이때 물의 단위 체적당 중량을 $w[\mathrm{kg/m^3}]$라고 하면 이 수주의 전체 중량은 $wAH[\mathrm{kg}]$으로 된다. 수주는 그 밑바닥에서 위의 방향으로 작용하는 물의 힘 $W[\mathrm{kg}]$에 지탱되어서 평형 상태에 있게 된다. $W=wAH[\mathrm{kg}]$이므로 수주의 밑바닥 부분에서 물이 받는 평균의 힘 $p[\mathrm{kg/m^2}]$는

$$p = \frac{W}{A} = wH[\mathrm{kg/m^2}] \tag{3·30}$$

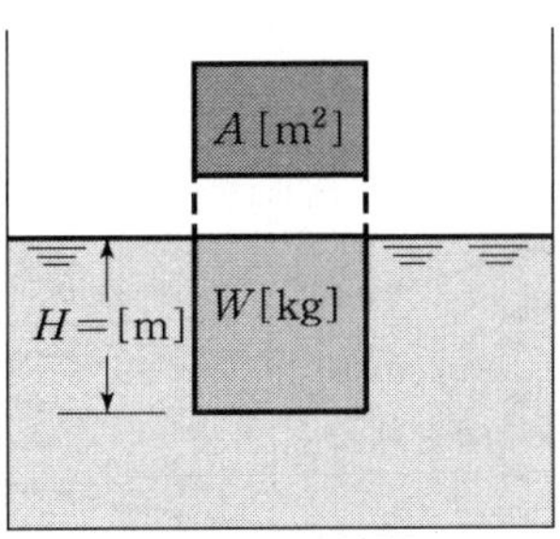

그림 3·23 정수압

로 된다. 이 p를 깊이 H[m]에서의 압력의 세기 또는 압력도(pressure intensity)라고 말하며 밑면 전체에 작용하는 수압 $P = wAH$를 전압력 또는 총압이라고 해서 이것과 구별하고 있다.

또 이때 $H = \frac{p}{w}$[m]를 압력수두(pressure head)라고 말한다. 압력의 단위로서는 [kg/cm^2] 또는 [kg/m^2]를 사용한다.

동수력학(動水力學)

① 연속의 원리

동수력학에서는 유체(주로 물)의 운동법칙을 취급한다. 유체의 운동을 크게 나누면 유동(流動)과 와동(渦動), 그리고 파동(波動)으로 된다. 유동을 다시 나누면 유선이 정연하게 기하학적인 선으로 되어 흐트러지지 않고 흐르는 층류(streamline flow)와 유선이 서로 뒤섞여서 불규칙적으로 혼란한 상태가 되어 흐르는 난류(turbulent flow)로 된다. 수력발전소에서 사용하는 흐름은 일반적으로 난류이다.

관로나 수로 등에 단위 초당 흐르는 물의 양, 즉 유량 Q[m^3/s]는 유수의 단면적 A[m^2]와 평균 유속 v[m/s]과의 곱으로 표시된다.

$$Q = A \cdot v \text{[m}^3\text{/s]} \tag{3·31}$$

그림 3·24와 같이 관로 등이 고체로 둘러싸인 수류에서 두 지점 a, b에서의 단면적을 A_1[m^2], A_2[m^2], 평균 유속을 v_1[m/s], v_2[m/s]라고 하면 단위 시간에 a로부터 유입되는 수량은 $A_1 v_1$[m^3/s], b로부터 유출되는 수량은 $A_2 v_2$[m^3/s]이다.

그런데 수류는 고체로 둘러싸여 있고 또한 비압축성이므로 도중에서 물의 출입이 없는 한 a로부터 유입되는 수량과 b로부터 유출되는 수량은 같다. 이것을 연속의 원리라고 말하며 다음

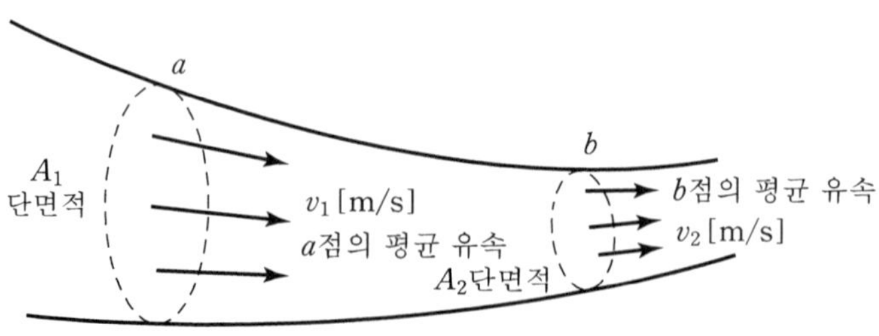

그림 3·24 연속의 원리

의 관계식이 성립한다.

$$A_1 v_1 = A_2 v_2 = Q = \text{일정} \tag{3·32}$$

또 이 관계로부터 유속은 유로의 단면적에 반비례해서 좁은 장소에는 유속이 빠르고 넓은 장소에서는 유속이 늦어진다는 것을 알 수 있다.

② **베르누이의 정리**(Bernoulli's theorem)

정지하고 있는 물은 그 내부에서는 그것에 작용하는 외력과 압력에 의해서 평형이 유지되지만 운동하고 있는 물에서는 이 두 가지 힘 외에 가속도가 작용하여 결국 이 세 가지 힘으로 평형을 유지하게 된다(단, 정상류의 경우에는 가속도는 작용하지 않고 외력은 지구의 중력만으로 된다).

그림 3·25(a)의 A점, B점에서의 물의 압력도를 각각 $p_1[\text{kg/m}^2]$, $p_2[\text{kg/m}^2]$라하고 기준면으로부터의 높이를 각각 $h_1[\text{m}]$, $h_2[\text{m}]$라고 한다. 동시에 물의 단위 체적당 중량을 $w[\text{kg/m}^3]$, 중력의 가속도를 $g = 9.8[\text{m/s}^2]$라고 하면 에너지 보존 법칙에 따라 다음 식이 성립한다.

$$wQh_1 + Qp_1 + \frac{wQv_1^2}{2g} = wQh_2 + Qp_2 + \frac{wQv_2^2}{2g}[\text{kg}\cdot\text{m/s}] \tag{3·33}$$

따라서 위 식의 관계는 일반적으로 다음과 같이 표현된다.

$$wQh + Qp + \frac{wQv^2}{2g} = wQH[\text{kg}\cdot\text{m/s}] \tag{3·34}$$

$$= 1{,}000QH[\text{kg}\cdot\text{m/s}] \tag{3·35}$$

$$= 9.8QH[\text{kW}] \tag{3·36}$$

단, H : 정수

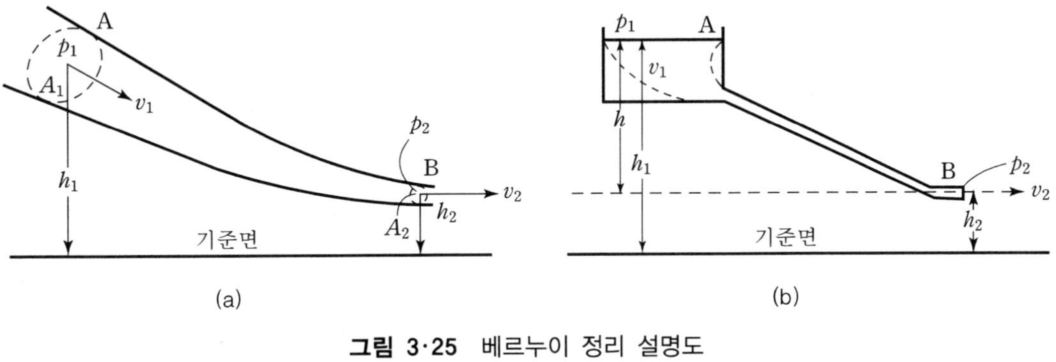

그림 3·25 베르누이 정리 설명도

즉, 식 (3·34)의 좌변의 각 항을 파워(power)로 표현한다. 각각은 위치파워(potential power), 압력파워(pressure power) 및 속도파워(velocity power) 또는 운동파워(kinetic power)라고 한다.

① 위치파워(wQh) : 기준면으로부터 h 의 높이에 있는 유수가 갖는 1초 당의 위치에너지로서 후술하는 위치수두와 같다.

② 압력파워(Qp) : 상기 유량이 갖는 1초 당의 압력에너지로서 후술하는 압력수두와 같다.

③ 속도파워($\frac{wQv^2}{2g}$) : 상기 유량이 갖는 1초당의 운동에너지로서 역시 후술하는 속도수두와 같다.

그런데 위의 세 가지 파워의 합계는 에너지 보존 법칙에 따라 일정하므로 이것을 wQH로 나타내는데 일반적으로는 이 wQH를 총 파워 또는 총 수력(1초당 총에너지)이라고 한다. 곧 위의 식 (3·34)는 완전 유체가 유선에 따라 흐르고 있는 경우 위치에너지, 압력에너지 및 운동에너지의 합계는 그 유수가 갖는 1초당 총에너지 wQh와 같다는 것을 나타내고 있다.

식 (3·34)의 양변을 wQ로 나누면 다음과 같이 된다.

$$h+\frac{p}{w}+\frac{v^2}{2g}=H[\mathrm{m}] \tag{3·37}$$

이것을 베르누이 정리(Bernoulli's theorem)라고 한다.

위 식에서 h를 위치수두(potential head), p/w를 압력수두(pressure head), $v^2/2g$를 속도수두(velocity head), H를 전수두(total head)라고 부른다.

베르누이의 정리를 수로의 흐름에 응용하는 경우는 실제로 물이 흐를 때 받게 되는 여러 가지 손실분까지 고려해서 손실에 상당하는 수두를 손실수두(loss head)라 하고 h_l로 나타내면 식 (3·37)은 다음과 같이 일반식으로 쓸 수 있다.

$$h+\frac{p}{w}+\frac{v^2}{2g}+h_l=H[\mathrm{m}] \tag{3·38}$$

이하 이들 각 수두를 간단히 설명해 본다.

높은 위치에 있는 물이 떨어지면 일하게 되는데 이것을 위치에너지라고 부른다.

그림 3·26에서 임의의 기준면 X—X′에 대해서 h_a의 높이에 있는 점 a의 물은 X—X′에 대하여 h_a의 위치에너지를 갖는다고 말하며 수력학(水力學)에서는 이것을 위치수두(potential head)라고 부른다. 마찬가지로 b점의 위치수두는 h_b이다. 두 점 a, b의 위치수두 차 $h_a - h_b$는 h_a와 h_b의 수직 거리로써 표시되며 a로부터 b까지의 통로의 길이와는 아무 관계가 없다. 하천의 유수 등의 에너지를 이용할 때 이 위치수두의 차이를 특히 낙차(head)라고 부르고 있다. 그림 3·27에 보인 것처럼 정지하고 있는 물속에 단면적 $A[m^2]$의 수심 $H[m]$의 수주(水柱)를 가상하는 경우 이 수주의 밑바닥 면에 작용하는 압력 $P[kg]$는 수주의 무게와 같게 되어

$$P = wAH[kg] \tag{3·39}$$

로 된다. 단 w는 물의 단위 체적당의 중량$[kg/m^3]$이다. 여기서 압력의 세기를 $p[kg/m^2]$라고 한다면

$$p = \frac{P}{A} = wH[kg/m^2] \tag{3·40}$$

으로 되는데, 이것은 곧 단위 체적의 물이 갖는 압력(壓力)에너지이다. 수력학에서는 압력의

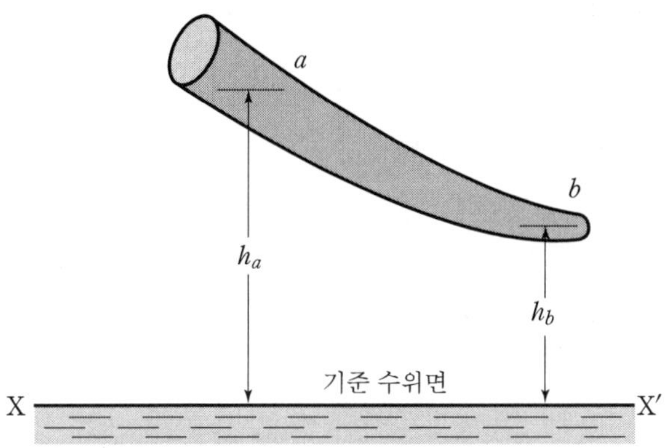

그림 3·26 위치수두의 개념도

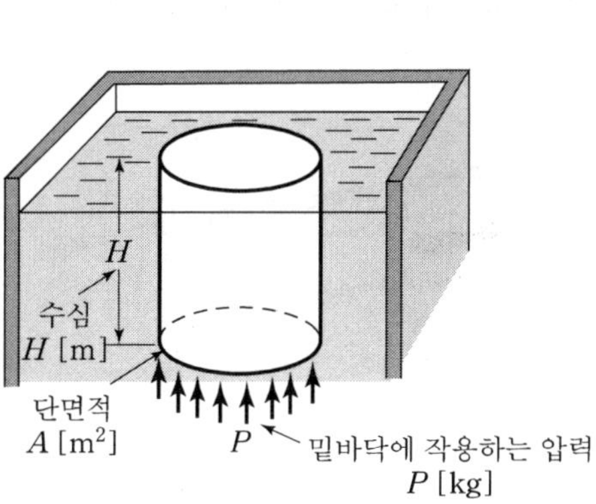

그림 3·27 압력수두의 개념도

세기를

$$H = \frac{p}{w}[\mathrm{m}] \tag{3·41}$$

처럼 수주의 높이로 나타내고 이것을 압력수두(pressure head)라고 부른다.

다음 그림 3·28처럼 물이 흐르고 있는 경우를 생각한다. 중력의 가속도를 $g[\mathrm{m/s^2}]$라고 하면 단위 체적의 물의 질량 $m[\mathrm{kg}]$은

$$m = \frac{w}{g}[\mathrm{kg}] \tag{3·42}$$

이다. 여기서 속도 $v[\mathrm{m/s}]$로 흐르고 있는 물의 단위 체적당의 운동에너지는

$$\frac{1}{2}mv^2 = \frac{wv^2}{2g} \tag{3·43}$$

로 되는데, 여기서 단위 체적의 물이 이것과 같은 위치에너지를 갖는 것으로 보고 이것을 $wH[\mathrm{kg \cdot m}]$라고 하면

$$wH = \frac{wv^2}{2g}$$

로부터

$$\therefore \; H = \frac{v^2}{2g}[\mathrm{m}] \tag{3·44}$$

가 된다. 이처럼 속도 v로 흐르고 있는 물은 이론상 H의 높이에 해당하는 수두를 갖는다고 생각해서 이 $H\,(=v^2/2g)$를 속도수두(velocity head)라고 부르고 있다.

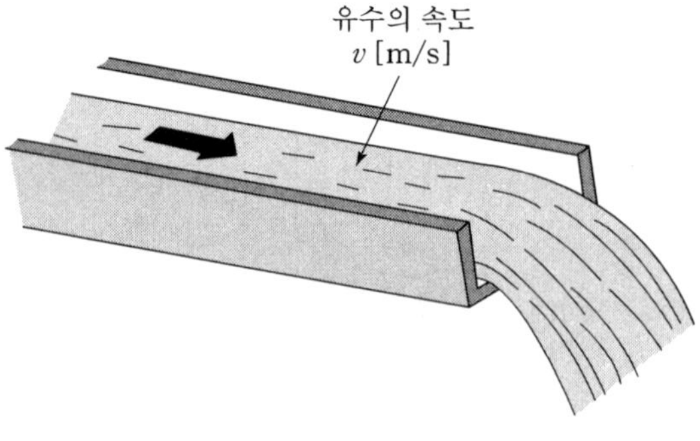

그림 3·28 속도수두의 개념도

예제 3·13

그림 3·29와 같은 수관에서 A의 지름은 0.5[m], B의 지름은 0.2[m], A점의 압력 및 유속은 각각 20,000[kg/m²], 0.4[m/s]이었을 경우 B점의 압력을 구하여라.

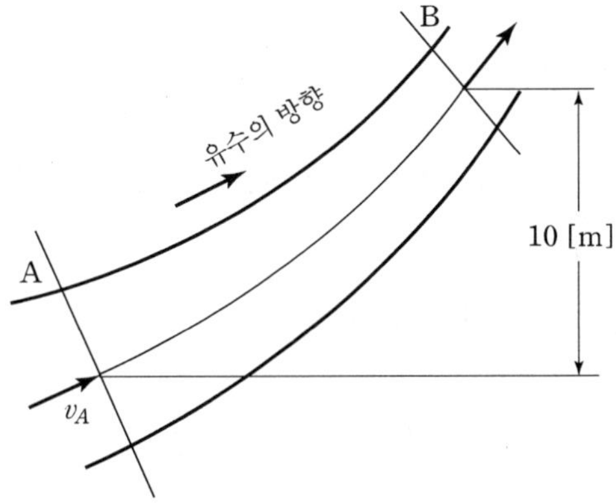

그림 3·29

풀이 먼저 A, B점의 단면적 S_A, S_B를 구한다.

$$S_A=\frac{\pi}{4}(0.5)^2=0.196[\text{m}^2]$$

$$S_B=\frac{\pi}{4}(0.2)^2=0.0314[\text{m}^2]$$

연속의 원리 $S_A v_A=S_B v_B$로부터

$$v_B=\frac{S_A}{S_B}v_A=\frac{0.196}{0.0314}\times 0.4=2.5[\text{m/s}]$$

여기에 베르누이의 정리를 적용해서 B점의 압력 P_B를 구하면,

$$P_B=w(H_A-H_B)+\frac{w}{2g}({v_A}^2-{v_B}^2)+P_A$$

제의에 따라,

$$w=1{,}000[\text{kg/m}^2],\ \ H_A=0,\ \ H_B=10[\text{m}]$$

$$P_A=20{,}000[\text{kg/m}^2]$$

를 대입하면,

$$P_A=1{,}000(0-10)+\frac{1{,}000}{2\times 9.8}(0.4^2-2.5^2)+20{,}000=9{,}684[\text{kg/m}^2]$$

③ 토리첼리의 정리

그림 3·30과 같이 단면적 ①을 가진 수조에서 하부의 측벽에 있는 소공(小孔), 즉 오리피스 (orifice) ②로부터 분출하는 물의 속도 v_2는 베르누이 정리를 적용하면,

$$h_1+\frac{P_1}{w}+\frac{{v_1}^2}{2g}=h_2+\frac{P_2}{w}+\frac{{v_2}^2}{2g}\,[\mathrm{m}] \tag{3·45}$$

여기서 P_1과 P_2는 대기압 P_a와 같고($P_1=P_2=P_a$) 수조의 단면적은 분출구의 단면적보다 훨씬 크기 때문에 v_1은 무시된다($\fallingdotseq 0$).

또 $h_1-h_2=h$인 조건을 위 식에 대입하면,

$$h+\frac{P_a}{w}+\frac{0^2}{2g}=\frac{P_a}{w}+\frac{{v_2}^2}{2g}$$

으로부터

$$v_2=\sqrt{2gh}\,[\mathrm{m/s}] \tag{3·46}$$

를 얻는다.

이 관계식을 토리첼리의 정리(Torricelli's theorem)라고 말한다. 실제는 물의 점성, 분출공에서의 마찰 손실 등이 있으므로 분출 속도 v_2'는 v_2 보다는 약간 작아져서 다음 식으로 표시된다.

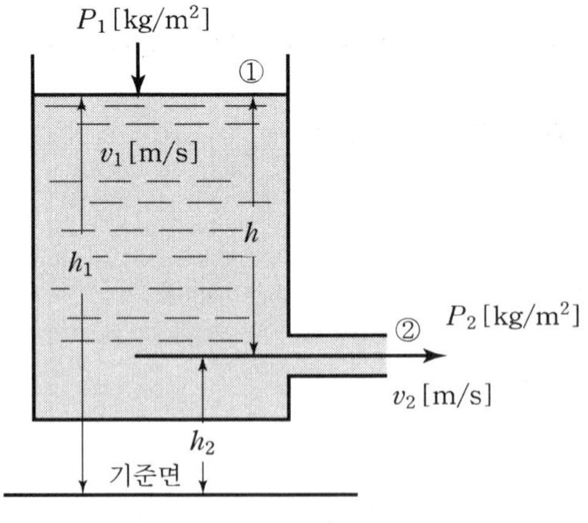

그림 3·30

$$v_2{}' = c_v\sqrt{2gh}\ [\mathrm{m/s}] \qquad (3\cdot47)$$

단, c_v 는 유속계수라고 하며 통상 0.95～0.99 정도의 값을 갖는데 수심 h 또는 오리피스의 지름 d가 커질수록 커진다. 또한 이 값은 분출구의 모양에 따라 달라지는데 표 3·4는 참고로 일례를 보인 것이다.

표 3·4 유속계수의 예

분출구의 모양	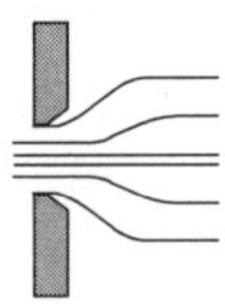	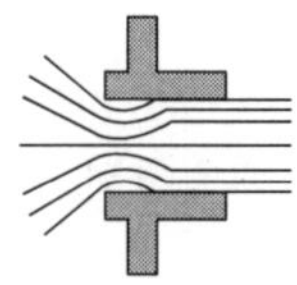	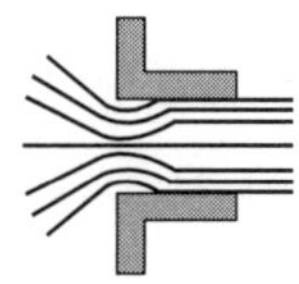	
유속계수	0.97～0.98	0.72	0.82	0.96

예제 3·14

그림 3·31과 같은 수조에 물이 채워져 있다. 수면으로부터 20[m] 깊이의 측벽에 분출공을 뚫었을 때 물이 이 구멍으로부터 분출하는 분출 속도를 구하여라. 단, 이때의 손실은 무시하는 것으로 한다.

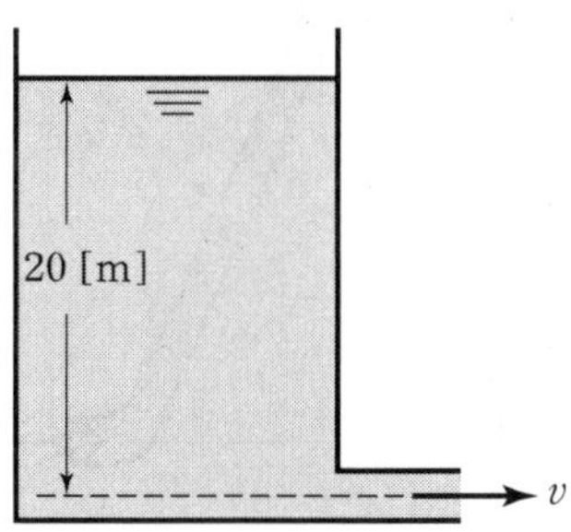

그림 3·31

풀이 수조 수면의 물의 강하 속도를 무시하면 토리첼리의 정리로부터 식 (3·46)을 사용해서 $h=20[\mathrm{m}]$, $g=9.8[\mathrm{m/s^2}]$을 대입하면,

$$v=\sqrt{2gh}=\sqrt{2\times9.8\times20}=19.8[\mathrm{m/s}]$$

그러나 실제의 분출 속도는 위 식에서 구한 값보다 작아진다. 그것은 앞서 설명한 바와 같이 유속계수 c_v의 값이 분출구의 모양에 따라 변화하기 때문이다.

예제 3·15

낙차가 중간 정도의 수력발전소에서 유효 낙차 H[m]가 변화하였을 경우 이에 따라 수차의 최대출력 P_t는 어떻게 변화하는가? 단, 수차 효율 η_t는 일정하다고 한다.

풀이 수차 출력 $P_t = 9.8\,QH\eta_t$[kW], Q : 유량[m^3/s]

그림 3·32에서 수압관 출구의 단면적을 A[m^2], 유속을 v[m/s]라 하면 유량 Q[m^3/s]는 연속의 원리에 따라

$$Q = Av[\text{m}^3/\text{s}]$$

한편 유속 v는 토리첼리의 정리로부터 $v = c\sqrt{2gH}$ 이므로 $Q = Ac\sqrt{2gH}$ 로 된다. 이것을 수차의 출력 계산식에 대입하면,

$$P_t = 9.8Ac\sqrt{2gH}\,H\eta_t = KH^{3/2}$$

단, $K = 9.8Ac\sqrt{2g}\,\eta_t$

그러므로 수차 출력 P_t는 수차 효율이 일정할 경우 낙차의 3/2승에 비례해서 변화한다는 것을 알 수 있다.

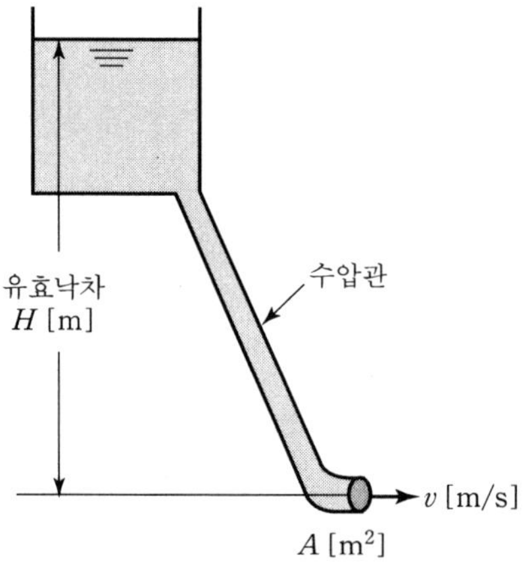

그림 3·32

3) 유량(流量)과 낙차(落差)

강수량(降水量)과 유량(流量)

수력발전을 하기 위해서는 우선 그 에너지원이 될 유량과 낙차에 대해서 알고 있어야 한다.

낙차는 상세한 지형도를 사용해서 실측함으로써 비교적 쉽게 결정할 수 있다. 그러나 유량은 같은 하천일지라도 계절에 따라, 또는 해(年)에 따라 큰 변화가 있으므로 장기간에 걸쳐 면밀하게 조사할 필요가 있다.

하천 유수의 근원이 되는 것은 그 하천의 유역에 내리는 비나 눈이다. 이들 양은 강수량(降水量, precipitation) 또는 우량(雨量, rain fall)이라고 부르는데 일반적으로 이것을 나타내는 단위로는 수심을 기준으로 [mm]가 사용되고 있다. 강수량은 지역에 따라 많은 차이를 보이고 있으며, 강수량을 1년간 적산한 값을 연 강수량이라고 하는데 우리나라의 평균 연 강수량은 1,100[mm] 정도로써 비교적 많은 편이다.

강수량 중에서 상당한 부분은 증발하여 다시 대기로 돌아가고 일부는 땅으로 스며들어 지하수가 되지만 대부분은 지표수(surface water)로 되어 하천으로 흘러 들어가서 하천 유량이 되고 있다. 지질이나 산림 상태 등에 따라서 약간 다르기는 하지만 강수량과 하천의 유량과의 사이에는 일정한 관계가 있다. 보통 하천 유량과의 비를 유출률(run－off ratio) 또는 유출계수(流出係數, run－off coefficient)라고 부른다.

가령 어느 하천의 유역 면적을 $A[\mathrm{km}^2]$, 유출계수를 k (보통 0.4～0.8 정도), 연 강수량을 p[mm]라고 한다면 그 하천의 연평균 유량(mean yearly flow) $Q[\mathrm{m}^3/\mathrm{s}]$는 다음 식으로 산출할 수 있다.

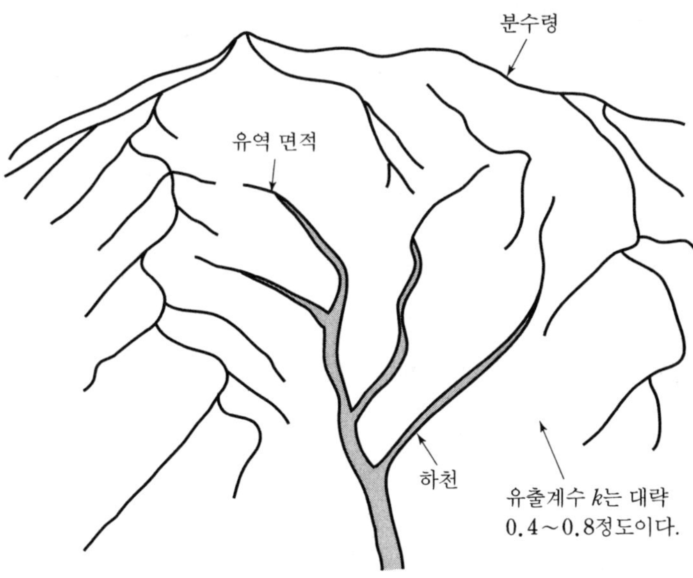

그림 3·33 유출계수의 개념도

$$Q = \frac{kpA \times 10^3}{365 \times 24 \times 60 \times 60} \fallingdotseq 3.17\,kpA \times 10^{-5}[\mathrm{m^3/s}] \quad (3\cdot48)$$

하천의 유량은 계절 및 해(年)에 따라서 변화한다. 우리나라에서는 대체로, 겨울에는 갈수기로 되고 여름에는 풍수기가 되고 있다.

예제 3·16

연간 강우량이 2,100[mm]인 지방에서 유역 면적 75[km^2]를 갖는 하천이 있다. 이 하천의 연평균 유량은 얼마인가? 단, 1년은 365일이라 하고 유출계수는 70[%]이라고 한다.

풀이 75[km^2]의 1년간 강우량을 용적[m^3]로 고치면
$2.1 \times 75 \times 1{,}000 \times 1{,}000 = 15.75 \times 10^7$ [m^3]이다.
1년간의 총 유량은 여기에 유출계수를 곱하면 되므로

$$\text{연 강수량} = 15.75 \times 10^7 \times 0.7 = 11.025 \times 10^7[\mathrm{m^3}]$$

따라서 연평균 유량 Q[m^3/s]는

$$Q = \frac{11.025 \times 10^7}{365 \times 24 \times 60 \times 60} \fallingdotseq 3.5[\mathrm{m^3/s}]$$

유량(流量)의 변동과 그 표현

하천 유량의 크기를 나타내는 데에는 다음과 같은 용어를 정의해서 쓰고 있다.

- **갈수량, 갈수위(渴水量, 渴水位)** : 1년 365일 중 355일은 이것보다 내려가지 않는 유량 또는 수위
- **저수량, 저수위(低水量, 低水位)** : 1년 365일 중 275일은 이것보다 내려가지 않는 유량 또는 수위
- **평수량, 평수위(平水量, 平水位)** : 1년 365일 중 185일은 이것보다 내려가지 않는 유량 또는 수위
- **풍수량, 풍수위(豊水量, 豊水位)** : 1년 365일 중 95일은 이것보다 내려가지 않는 유량 또는 수위
- **고수량, 고수위(高水量, 高水位)** : 매년 1~2회 생기는 출수의 유량 또는 수위
- **홍수량, 홍수위(洪水量, 洪水位)** : 3~4년에 한 번 생기는 출수의 유량 또는 수위

그림 3·34 유량도의 일례

- **최대갈수량, 최대홍수량(最大渴水量, 最大洪水量)** : 과거의 기록, 구전 등으로 판정한 최저 또는 최대의 유량
- **유량도(流量圖, hydrograph)** : 그림 3·34와 같이 가로축에 1년 365일을 캘린더 순으로 잡고 세로축에 그날에 상당하는(곧 매일매일) 하천 유량을 기록해서 연결한 것이다. 이러한 유량도가 있으면 1년을 통한 하천 유량의 변동 상황을 쉽게 알 수 있다.

이에 대하여 유황곡선(discharge－duration curve)이란 앞에서 설명한 유량도를 사용해서 그림 3·35의 (b)처럼 가로축에 1년의 일수를, 세로축에 유량을 취하여 매일의 유량 중 큰 것부터 순서대로 1년분을 배열하여 그린 곡선이다. 그림 3·36은 그 일례로써 가령 이 그림과 같이 95일, 185일, 355일의 세로축 값으로부터 각각 풍수량, 평수량 및 갈수량 등을 쉽게 알 수 있다.

유황곡선은 발전 계획을 수립하는 경우 유용하게 사용할 수 있는 자료로써 보통 수십 년간의 기록으로부터 평균 유황곡선을 만들어서 발전소 사용 유량 등을 결정하는 것에 사용하고 있다.

가령 사용 유량을 평수량으로 잡으면 1년간 발전에 사용할 수 있는 수량은 곧 이 곡선으로부터 구해지고 또 갈수 때문에 부족한 수량도 알 수 있으므로 이 부족분을 화력발전 기타에서 메워주는 경우 이에 따른 전력 소요량도 쉽게 산출해 낼 수 있다. 그 밖에 적산유량곡선(積算流量曲線, mass curve of water quantity) 또는 유량누가곡선(流量累加曲線, discharge mass curve)이라는 것도 많이 사용된다. 이것은 그림 3·37에 보는 바와 같이 매일의 수량을 차례로

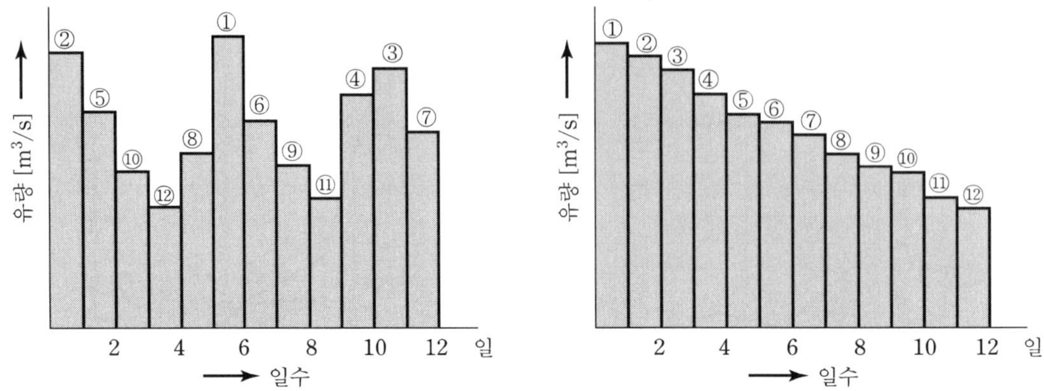

(a) 유량도 (b) 유황 곡선도

그림 3·35 유량도와 유황곡선의 설명도

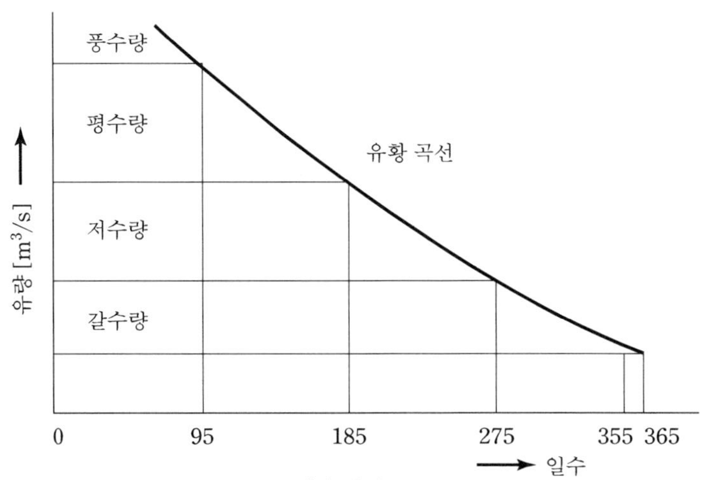

(a) 개념도

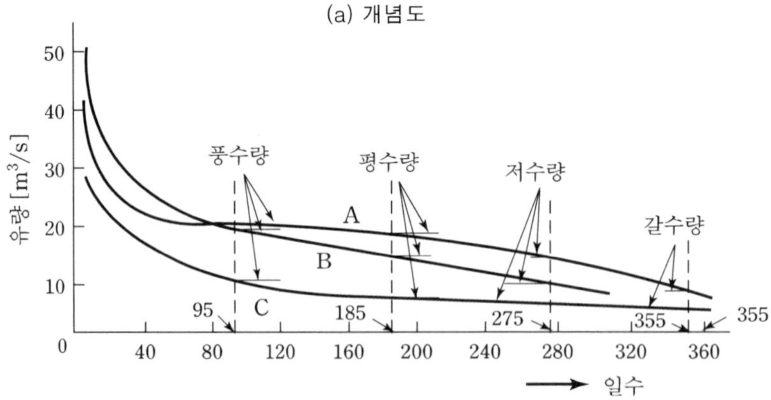

(b) 하천의 종류에 따른 유황 곡선의 예

그림 3·36 유황곡선

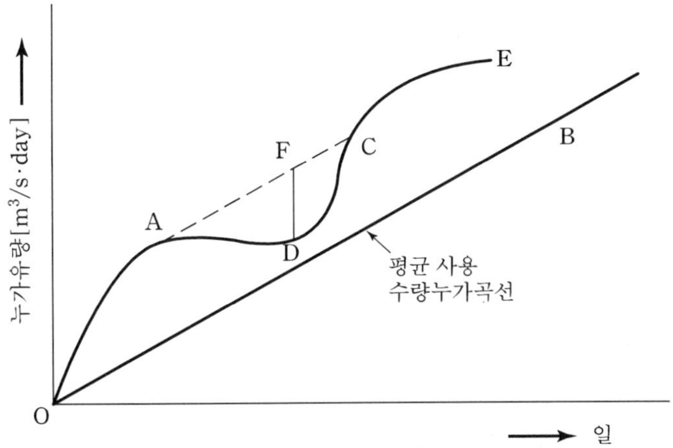

그림 3·37 유량누가곡선의 개념도

적산해서 가로축에 일수를, 세로축에 적산 유량을 그린 곡선이다.

적산유량의 단위로서는 일반적으로 [m^3/s · day]가 사용된다. 1[m^3/s · day]는 1[m^3/s]의 유량이 24시간 연속해서 흘렀을 때의 수량으로서 $60 \times 60 \times 24 = 86,400$[$m^3$]에 상당하는 것이다. 이때 일수의 기점으로는 유량이 풍부한 시기를 선정한다. 그림 3·37에서 OB는 발전소가 사용하는 평균사용수량 누가곡선으로서 가령 매일매일 사용 수량이 일정할 경우에는 그림에서 보인 것처럼 직선으로 된다.

여기서 A를 만수면이라고 하면 A로부터 OB에 평행하는 직선을 그어 이것이 유량누가곡선(곡선 OADCE)과 교차하는 점을 C라고 하면 직선 AC와 유량 누가 곡선과의 최대 수직 거리 FD가 이 저수지의 소요 저수 용량을 가리키게 된다.

OB보다 경사가 완만한 AD에서는 유입량이 사용 수량보다 작다는 것을 나타내며 이것은 곧 저수지로부터의 보급이 필요한 부분이 된다. 반대로 OB보다 기울기가 급한 DC에서는 유입량이 사용 수량보다 커져서 저수지에 저수하게 되는 것이다.

이와 같이 결정한 저수량을 V[m^3]라고 하였을 때 이 양이 어느 정도의 발전전력량 W[kWh]로 되는가를 계산해 본다.

지금 첨두부하시의 발전소의 사용 유량 및 계속 시간을 각각 Q[m^3/s], T[h]라고 하면 저수량 V[m^3]의 관계는

$$V = Q \times 3,600\,T\,[\mathrm{m^3}] \tag{3·49}$$

로 된다. 한편 발전 전력량 W[kWh]는 발전소 출력 P_g[kW]와 발전 계속 시간 T[h]의 곱으로 표현되므로 유효 낙차 및 수차 · 발전기 효율을 각각 H[m] 및 η_t, η_g라고 하면

$$W = P_g T = 9.8\,QH\eta_t\eta_g \times T\,[\text{kWh}] \tag{3·50}$$

이 식에 식 (3·49)로부터 Q를 구해서 대입하면

$$W = \frac{9.8\,VH\eta_t\eta_g}{3{,}600}\,[\text{kWh}] \tag{3·51}$$

를 얻는다.

실제로 저수지의 규모를 결정함에 있어서는 상술한 바와 같은 방법으로 개략적인 값을 정하고 그 지점에서의 홍수위, 이용 수심, 최대 사용 수량을 몇 가지 취해서 각각의 경우에 대하여 저수지 운용 기준에 따라서 발전 전력량을 계산하고 이 전력량과 공사비를 비교함으로써 가장 경제적인 것을 채용하고 있다.

과거에는 발전소의 최대 사용 유량을 갈수량에 가까운 값으로 채택하는 것이 보통이었으나 전력계통이 커져서 저수지라든가 조정지, 대용량의 기력 발전소가 개발됨에 따라 피크 발전을 수력발전에 의존하게 되어 최근에는 사용 유량이 갈수량의 3～4배에 이르는 것이 많아졌다.

그 밖에 같은 하천에 여러 개의 조정지 또는 저수지식 발전소가 건설되고 이들이 전력의 수요에 따라서 사용 수량을 변화하게 되면 그 운전 상황에 따라 하류에서의 방류량이 크게 변화하게 된다. 하천은 농업용수, 물건 운송, 관광 등 여러 목적에 이용되고 있으므로 유량이 급격하게 변화하면 여러 가지 지장을 주게 된다. 이것을 방지하기 위하여 하류 지점에 조정지를 설치해서 일단 여기서 유량을 저수한 다음 필요한 유량만큼씩 조절해서 계속 흘려주도록 하는 경우가 있다. 이러한 목적으로 설치된 조정지를 특히 역조정지(逆調整地, equalizing pond)라고 부르며 이에 병설된 발전소는 조정 유량에 의해서 결정되는 출력으로 운전하게 된다. 우리나라에서도 충주 수력발전소의 하류에 이러한 역조정지를 설치해서 유량을 일부 조정하고 동시에 전력을 생산하고 있다.

예제 3·17

유역 면적 400[km^2], 1년간의 총 강수량 1,500[mm]인 수력 지점이 있다. 유출계수를 70[%]라 하고 저수량을 연간 평균 유량의 1/3이라고 할 때 이 하천의 저수량은 얼마인가?

풀이 연간 평균 유량 $Q[m^3/s]$는 식 (3·48)로부터

$$Q=\frac{0.7\times 1{,}500\times 400\times 10^3}{365\times 24\times 60\times 60}=13.32[m^3/s]$$

저수량은 연간 평균 유량 Q의 1/3이라고 하였으므로

$$13.32\times\frac{1}{3}=4.44[m^3/s]$$

예제 3·18

그림 3·38과 같은 유황 곡선을 가진 하천에서 최대 사용 수량 $90[m^3/s]$, 최소 사용 수량 $30[m^3/s]$, 유효 낙차 60[m]의 수력발전소를 설계하는 경우 아래 사항의 값을 구하여라. 단, 수차 효율 η_t는 88[%], 발전기 효율 η_g는 97[%]라고 한다.

(1) 발전소 출력

(2) 연간 발전 전력량

(3) 연간 발전소 이용률

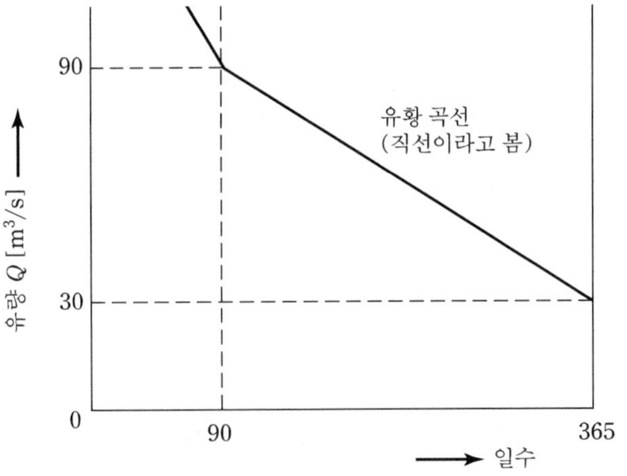

그림 3·38

풀이 (1) 발전소 출력이란 발생할 수 있는 최대전력을 말하므로

$$P=9.8\,QH\eta_t\eta_g=9.8\times 90\times 60\times 0.88\times 0.97=45{,}173[kW]$$

(2) 1년간 사용할 수 있는 총수량 $V[m^3]$는 그림 3·38의 유황 곡선을 참조해서

$$V=\left[90\times 90+30(365-90)+(90-30)(365-90)\cdot\frac{1}{2}\right]\times 24\times 3{,}600$$

$$=212{,}544\times 10^4[m^3]$$

총 수량 $V[\mathrm{m}^3]$를 h[시간]에서 사용하였을 때 평균 사용 수량 $Q_a[\mathrm{m}^3/\mathrm{s}]$는,

$$Q_a = \frac{V}{3{,}600h}[\mathrm{m}^3/\mathrm{s}]$$

한편 연간 발전 전력량 W[kWh]는,

$$W = 9.8 Q_a H \eta_t \eta_g \cdot h = \frac{9.8 \times VH\eta_t \eta_g}{3{,}600}$$

$$= \frac{9.8 \times 212.544 \times 10^4 \times 60 \times 0.88 \times 0.97}{3{,}600} = 296.33 \times 10^6 [\mathrm{kWh}]$$

(3) 발전설비는 최대유량 사용 시에 맞는 규모로 그 출력이 정해져 있으므로 효율 등의 변화가 없다고 하면 설비 이용률은 최대 사용 유량 Q_p로 1년간 운전해서 얻게 되는 전력량에 대한 평균 유량 Q_a로 1년간 운전해서 얻게 되는 전력량의 비로 표시된다.

따라서 Q_a는 $h = 356 \times 24$로 해서

$$Q_a = \frac{212{,}544 \times 10^4}{3{,}600 \times 24 \times 365} = 67.4[\mathrm{m}^3/\mathrm{s}]$$

발전소 이용률 F는,

$$F = \frac{9.8 \times Q_a H\eta_t \eta_g \times 365 \times 24}{9.8 \times Q_p H\eta_t \eta_g \times 365 \times 24} = \frac{Q_a}{Q_p} = 0.749$$

즉, F는 74.9[%]이다.

유량측정법

하천 유량은 그 통로의 단면적과 그 단면에 대한 직각 방향의 유속과의 곱으로 표시되므로 유량을 알기 위해서는 단면적과 유속 모두를 측정해야 한다. 이 중 단면적에 대해서는 크게 문제가 없으므로 결국 유량 측정의 중심은 유속의 측정에 있다고 말할 수 있다.

간단한 유량 측정 방법으로서 현재 많이 사용되고 있는 방법은 다음과 같다.

① 유량(流量)의 측정방법(測定方法)

• 유속계법(流速計法, current meter method)

프로펠러형의 날개를 유수로 회전시켜 그 회전수로부터 유속을 구하는 것으로서 측정은 하천의 직선 부분에서 한다. 주로 하천 유량 등 대유량 측정에 사용되며 회전수 N[rps]와 유속

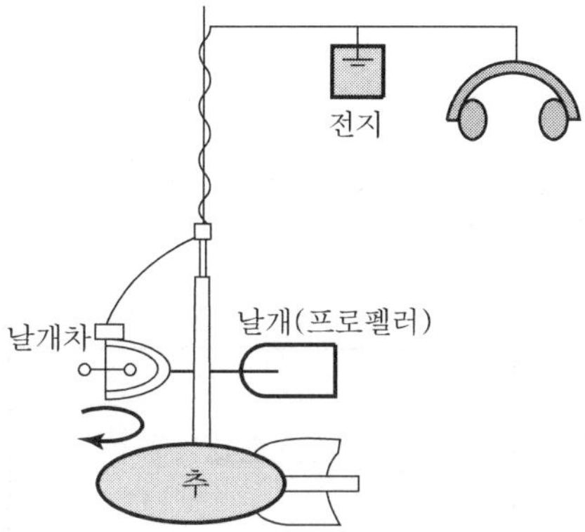

(a) 유속계의 구조

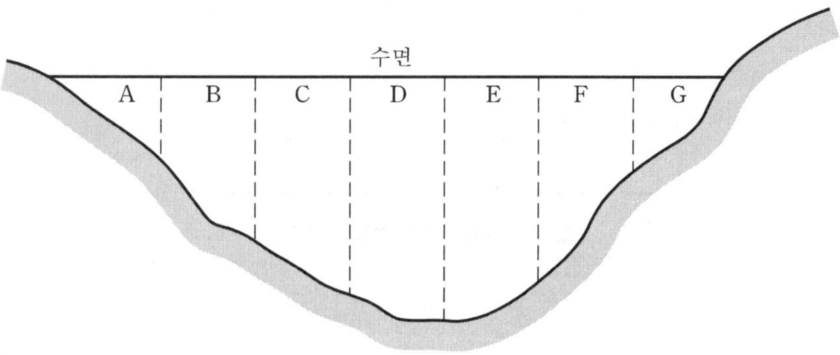

(b) 유속계의 적응 예

그림 3·39 유속계법의 개념도

v[m/s]와의 관계식은 다음과 같다.

$$v = aN + b[\mathrm{m/s}] \tag{3·52}$$

단, a, b는 계수이다.

그림 3·39는 그 예로서 여기서는 날개(프로펠러)를 유수로 회전시켜서 일정한 회전마다 음성이나 전기 펄스를 발생시키고 이것을 수화기라든가 계기로 그 회전수를 읽어 들여서 위의 식 (3·52)를 사용해서 유속을 구하고 있다.

실제로 이것을 사용하는 경우는 하천의 부분에 따라서 유속이 달라질 수가 있으므로 그림의 (b)처럼 단면을 일정한 간격으로 나누고 각각의 부분마다 유속계를 사용해서 그 평균 유속을 구한 다음 면적을 곱해서 전체의 유량을 산출하고 있다.

• 부표법(浮標法, float method)

그림 3·40에 보는 바와 같이 흐름이 안정된 하천의 직선 부분을 측정 지점으로 정하여 부표를 띄우고 두 점 간의 거리 l 과 통과 시간으로 유속을 구하는 방법이다.

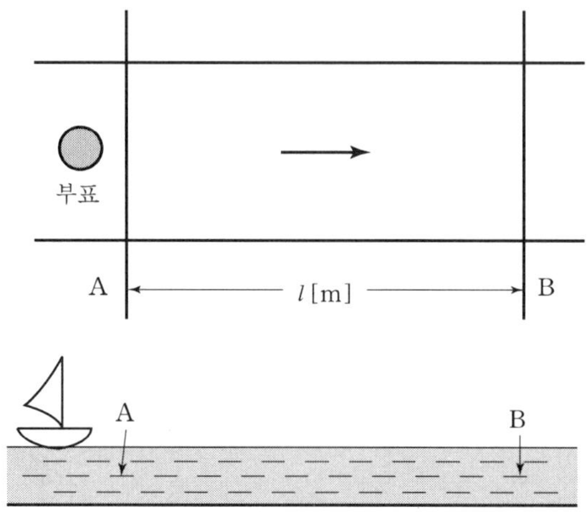

그림 3·40 부표법의 개념도

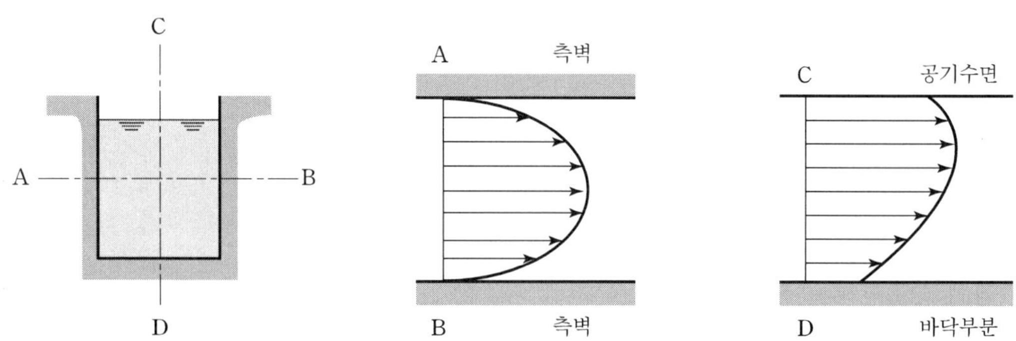

그림 3·41 유속

그러나 수면을 흐르는 표면 부표로는 수면의 유속만을 알 수 있으므로 사전에 표면 유속과 단면의 평균 유속 관계를 미리 알아둘 필요가 있다. 일반적으로 평균 유속 v는 표면유속의 80[%]이므로

$$v = 0.8\frac{l}{t}[\text{m/s}] \tag{3·53}$$

로 계산하고 있다.

• 염수속도법(鹽水速度法, salt velocity method)

수압관이나 수로 등의 유수에 일정한 농도의 염수를 주입해서 염수 부막을 만들고 임의의 두 점에 전극을 설치해서 전압을 가한다. 그러면 염수가 통과함에 따라 전류가 급증하므로 이것을 기록해서 그 두 점간(l)을 통과하는 데 소요된 시간(t)을 측정하면 쉽게 유속을 구할 수 있다. 이때의 염분 농도는 정량 분석법과 도전율로부터 측정한다.

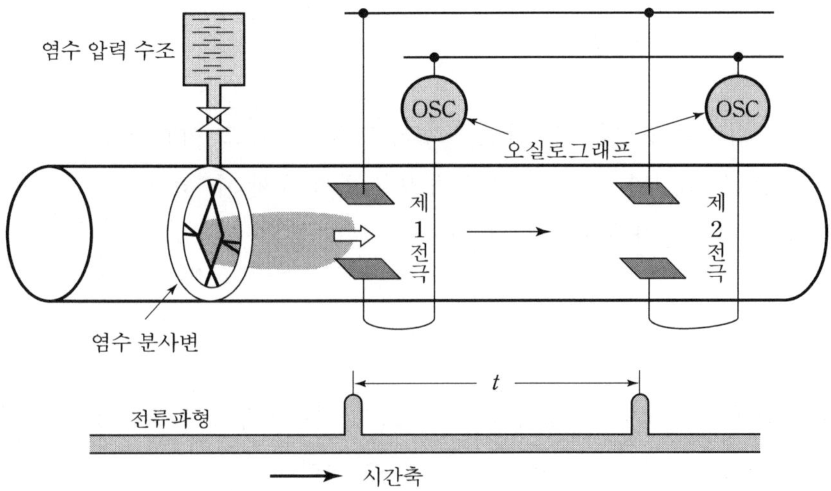

그림 3·42 염수속도법의 개념도

• 수압시간법(水壓時間法, Gibson method)

이것은 Gibson 에 의해서 제안된 것이기 때문에 Gibson 법이라고도 불려지고 있다.

수압관의 물은 수차 입구의 안내 날개를 서서히 통과해서 수차에 들어가는데 이 안내 날개를 서서히 폐쇄해서 유속을 감소시키면 수압관 내 수압이 상승하는 것을 응용해서 수압의 변화와 시간으로부터 유량을 구하는 방법이다. 곧 이때의 상승 수압과 시간과의 곱은 그 시간 중에 수압관 내의 유수에 생긴 운동량의 변화와 같으므로 다음 식이 성립한다.

$$A\int_0^t p\,dt = \frac{wAl}{g}(v_0 - v_t)[\text{kg}\cdot\text{s}] \qquad (3\cdot54)$$

여기서, A : 수압관의 단면적[m^2]

p : 상승 수압[kg/m^2]

w : 단위 체적당 물의 중량[kg/m^3]

v_0 : 밸브 폐쇄 전의 유속[m/s]

v_t : 밸브 폐쇄 개시로부터 t 초 후의 유속[m/s]

l : 수압관의 길이[m]

g : 중력가속도 9.8[m/s^2]

식 (3·54)로부터

$$v_0 - v_t = \frac{g}{wl}\int_0^t p\,dt \tag{3·55}$$

이때 p를 수주 h와 t의 관계를 나타내는 도형의 면적이므로 그 어떤 방법으로 그림 3·43과 같은 그림만 그릴 수 있다면 이것으로부터 유속을 쉽게 구할 수 있다.

이때 p를 수주 h로 환산하면 $p = wh$ 이므로

$$v_0 - v_t = \frac{g}{l}\int h dt = \frac{g}{l} S_t \,[\text{m/s}] \tag{3·56}$$

S_t는 h와 t의 관계를 나타내는 도형의 면적이므로 그 어떤 방법으로 그림 3·43과 같은 그림만 그릴 수 있다면 이것으로부터 유속을 쉽게 구할 수 있다.

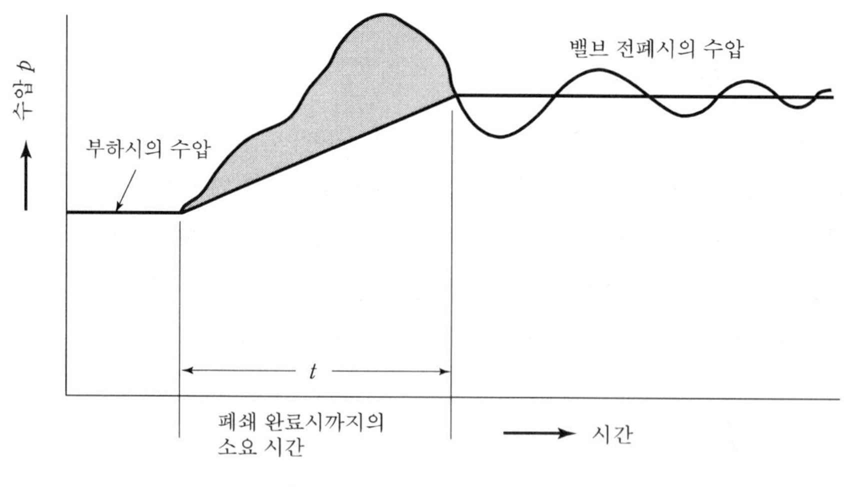

그림 3·43 수압시간법의 개념도

• 피토우관법(pitot tube method)

그림 3·44에서 보는 바와 같은 유로에서의 정상류(定常流)에 대해서 관 벽에 A, 유수의 중심부에 B인 두 개의 세관(細管)을 세우면 A관에는 압력 p에 해당하는 높이 $h_1 = \frac{p}{w}$까지만 물이 올라가지만 B관에서는 그 끝이 수류에 직각으로 있으므로 관 내의 수위 h_2는 $\frac{p}{w}+\frac{v^2}{2g}$과 같은 높이로 된다.

따라서 A관으로 압력을 측정하고 B와 A의 수위로부터 $v^2/2g$를 구하여 유속 v를 다음 식으로부터 구할 수 있다.

$$h_1 = \frac{p}{w}$$

$$h_2 = \frac{p}{w}+\frac{v^2}{2g}$$

$$h = h_2 - h_1 = \frac{v^2}{2g}$$

$$\therefore \quad v = \sqrt{2gh} \tag{3·57}$$

단, c는 피토우관의 구조에 따른 계수로 1에 가까운 값이다. 일반적으로 B관과 같은 곡관을 피토우관(pitot tube)이라고 한다.

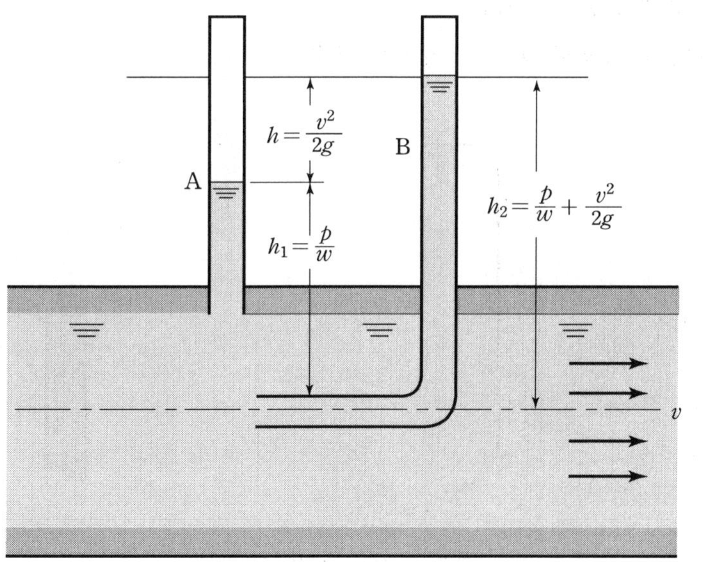

그림 3·44 피토우관의 원리

② 직접 유량(流量)을 측정하는 방법

유량의 측정에는 유속과 단면적의 양자를 측정하는 것이 일반적이지만 직접적으로 유량을 측정하는 경우도 있다.

• 염분법(鹽分法, salt solution method)

이것은 하천의 상류에서 농도를 알고 있는 식염수를 일정량의 비율로 유수 중에 주입하고 이것이 섞여서 내려온 물을 하류에서 받아 염분량을 측정해서 유량을 알아내는 방법이다. 그러나 이 방법으로는 분석에 상당한 숙련이 필요하므로 현재는 별로 쓰이지 않고 있다.

• 언측법(堰測法, weir method)

하천의 흐름을 가로질러서 차단벽을 설치하고(이 차단벽을 언(堰)이라고 한다) 유수가 이것을 월류(越流)할 때의 수위를 측정함으로써 유량을 구하는 방법이다.

이 방법은 측정이 쉽고 정확한 결과도 얻을 수 있으나 주로 소하천 또는 수로용으로 제한된다. 그림 3·45의 경우 유량 Q는 다음 식으로 계산된다.

$$Q = 1.838\left(b - \frac{n}{10}h\right)h^{3/2}[\mathrm{m^3/s}] \tag{3·58}$$

여기서, h : 월류수심[m]

b : 구형언(矩形堰)의 폭[m]

n : 구형언의 모양에 따라 결정되는 상수

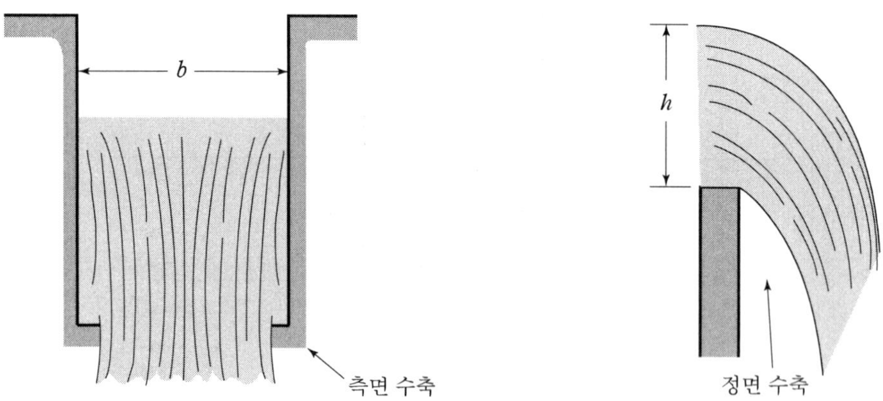

그림 3·45 구형언의 예

• 수위관측법(水位觀測法)

하천의 유량과 수위와의 사이에는 일정한 관계가 있다. 지금 그림 3·46과 같은 측정 지점에서의 수위 유량도를 미리 구해 놓고 양수표로 수위를 측정하면 가령 다음과 같은 관계식으로부터 유량 Q를 쉽게 알 수 있다.

$$Q = a + bh + ch^2 [\mathrm{m^3/s}] \tag{3·59}$$

단, h = 수위[m], a, b, c = 계수

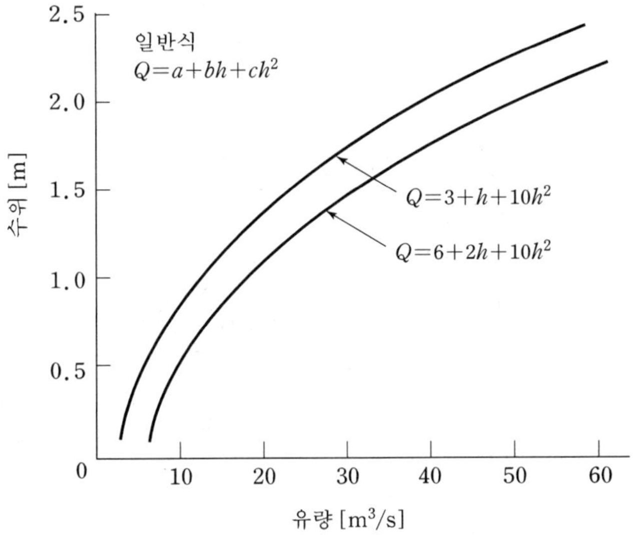

그림 3·46 수위 유량도

낙차(落差)와 그 손실

낙차를 얻는 방법으로 전술한 바와 같이 수로식, 댐식, 댐 수로식, 유역변경식, 양수식 등이 있다. 하천의 상류에서는 낙차는 쉽게 얻을 수 있지만 유량은 많지 않다. 이와 반대로 하류의 평탄부에서는 유량은 많지만, 낙차는 작아지게 된다.

일반적으로 같은 출력의 수차로 비교한다면 낙차가 높은 편이 기계가 작아지고 이에 따른 공사비도 싸게 된다는 장점이 있다. 그러나 실제의 발전소 건설 지점은 발전소의 용량, 운반비, 기타의 조건 등을 고려하여 종합적으로 검토해서 결정하지 않으면 안 된다. 먼저 총낙차는 그림 3·47처럼 정해진다.

이 밖에 낙차로서는 내용에 따라 다음과 같은 여러 가지 것을 정의하고 있다.

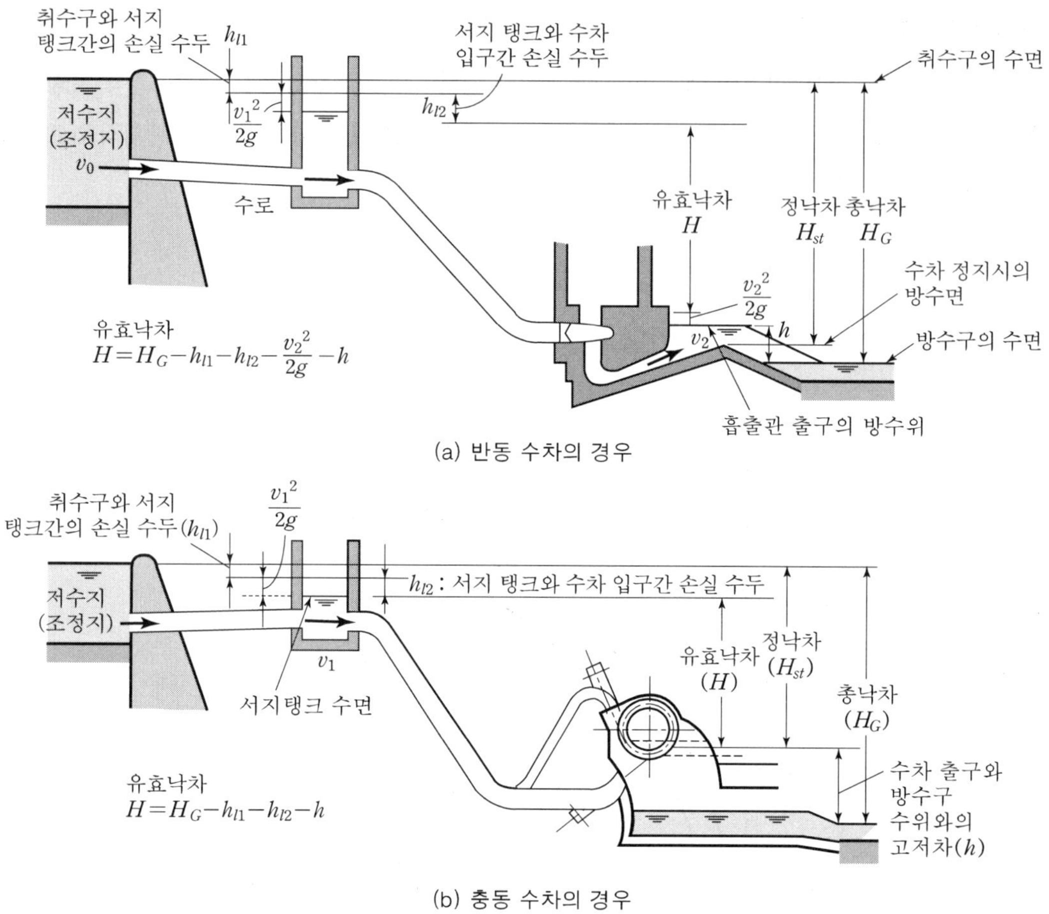

그림 3·47 각종 낙차의 설명도

① **총낙차(總落差, gross head)**

수로의 취수구 수면과 방수구 수면과의 위치 수두의 차

② **정낙차(靜落差, static head)**

발전기의 수차 전부가 정지하였을 때 상수조(head tank) 수면과 방수위 수면과의 위치 수두의 차

③ **유효낙차(有效落差, effective head)**

유수가 취수구로부터 방수로에 이르는 동안 낙차의 손실이 발생하게 되는데 보통 이것을 손실

낙차(損失落差, loss of head)라고 부르며 총낙차로부터 손실 낙차를 빼준 것을 유효 낙차라고 한다. 일반적으로는 이 유효 낙차가 운전중인 수차에 작용하는 전수두로 된다.

4) 수력설비(水力設備)

● 수력설비의 개요

수력설비는 유량과 낙차를 이용한 설비이므로 항상 발전에 필요한 유량을 안전하게 취수하고 또한 낙차 및 유량의 손실이 가능한 한 적게 되도록 건설되어야 한다.

수력발전소에서의 수력설비를 그 기능에 따라 분류하면 취수설비(取水設備), 도수설비(導水設備), 발전설비(發電設備) 및 방수설비(放水設備)의 네 가지로 크게 나누어지지만, 이들의 설비는 지형에 알맞게 설계하고 또 각 설비를 잘 조합시켜서 그 지점이 갖는 수력을 가장 유효하게 활용할 수 있도록 계획해야만 한다.

각 설비에 사용하는 공작물에는 여러 가지 구조의 것이 있는데 이들을 어떻게 조합하는가에 따라 발전소의 구성을 분류하면 그림 3·48과 같이 된다. 여기서는 수력 발전 설비의 개요를 수로식 발전소를 대상으로 해서 간단히 살펴보기로 한다.

수력 발전용으로서 하천의 유수를 취수하기 위해서는 하천의 흐름에 거의 직각의 방향으로

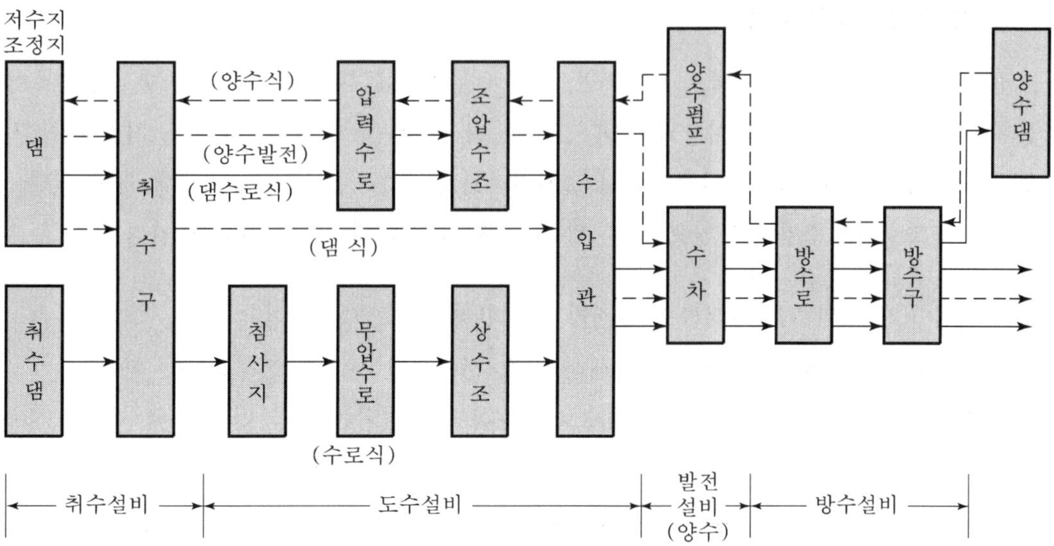

그림 3·48 수력설비의 구성도

물을 막아 주는 설비를 취수댐(取水댐, intake dam)이라고 부른다. 취수댐 바로 상류의 하안(河岸)에 물을 취수하는 설비, 즉 취수구(取水口, intake)를 축조한다.

취수구로부터 취수한 물을 수로(water channel)를 통하여 발전소 상부에 있는 상수조(上水槽, head tank)까지 유도해서 낙차를 얻는다. 이것을 다시 수압관을 거쳐서 수차(water turbine)로 보내고 여기서 물이 가지는 위치에너지를 기계적 에너지로 변환해서 발전기(generator)로 전기에너지를 발생시키고 사용하고 난 물은 방수로(放水路, tail race)를 통해서 다시 하천에 방류하게 된다. 이 과정에서 취수구 가까이에 침사지(sand basin)를 만들어 유수 중의 토사를 침전시키고 있다. 또 상수조에는 여수로(spillway)를 설치해서 갑자기 부하가 줄어서 수위가 규정치를 넘었을 때 잉여수를 하천에 방류하도록 하고 있다. 이들 가운데 취수구 바로 뒤부터 상수조 입구까지를 도수로(導水路, head race)라고 부른다.

한편 조정지나 저수지로부터 취수할 경우는 이들 못이 침사지의 작용을 겸하기 때문에 따로 침사지를 설치하지 않는다. 또 댐식 발전소는 저수지가 상수조 작용을 하게 되므로 따로 상수조를 설치하지 않고 있다. 도수로는 그 전체에 압력이 걸리는 압력수로와 유수의 상부는 대기와 접하고 있는 자연 유하식의 무압수로 두가지가 있다. 상수조는 자연 유하식에 사용되는 것이며 압력수로는 이 상수조 대신에 조압수조(調壓水槽, surge tank)를 사용한다.

● 발전용 댐

▶ 사용목적에 따른 분류

발전용 댐을 우선 그 용도별로 분류하면, 수로식 발전소에 사용되는 취수댐, 댐식 발전소에서 상류측의 수위를 높이는 데 사용되는 댐, 그리고 취수용뿐만 아니라 물을 어느 기간 동안 저장하기 위해 골짜기나 하천을 가로막아서 조정지라든가 저수지를 만드는 저수댐 등이 있다.

댐을 축조할 때 주의하지 않으면 안 될 중요한 사항을 열거하면 다음과 같다.

① 홍수, 기타 외력을 받더라도 안전하게끔 합리적으로 설계되어야 한다.

② 댐 형식은 지형 및 지질을 고려해서 가장 경제적인 것으로 선정되어야 한다.

③ 댐의 상류측 수위가 올라가게 됨으로써 수몰이 발생되는데 곧 이것을 배수(背水, back water)라 한다. 수몰을 입게 되는 피해를 최소한으로 줄여야 한다.

④ 홍수 시에도 그 최대 유량을 안전하게 방류해서 발전 설비 및 하류의 모든 시설물 등에 위험을 미치지 않아야 한다.

▶ 사용목적에 따른 분류

• 취수댐(diversion dam)

수로식 발전소에서 취수를 목적으로 한 댐으로서 일반적으로 댐 높이는 낮은 편이다.

• 저수댐(storage dam)

댐으로 상류측 수위를 높여서 낙차를 얻음과 동시에 수량조절이 가능한 대규모의 높은 댐이다. 조정 능력의 크기에 따라 조정지와 저수지로 나뉘어진다.

▶ 사용재료에 의한 분류

• 콘크리트댐(concrete dam)

시멘트, 모래, 자갈을 혼합, 가공한 콘크리트를 소재로 한 댐으로서 안정도가 높기 때문에 현재 가장 많이 사용되고 있다.

• 흙댐(earth dam)

모래, 자갈, 점토 등을 적당히 혼합해서 축조하는 댐으로서 자재가 현지에서 조달될 경우 경제적으로 된다. 이 형식의 댐은 그림 3·49에서 보는 바와 같이 콘크리트댐 보다도 상류, 하류 양면의 경사를 완만하게 해서 안정을 유지할 수 있도록 설계하여야 한다.

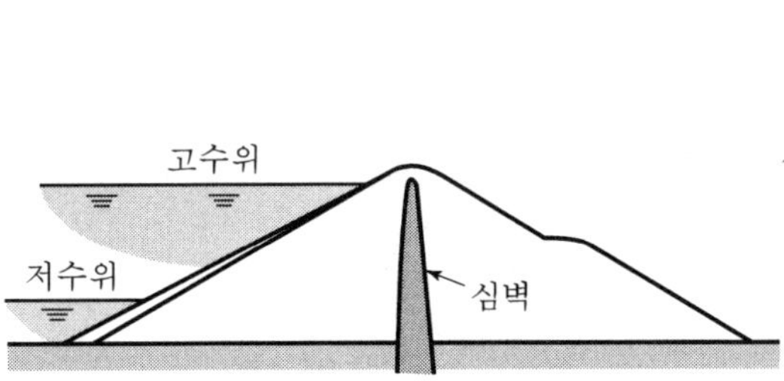

(a)

(b)

그림 3·49 흙댐

• 암석(巖石)댐(rockfill dam)

주로 암석을 축조 재료로 한 댐으로서 흙댐과 마찬가지로 현지에서 재료가 조달될 경우 경제적이다. 이 댐은 흙댐에 비하여 댐을 높게 할 수 있고 또 안정도도 높지만 자체 중량이 크기 때문에 기초를 튼튼히 할 필요가 있다. 이것 역시 흙댐과 마찬가지로 중력댐의 일종이다.

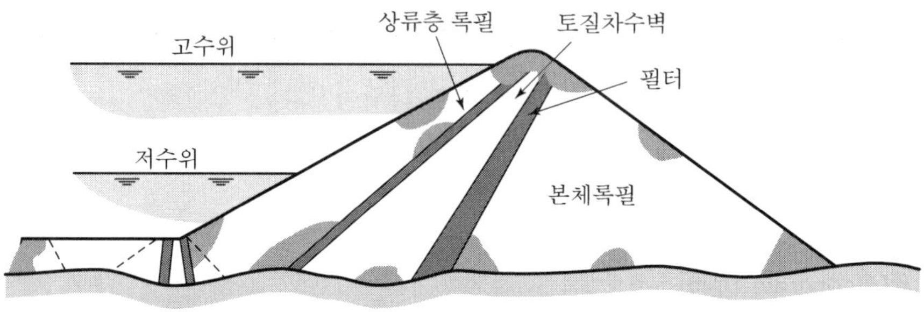

그림 3·50 암석댐

▶ 역학적인 구조에 따른 분류

• 중력(重力)댐(gravity dam)

중력댐은 현재 가장 널리 사용되고 있는 형식으로서, 둑 본체의 자체 중량으로 외력에 대하여 안정도를 유지하고 있다. 이 댐은 큰 압력이 기초에 걸리기 때문에 설치장소는 견고한 암반이 있는 곳이라야 한다.

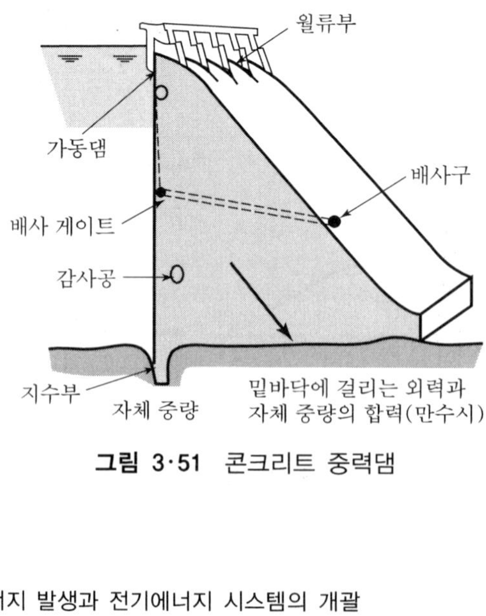

그림 3·51 콘크리트 중력댐

중력댐은 주로 콘크리트로 축조되지만 이 밖에 흙을 사용한 흙댐, 암석을 사용한 암석댐도 중력댐의 일종으로 일부 사용되고 있다. 그림 3·51은 콘크리트 중력댐의 설명도이다.

• 아치댐(arch dam)

아치댐은 콘크리트로 축조되지만 안정을 얻기 위한 역학적인 원리는 중력댐과는 달리 댐의 수평 방향의 아치 작용에 의해서 수압을 지지하고 이것을 양벽의 암반으로 받쳐서 안정을 유지토록 하고 있다.

따라서 기초 및 양쪽의 벽은 튼튼한 암반으로 되어 있지 않으면 안된다. 콘크리트 소요량은 중력댐에 비하여 댐 두께가 엷어도 되기 때문에 상당히 적어도 된다는 이점이 있다.

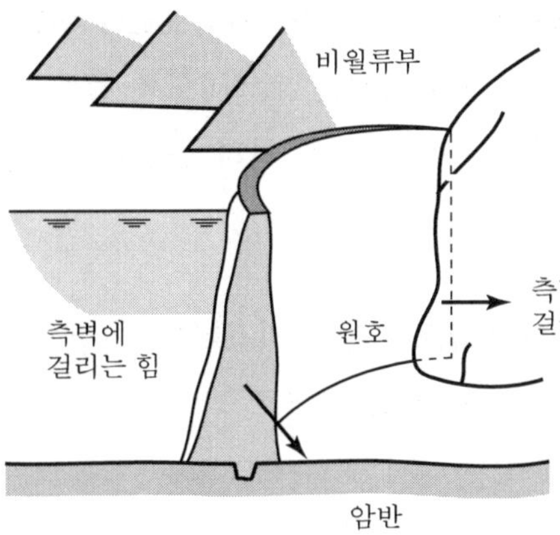

그림 3·52 아치댐

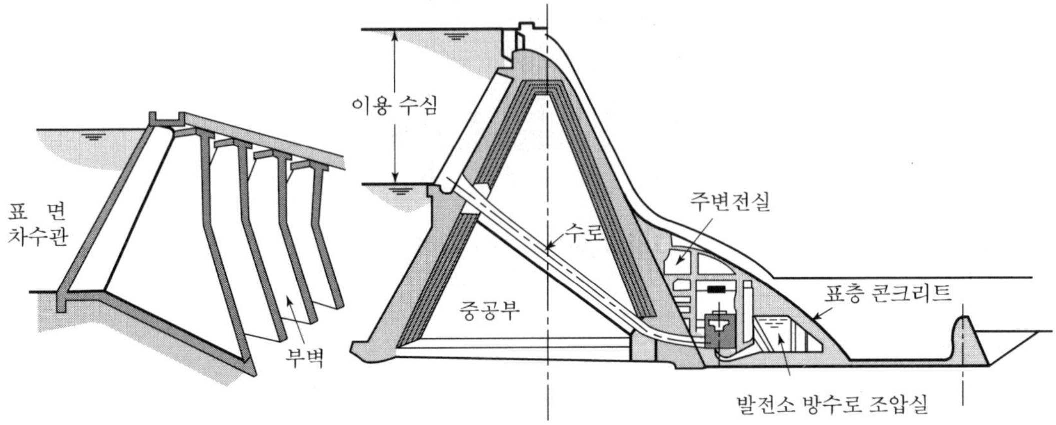

(a) 부벽댐 (b) 중공댐

그림 3·53 중공(부벽)댐

• 중공댐, 부벽댐(中空댐, hollow dam, 扶壁댐, buttress dam)

이것은 표면 차수판을 철근 콘크리트의 부벽이라고 부르는 수직벽으로 지지한 것으로서 댐 내부를 일부 공간으로 비우고 있으므로 콘크리트의 수화열의 방산이 용이하고 또한 중력댐에 비해 콘크리트 소요량을 60～70[%] 정도로 절약할 수 있다. 이것은 그림 3·53과 같이 표면 차수판의 경사를 완만하게 하여 수압의 수직분력이 이 벽에 작용하게 하고 이것을 부벽으로 기초에 전해서 안정을 유지토록 하고 있으나 너무 높은 댐에는 적합하지 않다.

가동(可動)댐

가동댐은 고정댐의 상부에 설치하여 갈수 시에는 이것을 폐쇄하여 상류측의 수위를 높여서 취수를 용이하게 하고 홍수 시에는 이것을 열어 방수시킴으로써 수위가 지나치게 올라가는 것을 방지함과 동시에 댐의 상류측에 퇴적된 토사를 토해내도록 하는 기능을 지니고 있다.

이것에 사용되는 수문(gate)에는 다음과 같은 여러 종류가 있다.

• 슬루스 게이트(sluice gate)

이것은 가장 간단한 수문으로서 소규모의 댐에 사용된다. 그림 3·54는 이 수문의 한 예로서 직사각형의 문을 상하로 조작해서 개폐하는 구조로 되어 있다.

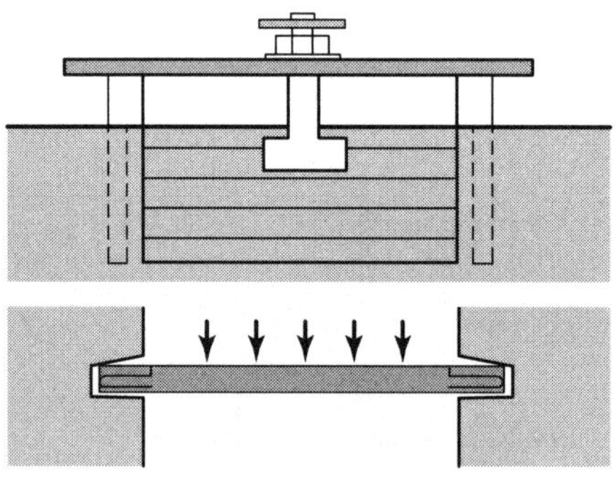

그림 3·54 슬루스 게이트

• 롤러 게이트(roller gate)

슬루스 게이트가 대형이 되면 문틀과 문의 접촉 부분의 마찰 저항이 커지기 때문에 이 마찰을 줄이기 위하여 여기에 롤러를 사용한 것이다. 수문의 상하조작은 보통 와이어 로프와 권상기를 사용하고 있다.

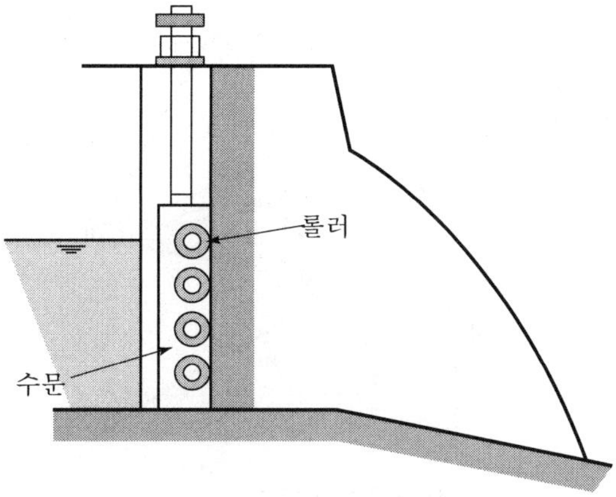

그림 3·55 롤러 게이트

• 스토니 게이트(stoney gate)

이것은 롤러를 수문에 고정시키지 않고 그림 3·56과 같이 문과 문틀과의 사이에 사다리형 롤러를 설치해서 마찰을 줄인 것으로서 큰 수압을 받는 조정지의 취수구 등 대형 수문용으로 쓰인다.

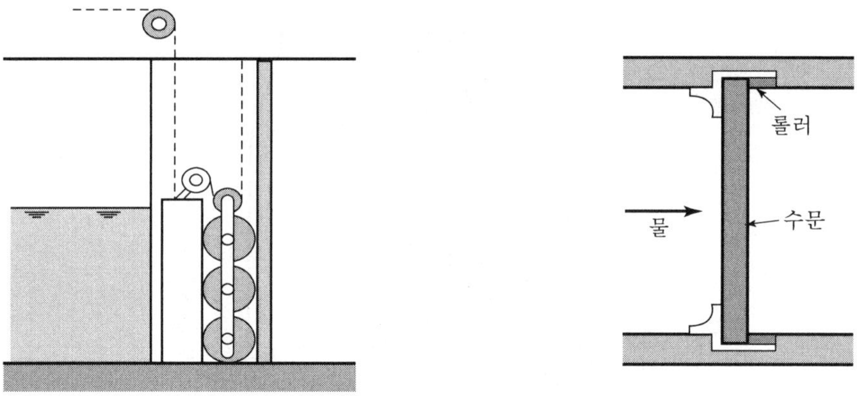

그림 3·56 스토니 게이트

• 테인터 게이트(tainter gate)

이것은 그림 3·57과 같이 차수판이 원통면의 일부를 이루고 있어서 이에 가해지는 수압은 게이트의 위치에 관계없이 항상 호면의 중심에 있는 핀에 집중되므로, 이 핀을 중심으로 회전해서 개폐하는 것이다.

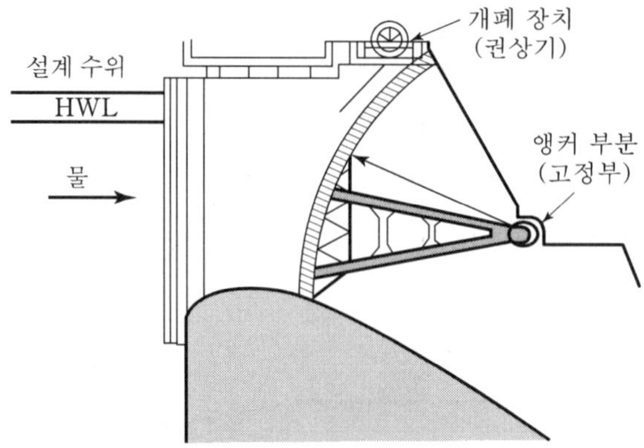

그림 3·57 테인터 게이트

• 롤링 게이트(rolling gate)

이것은 그림 3·58에 보는 것과 같이 강철제의 원통형 게이트를 댐의 정상에 설치하고 이 원통을 회전시키면서 수문을 개폐하는 것이다. 이것은 구조가 견고하여 유목 등의 충격에도 견딜 수 있으므로 취수댐 등에 많이 사용되고 있다.

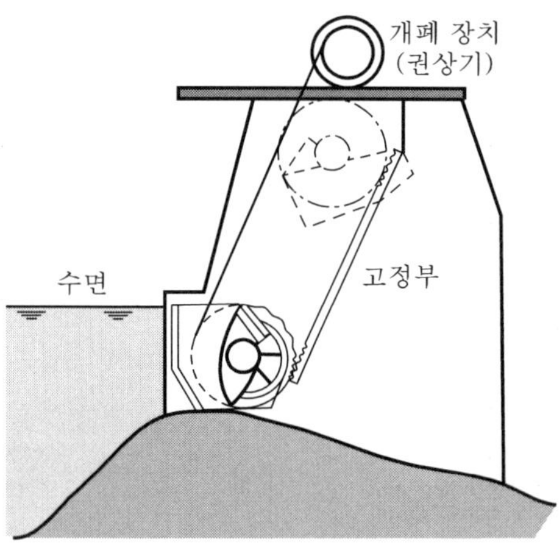

그림 3·58 롤링 게이트

수로(水路, head race)

발전소에서 사용할 물을 취수하는 취수구로부터 상수조까지를 수로(head race)라 부르는데, 이는 터널, 개거, 암거, 역사이펀, 수로교 또는 수로관 등으로 구성된다. 수로는 발전소에서 사용하는 최대 유량을 원활하게 통과시킬 수 있게 함과 동시에 손실 낙차가 작고, 유지 관리가 용이할 것 등을 충분히 고려해서 수로의 경사, 단면 형태 등을 참고하여 설계하지 않으면 안 된다.

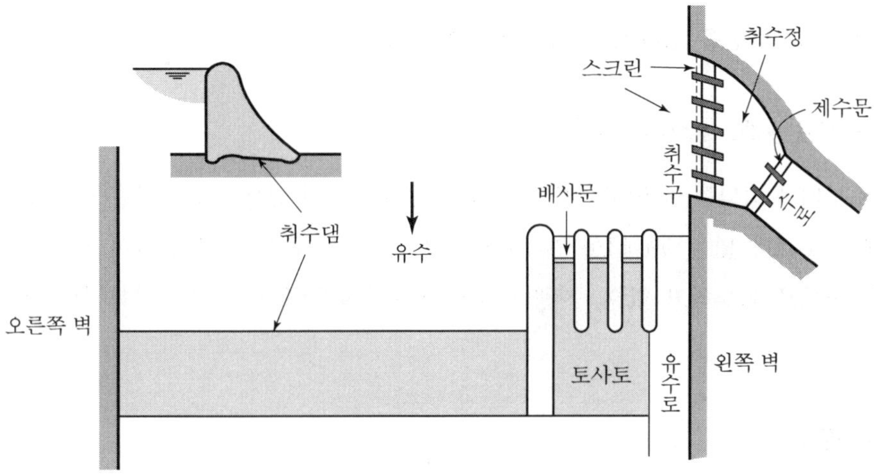

그림 3·59 수로식 발전소의 취수구

① 취수구(取水口, intake)

이것은 하천의 물을 발전소로 유도하기 위한 수로의 유입구로서 하천에 설치된다. 일반적으로 취수구의 설비는 최대 사용 유량을 안전하게 취수함과 동시에 필요에 따라서는 취수량을 적당히 조절할 수 있어야 한다. 보통 취수구 설비는 ① 제수 및 도수설비와, ② 유지설비(토사 유입 방지 및 부유물 제거 장치)로 이루어진다.

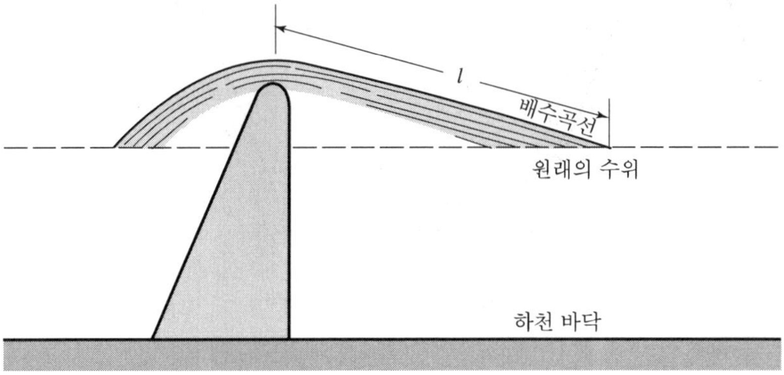

그림 3·60 배수곡선의 개념도

하천에 댐이 축조되면 댐 상류의 수위는 본래의 하천 수위보다 상승하여 댐의 전수면 수위까지 상류로 퍼지게 된다. 보통 이것을 배수(back water)라 하며 상류에 대하여 그 영향을 미치는 거리를 배수 거리라 하고 배수면이 만드는 종단 곡선을 배수곡선이라고 한다. 그림 3·60에서 l은 배수 거리이며 이 구간에서는 상류의 기설 공작물 등이 침수되므로 댐의 높이를 결정할 경우에는 이 배수곡선을 상세하게 검토하여야 한다.

② **침사지(沈砂池**, settling basin)

취수구로부터 유입되는 물속에는 작은 토사 등이 포함되어 있으므로 이것을 없애기 위해 취수구 부근에 수로보다 넓은 못(池)을 만들어서 일단 여기서 유속을 작게 하여 토사를 침전시킨 다음 물을 수로로 유도하고 있다. 지형에 따라서는 수로의 도중에 침사지를 설치하는 경우도 있다.

③ **개거(開渠**, open channel, open conduit)

수로의 일종으로서 지표면을 그림 3·61과 같은 사다리꼴 또는 직사각형의 단면으로 굴착하고 그 내면을 콘크리트 또는 돌로 입혀 준 것이다. 이것은 비교적 간단한 공작물이므로 단위 길이당의 공사비가 싸고 공사기간도 짧지만 터널처럼 산을 직선적으로 통과할 수 없기 때문에 일반적으로 수로 연장이 길어지고 손실 낙차도 커진다. 그 밖에 토사, 낙엽 등이 혼입되기 때문에 이 수로는 보통 소규모의 것에 사용될 뿐이다.

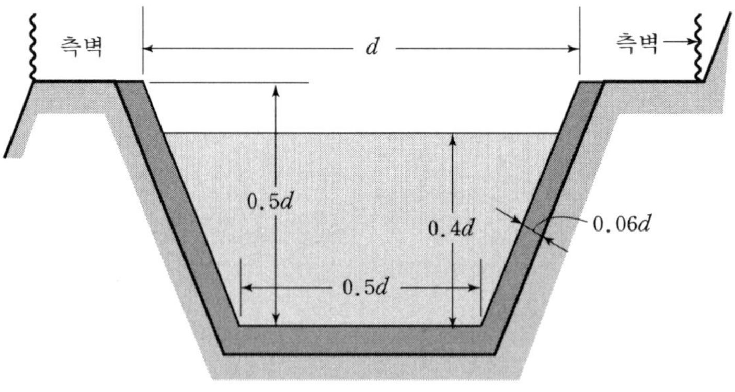

그림 3·61 개거의 일례

④ **암거(暗渠, culvert)**

개거와 마찬가지로 지표면을 굴착해서 시공한 후 뚜껑을 입혀서 다시 묻어주는 것으로 토사라든가 눈에 덮일 염려가 없기 때문에 보수가 용이하다.

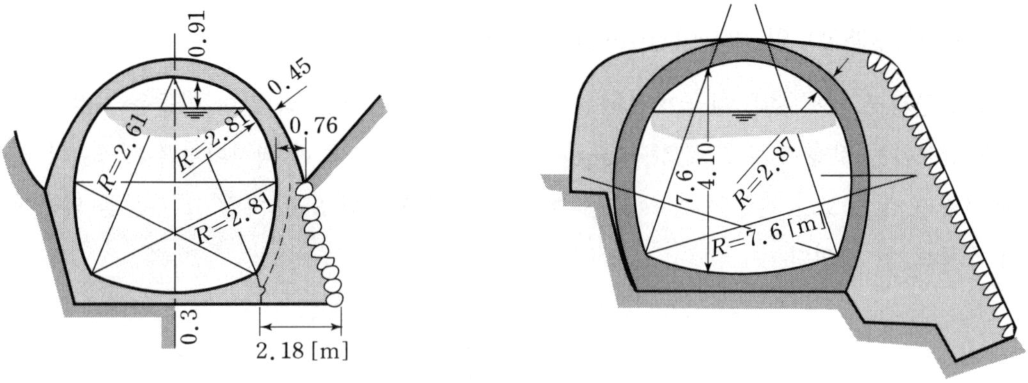

그림 3·62 암거의 일례

⑤ **터널(tunnel)**

최근에 축조되는 중요한 발전용 수로의 대부분을 차지하고 있는 것은 이 터널이며 토목 기술의 진보에 따라 대규모의 것도 단시일에 완성할 수 있게 되었다. 터널은 다른 수로에 비해서 단위 길이당 건설비가 비싸고 내부의 점검, 감시가 불편하기는 하지만, 한편 수로의 길이를 가장 짧게 할 수 있기 때문에 손실 낙차가 적고 외부로부터의 손상에 대해서 안전하며 토사, 낙엽

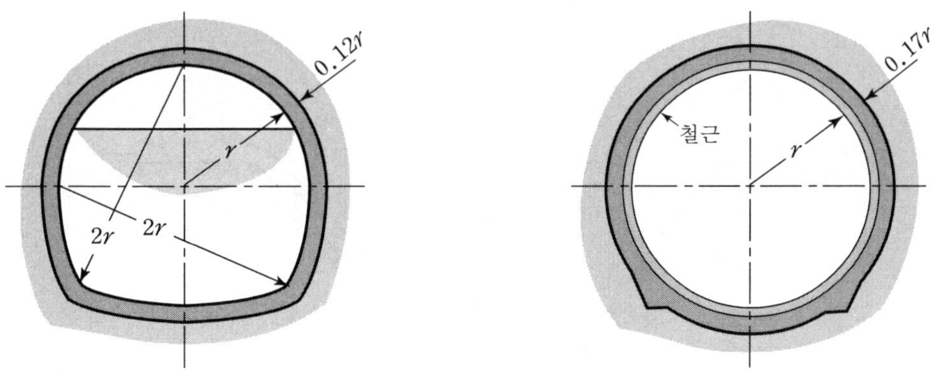

(a) 무압 터널　　(b) 압력 터널 수로

그림 3·63 터널(tunnel)

등이 혼입될 염려가 없다는 장점이 있다. 터널에는 그림 3·63(a)처럼 상부에 공간을 남겨서 물이 자연유하하는 무압 터널과 그림 3·63(b)처럼 단면 내에 물이 충만하여 단면의 상부까지 압력이 걸리는 압력 터널의 두 가지가 있다. 이 중 압력 터널은 경사 그 자체가 손실 낙차로 되지 않기 때문에 1/300～1/400 정도의 큰 경사를 취할 수 있다는 특징이 있다.

⑥ 수로교(水路橋) 및 역사이펀(inverted siphon)

수로의 경과 도중에 깊은 계곡이나 하천이 있을 경우 그림 3·64와 같이 이들을 가로 질러서 수로를 끌어가는 것을 수로교(水路橋, aqueduct bridge)라고 하며 역사이펀은 계곡이나 하천을 횡단하는 데 수로가 길어질 경우 또는 높은 곳일 경우 그림 3·65처럼 그 부분을 낮추어서 압력 수로로 한 것이다.

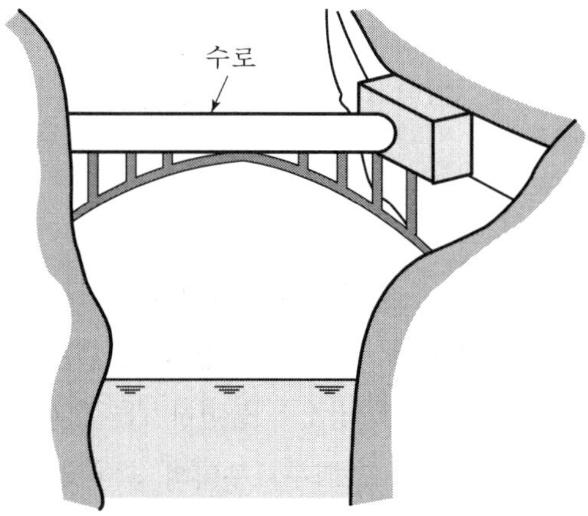

그림 3·64 수로교의 일례

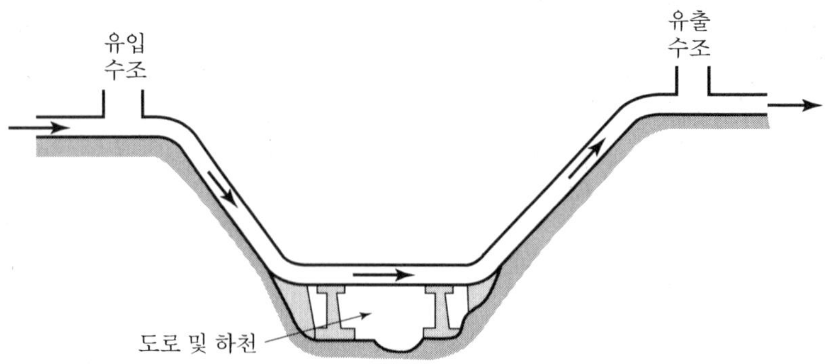

그림 3·65 역사이펀의 일례

⑦ **수로관(水路管, conduit pipe)**

유량이 크지 않은 수로에 사용되며 목재, 강철판 또는 철근 콘크리트 등으로 만들어진다. 이것은 지중에 매설되거나 받침대로 지지된다.

수조(水槽, tank)

수조(水槽)는 도수로와 수압 철관의 접속부에 설치되는 것으로서 상수조(head tank)와 조압수조(surge tank)로 나뉘어진다.

① **상수조(上水槽, head tank)**

이것은 무압 수로와 수압관을 연결하는 접속부에 설치되는 못으로서 그 기능은 ① 유하토사의 최종적인 침전(유수의 정화), ② 부하가 갑자기 변화하였을 때 유량의 과부족을 조정한다. 이 때문에 어느 정도(보통 최대 사용 수량의 1~2분 정도)의 조정 용량을 가질 필요가 있다.

그림 3·66은 상수조의 일례를 보인 것이다. 부속 설비로서는 토사 배출구, 제수문, 부유물 제거용 스크린과 부하 경감시 생기는 여수(餘水)를 배출하기 위한 여수 배출구를 설치하고 있다.

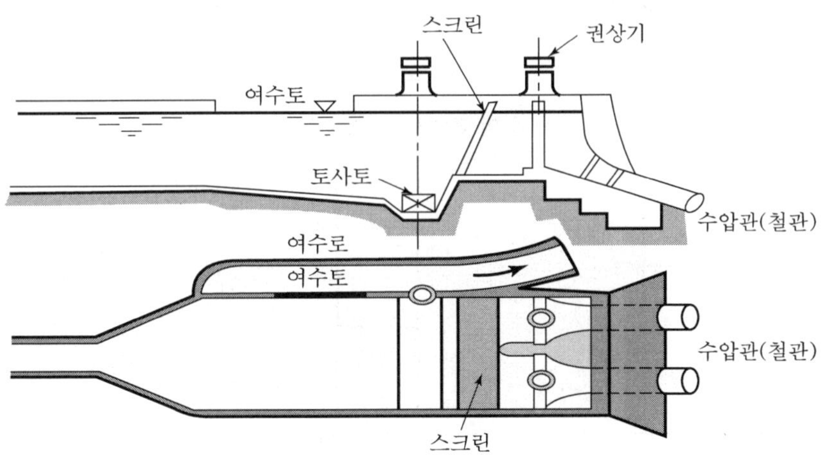

그림 3·66 상수조

② **조압수조(調壓水槽, surge tank)**

그림 3·67은 조압수조의 개요도이다. 이것은 압력 수로와 수압관을 접속하는 장소에 자유

수면을 가진 수조로서 그 기능은, ① 수력발전소의 부하가 급격하게 변화하였을 때 생기는 수격작용(水擊作用, water hammering)을 흡수하고, ② 수차의 사용 유량 변동에 의한 서징(surging)

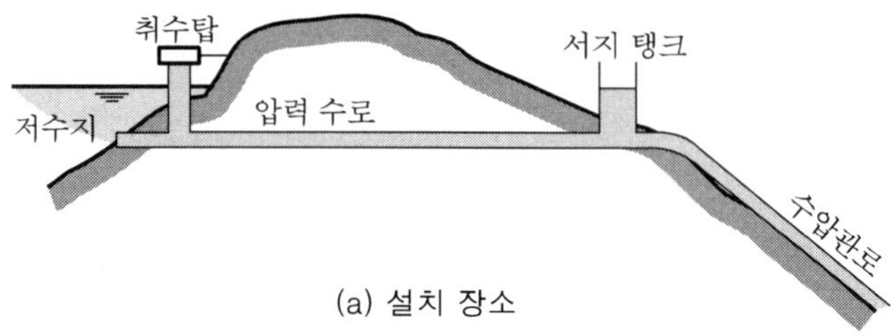

(a) 설치 장소

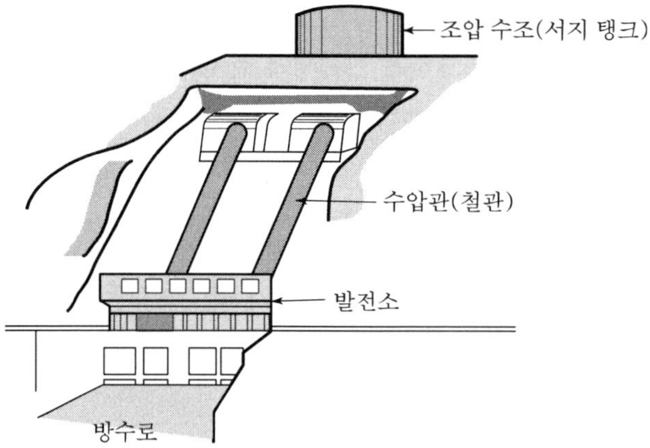

(b) 개요도

그림 3·67 조압수조

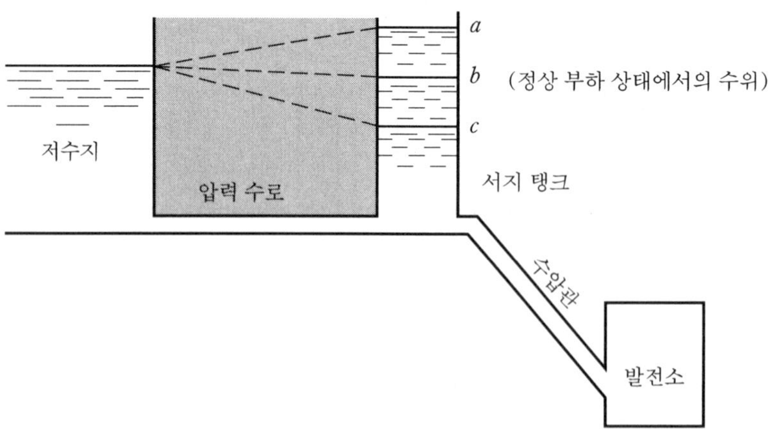

그림 3·68 조압수조의 기능

작용을 흡수한다. 여기서 간단히 이 서지 탱크의 기능을 설명해 둔다.

지금 그림 3·68에서 갑자기 부하가 차단되면 수차에의 유입이 정지되므로 조압 수조 내의 수위가 상승해서 a로 된다. 이 결과 저수지 수위보다도 조압수조의 수위가 더 높아지므로 물은 압력 수로를 역류해서 수위 c에서 정지한다. 이번에는 저수지 쪽의 수위가 높아지므로 물이 저수지로부터 조압수조로 흐르게 된다. 이하 이러한 과정을 되풀이함으로써 수로 내에서의 마찰 손실에 의해 수위는 최종적으로 평형 수위인 b에 이르게 된다. 부하가 급증하였을 때에도 같은 현상이 발생한다.

이처럼 급격한 부하 증감에 따라 조압 수조 내의 수위가 시간과 더불어 상하로 승강 진동하는 현상을 서징작용(surging)이라고 한다.

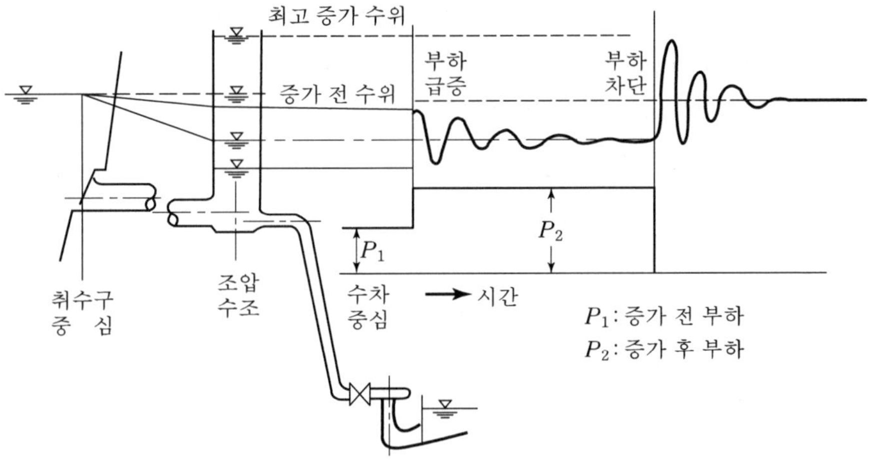

그림 3·69 조압수조의 서징 작용

그림 3·69는 이 서징작용을 알기 쉽게 설명한 것이다.

조압수조를 수리적인 기능으로 나누면 다음과 같은 4가지로 된다.

• 단동(單動) 서지 탱크(simple surge tank)

이것은 그림 3·70(a)와 같이 수조와 수로를 서로 연결만 해준 가장 간단한 구조의 것이다. 부하가 변동하였을 때 수면의 승강이 다른 형식의 것에 비하여 완만하기 때문에 수로의 유속변화에 대한 움직임이 둔하여 큰 용량의 수조를 필요로 한다. 그러나 수격 작용의 흡수가 확실하고 수면의 승강이 완만하기 때문에 발전소의 운전이 안정된다는 장점이 있다.

• 차동(差動) 서지 탱크(differential surge tank)

이것은 그림 3·70(b)와 같이 수조 내부에 수로 단면적의 70～100[%]의 단면을 갖는 라이저(riser)를 세워서 이것과 수로를 직결함과 동시에 수조와 수로를 작은 구멍(포트라고도 함)으로 연결한 구조의 것이다. 부하가 급증하면 라이저 내의 수위가 재빨리 운동하여 승강하기 때문에 수로 내 유수의 속도가 신속하게 부하의 변동에 적응할 수 있다. 이 사이에서의 수량의 과부족은 포트를 통해서 행해지고 진동은 1～2회 정도에서 평형하게 된다. 이처럼 이것은 그 구조가 복잡한 대신 수격의 감쇠가 빠르고 수조 용량도 단동식의 50[%] 정도면 된다는 특징이 있다.

• 수실(水室) 서지 탱크(chamber surge tank)

이것은 그림 3·70(c)와 같이 수조의 상하단에 수실을 설치한 구조인데 수조 부분은 단면적을 작게 하여 차동 서지 탱크의 라이저에 상당하는 역할을 하게 된다. 수조는 부하 변동에 의한 서징을 억제하고 수량의 과부족은 수실로써 조정하도록 되어 있다. 이 탱크의 특징은 저수지의 이용 수심이 크고 지형에 따라 직립 원통형 수조를 설치할 수 없는 경우 수실의 모양을 적당히 맞추어서 시공할 수 있다는 것이다.

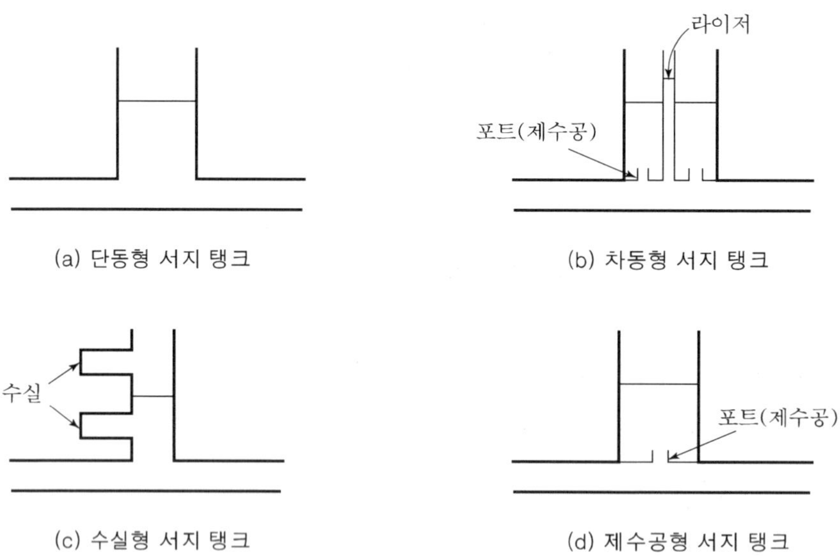

그림 3·70 서지 탱크의 각종 형식 예

• 제수공(制水孔) 서지 탱크(restricted orifice surge tank)

이것은 그림 3·70(d)에 보인 바와 같이 차동 서지 탱크의 라이저를 제거하고 수조와 수로를 조그마한 제수공(制水孔, orifice)으로 결합한 것이다. 부하 변동으로 생긴 수량이 수조에 들어갈 때 제수공에 의해서 마찰 손실이 생기게 함으로써 손실 수두를 크게 하여 수조 용량을 작게 한 것으로서 구조가 간단하며 경제적이다. 다만, 이것으로는 수격 작용을 충분히 다 흡수할 수 없기 때문에 이것을 채용할 때에는 이 점에 주의할 필요가 있다.

● 수압관로

일반적으로 상수조(또는 조압 수조)로부터 발전소의 수차 입구에 이르기까지의 도수관을 수압관(水壓管, penstock)이라고 부르며 이 수압관을 지지하기 위한 공작물 등을 총칭해서 수압관로라고 부르고 있다.

수압관의 위치는 상수조(또는 조압 수조)와 발전소와의 위치에 따라 가능한 한 최단 거리의 노선을 택하여야 하며 수압관의 지름은 건설비나 손실 수두를 고려하여 관내 유속을 3~5[m/s] 정도로 정하고 있다. 그 밖에 수압관수는 수차 1대에 1관이 기본이지만 가령 고낙차라든가 수량이 적을 경우에는 수차 2대에 1관으로 하는 경우도 있다.

수압관에는 정수두(靜水頭), 서징 수두, 수격 작용에 의한 압력 등이 내압으로서 작용하므로 관의 두께 t[cm]는 그 부분에 걸리는 최대 수압에도 충분히 견딜 수 있는 크기로 결정해 주어야 한다.

지금 수압관의 직경을 D[cm], 최대 수압을 p[kg/cm^2], 강철 재료의 허용 응력도(응장력)를 σ[kg/cm^2], 관의 접합 효율을 η[%], 부식에 대한 여유 두께를 ϵ[cm]라고 하면 관의 두께 t[cm]는 다음 식으로 계산된다.

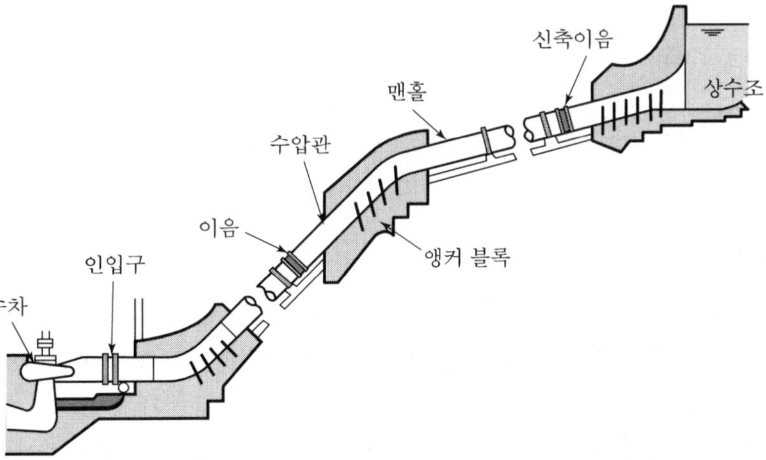

그림 3·71 수압관로 단면도

$$t=\frac{pD}{2\sigma\eta}+\epsilon[\mathrm{cm}] \qquad (3\cdot 60)$$

다음 수차 이후에는 방수로가 사용된다.

방수로(放水路, tailrace)

이것은 수차로부터 나오는 물을 원래의 하천에 방류하기 위한 수로로서 이것과 하천의 본류(本流)와 합류되는 곳을 방수구(放水口)라고 한다.

방수로의 구조는 전술한 수로의 그것과 대체로 같지만 하천의 흐름에 원활하게 합류하게끔 가능한 한 수심이 깊은 장소를 선정하고 또한 하천의 흐름과 같은 방향으로 방류시키도록 하여야 한다.

예제 3·19

유효 낙차 50[m], 출력 40,000[kW]의 수력 발전소에서 수압관의 평균 지름(안지름)은 얼마인가? 단, 발전소의 종합효율은 80[%], 수압관 내의 유속은 3[m/s]라고 한다.

풀이 먼저 이 발전소의 유량 $Q[\mathrm{m^3/s}]$는 $P=9.8\,QH\eta$ 로부터 다음과 같이 구해진다.

$$Q=\frac{P}{9.8\,H\eta_t\eta_g}=\frac{40{,}000}{9.8\times 50\times 0.8}\fallingdotseq 102[\mathrm{m^3/s}]$$

따라서 수압관의 지름은 단면적을 $A[\mathrm{m^2}]$, 유속을 $v[\mathrm{m/s}]$라 할 때

$$Q=Av=\frac{\pi D^2}{4}\cdot v$$

관계로부터

$$D=\sqrt{\frac{4Q}{\pi v}}=\sqrt{\frac{4\times 102}{3.14\times 3}}=\sqrt{43.3}=6.62[\mathrm{m}]$$

예제 3·20

사용 유량 5[m^3/s], 수조 수면과 수차와의 고저차 160[m]의 발전소에 용접 수압철관 1관을 설치하려고 할 경우 철관의 안지름 및 상하 양단에서의 강판의 두께를 계산하여라. 단, 안지름은 상하 같은 크기라 하고 발전소의 전부하 차단시 수압관 내에 생기는 수압 상승은 25[%]라 한다. 또 용접의 효율을 고려한 강판의 허용 인장력은 1,000[kg/cm^2] 라고 한다.

풀이 수압관 두께는 식 (3·60)로부터

$$t = \frac{PD}{2\sigma\eta} + \epsilon[\text{cm}]$$

로 구해진다. 먼저 수압관 하단 부분의 두께는 전부하 차단시의 수압 상승을 고려하여 수두 H를 구하면

$$H = 160(1+0.25) = 200[\text{m}]$$

따라서

$$\text{최대수압} \quad P = \omega H = 1{,}000 \times 200[\text{kg/m}^2] = 20[\text{kg/cm}^2]$$

한편 수압관 내의 유속은 3～5[m/s] 정도인데 여기서는 이것을 3[m/s]로 가정하면 지름 D[cm]는,

$$Q = Av = \frac{\pi D^2}{4} \cdot v$$

단, A : 수압관 단면적$\left(= \frac{\pi D^2}{4}\right)$[m²]

v : 유속[m/s]

로부터

$$D = \sqrt{\frac{4Q}{\pi v}} = \sqrt{\frac{4 \times 5}{\pi \times 3}} = 1.46[\text{m}] = 146[\text{cm}]$$

제의로부터 $\sigma\eta = 1{,}000[\text{kg/cm}^2]$ 이다. 여유 두께를 2[mm]라고 잡으면,

$$t = 20 \times \frac{146}{2 \cdot 1{,}000} + 0.2 = 1.66[\text{cm}]$$

수압관 상단은 수압에 의한 영향이 거의 없지만 부식 등을 고려해서 0.6[cm]로 한다. 따라서 상단 0.6[cm], 하단 1.66[cm]이다.

수차(水車, water turbine)

수차는 물이 보유하는 에너지를 기계적으로 바꾸는 회전기계이다. 현재 발전에 사용되고 있는 수차는 그림 3·72와 같이 물이 가진 에너지를 모두 속도 수두로 바꾸어 유수를 런너(runner)에 작용시키는 충동 수차(impulse water turbine)와 압력 수두를 가진 유수를 런너에 작용시키는 반동 수차(reaction water turbine)로 나누어진다.

표 3·5와 같이 충동 수차에는 펠턴 수차가 있으며, 반동 수차에는 프란시스 수차, 사류 수차 및 프로펠러 수차가 있다.

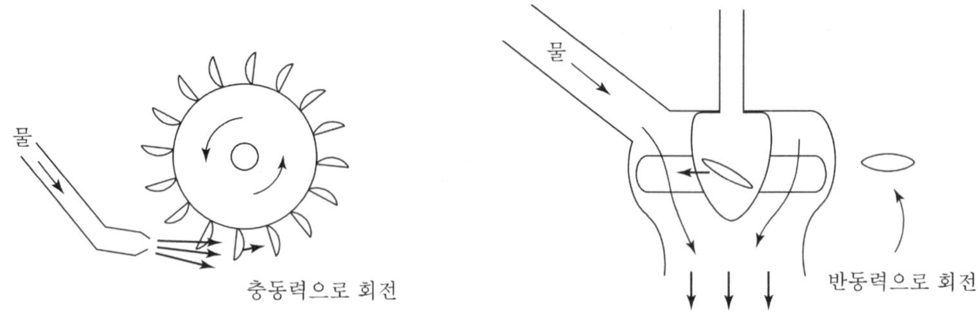

(a) 충동 수차 (b) 반동 수차

그림 3·72 수차의 개념도

표 3·5 수차의 종류

물의 작용 형태에 의한 분류	수차의 종류	적용 낙차 범위[m]	에너지 변환
충동형	펠턴 수차	200~1,800	위치에너지→운동에너지
반동형	프란시스 수차	50~530	위치에너지→압력에너지
	프로펠러 수차 : 고정(가동) 날개형 원통형	 3~90 3~20	위치에너지→압력에너지
	사류 수차	40~200	위치에너지→압력에너지
	펌프 수차 : 프란시스형 사류형 프로펠러형	 30~600 20~180 20 이하	위치에너지→압력에너지

① 펠턴 수차

펠턴 수차는 수차축에 끼워진 디스크(disk)와 그 주변의 버킷 및 런너(runner), 수압관에 연결된 노즐과 노즐로부터 분사 수량을 조절하는 니들 밸브(needle valve)로 되어 있다.

펠튼 수차는 유일한 충동 수차이고, 노즐에서 유출하는 분수를 런너 주변에 있는 버킷에 작용시켜 동력을 얻는다. 주로 고낙차(200[m] 이상)에서 사용된다.

② 프란시스 수차

프란시스 수차는 반동 수차의 일종으로 광범위한 낙차에 이르러 사용되는(50~530[m]) 수차로 일반적으로 반동 수차에서는 안내 날개에서 나온 물의 압력수두 일부를 속도수두로 바꾸고 일부는 압력수두 그대로 런너에 들어간다. 그러므로 런너 중에서 물의 통로는 물로써 충만되고 압력은 이 통로를 흘러 지나는 사이에 에너지를 주게 된다. 다시 말하면 수압관에서 나온 물은 케이싱을 지나 안내 날개에 의해 수류의 방향과 유량을 정하여 런너에 유입해서 이 런너에 회전력을 준 다음 바로 밑에 있는 흡출관으로부터 방수로에 방출된다.

③ 프로펠러 수차

프로펠러 수차는 반동 수차의 일종으로서 유수가 런너를 축방향으로 통과하는 수차이다. 이 수차는 런너 날개가 고정된 고정날개형과 운전중 부하에 따라서 런너 날개의 각도를 바꿀 수 있는 가동날개형이 있다. 후자의 것을 카플란 수차라고 부르는데, 현재까지 광범위하게 사용되고 있다.

④ 사류 수차

구조는 카프란 수차와 프란시스 수차를 섞어 놓은 형태의 가동날개형 수차이다. 런너에 물을 유도하는 부분과 런어가 물을 방수로에 방류하는 부분은 종래의 수차와 같고 런너 날개의 서보모터에 압유를 보내는 배압기구도 카프란 수차와 같으나, 특이한 점은 비스듬히 배열된 날개를 움직이는 구동기구이다.

⑤ 펌프 수차

펌프 수차는 수차를 역전하여 펌프작용을 하게 한 것으로 사류형과 프란시스형이 있으며, 모두 양수발전소 수차로써 사용하고 있다.

● 수차의 특유속도

수차의 특유속도는 어떤 수차의 런너와 기하학적으로 닮은 런너를 가상하여 이것을 단위 낙차 1[m]에서 단위 출력 1[kW]를 발생하도록 하였을 때의 회전수 [rpm]을 말한다.

3·3 화력발전

1) 화력발전소의 개요

화력발전소의 종류

화력발전소(火力發電所)는 화석연료가 가지고 있는 열에너지를 전기에너지로 얻는 방식의 총칭이다. 화석연료의 주성분인 탄소가 연소되면서 발생한 열에너지로 물을 증기로 바꾸고 증기가 갖는 에너지로 터빈 발전기를 회전시켜 전기를 발생시키고 있다. 이때, 사용되는 열원에 따라서 기력발전소, 내연력발전소, 특수발전소로 화력발전 방식을 분류할 수 있으며, 특수발전소는 폐열이용발전소, 열병합발전소, 2유체식 발전소, 지열발전소, 가스터빈발전소로 구별된다.

① **기력발전소**(steam power plant)

석탄, 가스, 중유 등의 연료를 연소시켜 증기를 발생시켜 터빈 발전기를 운전하는 발전소로서 간접적으로 기계적 에너지를 전기적 에너지로 변환시키는 방식이다. 오늘날 화력발전소는 이 방식이 대부분이다.

② **내연력발전소**(internal combustion power plant)

연료를 기관 내에서 연소시켜 동력을 얻어 발전기를 회전시켜 발전하는 발전소로서 설비가 간단하고 운전이 용이하다.

③ **폐열이용발전소**(power plant by waste heat)

제철소 용광로가스(650～850[kcal/Nm^3]) 혹은 코크스 가스(4,000～4,500[kcal/Nm^3]), 정유공장의 분해가스(10,000[kcal/Nm^3]) 등의 잉여가스를 이용하거나, 남는 여열을 이용하여 발전하는 방식으로서 발생 가스가 시간적으로 변동할 때는 안정된 전력을 얻을 수 없으므로 중유를 보조 연료로 사용하여 발전하는 방식이다.

④ **열병합발전소**(cogeneration power plant)

열과 전력을 공동의 보일러에서 발생시키는 시설이고 보통 복수식 발전소의 냉각수가 가져가는 증기의 증발열을 공장의 작업용 증기로 사용하는 발전소이다.

⑤ **2유체식 발전소**(binary fluid power plant)

수은과 증기의 2유체를 사용하여 수은을 고온도 동작유체로 하고 증기를 저온도 동작유체로서 작용시켜 열기관에서 작동유체로서 사용되는 증기의 결점을 없앤 것인데, 수은의 액체를 제 1 의 유체로 하고 제 1 의 터빈으로 초온도에서 중간 온도까지 일을 시켜 이것을 적당한 장치로 응축시키는 동시에 방출된 증발열로서 제 2 유체의 물을 가열시켜 이 증기를 사용하여 다음의 터빈에서 발전하는 방식이다.

⑥ **지열발전소**(geothermal power plant)

지중에서 분출하는 고온 증기를 이용하여 증기터빈을 운전하여 발전하는 방식이다(그림 4·12 참조).

⑦ **가스 터빈 발전소**(gas turbine power plant)

고온, 고압의 연소가스 또는 공기가 사용되며 밀폐 사이클 가스터빈(closed cycle gas turbine), 개방 사이클 가스터빈(open cycle gas turbine) 등이 있고 기동, 정지가 간단한 장점이 있기 때문에 최근 첨두 부하용으로 많이 사용된다.

또한, 용도에 따라서 기저부하발전소, 첨두부하발전소 및 보급발전소로 화력발전을 분류할 수 있으며 다음과 같이 간단히 설명할 수 있다.

① **기저부하발전소**(power plant for base load)

연간을 통하여 기저 부하로서 운전하는 발전소로서 대개 대용량 고효율에 중점을 두고 건설된 발전소이다.

② **첨두부하발전소**(power plant for peak load)

단시간의 peak 부하를 담당하는 발전소로서 단시간 출력이 증가되도록 설계하는 동시에 연부하율이 극히 낮기 때문에 발전소 건설비를 저렴하게 할 수 있다.

③ **보급발전소**

보급발전소에는 peak 부하용과 갈수기 보급용이 있는데, 모두 연부하율이 대단히 작기 때문에 발전소를 설치할 때는 운전의 융통성과 건설비 및 운전비에 대한 경제성을 고려하여야만 한다.

화력발전소의 구성 및 설비

화력발전소중 대출력을 얻을 수 있는 것은 기력발전소이고 그 주요 설비를 그림 3·73에 나타내었다. 주요 설비는 ① 연료 및 연소장치, ② 보일러, ③ 보일러 부속설비, ④ 통풍 및 집진장치, ⑤ 증기터빈, ⑥ 복수설비 등으로 구성된다.

① **연료 및 연소장치**

화력발전용의 연료를 선택함에 있어서

- 연료의 용적 또는 중량당의 발열량이 클 것
- 수송 및 취급이 용이할 것
- 유황분의 함유량이 적을 것
- 매연 기타의 폐기물이 적을 것

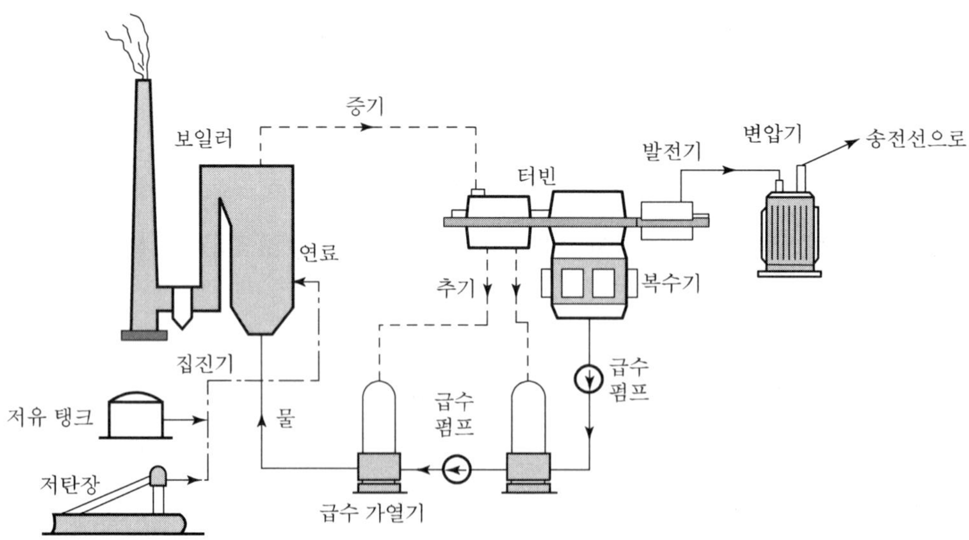

그림 3·73 기력발전소의 주요설비

• 발생열량당의 가격이 저렴할 것
• 축적, 보존 등이 용이할 것

등의 조건을 고려할 필요가 있다. 이러한 관점에서 주로 사용하고 있는 연료는 고체, 액체 및 가스체 연료가 있다. 고체연료로는 석탄, 액체연료로는 중유, 원유, 나프타 등이 있고 가스체 연료로는 액화천연가스(LNG), 프로판가스(LPG) 등이 있다. 이 중 많이 사용되고 있는 연료는 저유황 중유, 원유 등의 액체연료와 LNG 및 석탄이다.

또한 연소장치로써는 석탄 연소장치, 액체(중유) 연소장치 및 가스체(LNG) 연소장치로 대별된다. 석탄 연소장치는 다시 스토커 연소장치와 미분탄 연소장치로 나누어지며 발전용 연소장치로는 미분탄 연소장치만이 사용되고 있다.

② 보일러

보일러는 액체를 채운 관에 열을 흡수시켜 고온, 고압의 증기를 발생시키는 장치를 말하며, 관내에 넣은 액체로써는 보통 물이 사용되고 수은 등이 사용되는 경우도 있다.

보일러의 구조는 열의 흡수방법과 이에 관련한 관수의 순환방법에 따라 크게 달라진다. 열의 흡수율을 높이기 위해서는 다음의 조건에 따라서 열의 전도, 대류 및 복사를 양호하게 한다.

• 가열 면적을 크게 할 것
• 연소가스의 온도를 높일 것
• 연소속도와 연소가스의 유속을 높일 것
• 가열면의 전열저항을 감소시킬 것
• 관수의 순환을 좋게 할 것

또한, 보일러는 급수의 순환방법에 따라서 자연 순환식, 강제 순환식, 강제 관류식, 복합 순환식을 들 수 있고, 사용 연료에 따라서 석탄 연소, 중유 연소, 석탄·중유 혼소, 가스 연소 보일러로 분류할 수 있다. 사용 압력에 따라서 저임계압, 초임계압 보일러로 나뉘어지기도 한다.

③ 보일러 부속설비

• 과열기(super heater) : 드럼에서 발생한 수분을 함유하고 있는 포화증기를 다시 가열하여 과열증기로 만드는 장치

- 재열기(reheater) : 재열사이클의 경우 터빈 도중에 증기를 추출 재열에 이용하는 장치
- 급수가열기(feed water heater) : 터빈에 팽창한 증기 일부를 복수기에 보내기 직전에 추출하여 보일러 수를 가열하는 장치
- 절탄기(economizer) : 보일러 본체, 과열기를 통과한 배기가스의 여열을 이용하여 보일러에 공급되는 급수를 예열함으로써 연료 소비량을 줄이거나 증발량을 증가시키기 위해서 설치하는 여열 회수 장치
- 공기예열기(air preheater) : 절탄기를 나온 연소 가스의 열을 회수해서 공기를 예열하고 이 공기를 화로로 보내어 연소 효율을 높이므로 보일러 효율을 높이기 위한 장치

④ 통풍장치(draft plant) 및 집진장치(precipitator)

연료의 연소에 필요한 공기를 화로에 공급하고 연소에 의해 발생한 연소 가스를 굴뚝으로부터 배출하는 작용을 통풍(draft)이라 하고 통풍을 원활하게 하기 위하여 통풍력을 주기 위한 장치를 통풍장치라 한다. 또한, 화력발전 시에 배출되는 배기가스를 대기환경 규제에 적합하도록 배출하기 위하여 그을음, 분진 등을 분리 포집하는 장치를 집진장치라고 한다.

⑤ 증기터빈(steam turbine)

증기터빈은 보일러에서 보내온 고온, 고압의 증기가 팽창하여 얻어지는 운동에너지의 일부가 회전날개에 주어져 회전력을 발생시키는 장치이다.

⑥ 복수설비(condensing plant)

복수설비는 증기터빈의 배기실에 직결된 복수기로 터빈의 배기를 받아 이것을 응축시켜 물로 환원하는 동시에 남은 불응축 가스를 공기펌프로 흡출하여 터빈의 배압을 진공에 가까운 값에 유지하여 열낙차를 될 수 있는 한 크게 하는 장치이다.

2) 열역학 (熱力學)

● 여러 단위(單位)

① 열량(熱量)의 단위

공업적으로 사용되는 열량의 단위는[kcal] 를 사용한다. 1[kcal] 는 표준기압(標準氣壓)에서 순수(純水) 1[kg] 을 14.5[°C]에서 15.5[°C]로 1[°C] 높이는데 소요되는 열량이다. 미국이나 영국에서는 열량의 단위로써 [Btu]를 이용하고 있다. 1[Btu]는 1 파운드[lb] 의 순수를 61.5[°F] 에서 62.5[°F]로 1[°F]를 높이는 데 필요한 열량으로서 [kcal] 와 [Btu] 사이에 다음과 같은 관계가 있다.

$$1[\text{Btu}] = 0.252[\text{kcal}]$$

② 압력(壓力)의 단위

공업적으로 사용되는 압력의 단위는 $[\text{kg/m}^2]$ 또는 $[\text{kg/cm}^2]$ 가 있는데, 특히 $[\text{kg/cm}^2]$ 를 기압이라고 하여 [at]의 기호를 쓰는 경우가 있다.

$$1[\text{at}] = 1[\text{kg/cm}^2] = 735.52[\text{mmHg}]\ (0[°\text{C}]\text{일 때})$$

또 압력은 진공(眞空)을 기준으로 하는 절대압력(絕對壓力)과 대기압을 기준으로 하는 게이지 압력이 있으며 공업적으로 통상 압력 측정기는 대기압과의 차, 즉 게이지 압력을 나타낸다. 절대 압력을 나타내는 데에는 [ata]라는 단위를 쓰고 게이지 압력은 [atg]로 표시한다. 또 대기압의 표준치는 표준중력에서 0[°C]의 수은주(水銀柱) 760[mm]의 압력과 같고 [atm]의 기호로 나타낸다.

$$1[\text{atm}] = 760[\text{mmHg}] = 1.01325[\text{bar}] = 1.0332[\text{kg/cm}^2]\ (0[°\text{C}]\text{일 때})$$

미국, 영국 등에서는 $[\text{lb/in}^2]$ 를 단위로 하며 그 기호는 psi(pound per square inch)가 쓰인다.

● 완전기체의 법칙 및 상태변화

① 완전기체의 법칙

공업적으로 이용되는 기체는 실용의 가스와 증기로 대별한다. 공기나 연소가스 등 실용의 가스가 극저온 혹은 극고압이 아닌 범위라든가 수증기 등이 저압의 상태에 있을 때는 분자의 크기에 비해서 분자 간의 거리가 대단히 크고 근사적으로 완전기체라고 가정하여 압력, 온도, 용적 등이 변화하는 상태를 간단한 식으로 나타낼 수가 있다.

완전기체는 Boyle–Charles 의 법칙 및 Gay–Lussac 법칙에 의해서 다음과 같은 상태방정식을 만족하는 이상적인 기체이다.

$$pv = RT \tag{3·61}$$

단, p : 압력[kg/m^2]

v : 비용적(比容積)[m^3/kg]

T : 절대온도[°K]

R : 기체정수(氣體定數, gas constant) = 847.81[kg·m/kmol °K]

= 8.31434[J/mol °k]

② 완전기체의 상태변화

완전기체의 각종 상태변화는 보통 가역변화(可逆變化)라 생각되며 다음과 같은 것이다.

- 등온변화(等溫變化) : 일정 온도하에 팽창 혹은 수축하는 변화로 다음의 상태식이 있다.

$$pv = \text{정수(定數)}$$

- 등압변화(等壓變化) : 일정 압력하에 팽창 혹은 수축하는 변화로 다음의 상태식이 있다.

$$\frac{T}{v} = \text{정수(定數)}$$

- 등적변화(等積變化) : 용적 일정하에 상태가 변화하는 것으로 다음과 같은 상태식이 있다.

$$\frac{T}{p} = \text{정수(定數)}$$

- 가역단열변화(可逆斷熱變化) : 외부와 열교환이 없이 팽창 혹은 수축하는 변화로 다음과 같은 상태식이 있다.

$$Pv^k = \text{정수(定數)} \qquad k = \frac{C_p}{C_v}$$

여기서, k를 비열비(比熱比)라고 한다.

C_p, C_v는 등압비열, 등용(등적)비열이다.

• 폴리트로프변화(polytropic change) : pv^n = 정수로 나타내는 변화로 공업열역학 상으로 일어나는 변화의 일반적인 것이다.

$$pv^n = \text{정수(定數)} \qquad 0 < n < \infty$$

등온, 등압, 등적, 단열의 4가지 변화는 폴리트로프 변화의 특별한 경우에 해당하고 그때의 n값은 다음과 같다.

$n=0$ 등압변화 pv^0 = 정수 혹은
p = 정수

$n=1$ 등온변화 pv = 정수

$n=k$ 단열변화 pv^k = 정수

$n=\infty$ 등적변화 pv^∞ = 정수

$\therefore\ p^{\frac{1}{\infty}} v$ = 정수. 따라서 v = 정수

이들 4가지 변화를 $p-v$ 선도로 정리하여 나타내면 그림 3·74와 같이 된다.

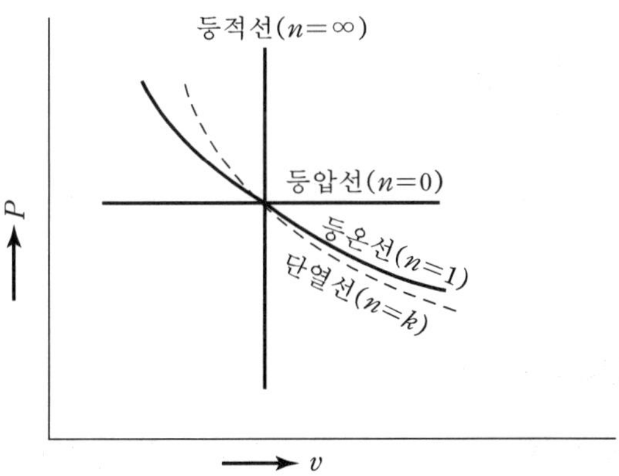

그림 3·74 상태변화곡선(狀態變化曲線)

● 열역학 제1법칙

열은 에너지의 형태이고, 일을 열로 변화시키는 것도, 또 열을 일로 변화시키는 것도 가능하

며 이들 사이에는 일정한 수치관계(數値關係)가 있다. 이 변화율은 1843년 주울에 의해서 처음 구해진 것으로

$$1[\text{kcal}] \fallingdotseq 426.79[\text{kg} \cdot \text{m}]$$

이며, 실용적으로는 427[kg·m]로 하고 있다. 열량을 [kcal], 일을 [kg·m]의 단위로 나타내면 열량 Q[kcal]와 일 W[kg·m]와의 상호변환은 다음 식으로 표시된다.

$$W = JQ, \qquad Q = AW \tag{3·62}$$

여기서, $J = 427[\text{kg} \cdot \text{m/kcal}]$: 열의 일당량

$A = 1/427[\text{kcal/kg} \cdot \text{m}]$: 일의 열당량

이것이 열역학 제1법칙이고 에너지 보존법칙을 열현상에 적용시킨 것이며, 원래 열은 에너지이므로 1948년 국제도량형회의(國際度量衡會議)에서는 열량의 단위로써 될 수 있으면 칼로리(cal) 대신 줄(J)을 쓸 것을 결의하였다.

즉,

$$1[\text{cal}] = 0.42679 \times 9.8[\text{J}] \fallingdotseq 4.18605[\text{J}] \fallingdotseq \frac{3,600}{860}[\text{J}]$$

혹은

$$1[\text{kcal}] = \frac{1}{860}[\text{kWh}] \tag{3·63}$$

본 장에서는 기계공학의 관례에 따라 수력발전소의 경우와 똑같이 중력단위법을 사용하여 설명해 가기로 한다.

열역학 제 2 법칙, 열역학 제 3 법칙

열역학 제 1 법칙은 열에너지와 일과는 등가적이고 열은 일로, 또한 일은 열로 변화시킬 수가 있다는 것을 전술하였으나, 이것은 어떤 제한이 있고 일을 열로 변환시키는 것은 쉬우나 그 역은 곤란하다는 것이 제 2 법칙이다. 즉 열역학 제 2 법칙이란 열은 저온도 물체에서 고온도 물체로 자기 자신만으로는 이동할 수가 없으므로 열을 일로 변환하는 것은 고온도 물체에서 저온도의 물체에 열을 주는 경우로 한정된다.

열역학 제 3 법칙은 다음에 설명하는 엔트로피에 관련된 Nernst-plank의 열정리(熱定理)이

고 '유한의 밀도를 갖는 화학적으로 균질인 모든 물체의 엔트로피는 절대영도에 가까워짐에 따라서 화학적 성질, 상(相), 압력에 무관계한 일정한 값에 한없이 접근한다.'

내부에너지, 엔탈피, 엔트로피

① 내부에너지와 일

물질이 갖는 전 에너지 중 운동에너지와 위치에너지와의 차를 내부에너지라고 한다. 정지된 물체에서 운동에너지는 0이고, 또 열적상태변화(熱的狀態變化)의 전후에 있어서 위치에너지의 변화는 무시되는 것이 보통이므로 열 현상을 취급할 때는 주로 내부에너지에 대하여 고려된다. 열을 물질에 가할 때 그 물질이 고체에서 액체, 액체에서 기체와 같이 상태변화를 하지 않을 때는 그 물질을 구성하고 있는 각각의 원자의 열적 운동에너지가 증가한다. 따라서 물질의 경계를 통해서 그 물질에 가해지는 에너지의 차이를 측정하면 내부에너지의 변화를 알 수가 있다. 물질에 열을 주어서 내부에너지가 증가하고 물질의 온도가 상승하면 이 열을 현열(顯熱, sensible heat)이라고 한다. 물질에 따라 결정된 어떤 특정 온도에서 온도상승을 시키면, 융해나 증발 등의 상태변화를 일으키는데 이 경우에 그의 열을 잠열(潛熱, latent heat)이라 한다. 또 지금 어떤 물체에 미소열량 dQ[kcal] 를 주었을 때 그 물체의 내부에너지 U[kcal] 가 dU[kcal] 만큼 증가하고 그때 외부에 대해서 dW[kg・m] 의 일을 하였다면 열역학 제 1 법칙에서 다음 식이 성립한다.

$$dQ = dU + A\,dW[\text{kcal}] \qquad (3\cdot 64)$$

기체가 서서히 팽창할 때 운동에너지는 무시되므로 그림 3·75에 있어서 압력을 p[kg/m^2] ,

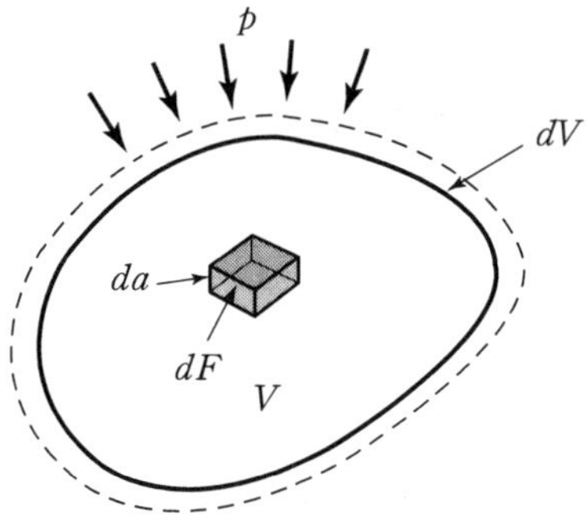

그림 3·75 팽창에 의한 외부 일

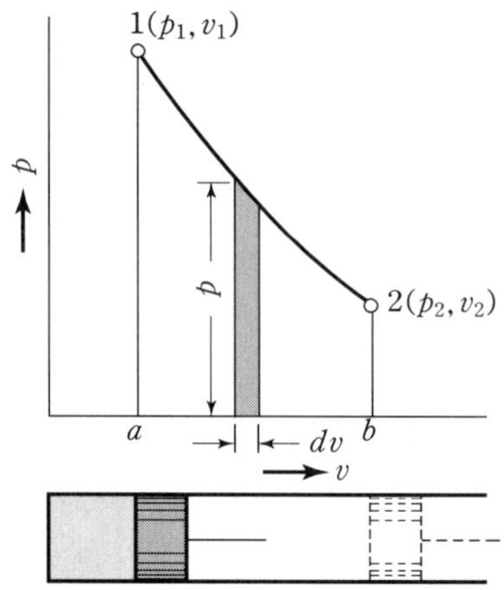

그림 3·76 피스톤, 실린더 내의 가스팽창

전 용적을 $V[\mathrm{m}^3]$라고 하면 표면상의 미소 면적 $dF[\mathrm{m}^2]$가 $da[\mathrm{m}]$만큼 압출함으로써 이 기체는 외압 p에 대항하여

$$pdF \times da[\mathrm{kg} \cdot \mathrm{m}]$$

의 일을 한 것으로 된다.

이것을 기체 전 표면적에 대하여 적분하면 기체가 한 일 dW는 $dV[\mathrm{m}^3]$를 전표면의 압출에 의한 용적변화라 하여

$$dW = p\int_F dFda = pdV[\mathrm{kg} \cdot \mathrm{m}] \tag{3·65}$$

따라서 식 (3·64)는

$$dQ = dU + ApdV[\mathrm{kcal}] \tag{3·66}$$

으로 된다. 기체 1[kg]에 대해서는 내부에너지를 u, 비용적을 v, 기체 1[kg]당의 열량을 dQ라 하면

$$dQ = du + Apdv\,[\mathrm{kcal}] \tag{3·67}$$

로 된다.

이것을 그림 3·76과 같은 피스톤과 실린더의 경우에 적용하여 생각해 보자.

종축에 압력 p, 횡축에 비용적 v를 취한 $p-v$ 선도상에서 $1(p_1,\ v_1)$의 상태로부터 $2(p_2,\ v_2)$

로 변화하였다고 하자. 선도에 있어서 검게 칠한 부분의 면적은 pdv 이고 이것은 기체가 dv 만큼 팽창함에 따라 한 일을 나타낸다.

따라서 1→2간에 한 일은

$$W_{12} = \int_{v_1}^{v_2} pdv [\mathrm{kg \cdot m}] \tag{3·68}$$

로 되며 이것은 면적 $12ba$ 와 같다. G[kg] 의 기체에 대한 일은 윗식의 G배로 된다. 이것으로부터 외부일 W_{12} 는 1, 2의 상태만이 아니고 1에서 2로 이동하는 경로에 의해서도 변화하는 것을 알 수가 있다.

② 엔탈피(enthalpy)

그림 3·77에 있어서 Ⅰ는 큰 용기이고 그 속에 상태 p_1, T_1 인 작동 물질이 들어 있다. 이것이 유동하면서 기기 M을 통하고 여기서 일을 하게 되며 p_2, T_2 의 상태로 되어 용기 Ⅱ에 들어간다. Ⅰ, Ⅱ의 압력은 그림과 같이 마찰이 없는 하중 피스톤에 의해서 일정하게 유지되고 있으며, 또 이 계(系) 전체는 외부와 열 절연된 것으로 한다.

지금 1[kg] 의 기체가 유동하면서 M에서 W_t[kg · m]의 일을 하는 것으로 한다. 계에 출입하는 열량은 $dQ = 0$ 이므로 Ⅰ과 Ⅱ에 있어서 기체의 내부에너지의 상위(相違)는 에너지 보존의 법칙에 따라 출입한 일 량의 차와 같게 된다. 즉 용기 Ⅰ에서 1[kg] 의 기체를 압출(押出)하기 위해서는 용기가 v_1 만큼 감소하고, Ⅱ에서 v_2 만큼 증가하였다고 하자. Ⅰ에 있어서 압입(押入)된 일은 $p_1 v_1$, Ⅱ에 있어서 압출된 일은 $p_2 v_2$ 이므로 전체로서 다음 식이 성립한다.

$$u_2 - u_1 = -AW_t + A(p_1 v_1 - p_2 v_2)$$

$$\therefore AW_t = (u_1 + Ap_1 v_1) - (u_2 + Ap_2 v_2) = i_1 - i_2 \tag{3·69}$$

이 식으로 표시되는

$$i = u + Apv \tag{3·70}$$

를 엔탈피(enthalpy)라 한다.

식 (3·70)을 미분하면

$$di = du + A(pdv + vdp)$$

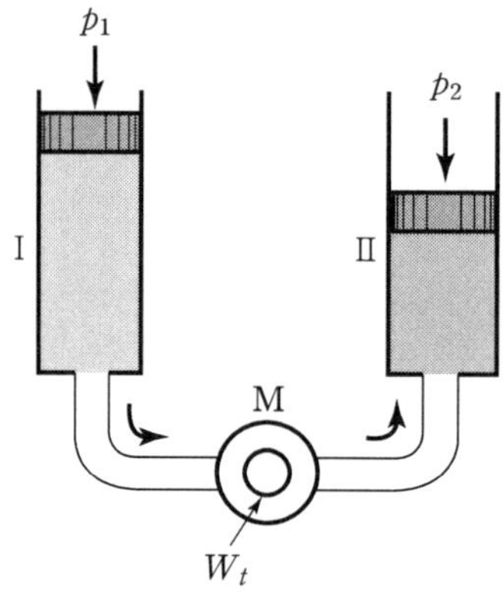

그림 3·77 연속적으로 하는 일

따라서 식 (3·67)은 다음과 같이도 쓸 수 있다.

$$dQ = di - Avdp \tag{3·71}$$

③ **비열 (比熱)**

단위질량(單位質量, 1[kg]) 물질의 온도를 단위 온도 1[°C]만큼 올리는 데 필요로 하는 열량을 비열(比熱, specific heat)이라 한다. 그 단위로서는 보통[kcal/kg°C] 가 쓰인다. 비열 값은 고체나 액체와 같이 가열에 의한 용적변화(容積變化)가 적은 것에서는 거의 일정하다고 볼 수 있으나 기체와 같이 용적변화가 심한 것에서는 팽창에 의한 외부일 만큼 비열은 커진다.

- 등적비열(等積比熱) : 기체를 일정 용적의 용기 속에 넣고 밀폐(密閉)하여 가열했을 때의 비열을 등적비열이라 하며 C_v 로 나타낸다. 1[kg] 의 기체에 대해서는 다음 식이 성립한다.

$$dQ = C_v dT \tag{3·72}$$

또 이때의 가열량은 거의 내부에너지의 증가로 되어 일반으로

$$du = C_v dT \tag{3·73}$$

가 성립한다. 식 (3·67)과 식 (3·73)을 조합하면

$$dQ = C_v dT + Apdv \tag{3·74}$$

로 된다.

• **등압비열(等壓比熱)** : 일정 압력 아래에서 가열했을 때의 비열을 등압비열이라 하며 C_p로 나타낸다. 이때의 관계는

$$dQ = C_p dT \tag{3·75}$$

로 된다. 또 $dp = 0$이므로 식 (3·71)에서 $dQ = di$로 되어 일반적으로

$$di = C_p dT \tag{3·76}$$

의 관계가 성립한다. 식 (3·71)과 식 (3·76)을 조합하면

$$dQ = C_p dT - Avdp \tag{3·77}$$

로 된다. 다음 식 (3·74)에서

$$\left(\frac{\partial Q}{\partial T}\right)_p = C_v + Ap\left(\frac{\partial v}{\partial T}\right)_p$$

또 $C_p = \left(\frac{\partial Q}{\partial T}\right)_p$ 에서

$$C_p = C_v + Ap\left(\frac{\partial v}{\partial T}\right)_p$$

다음에 상태식 $pv = RT$ 에서

$$p\left(\frac{\partial v}{\partial T}\right)_p = R$$

이므로

$$\left(\frac{\partial v}{\partial T}\right)_p = \frac{R}{p}$$

이다. 그러므로

$$C_p = C_v + AR \tag{3·78}$$

인 관계가 얻어진다. 이것에 비열비(比熱比) $k = \frac{C_p}{C_v}$를 이용하면

$$C_p = \frac{k}{k-1} AR, \quad C_v = \frac{1}{k-1} AR \tag{3·79}$$

로 된다. k 의 값은 완전기체의 분자를 구성하는 원자의 수만에 관계하며 다음과 같은 값을 쓴다.

단원자(單原子)의 완전기체 $k = 1.66$

2 원자의 완전기체 $k = 1.40$

3 원자 이상의 다원자(多原子) 완전기체 $k = 1.33$

④ **엔트로피**(entropy)

물질이 어떤 온도 T[°K]에서 얻은 열량 dQ를 그 온도로 나눈 것을 엔트로피 s 의 증가라고 한다. 즉 엔트로피의 증가를 ds 라 하면

$$ds = \frac{dQ}{T} \tag{3·80}$$

지금 상태 1에서 상태 2로 변화한 경우에 엔트로피가 s_1에서 s_2로 되었다고 하면

$$s_2 - s_1 = \int_1^2 \frac{dQ}{T}$$

이고 상태 1을 엔트로피의 기준점이라 하면 상태 2의 엔트로피는

$$s_2 = \int_1^2 \frac{dQ}{T}$$

로 된다. 온도가 각각 T_1, T_2인 두 물질이 있을 때 전자에서 후자에 ΔQ만큼의 열을 전달할 때 전자가 잃은 엔트로피는 $\Delta Q/T_1$, 후자가 얻은 엔트로피는 $\Delta Q/T_2$이다. 그런데 열역학 제2법칙에 의해서 $T_1 > T_2$이므로 $\Delta Q/T_2 > \Delta Q/T_1$이다. 따라서 이 두 물질로 된 체계내(體系內)의 엔트로피는 증가한다. 일반으로 자연계의 현상에서는 이것에 관여된 모든 것의 엔트로피 총합(總合)은 감소하는 일 없이 항상 조금은 증가한다. 엔트로피가 증가하는 상태변화는 그대로는 완전하게 역방향(逆方向)으로 얻을 수 없다. 이것을 비가역변화(非可逆變化)라 한다. 엔트로피가 증감하지 않는 이상적인 상태변화를 가역변화(可逆變化)라 한다.

이상의 사실을 식으로 표시하면 가역과정에서는 $dQ= Tds$ 이므로 식 (3·67)과 (3·71)은 다음과 같이 된다.

$$Tds = du + Apdv \tag{3·81}$$

$$Tds = di - Avdp \tag{3·82}$$

비가역과정에서는 열에너지의 산일(散逸)이 있어 본래의 상태로 돌아가지 않으므로

$$ds > \frac{dQ}{T} \tag{3·83}$$

로 된다. 또 비열에 대해서는 $C_v = (\partial Q/\partial T)_v$, $C_p = (\partial Q/\partial T)_p$ 에서

$$\left(\frac{\partial s}{\partial T}\right)_v = \frac{C_v}{T} \quad \left(\frac{\partial s}{\partial T}\right)_p = \frac{C_p}{T} \tag{3·84}$$

가 얻어진다.

전술한 열역학 제 3 법칙은 유한의 밀도를 가진 화학적으로 균질인 물체에 대해서는 절대영도로 엔트로피가 일정값이 되는 것을 나타낸 것이지만 이일정치는 일반적으로는 정수이고 0으로 잡아도 일반성은 잃지 않는다.

즉 열역학 제 3 법칙은

$$\lim_{T \to 0} s = 0 \tag{3·85}$$

로 표시된다.

● 사이클

유체가 여러 가지의 연속적 상태변화를 받아서 출발했을 때의 본래 상태로 다시 돌아갈 경우 이 상태를 나타내는 곡선은 폐곡선으로 된다. 이와 같은 연속적 변화의 과정을 사이클이라 한다. 그림 3·78의 $p-v$ 곡선에 있어서 일정량의 기체가 1에서 2까지 a를 지나 팽창하면 그 사이에 면적 $1a2dc$의 외부 일을 한다. 다음에 2에서 1까지 기체를 압축하기 위하여 저열원인 외부에 열을 주고 그 경로를 $2b1$이라 하면 압축일을 면적 $2b1cd$로 되며 양자의 차

$$W = \text{면적}\, 1a2dc1 - \text{면적}\, 2b1cd1 = \text{면적}\, 1a2b1 = \oint pdv$$

만큼의 일을 하게 된다. 즉 일을 계속하려면 하나의 폐쇄 곡선이 구성되어야 할 필요가 있다. 이처럼 $p-v$ 선도와 같은 상태선도 상에 하나의 면적을 포함한 상태변위가 사이클이다. 1사이클 중에 가한 열량을 Q_1, 제거한 열량을 Q_2라 하면 이 사이클에 의해서 된 일은 에너지 보존법칙

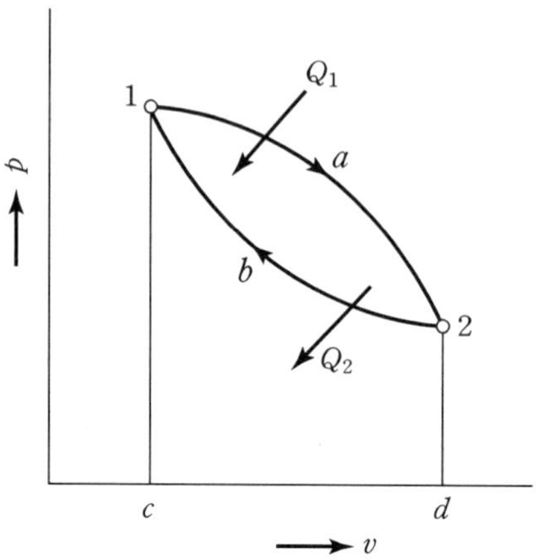

그림 3·78 사이클에 있어서의 열과 일의 관계

(열역학 제1법칙)에 의해서

$$AW = Q_1 - Q_2 \tag{3·86}$$

로 된다. 이것은 외부에서 열량 Q_1을 얻어 외부에 일 W를 한 것을 의미한 것으로 열량 일부를 일로 변화시킨 것으로 된다. 이것이 열기관(熱機關)의 원리이다. 열기관에서는 주어진 열량이 될 수 있으면 많이 일로 변화시키는 것이 요구되므로 그 비율을 다음과 같이 표시하며 이것을 열효율이라 한다.

$$\eta = \frac{AW}{Q_1} = \frac{Q_1 - Q_2}{Q_1} = 1 - \frac{Q_2}{Q_1} \tag{3·87}$$

1824년 카르노(Carnot)는 가장 기본적이고 중요한 하나의 사이클을 제안하였다. 이것은 그림 3·79와 같이 두 개의 등온변화와 두 개의 단열변화로 된 것으로 카르노 사이클이라 하며 그림으로 설명하면 다음과 같다.

1 → 2 : 등온팽창(等溫膨脹)으로 온도 T_1의 고열원에서 열량 Q_1을 얻어 온도 T_1으로 유지되는 팽창이다.

2 → 3 : 단열팽창(斷熱膨脹)으로 열 절연된 상태에서의 팽창이고 그 사이에 온도는 T_1에서 T_2로 내려간다.

3 → 4 : 등온압축(等溫壓縮)으로 온도 T_2의 저열원에서 열량 Q_2를 방출하여 온도 T_2를 유지하면서 압축한다.

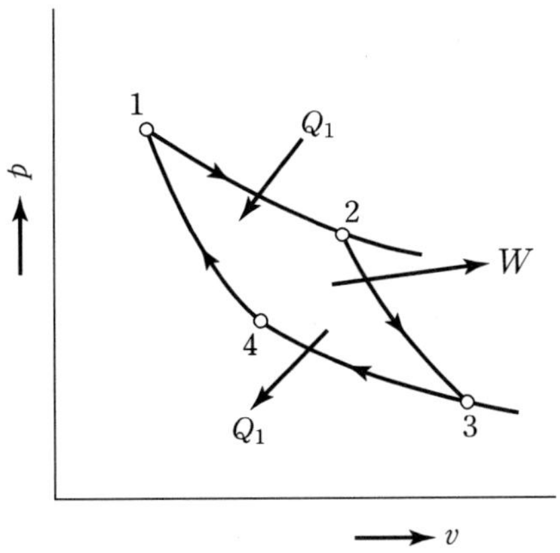

그림 3·79 카르노 사이클

4 → 1 : 단열압축(斷熱壓縮)으로 단열상태 하에서 압축되어 온도는 T_2에서 T_1으로 올라 간다.

카르노 사이클 효율과 기타는 다음과 같이 하여 구한다.

1 → 2의 등온변화에서는 Boyle－Charles의 식은

$$p_1 v_1 = p_2 v_2 = RT_1$$

으로 된다. 이 과정에서는 Q_1인 열을 공급하지 않으면 안 된다. 또 $dT = 0$이므로 식 (3·74), 즉 $dQ = C_v dT + Ap\,dv$ 에서

$$dQ = Ap\,dv$$

이것에 $p = RT_1/v$를 대입하면

$$dQ = \frac{ART_1\,dv}{v}$$

이다. 이것을 적분하여

$$Q_1 = ART_1 \log\frac{v_2}{v_1} \tag{3·88}$$

같은 방법으로 3 → 4의 등온변화에서는

$$Q_2 = ART_2 \log \frac{v_3}{v_4} \tag{3·88)'$$

이며, 단열변화 2 → 3, 4 → 1에 대해서는 식 (3·74)에서 $dQ = 0$이므로

$$C_v dT + Ap\,dv = 0$$

이것에 식 (3·79), 즉 $C_v = AR/(k-1)$ 및 Boyle－Charles식의 미분 $RdT = pdv + vdp$의 dT를 대입하여 dT를 제거하면

$$\frac{dp}{p} + k\frac{dv}{v} = 0$$

이다. 이것과 Boyle－Charles식을 조합하여 p를 T로 치환하면

$$\frac{dT}{T} + (k-1)\frac{dv}{v} = 0$$

이것을 적분하여

$$\log \frac{v_3}{v_2} = -\int_{T_1}^{T_2} \frac{1}{k-1} \frac{dT}{T}$$

$$\log \frac{v_4}{v_1} = -\int_{T_1}^{T_2} \frac{1}{k-1} \frac{dT}{T}$$

두 식의 우변은 같으므로

$$\frac{v_3}{v_2} = \frac{v_4}{v_1} \quad \text{또는} \quad \frac{v_3}{v_4} = \frac{v_2}{v_1} \tag{3·89}$$

그러므로 식 (3·88)과 식 (3·88)′에서

$$\frac{Q_1}{Q_2} = \frac{T_1}{T_2} \quad \text{또는} \quad \frac{Q_1}{T_1} - \frac{Q_2}{T_2} = 0 \tag{3·90}$$

이들 관계식을 식 (3·87)에 대입하면 카르노 사이클 효율 η는

$$\eta = \frac{AW}{Q_1} = \frac{T_1 - T_2}{T_1} = 1 - \frac{T_2}{T_1} \tag{3·91}$$

로 된다.

3) 증기의 성질

증발과정

• 등압증발과정(等壓蒸發過程)

공학상 중요한 역할(役割)을 달성하는 것은 수증기(水蒸氣, H_2O)이므로 앞으로 특별한 지적이 없는 한 증기(蒸氣)란 수증기를 가리키는 것으로 한다.

그림 3·80과 같이

(1) 실린더 내에 0[°C]의 물 1[kg] 을 넣어 가동피스톤에 일정 압력, 예를 들면 p =10[atm]의 압력을 가하여 가열한다.

(2) 물의 온도가 상승하여 일정온도(이 경우 179[°C])에 달하면 처음 증발을 시작하여 급히 체적이 증가한다.

(3) 그러나 물 전부가 증발하기까지에는 어떠한 열을 가해도 그 온도는 일정하다.

(4) 이처럼 발생한 증기를 다시 가열하면 온도는 다시 상승하여

(5) 과열상태(過熱狀態)로 된다.

증발과정에서 일정 압력 10[atm]에 대응하는 이와 같은 일정온도 179[°C]를 포화온도(飽和

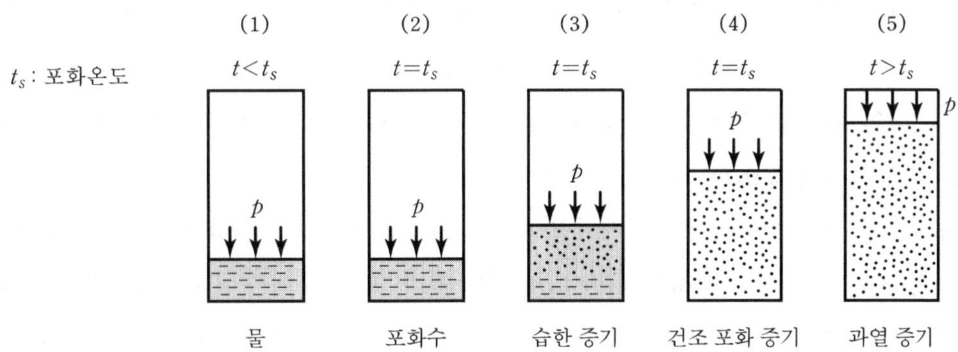

	물	포화수	습한 증기	건조 포화 증기	과열 증기
압력 [atm]	10	10	10	10	10
온도 [℃]	0	179	179	179	300
비용적 [m^3/kg]	0.001	0.001		0.198	0.263
엔탈피 [kcal/kg]	0.2	181.2		663.2	728.9

그림 3·80 등압증기발생 중의 상태변화

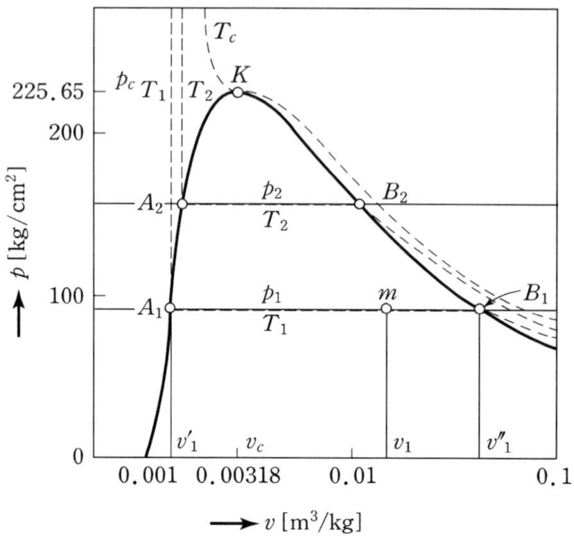

그림 3·81 증발과정에 대한 $p-v$ 선도

溫度), 그 온도에 대응하는 압력을 포화압력(飽和壓力)이라 한다. 일정 압력 아래에서 증발을 시작하여 전부 건조상태로 된 증기를 건조포화증기(乾燥飽和蒸氣)라 하며 그 중간상태에있는 증기는 액체가 혼입되어 있으므로 습증기(濕蒸氣)라 하고 건조포화증기(乾燥飽和蒸氣)를 다시 가열한 상태의 증기를 과열증기(過熱蒸氣)라고 한다.

등압증발과정(等壓蒸發過程) 중의 용적 증가 관계는 그림 3·81과 같이 $p-v$ 선도 상에 표시할 수가 있다. 이제, A_1을 압력 p_1에 있어서 포화온도에 있는 물 상태점이라 하고 그 비용적을 v_1'이라 하면 등압 p_1하에서 전부 증발하여 건조포화상태 B_1에 도달할 때까지 등온도 그대로 그 용적은 증가하므로 증발 중의 상태변화는 수평선(水平線) A_1B_1으로 표시되며 또 A_1B_1의 길이는 체적증가(體積增加) $v_1''-v_1'$를 나타낸다.

다시 p_1보다 높은 압력에서 증발시키면 증발온도(蒸發溫度)는 상승하며 포화액체(飽和液體)의 용적(容積)은 증가하여서 상태점은 A_2와 같이 된다. 이 경우에는 포화증기(飽和蒸氣)의 용적은 감소하며 그 상태점은 B_2로 표시된다. 이와 같이 다른 압력에 대해서 건조포화증기(乾燥飽和蒸氣)의 용적선($B_1\,B_2\,\dots$)과 포화액체에 대한 용적선($A_1\,A_2\,\dots$)이 얻어진다. 이들을 함께 포화곡선(飽和曲線)이라 한다.

• 임계상태(臨界狀態)

상술한 바와 같이 압력을 차차 높여 가면 양포화곡선(兩飽和曲線)의 간격은 좁아져 그림 3·81

에 표시한 바와 같이 K점에서 일치한다. 이 상태에 도달하면 습증기(濕蒸氣)는 존재하지 않는다. 즉 K점에 있어서는 액체수(液體水)도, 증기도 물리적으로는 구별되지 않는 상태로 된다. 이와 같은 정점 K를 임계점(臨界點)이라 하고, 그때의 온도 및 압력을 임계온도 및 임계압력이라 한다. 임계점에서는 온도 374.15[°C], 압력 225.65[kg/cm^2], 비용적 0.00318[m^3/kg], 엔탈피 505.6[kcal/kg], 엔트로피 1.0642[kcal/kg°K]이다. 양포화곡선은 연속한계곡선(連續限界曲線)이고 이 곡선으로 포위된 부분은 증기와 액체가 혼합상태(混合狀態)인 습상태(濕狀態)를 나타내고 임계압력 이하의 역(域)에서는 양곡선의 좌측은 액상수(液狀水), 우측은 과열증기역(過熱蒸氣域)을 나타낸다. 또 임계압력 이상의 영역에서는 임계점을 지나는 등온선이 물과 증기와의 경계를 나타내며 가열로 임계점에 달한 물은 용적의 변화 없이, 즉 증발과정을 지나지 않고 증기로 변화하게 된다.

• 습증기(濕蒸氣)의 건도(乾度)

포화곡선 내의 증기, 즉 습증기의 상태는 습증기 1[kg] 중에 포함된 건조포화증기량(乾燥飽和蒸氣量)으로 표시하며 이것을 건도(乾度, dryness)라 한다. 그림 3·81에 있어서 A_1B_1 간의 임의점, 예를 들면 m은 압력 p_1일 때의 증기의 습상태점을 나타내고 그 위치가 혼재액체(混在液體)의 비율을 나타내므로 건도 x는 다음 식으로 주어진다.

$$x = \frac{\text{1[kg]의 습증기 안에 포함되는 건조포화증기량}}{\text{습증기 1[kg]}} \qquad (3\cdot92)$$

건도는 0에서 1까지의 단수이고, 또 $1-x$를 습도(濕度, wetness)라 한다.

4) 기력발전소의 열사이클

랭킨 사이클(Rankine cycle)

① 카르노 사이클(carnot cycle)과 랭킨 사이클

증기터빈을 원동기로 하는 기력발전소에 있어서는 보일러의 노내(爐內)에서의 연료 연소과정이 고 열원이 되며 복수기가 저 열원이라고 볼 수 있다. 열기관 사이클 중 가장 이상적인 것은 가역 카르노 사이클이고 전술한 바와 같이 두 개의 등온과정과 두 개의 단열과정으로 되어 있다. 그림 3·82의 $T-s$ 선도에 있어서 1 2 3 4는 건조포화증기를 이용한 경우의 카르노 사이클

1′ 2′ 3 4는 과열증기를 이용할 경우의 카르노 사이클을 표시한다. 그러나 이들 과정에 있어서 3 4나 1 1′는 현실적으로는 불가능하다.

랭킨은 기준 사이클로서 다음과 같은 실용적인 사이클을 채용할 것을 제안하였다. 즉 그림 3·83과 같이 보일러 B내 에서 등압, 등온에 의해서 증발하며 과열기 S를 이용할 때는 S내의 수열도 등압과정으로 되며 결국 증기터빈 T 내에서 단열팽창 시켜 기계적 일을 얻어 그 배기를 복수기 C 내에서 등압, 등온으로 전부 복수해서 포화상태의 물을 급수펌프 P로 단열압축하여 보일러 B에 급수하여 처음 상태로 만든다.

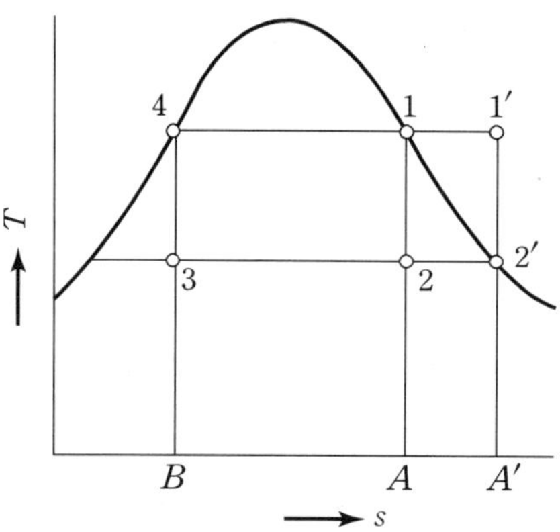

그림 3·82 카르노 사이클의 $T-s$ 선도

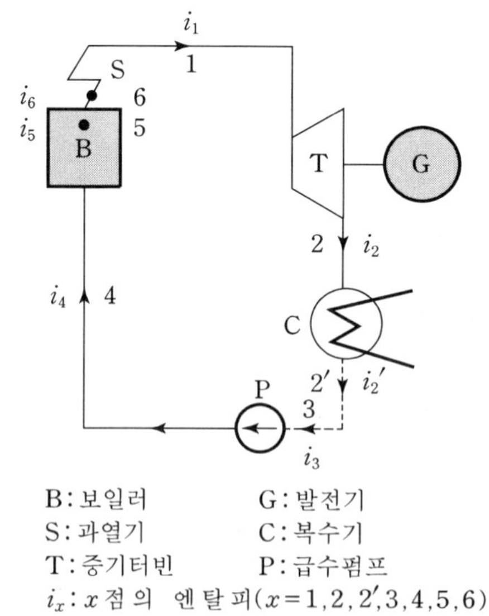

그림 3·83 랭킨 사이클의 장치 선도

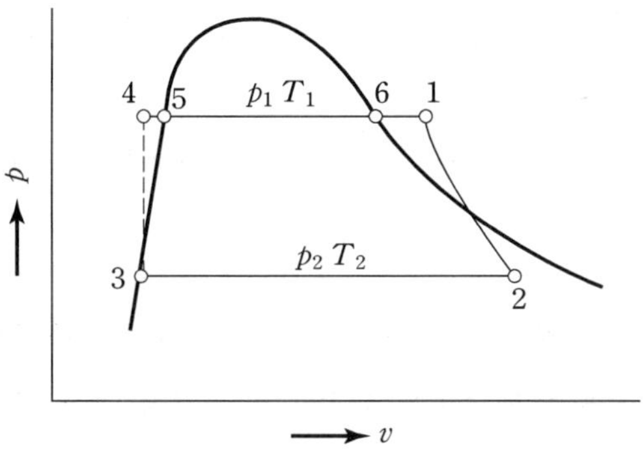

그림 3·84 랭킨 사이클의 $p-v$ 선도

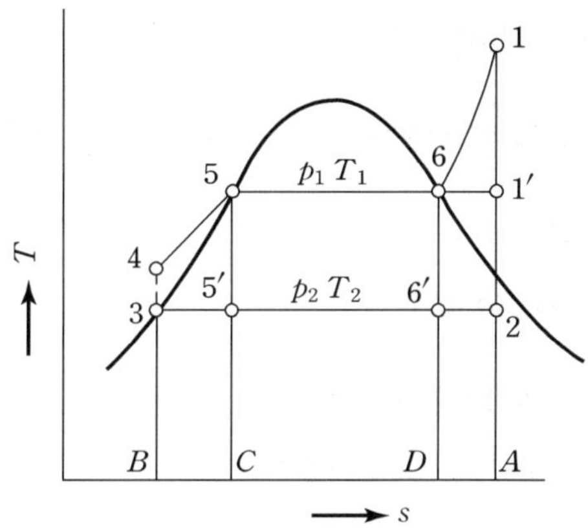

그림 3·85 랭킨 사이클의 $T-s$ 선도

이 랭킨 사이클을 $p-v$ 선도로 표시하면 그림 3·84와 같이, $T-s$ 선도로 표시하면 그림 3·85와 같다.

랭킨 사이클의 각 선도에 있어서 각 과정은 다음과 같다.

1 → 2 : 과열증기의 터빈 내에서의 단열팽창과정

2 → 3 : 복수기 내에 있어서 증기의 복수과정

그동안의 방열량은 $T-s$ 선도의 면적($A\ 2\ 3\ B$)로 표시된다.

3 → 4 : 급수펌프 내에서 복수기 압력 p_2 부터 보일러 압력 p_1 까지 상승하는 단열압축 과정

4 → 5 : 보일러 내에 있어서 등압 p_1 하에서 포화온도까지의 가열과정. 그동안의 수열량(受熱量)은 $T-s$ 선도의 면적($B\ 4\ 5\ C$)로 표시된다.

5 → 6 : 보일러 내의 등압증발과정. 그동안의 수열량(受熱量)은 $T-s$ 선도의 면적($C56D$)로 표시된다.

6 → 1 : 과열기 내에서의 등압가열과정. 그동안의 수열량은 $T-s$ 선도의 면적($D\,6\,1\,A$)로 표시된다.

다음에 상태 1 및 2에 있어서 증기엔탈피를 i_1 및 i_2 라 하고 상태 3에 있어서 포화수의 엔탈피를 $i_3 = i_2'$라 하면(단, i'는 물의 엔탈피를 표시하고 증기에 대한 것을 i 라 구별한다), $T-s$ 선도에 있어서

$$Q_1 = \text{보일러 및 과열기 내의 수열량} = i_1 - i_4 = \text{면적}(B\,4\,5\,6\,1\,A)$$
$$= i_1 - i_3 - AW_p = i_1 - i_2' - AW_p$$

$$Q_2 = \text{복수기 내의 방열량} = i_2 - i_3 = i_2 - i_2' = \text{면적}(A\,2\,3\,B)$$

$$AW = \text{유효일} = Q_1 - Q_2 = (i_1 - i_2) - (i_4 - i_2') = H_t - AW_p$$
$$= \text{면적}(1234561)$$

여기서 $H_t = i_1 - i_2 =$ 단열 열강하(斷熱熱降下)

$AW_p = i_4 - i_2' =$ 급수펌프 소요(所要)일

그러므로 랭킨 사이클의 이론 열효율은

$$\eta_{Ran} = \frac{AW}{Q_1} = \frac{(i_1 - i_2) - (i_4 - i_2')}{(i_1 - i_2') - AW_p} = \frac{H_t - AW_p}{(i_1 - i_2') - AW_p} \tag{3·93}$$

로 된다. 그림 3·86은 증기의 초기압력이 임계압력(225.65[ata])을 넘을 경우의 랭킨 사이클 $T-s$ 선도를 표시한다. 이 경우는 보일러 내에서의 등온증발과정은 없어진다. 이처럼 보일러 압력이 높을 때는 급수펌프 일 AW_P의 단열 열강하 H_t에 대한 율은 대단히 크다. 그러나 p_1 및 p_2의 압력의 차가 너무 크게 되면 AW_P의 값은 H_t에 대하여 미량이기 때문에 생략할 수 있다. 이 경우의 효율은 다음과 같이 된다.

$$\eta_{Ran} = \frac{AW}{Q_1} = \frac{i_1 - i_2}{i_1 - i_2'} = \frac{H_t}{i_1 - i_2'} \tag{3·94}$$

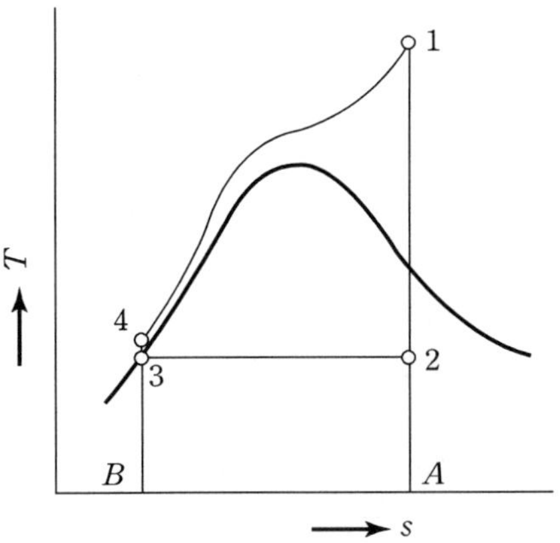

그림 3·86 초임계압력 랭킨 사이클의 $T-s$ 선

② 랭킨 사이클의 효율에 미치는 증기의 초기 압력, 초기 온도, 배압(背壓)의 영향

ⓐ 초기 압력의 영향 : 초기 온도와 배압을 일정히 하고 초기 압력을 변화시키면 효율은 그것에 따라서 그림 3·87과 같이 변화한다. 즉 온도가 높은 경우에는 압력을 높임에 따라서 효율은 높아진다.

ⓑ 초기 온도의 영향 : 초기 압력이 일정한 경우 초기 온도를 높임에 따라서 효율이 높아지는 것은 그림 3·87에 알 수 있다.

ⓒ 배압의 영향 : 배압을 낮게 할수록, 즉 복수기의 진공도를 높일수록 효율은 향상되며 그

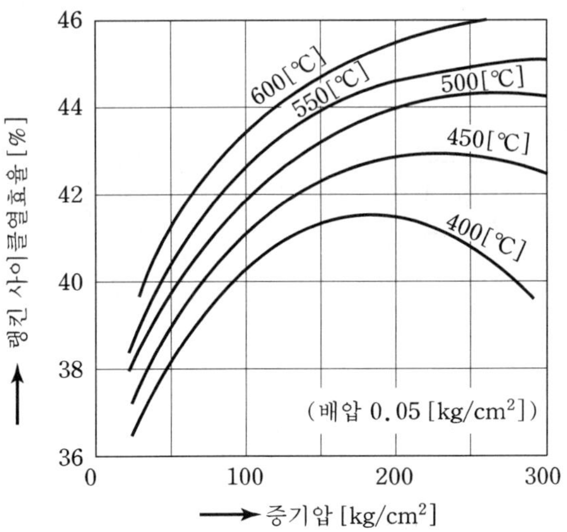

그림 3·87 랭킨 사이클 열효율에 미치는 증기 초기 압력 및 온도의 영향

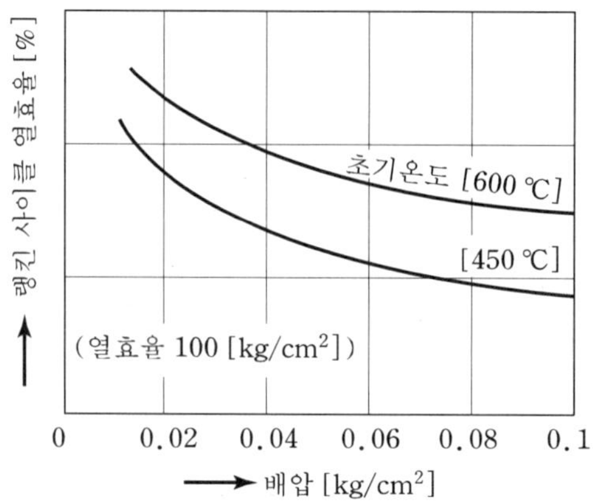

그림 3·88 랭킨 사이클 열효율에 미치는 배압의 영향

림 3·88과 같이 된다. 그러나 너무 배압을 낮게 하면 비용적이 크게 되며 또 온도도 증가하므로 배압은 대체로 0.05[kg/cm^2] 전후로 하고 있다.

재열 사이클(Reheating cycle)

랭킨 사이클의 효율은 증기의 초기 압력 및 초기 온도를 높여도 또 배압을 낮추어도 증가시킬 수가 있다. 그러나 최고온도는 사용재료의 허용온도에 의해서 또 배압은 복수기의 냉각수 온도와 수량에 의해 제한받으므로 최고온도를 일정하게 하며 효율을 높이는 데는 초기 압력을 높여야 한다. 그러나 실제는 증기의 초기 압력의 상승에 따라서 그 포화온도도 높아진다. 즉 과열도는 점차 낮아지므로 터빈 내에 작용하는 증기는 빨리 습상태로 되어 터빈의 내부 손실을 증가시

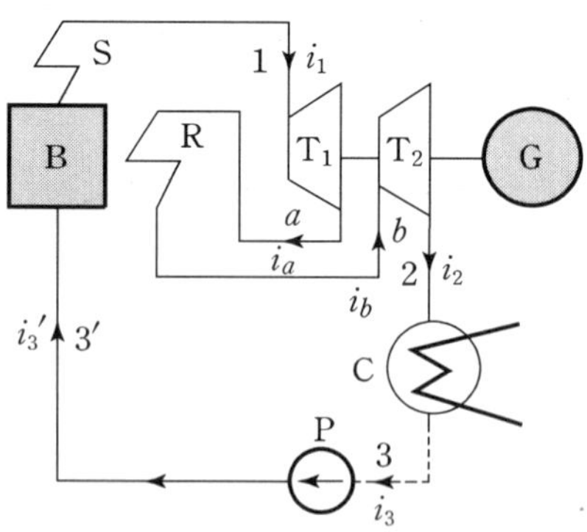

R : 재열기, T_1 : 고압터빈, T_2 : 저압터빈
B, S, G, C, P : 그림 3·82와 동일

그림 3·89 재열 사이클의 장치 선도

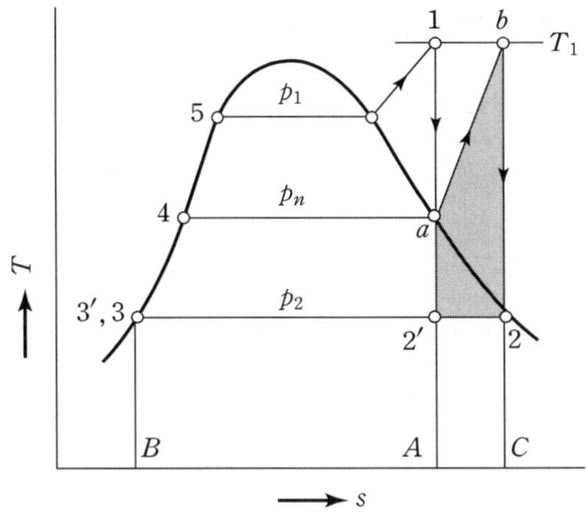

그림 3·90 재열 사이클의 $T-s$ 선도

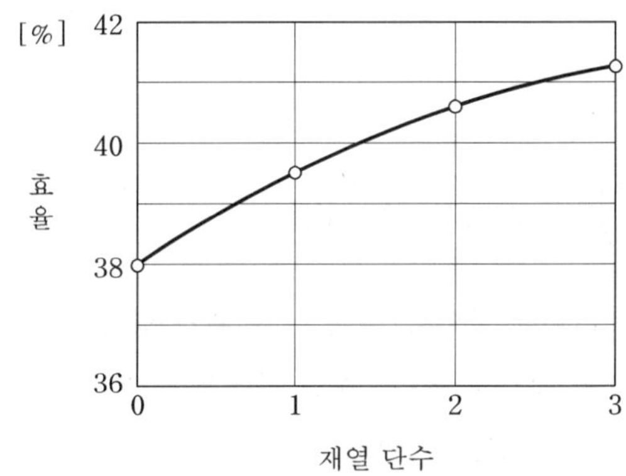

그림 3·91 다단 재열 사이클의 효율

키고 날개의 부식(腐蝕), 침식(浸蝕) 등을 촉진한다. 여기서 그림 3·89와 같이 터빈 내의 팽창 도중에서 증기가 고습도 상태로 되기 전에 그 압력 그대로 증기를 다시 보일러에 보내어 과열시켜 이용하면 효율의 저하를 막을 수가 있다. 이와 같은 사이클을 재열 사이클이라 한다. 그림 3·90 및 그림 3·91은 재열사이클에 있어서 건조포화상태까지 팽창시킨 후 초기 온도까지 재열하는 경우의 $T-s$ 및 재열 단수와 효율 관계도이다. 그림 중 a, b는 재열을 표시하며, 대용량 터빈에서는 2단 이상의 재열을 하는 것도 있으며 이 재열 단수에 의한 열효율의 개선을 그림 3·91에 나타내었다.

그림 3·90에서 면적 $(A\,a\,b\,C)$는 재열과정 중에 가해진 열량을 표시하며 재열 때문에 증기가 한일의 증가는 면적 $(a\,b\,2\,2')$로, 복수기 내에서의 열량증가는 면적$(A\,2'\,2\,C)$로 표시되며

$(a\,2')$는 대단히 감소한다. 다음에 공급 총열량 및 단열 열강하는 다음과 같이 된다.

$$Q_1 = \text{공급 총열량} = (i_1 - i_3') + (i_b - i_a) = \text{면적}(B\,351ab\,C)$$
$$= (i_1 - i_a) + (i_b - i_3') = (i_1 - i_3') + RH$$

RH : 재열량$(i_b - i_a)$

$$H_t' = \text{터빈 내에서의 단열 열강하}$$
$$= AW = H_{t1} + H_{t2} = (i_1 - i_a) + (i_b - i_2) = (i_1 - i_2) + (i_b - i_a)$$
$$= (i_1 - i_2) + RH$$

H_{t1} : T_1 에서의 단열강하

H_{t2} : T_2 에서의 단열강하

따라서 재열 사이클의 열효율은

$$\eta_{Reh} = \frac{AW}{Q_1} = \frac{(i_1 - i_2) + RH}{(i_1 - i_3') + RH} \tag{3·95}$$

로 된다. 이 효율은 증기가 터빈에 들어갈 때와 나올 때의 양쪽 상태에 의할 뿐 아니라 재열량 RH에 의해서도 변화를 받는 것으로 된다. 재열 사이클은 그 단수를 늘리면 오히려 복잡하고 고가로 되므로 보통 1~2단으로 하고 있다.

● 재생 사이클(regenerative cycle)

랭킨 사이클에서 가장 많은 열 손실은 복수기 내에서 복수가 될 때 증기의 증기열(잠열)이 냉각수에 주어져 버려지는 열량이다. 물의 잠열은 비교적 많고 물을 작업물로 이용하는 것이 열 손실을 크게 줄이는 방법이다. 터빈 내 증기의 팽창과정에 있어서 증기 일부분을 외부로 꺼내어 급수가열기에 이용하면 재생가열과정에 의해서 그 추출 증기량에 대한 잠열만큼은 무의하게 냉각수 중에 버리는 열없이 다시 보일러에 이용되어 열효율을 높일 수가 있다. 이와 같이 재생과정을 이용하는 사이클을 재생 사이클이라 한다. 팽창과정이 많은 곳에서 추기를 하여 많은 급수가열기를 설비하여 이용하면 그림 3·92와 같이 사이클은 1 2′ 3′ 4로 되어 그 효율은 같은 온도 범위에서 작동하는 카르노 사이클 1 2 3 4의 그것과 같게 된다.

따라서 추기(抽氣)의 단수는 많을수록 효율은 좋아진다. 그림 3·93의 (a) 장치 선도와 같이

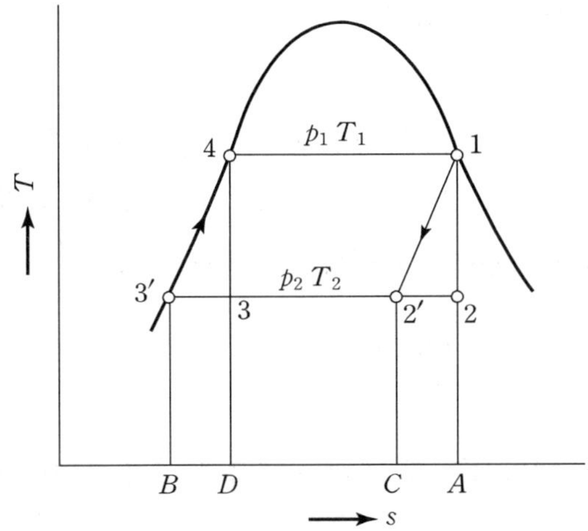

그림 3·92 건조포화증기를 이용하여 초기 온도까지 급수 가열하는 경우의 재생 사이클

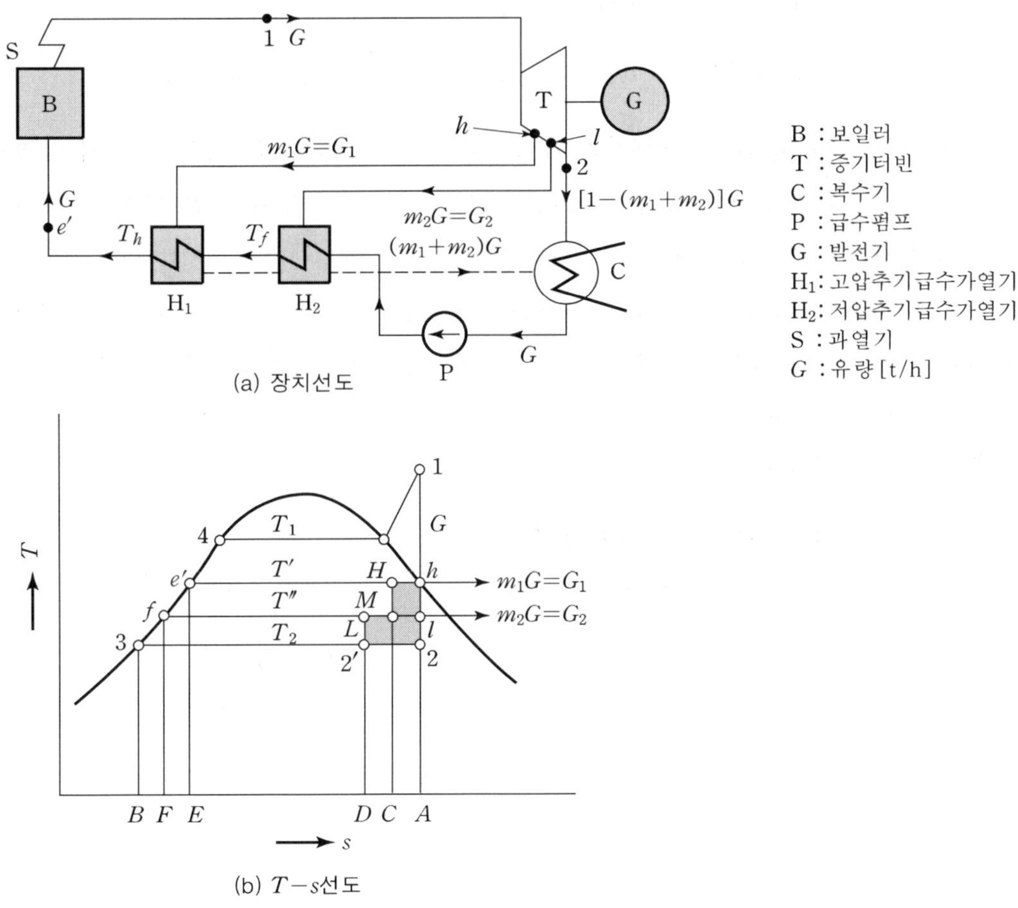

그림 3·93 2단 추기 재생 사이클의 장치선도와 $T-s$ 선도

2개의 추기가열기(抽氣加熱器) H_1, H_2를 설치한 경우의 $T-s$ 선도를 그림 3·93의 (b)에 표시한다.

고저압추기급수가열기(高低壓抽氣給水加熱器) H_1, H_2에 대한 추기점을 각각 h, l 그 온도, 압력, 추기량을 각각 T', P', G_1 및 T'', P'', G_2라 하고, 또 터빈 입구에 있어서 공급총증기량을 G라 하여 가열에 이용하는 추기량과의 비를 각각

$$m_1 = \frac{G_1}{G},\ m_2 = \frac{G_2}{G}$$

라 놓으면 추기량 및 터빈 내의 통기량 관계는 다음과 같이 된다(그림 3·93 참조).

위치	$1 \to h$,	$h \to l$	$l \to 2$
추기량	$m_1 G$,	$m_2 G$	
터빈내 통기량	G,	$(1-m_1)G$,	$[1-(m_1+m_2)]G$

지금 추기가열기에 있어서 터빈에서의 배기 $[1-(m_1+m_2)]G$와 가열기에서의 응결수 $(m_1+m_2)G$를 합하여 G인 급수가 저압가열기 H_2 내에서는 추기 온도 T''까지, 또 고압가열기 H_1 내에서는 추기 온도 T'까지 가열되는 것으로 한다. 재생 사이클에서는 랭킨 사이클과 달라서 모든 작업물은 동일 사이클 내를 통과하지 않으므로 추기점, 추기량 및 추기가열기의 수에 의해서 다른 선도로 된다. 1사이클 사이에 이루어지는 일(단열 열강하)은 단위량의 투입증기(投入蒸氣, $G=1$)에 대해서 다음과 같이 된다. 여기서 엔탈피 i의 아래첨자는 그림 3.93의 각 지점을 나타낸 것이다.

$$\begin{aligned} AW = H_t &= \text{면적}(3\,4\,1\,h\,H\,M\,L\,2') \\ &= (i_1 - i_h) + (1-m_1)(i_h - i_l) + [(1-m_1-m_2)(i_l - i_2)] \\ &= (i_1 - i_2) - [m_1(i_h - i_l) + (m_1+m_2)(i_l - i_2)] \\ &= (i_1 - i_2) - [m_1(i_h - i_2) + m_2(i_l - i_2)] \qquad (3\cdot 96) \end{aligned}$$

보일러 입구에 있어서 급수의 상태는 e'로 되므로 보일러에 있어서 공급 총열량은

$$Q_1 = \text{면적}(E\,e'\,4\,1\,A) = i_1 - i_e{}'$$

따라서, 이 사이클의 효율은 다음과 같이 된다.

$$\eta_{Reg} = \frac{AW}{Q_1} = \frac{\text{면적}(3\,4\,1\,hHML\,2')}{\text{면적}(E\,e'\,4\,1\,A)}$$

$$= \frac{(i_1 - i_2) - [m_1(i_h - i_2) + m_2(i_l - i_2)]}{i_1 - i_e{}'} \tag{3·97}$$

추기 단수로는 건설비의 경제적 견지에서 보통 5~9단이 이용된다.

재열 - 재생 사이클 (reheat - regenerative cycle)

재열 및 재생 사이클은 어느 것이나 열 사이클의 효율을 증가시키는 것을 그 목적으로 하고 있는 것에는 차이가 없으나 그 근본 방침은 서로 다른 것이다. 즉, 전자의 재열 사이클에서는 터빈의 내부 손실을 경감시켜서 효율을 높이는 것이 그 주목적이며 후자의 재생 사이클은 열효율을 열역학적으로 증가시키는 것을 주목적으로 하고 있다. 따라서 이 양자는 서로 저촉되지 않고 각각의 특징을 잘 살리면 전체 사이클 효율을 증가시킬 수 있다.

이와 같은 사이클을 재열－재생 사이클이라고 한다. 그림 3·94의 (a)는 1단 재열, 2단 추기 급수가열의 재열–재생 사이클 장치 선도를, (b)는 이의 $T-s$ 선도를 나타낸 것이다. 이 경우 열효율 η_{rhg}는 그림의 장치선도 및 $T-s$ 선도를 참조해서 다음과 같이 나타낼 수 있다.

$$\eta_{rhg} = \frac{(i_1 - i_2) + (i_3 - i_4) + (1 - m_1)(i_4 - i_5) + (1 - m_1 - m_2)(i_5 - i_6)}{(i_1 - i_{12}) + (i_3 - i_2)} \tag{3·98}$$

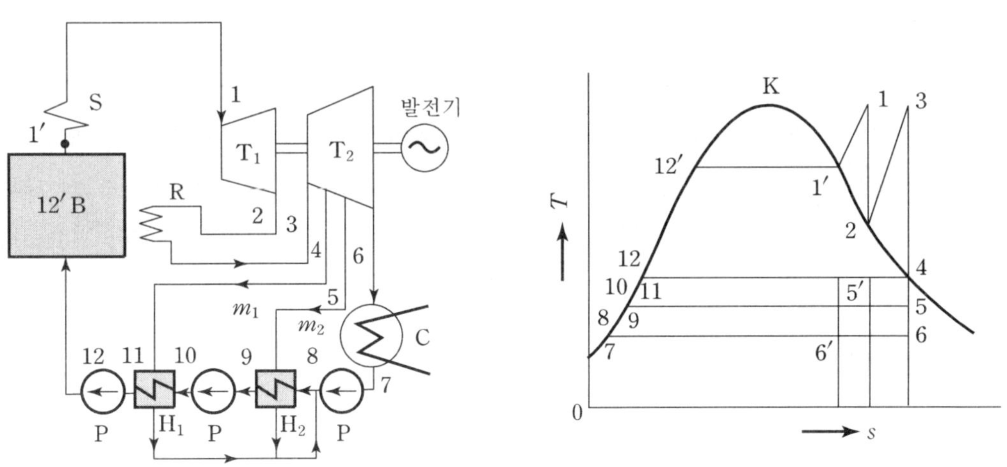

(a) 장치선도 (b) $T-s$선도

그림 3·94 재열－재생 사이클의 장치 선도 및 $T-s$ 선도

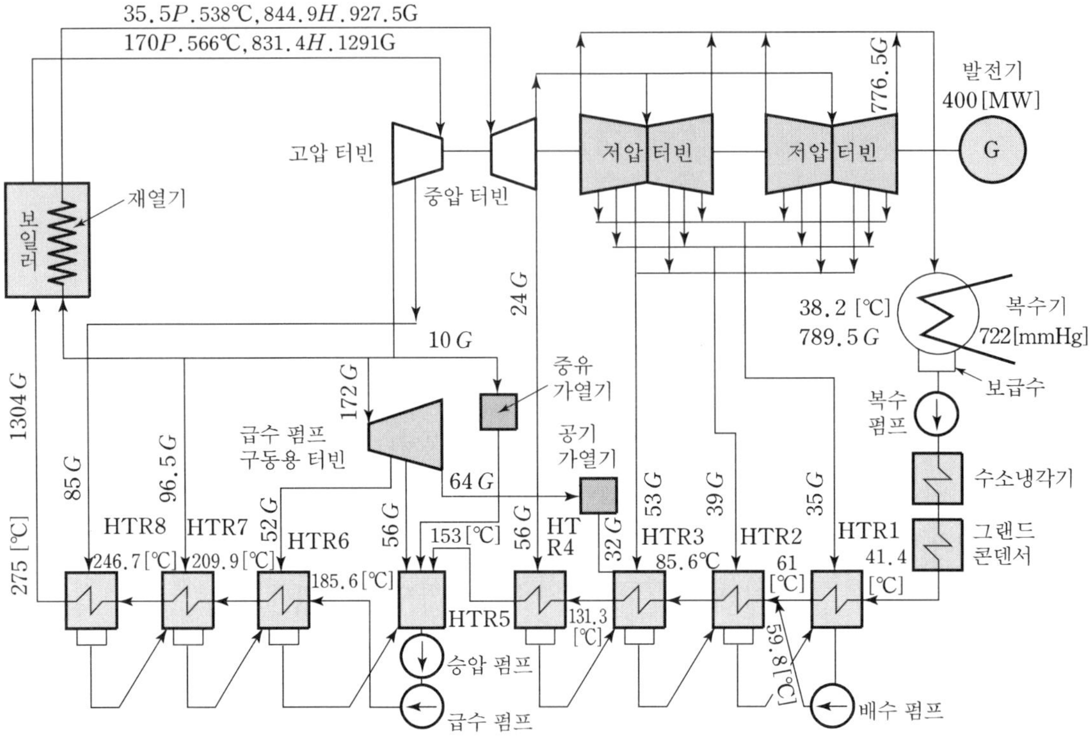

P : 압력 [kg/cm^2 abs], H : 엔탈피 [kcal/kg], G : 유량 [t/h]
(169 [kg/cm^2], 566/538 [℃], 출력 400 [MW])

그림 3·95 400 [MW] 유니트의 열류 선도

실제의 열사이클

400[MW] 유니트 열류 선도의 한 예를 그림 3·95에 나타내었다. 실제의 사이클은 상당히 복잡하고 주 터빈의 추기가 중유가열기, 보일러의 공기가열기 등에도 공급되고 있다. 또 발전기 냉각용 수소가스의 열을 회수하는 수소냉각기, 터빈 축봉(밀봉)증기의 열을 회수하는 그랜드 콘덴서 등도 설치되어 있다. 실제 발전소의 최종 설계에는 엄밀한 열평형 계산이 필요하다.

5) 화력발전소의 효율 계산

그림 3·96은 화력발전소의 기본적인 기본 장치 선도이다.

그림과 같이 기호를 정하면 열효율, 보일러 효율 등은 다음과 같다.

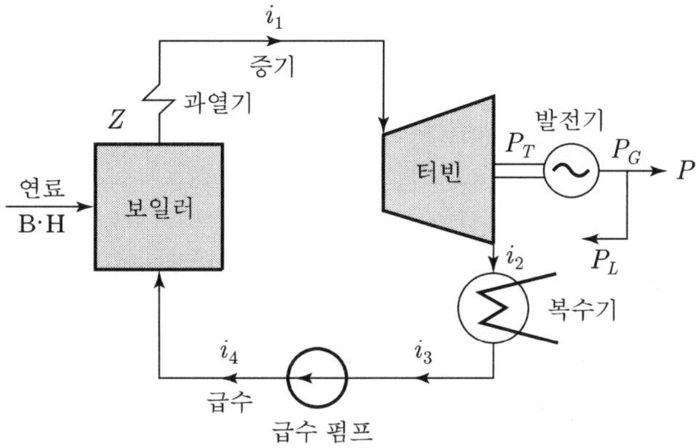

그림 3·96 화력발전소의 기본 장치 선도

여기서 B : 연료의 소비량[kg/h]

Z : 발생 증기량[kg/h]

H : 연료의 발열량[kg/h]

P_T : 증기 터빈 출력[kW]

$i_1 \sim i_4$: 각 부분을 흐르는 급수 또는 증기의 엔탈피[kcal/kg]

P_G : 발전기 출력[kW]

P : 발전기 출력으로부터 소내용 전력을 제외한 공급전력[kW]

P_L : 소내용 전력[kW]

① **열효율** η

$$\eta = \frac{860P_G}{BH} \times 100[\%] \tag{3·99}$$

② **보일러 효율** η_b

$$\eta_b = \frac{(i_1 - i_4)Z}{BH} \times 100[\%] \tag{3·100}$$

③ **열사이클 효율** η_c

$$\eta_c = \frac{(i_1 - i_2)}{(i_1 - i_3)} \times 100[\%] \tag{3·101}$$

④ **증기 터빈 효율** η_t

$$\eta_t = \frac{860P_T}{(i_1 - i_2)Z} \times 100[\%] \tag{3·102}$$

⑤ **터빈실 효율** η_{tr}

$$\eta_{tr} = \frac{860P_T}{(i_1 - i_3)Z} \times 100[\%] \tag{3·103}$$

⑥ **연료 소비율** f

$$f = \frac{BH}{P_G} = \frac{860}{H_\eta}[\text{kg/kWh}] \tag{3·104}$$

⑦ **열 소비율** j

$$j = \frac{BH}{P_G} = \frac{860H}{H_\eta}[\text{kg/kWh}] \tag{3·105}$$

⑧ **증기 소비율** z

$$z = \frac{Z}{P_G} = \frac{Z}{P_t\eta_g}[\text{kg/kWh}] \tag{3·106}$$

⑨ **발전기 효율** η_g

$$\eta_g = \frac{P_G}{P_T} \times 100[\%] \tag{3·107}$$

⑩ **소내율** l

$$l = \frac{P_L}{P_G} \times 100[\%] \tag{3·108}$$

⑪ **송전단 효율** η_l

$$\eta_l = \frac{860P_G}{BH}(1-\frac{P_L}{P_G})\times 100 = \eta(1-l)[\%] \qquad (3\cdot109)$$

3·4 원자력발전

1) 원자력발전의 개요

20세기 들면서 원자력은 새로운 에너지원으로 주목을 끌어왔다. 오늘날 핵분열 에너지를 이용한 원자력발전은 화석연료를 사용한 화력발전에 대해 경제적으로도 충분히 이겨낼 수 있는 단계에까지 이르렀다. 특히 원자력이야말로 고갈되어 가는 석유 자원을 대신할 수 있는 새로운 에너지 자원으로 많은 기대를 모으고 있다.

원자핵의 내부에서 양자와 중성자를 결합하는 있는 힘은 만유인력이나 전기력도 아니고 핵내의 입자 간에 작용하는 핵력(nuclear force)이라고 하는 새로운 힘이다.

이 핵력은 양자 역학에서 설명되는 힘으로서 중간자가 이 핵력의 매개를 하고 있다. 원자핵을 형성하기 위한 양자나 중성자 한 개 당의 결합에너지는 원자핵의 질량수에 따라 그 크기가 달라진다. 여기서 질량수란 양자와 중성자를 합계한 수를 말하며 이것은 곧 그 원자핵의 무게를 나타내고 있는 것이다.

일반적으로 질량수가 큰 원자핵($_{92}U^{235}$)은 핵분열을 일으켜서 이 결합에너지의 일부를 방출하며(이것이 핵분열 에너지이다), 반대로 질량수가 작은 원자핵($_{1}H^{1}$)은 2개의 원자핵이 1개의 원자핵으로 융합할 때 에너지를 방출하게 된다(이것이 핵융합에너지이다). 이들 핵에너지는 아주 큰 것이므로 이것을 잘 이용하면 소량의 물질로부터 막대한 에너지를 얻을 수 있다. 현재의 원자력발전에서는 주로 $_{92}U^{235}$의 핵분열 에너지를 이용하고 있는데 앞으로는 고속 증식로의 활용과 더 나아가서는 중수라든가 리튬 등의 핵융합에너지 이용에 관한 연구개발이 본격화되고 있다. $_{92}U^{235}$의 원자핵에 0.025[eV] 정도의 에너지를 갖는 열중성자(熱中性子)가 충돌하면 핵분열이 일어나 분열 생성물과 평균 2.5개의 중성자 및 약 200[MeV]의 에너지를 방출한다.

이를 식으로 표현하면 다음 식과 같다.

$$ {}_{92}U^{235} + {}_{0}n^{1} \rightarrow A + B + \nu_{0}n + 200[MeV] $$

통상 연소 등의 화학반응은 분자와 분자 사이의 반응이다. 여기에 관여하는 에너지가 1~수 eV/분자인 것을 생각하면 위의 핵반응에 의한 에너지는 상대적으로 아주 큰 값이라 할 수 있다.

위의 반응식에서 A, B는 핵분열생성물이며 ν는 방출 중성자 수로서 평균 2.5이다.

방출에너지는 핵반응에서 일어나는 질량결손에 의하여 발생한다.

1g의 ${}_{92}U^{235}$ 중에는 $6.02 \times 10^{23}/235$ 개의 원자가 존재하기 때문에 이것이 전부 핵분열하면

$$ 200[MeV] \times 6.02 \times 10^{23}/235 = 8.2 \times 10^{10}[J] $$
$$ = 23{,}000[kWh] = 950[kW \cdot 일] $$

의 에너지를 방출한다. 이것은 석탄 약 3.3[t]의 연소에너지에 해당한다.

2) 원자력발전의 특징

원자력발전과 화력발전은 열에너지로 증기를 발생시켜 터빈 발전기의 구동으로 전력을 얻는 것은 같지만 열에너지의 발생과정은 전혀 다르다.

화력발전에서와 같이 연소에 의한 화학에너지는 원자나 분자 간의 결합에너지가 방출되어 물질 핵자들의 배열만 변화시킬 뿐 그 원자핵 자체는 아무런 변화가 없다. 그러나 원자력발전은 원자의 핵반응에 의한 우라늄 235를 2~5[%] 포함하고 있는 농축한 것을 사용한다. 하나의 중성자가 우라늄 235에 충돌하면 원자핵이 두 개로 쪼개짐과 동시에 평균 2.5개의 중성자가 나온다.

이와 같이 원자력발전은 핵분열을 이용하므로 다음의 몇 가지 특징이 있다.

① ${}_{92}U^{235}$는 석탄보다 약 300만 배의 에너지가 얻어지므로 발전소 출력에 대한 소비연료량이 적다.

② 증식로에서는 U^{238}은 Pu^{239}로 그리고 Th^{232}는 U^{233} 등으로 연료를 소비하는 동시에 새로운 연료를 생성시킨다.

③ 원자로의 폭주(run away)로 인해 출력이 과대해지면 노의 파손뿐만 아니라 주위에 심한 위해를 초래하므로 원자로 및 냉각계의 수용에 충분한 고려가 있어야 한다.

④ 운전 중인 원자로는 물론 사용된 연료나 냉각재 등에도 방사능(radioactivity)을 띄게 되므로 방사능 오염이 없도록 차폐, 밀봉, 원격조정 및 방사능 감시체제를 엄격히 확립해 두어야 한다.

⑤ 사용한 연료의 방사능을 감소시키거나 재처리하는 시설이 필요하다.

⑥ 핵물질 유출 사고는 그 파급효과가 크므로 건설 당시의 철저한 입지 조건 조사와 시스템 운전제어 등에 고도의 기술이 요구된다.

3) 원자력발전소의 구성

발전소를 구성하는 기기는 크게 나누어 증기를 발생시키는 원자로 계통의 기기와 이 증기에 의해 터빈, 발전기를 회전시켜 전력을 발생시키는 기기로 구분한다. 후자의 기기에 대해서는 종래의 화력발전소에 사용되는 것과 본질적으로 차이는 없다.

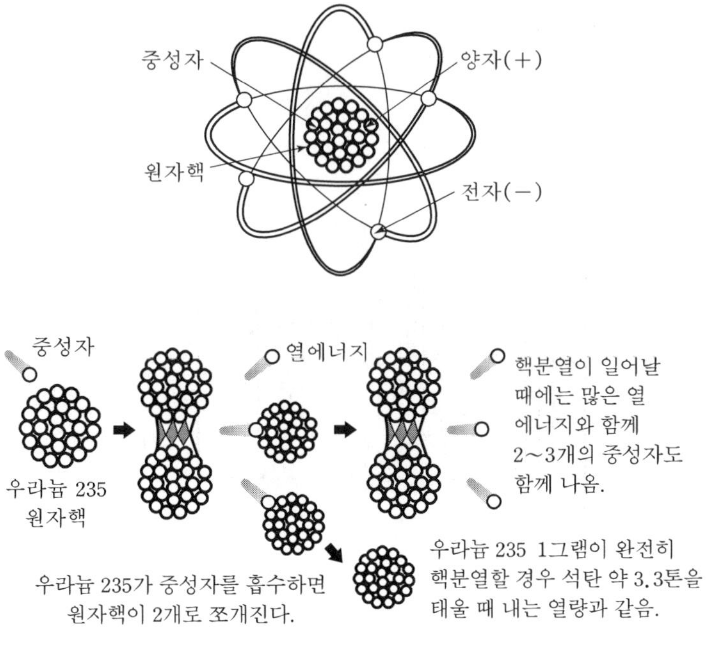

그림 3·97 핵분열 반응

원자로의 구성

핵분열의 연쇄반응을 이용해서 그 에너지를 제어된 상태에서 얻어낼 수 있게 한 장치를 원자로라고 한다. 노에서 발생한 에너지를 외부에 열의 형태로 끄집어내고 이 열에너지로 증기를 발생하여 터빈을 구동해서 이것에 직결된 발전기로 전력을 얻는 플랜트가 원자력발전소이다.

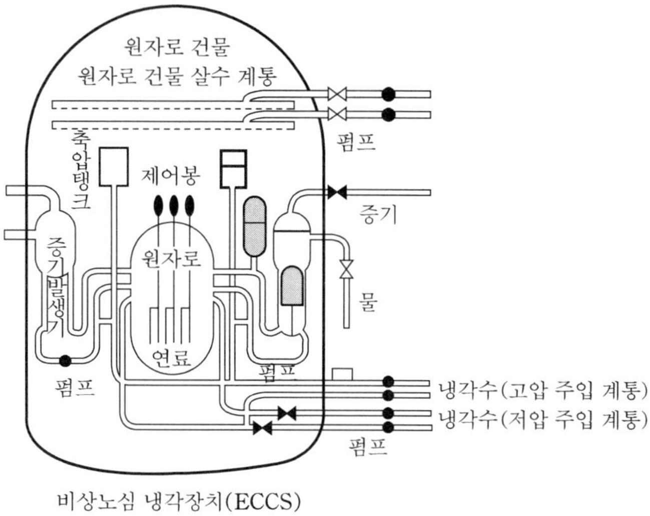

(a)

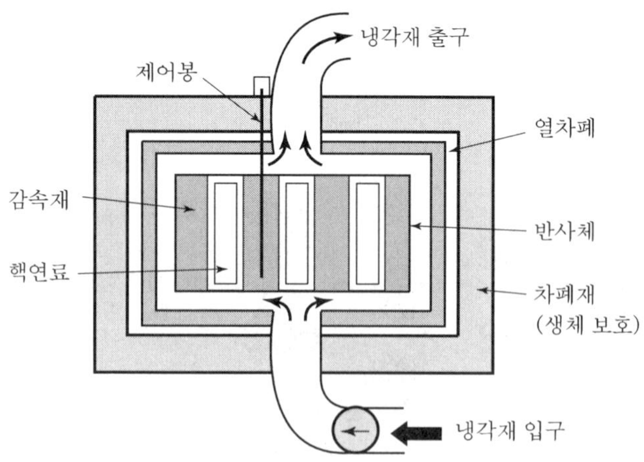

(b)

그림 3·98 원자로의 구성

원자로에는 여러 가지 형식이 있으나 여기서는 가장 기본적인 형식인 열중성자를 사용한 노에 관해서 설명하고, 이어서 발전용 원자로에 관해 설명한다.

열중성자로는 연료로서 천연 우라늄($_{92}U^{238}$ 약 99.3[%], $_{92}U^{235}$ 약 0.7[%])과 저농축 우라늄($_{92}U^{235}$ 2~3[%])을 사용해서 핵분열을 일으키고 있다.

그림 3·98의 (b)는 이러한 열중성자로의 개념도이다. 이 그림에서도 알 수 있듯이 원자로는 핵연료, 감속재, 냉각재, 반사체, 제어봉, 차폐재로 구성되고 있다.

① **핵연료**(nuclear fuel)

원자로에서 직접 핵분열을 일으키고 있는 부분을 노심(reactor core)이라고 하는데, 이 속에 임계량 이상의 핵연료를 넣어서 연소, 즉 핵분열을 일으키도록 하고 있다. 핵연료로서는 천연 우라늄과 $_{92}U^{235}$의 함유율을 수[%]~90[%]까지 되도록 천연 우라늄을 농축한 농축 우라늄(enriched uranium)이 있다. 그런데 천연 우라늄 중에는 실제로 핵분열을 일으킬 수 있는 $_{92}U^{235}$는 0.7[%]밖에 함유되어 있지 않고 나머지 99.3[%]는 $_{92}U^{238}$이 차지하고 있다. 이 $_{92}U^{238}$은 직접 핵분열을 일으키지 못하지만, 이것이 중성자를 흡수하면 플루토늄 $_{94}Pu^{239}$로 바뀌고, 이 $_{94}Pu^{239}$가 핵분열을 일으키게 되어 핵연료로써 사용된다. 이와 같이 그 자체는 핵연료가 아니지만, 그 어떤 형태로 변환하면 핵연료로 될 수 있는 것을 연료생산 물질(fertile material)이라고 한다. 일반적으로 핵연료로서는 천연 우라늄을 농축시켜서 $_{92}U^{235}$의 함유율을 높여 준 농축 우라늄을 많이 사용하고 있다.

한편 우라늄 등의 핵연료는 원자로에 사용되는 냉각재인 물, 액체금속, 가스 등에 의해서 부식되기 쉬우므로 그것을 보호하기 위해서 다른 재료로 피복하고 있다.

이것을 연료봉이라고 하며 동력용 원자로에서는 이것을 수십 개 묶어서 연료 집합체로써 사용한다. 원자로 내에서 이러한 연료를 설치하고 있는 부분이 바로 노심이다.

② **감속재**(moderator)

핵분열로 발생하는 중성자는 고에너지이다. 이러한 고에너지의 중성자(즉, 고속중성자)는 그 속도가 너무 고속이어서 새로이 다음 핵분열을 일으키게 하는 데에는 부적당하다.

따라서 원자로 내에서 핵분열을 일으키기 쉽게끔 어느 정도 이 중성자의 속도를 떨어뜨려 줄 필요가 있다.

감속재는 이처럼 핵분열로 발생한 고속중성자의 에너지(=속도)를 낮추어서 열중성자로 바꾸는 작용을 하는 것이다. 중성자의 감속에는 중성자의 원자핵에 의한 산란으로 중성자가 에너지를 잃게 되는 것을 이용한다.

따라서 감속재로는 감속 효과가 크고 중성자 흡수가 적은 물질이 적당한데 일반적으로는 경수, 중수, 흑연, 산화베릴륨 등이 사용되고 있다.

이때 연료와 감속재가 균일하게 혼합된 노를 균질로라 하고 연료와 감속재가 따로따로 일정한 규칙에 따라 배치된 노를 불균질로라고 하는데, 현재 사용되고 있는 동력로의 대부분은 비균질의 열중성자로이다(고속중성자로에서는 원칙적으로 감속재는 사용하지 않는다).

③ 냉각재(coolant)

냉각재는 원자로 내에서 발생한 열에너지를 외부로 배출시키기 위한 열매체이다. 냉각재는 노심을 통과해서 열에너지를 배출시킴과 동시에 노 내의 온도를 적당한 값으로 유지할 필요가 있으므로 그 구비 조건으로서는 열전달 특성이 좋고 중성자 흡수가 적으며 열용량이 큰 것이 요구된다.

보통 냉각재로써 사용되고 있는 것은 물(경수 및 중수), 액체금속(Na, NaK, Bi 등), 가스(He, CO_2 등) 및 용해염 등이다.

④ 제어봉(control rod)

원자로를 연속적으로 안전하게 운전하기 위해서는 핵분열의 연쇄반응으로 발생하는 중성자 수를 적당히 조절할 필요가 있다.

제어봉은 원자로 내의 중성자를 흡수해서 열중성자가 연료에 흡수되는 비율을 제어하기 위한 것이다. 즉, 이것은 노 내에서의 핵분열 연쇄반응을 제어하고 또한 중성자의 배율을 변화시키는 작용을 하는 것으로서 통상 이것은 막대기 모양으로 가공해서 노심에 삽입하고 필요에 따라 넣고 뺄 수 있도록 설계하고 있다.

제어봉의 재료는 중성자 흡수가 큰 물질, 즉 카드뮴, 붕소, 하프늄, 또는 이들의 합금 등이 사용되고 있다.

⑤ 반사체(reflector)

반사체는 핵분열로 발생한 고속중성자 또는 열중성자가 원자로의 외부에 누출되는 것을 방지하기 위한 것으로서 통상 노심의 주위에 설치하여 중성자를 산란으로 반사하도록 하고 있다.

반사체에 요구되는 성질은 감속재와 같아서 통상 반사재로는 경수, 중수, 흑연, 베릴륨(Be) 같은 것을 사용하고 있다.

⑥ 차폐재(shielding material)

차폐재는 원자로 내부의 방사선이 외부에 누출되는 것을 방지하기 위한 벽의 역할을 하는 것이다. 차폐에는 중성자라든가 γ선이 차폐재 내에 침입해서 차폐재가 열적으로 파괴되는 것을 방지하기 위한 열차폐와 노심으로부터 γ선이나 고속중성자가 누출해서 인체에 영향을 미치지 않도록 하는 생체차폐의 두 가지가 있다.

전자는 노심의 바로 바깥쪽에 설치되어서 생체차폐가 방사선의 흡수에 의한 발열 때문에 파괴되는 것을 막는 것으로서 보통 철판과 같이 열전도가 좋은 것이 사용된다.

후자의 생체차폐는 노의 맨 바깥쪽에 설치되어서 운전원을 γ선이나 방사선으로부터 보호하는 역할을 하는 것으로서 보통 콘크리트, 물, 돌 등이 사용되고 있다.

원자로 냉각계와 증기발생기

증기발생기는 보일러와 같은 것으로 원자로에서 발생한 열을 냉각재라는 매체를 통해 이곳에서 급수를 증기로 변환시킨다. 이와 같이 증기발생기와 원자로 사이에 냉각재를 순환시키기 위해서 재순환 펌프와 1차 냉각 배관이 있다. 한편 비등수형에서는 원자로에서 직접 증기를 발생시킴으로 증기발생기는 필요 없으며 가압수형에서는 관로의 일부에 가압기를 설치한다.

원자로 보조계

원자로와 1차 계통의 사고는 예측할 수 없으므로, 비상 운전 및 안전 확보를 위해서 원자로 냉각재의 정화 장치, 원자로 정지 후의 붕괴열을 제거하기 위한 비상 냉각계통 및 긴급 사고에 대비한 냉각계 등의 열제거를 위한 보조계통이 필요하다.

격납용기

원자로 및 1차 계통에서 누설된 방사능이 부지 외에 방산되는 것을 방지하기 위하여 이들을 둘러싼 강철제인 기밀 내압 용기를 설치하며 이 격납용기는 내부 압력이 외부보다 낮게 유지되어 있다. 또한 폭발 사고 때의 파편 등 충격압력에도 충분히 견디어야 한다.

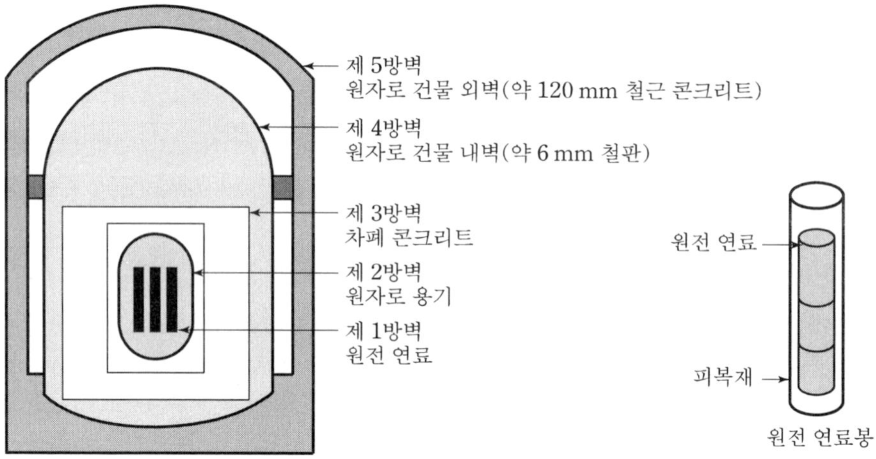

그림 3·99 다중방호설비

● 터빈 및 복수설비

원자력 발전용 증기터빈에는 원자로에서 직접 또는 증기발생기를 거쳐 구동 증기가 공급되며, 화력 발전용 터빈에 비해 터빈 입구의 증기조건이 나빠서 포화증기(습도는 약 0.25~0.4[%])가 많으며, 따라서 고압 터빈에서 나온 증기는 습기 분리장치로 습기를 분리하여 저압 터빈으로 보내는 동시에 고압 터빈 중에서 추기하여 재열 증기로 이용하면 터빈효율은 1.5~2.5[%] 상승하기도 한다. 복수설비는 비등수형에서는 탈염 장치가 필요하며, 급수설비와 같이 2단계로 누설되는 방사능에 대한 감시가 중요하다.

● 연료 및 폐기물 취급설비

① 농축 우라늄

천연 우라늄에는 세 가지 동위원소가 존재하며 그 구성비는 U^{234} 0.0054[%], U^{235} 0.72[%], U^{238} 99.2746[%]이다. 이들 중 U^{235}만이 열중성자로서 핵분열 반응을 일으킬 수 있어 현재의 열중성자로의 원전 연료로 이용되고 있다. 현재 원자력발전의 주종을 이루고 있는 경수로에서는 U^{235}의 농축도가 2~5[%] 정도인 저농축 우라늄을 사용하여야 지속적인 핵분열 반응을 유지할 수가 있다.

고도의 기술과 자본이 있어야 하는 우라늄 농축 방법에는 가스확산법, 원심분리법, 노즐분리법, 화학 교환법, 레이저법 등이 있으나, 현재 실용화된 것은 가스확산법과 원심분리법이 있다.

또한 농축설비는 미국, 러시아, 프랑스, 영국 등 핵무기 생산국들이 보유하고 있으며, 농축설비 건설에 막대한 투자비가 소요될 뿐만 아니라 핵확산 금지를 위해 농축기술 자체가 엄격히 통제되고 있어 핵무기 비보유국의 농축시설보유는 사실상 불가능한 실정이다. 결국 1980년 초부터 농축시장은 시장경쟁체제로 바뀌었으며, 1990년 초 러시아의 적극적 시장 확대 노력 등으로 향후 농축시장은 공급과잉 상태로 시장 획득 경쟁은 계속될 것으로 전망된다.

② 폐기물 취급

방사성 폐기물의 안전관리는 적절한 기술뿐만 아니라 행정, 법제 및 재정적인 조치, 그것도 장기적인 조치를 해야 한다.

폐기물 관리의 기초가 되는 기본적인 방사선 관리의 규칙은 국제 방사선 방호위원회(ICRP)의 권고를 기준으로 하고 있다. 또한 그것을 근거로 폐기물 관리를 시행하면서 일반적으로 고체 폐기물은 적절한 저장, 처분으로 방사성핵종을 인간 환경으로부터 격리하고, 기체와 액체 등 유체 폐기물은 방사성핵종을 분산, 희석하여 환경으로 방출하는 두 가지의 상호보완적인 방식 사용을 기본으로 하고 있다. 이러한 폐기물 관리의 기본개념 아래에서 구체적 시행은 각국의 사정에 따라 여러 가지 방법이 사용되고 있으며, 그 최종방식은 방사성 핵종이 인간생활권으로 되돌아오지 않도록 방사성핵종의 이동이나 이행을 지연, 억제 방지하는 시스템, 즉 방벽을 설치하여 방사성 폐기물을 인간생활권에서 격리하는 것이다.

중저준위 방사성 폐기물의 경우 천층처분, 동굴처분, 지층처분 등의 방법으로 다수 국가에서 처분을 시행하고 있으나 현시점에서 고준위 방사성 폐기물(사용 후 연료)을 처분하는 국가는 없으며, 대다수 국가에서 사용 후 연료의 재처리에서 발생한 고준위 폐액을 유리 고화하여 저장하거나 사용 후 연료를 재처리하지 않고 저장하여 30~50년 후 심지층 처분을 계획하고 있다.

4) 발전용 원자로

현재까지 활용되고 있는 발전용 원자로는 경수로(WR), 가압중수로(PHWR), 고속증식로(FBR), 흑연감속로(가스냉각로, GCR)이 있으며, 세계적으로 가장 널리 사용되고 있는 경수로는 가압수형 경수로(PWR)와 비등수형 경수로(BWR)가 활용되고 있다.

가압수형 경수로(pressurized water reactor, PWR)

PWR은 미국의 웨스팅하우스사에 의해 개발된 것으로서 현재 세계적으로 가장 많이 보급되어 있으며, 우리나라에서도 고리 원자력을 비롯하여 영광, 울진 등 많은 곳에서 운전 중에 있는 노형이다.

PWR은 연료로서 저농축 우라늄을, 감속재와 냉각재로는 물(경수)을 사용하고 냉각재의 물이 비등하지 않도록 노 전체를 압력 용기에 수용해서 노 내를 160[kg/cm^2] 정도로 가압하고 있다. 이 때문에 냉각수의 노 출입구 온도는 각각 약 320[°C], 290[°C]로 되고 있다. 이 고온 가압수를 열교환기의 1차 측에 유도해서 2차 측에 온도 269~274[°C], 압력이 약 55~66[kg/cm^2] 의 증기를 만들고 이것으로 증기터빈을 구동해서 발전하고 있다.

PWR 발전소는 열사이클 적으로는 증기발생기(열교환기)를 거쳐서 1차와 2차로 나뉘어 있으므로 다음과 같은 특징을 지니고 있다.

① 열사이클이 간접적이기 때문에 방사능을 띈 증기가 터빈 측에 유입하지 않는다. 이 때문에 보수 점검이 쉽다.
② 가압수를 사용하고 있으므로 출력밀도가 높고 노심으로부터 끄집어내는 열출력이 크다.
③ 증기발생기를 포함하는 간접 사이클이기 때문에 계통이 복잡하다. 또 가압수를 사용하기 때문에 압력 용기 및 배관의 두께가 두꺼워져서 가격이 비싸진다.

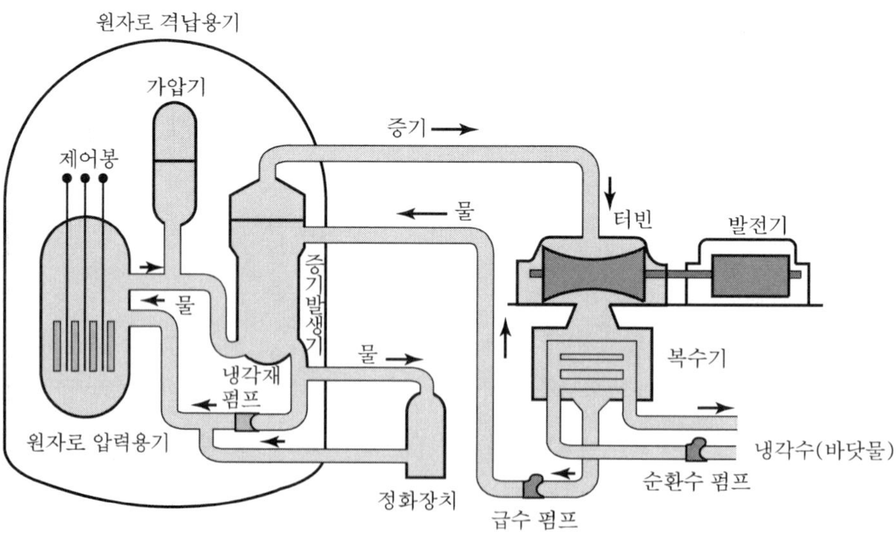

그림 3·100 PWR의 개념도

④ 노의 반응은 큰 부의 온도계수를 지니기 때문에 안전성은 좋은 편이다.

⑤ 기타 연료로서는 저농축 우라늄(농축도 3~4[%])을 필요로 한다.

비등수형 경수로(boiling water reactor, BWR)

BWR은 미국의 제네럴 일렉트릭사에서 개발된 것이다. 이 형식의 원자로는 PWR과 마찬가지로 저농축 우라늄을 원료로 사용하고 감속재 및 냉각재로서는 물을 사용하는 것으로서 노 내에서 물을 비등시켜 증기로서 뽑아내도록 하고 있다.

BWR의 냉각재의 원자로 입구 온도는 180~200[°C], 발생 증기는 압력 약 70[kg/cm^2] (약 6.86[MPa]), 온도는 285[°C] 정도이다.

이 형은 원자로에서 발생하는 증기를 직접 터빈으로 유도하므로 원자로 용기의 압력이 비교적 낮아 제작상 또는 가격에서 약간 유리하다는 특징이 있다.

BWR 원자력발전은 PWR과 함께 세계에서도 가장 많이 쓰이고 있는 경수로인데 우리나라에서는 전술한 바와 같이 대부분 PWR을 운전 중이지만, 일본에서는 이 BWR 와 PWR 가 거의 비슷한 비율로 설치되어 운전하고 있다.

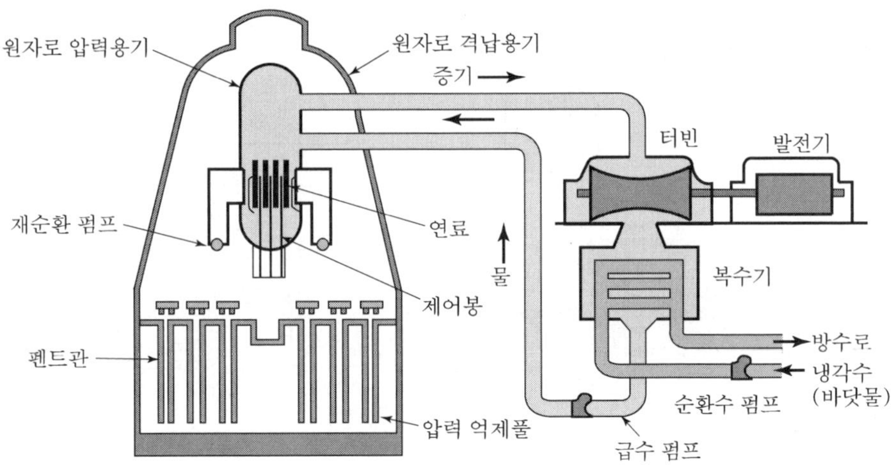

그림 3·101 BWR의 개념도

중수로(canada deterium uranium, CANDU)

이 노는 감속재에 중수를 냉각재에 중수 또는 경수를 사용하는 것이다. 중수는 중성자의 감속이 크기 때문에 천연 우라늄을 연료로 사용할 수 있다는 장점이 있다.

중수는 감속재로서 가장 우수한 성질을 지니고 있다. 즉, 중수는 중성자의 흡수가 적으면서 감속비가 아주 크다. 또 공명 흡수 탈출 확률이나 열중성자 이용률이 높으므로 비균질로에서 천연 우라늄을 연료로 사용하면 흑연 감속의 경우보다 노가 작아진다. 그 밖에 천연 우라늄을 사용하더라도 균질로에서 임계에 도달할 수 있다는 장점이 있다. 다만 결점으로는 중수가 아주 고가라는 것, 따라서 중수의 누출이 중요해진다. 또한 중수 중에 포함된 3중 수소에 의한 방사능 문제도 있다. 중수 감속 냉각로의 대표적인 것으로는 캐나다가 중심이 되어 개발한 압력관형의 이른바 CANDU로 형이 있다.

이 CANDU로는 우리나라에도 도입되어 현재 월성원자력발전소에서 운전 중이다. CANDU로가 갖는 특징을 들면 다음과 같다.

① 천연 우라늄을 직접 발전용 연료로 사용하므로 연료비가 적게 든다.
② 아주 값비싼 중수를 다량으로 사용하므로 이의 누출을 최소한으로 억제할 필요가 있다.
③ 중수에서 생기는 토륨(Th)의 장해를 방지할 수 있는 연구가 필요하다.

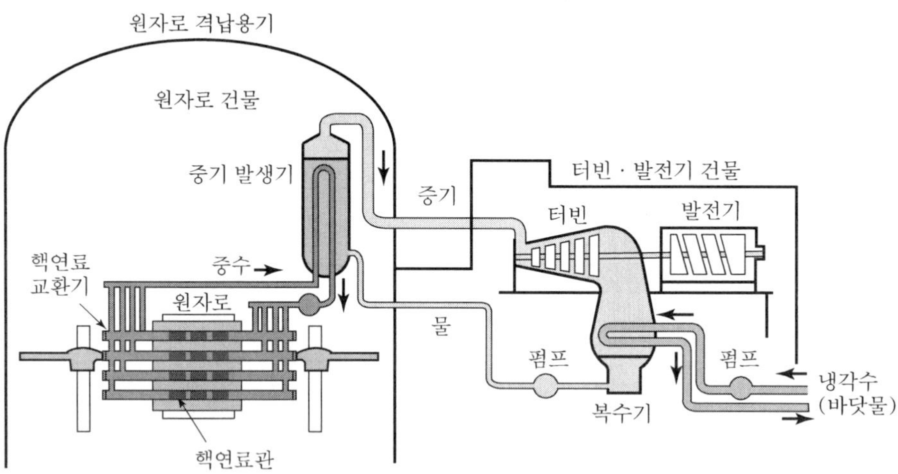

그림 3·102 중수로의 개념도

고속 증식로(fast breeder reactor, FBR)

현재 실용화되고 있는 열중성자로는 천연 우라늄 $_{92}U^{235}$(농축포함)를 연료로 하는 원자로이다. 앞서 설명한 바와 같이 중성자가 $_{92}U^{235}$에 충돌하면 핵분열을 일으켜 연료로서 소비되지만 중성자가 $_{92}U^{238}$이나 토륨 232($_{90}Th^{232}$)에 충돌하면 $_{92}U^{238}$은 $_{94}Pu^{239}$로, $_{90}Th^{232}$는 $_{92}U^{233}$로 바뀐다. 이들은 어느 것이나 핵분열을 일으키는 연료로 사용할 수 있기 때문에 원래는 핵분열하지 않는 것으로부터 연료로 전환된 셈이 된다.

여기서 소비된 양과 그 결과 새로 만들어진 연료의 양과의 비를 전환비라 부르며 이것을 원자로의 연료에 대한 경제적인 성질을 나타내는 수치로써 사용하고 있다.

전환비는 다음과 같이 정의된다.

$$\text{전환비 } R = \frac{\text{생산된 새로운 연료의 수(양)}}{\text{소비된연료(}_{92}U^{235}\text{)의 수(양)}} \qquad (3\cdot110)$$

일반적으로 전환비 R이 1보다 커지는 것을 증식이라 하고 R를 증식비라고 부르기도 한다. 노의 호칭도 $R \leqq 1$일 경우는 전환로, $R > 1$의 것은 증식로라 부르고 있다.

고속 증식로 FBR은 감속재를 사용하지 않고 고속중성자로 연쇄반응을 일으켜서 핵분열로 방출되는 중성자를 유효하게 이용해서 열의 발생 이용과 함께 $_{92}U^{238}$(천연 우라늄의 99.3[%] 차지함)에 중성자를 흡수시켜 $_{92}U^{239}$를 거쳐 $_{94}Pu^{239}$를 만들어낸다. 즉, 고속 증식로는 핵분열로 발전하면서 새로운 연료를 만들어 나가는 방식의 원자로로서 $_{92}U^{235}$나 $_{92}U^{239}$의 원자 1개가 핵분열하였을 때 1개 이상의 $_{92}U^{238}$이 $_{94}Pu^{239}$로 바뀌어 상술한 전환비 R이 1보다 큰 원자로이다.

꿈의 원자로라고 불리는 고속증식로는 이처럼 타지 않는 우라늄 238을 새로운 연료인 플루토늄으로 바꾸고 다시 원자로 내에서 소비된 것 이상의 플루토늄을 만들어내기 때문에 고속증식로가 실용화되면 현재의 우라늄양이 70배로 증가하는 결과가 될 것이다.

따라서 이 고속 증식로는 핵연료의 유효 이용이라는 관점으로부터 장래의 원자로로써 큰 관심을 끌고 있고 현재 일본, 프랑스 등 여러 나라에서 이의 실용화를 위한 연구개발을 활발하게 전개하고 있다.

표 3·5는 현재까지 활용되고 있는 발전용 원자로를 나타낸 것이다.

표 3·5 발전용 원자로의 분류

원자로 종류		연 료	감속재	냉각재	개발국가
가스 냉각로(GCR)		천연 우라늄	흑연	He, 탄산가스	영국
경수로	비등수형(BWR)	(저)농축 우라늄	경수	경수	미국
	가압수형(PWR)	(저)농축 우라늄	경수	경수	미국
개량형 가스 냉각로(AGR)		농축 우라늄	흑연	탄산가스	영국, 프랑스
중수로(CANDU)		농축 우라늄 천연 우라늄	중수	탄산가스, 경수, 중수	캐나다 (월성원자력)
신형 전환로 (ATR)		농축 우라늄 천연 우라늄 플루토늄	중수	경수	일본
고온 가스 냉각로 (HTGR)		농축 우라늄 토륨	흑연	헬륨	미국, 독일
고속 증식로 (FBR)		농축 및 천연 우라늄 플루토늄	–	용융금속 나트륨	프랑스, 러시아, 일본

표 3·6은 국내 원자력발전소의 연도별 운전현황을 나타낸 것이다.

표 3·6 연도별 운전현황

구 분	2016년	2017년	2018년	2019년	2020년	2021년	2022년	2023년
가동기수[기]	25	25	24	24	24	24	25	25
설비용량[MW]	23,116	22,529	21,850	23,250	23,250	23,250	24,650	24,650
–설비비중[%]	21.8	19.3	18.3	18.5	18.0	17.3	17.8	17.1
발전량[GWh]	161,995	148,427	133,505	145,910	160,184	158,015	176,054	180,494
–발전량비중[%]	30.0	26.8	23.4	25.9	29.0	27.4	29.6	30.7
이용률[%]	79.7	71.2	65.9	70.6	75.3	74.5	81.6	81.8
가동률[%]	79.9	71.3	66.5	71.0	74.8	76.0	81.1	82.1
발전정지[건]	4	1	3	2	3	6	4	1
–호기당평균[건]	0.16	0.04	0.13	0.08	0.13	0.25	0.16	0.04

자료: 원자력발전백서, 2024, 한국수력원자력(총 28기 건설)

표 3·7은 국내 원자력발전소의 호기별 운영실적을 나타낸 것이다.

표 3·7 호기별 운영실적과 계획

호 기	상업운전	노형	설비용량 [MW]	2022년			2023년		
				발전량 [GWh]	이용률 [%]	발전정지 (건)	발전량 [GWh]	이용률 [%]	발전정지 [건]
고리#1	1978.04.29	가압경수로	587	영구정지					
고리#2	1983.07.25		650	3,821	64.1	0	1,597	99.7	0
고리#3	1985.09.30		950	8,890	97.0	1	6,218	67.9	0
고리#4	1986.04.29		950	9,136	99.7	0	4,304	47.0	0
신고리#1	2011.02.28		1,000	7,876	86.0	0	9,197	100.2	0
신고리#2	2012.07.20		1,000	7,932	86.5	0	9,190	100.2	0
새울#1	2016.12.20	가압경수로	1,400	12,921	99.1	0	9,602	73.7	0
새울#2	2019.08.29		1,400	10,470	80.1	1	12,940	99.1	0
월성#1	1983.04.22	가압중수로	679	영구정지					
월성#2	1997.07.01		700	2,157	41.6	0	4,539	86.5	0
월성#3	1998.07.01		700	4,887	88.8	0	4,757	87.0	0
월성#4	1999.10.01		700	5,310	101.9	0	4,594	89.0	0
신월성#1	2012.07.31	가압경수로	1,000	8,312	90.5	0	7,791	84.9	0
신월성#2	2015.07.24		1,000	7,719	83.9	0	9,128	99.4	0
한빛#1	1986.08.25	가압경수로	950	6,191	69.0	0	8,224	91.6	1
한빛#2	1987.06.10		950	5,576	62.1	1	6,084	67.8	0
한빛#3	1995.03.31		1,000	5,524	60.6	0	9,185	100.7	0
한빛#4	1996.01.01		1,000	476	5.3	0	9,172	100.6	0
한빛#5	2002.05.21		1,000	9,194	100.0	0	1,468	16.0	0
한빛#6	2002.12.24		1,000	6,773	73.4	0	7,817	84.7	0
한울#1	1988.09.10	가압경수로	950	7,499	84.5	0	6,614	74.5	0
한울#2	1989.09.30		950	8,806	99.5	0	5,923	66.9	0
한울#3	1998.08.11		1,000	9,014	97.9	0	7,229	78.5	0
한울#4	1999.12.31		1,000	9,147	99.2	0	6,450	70.0	0
한울#5	2004.07.29		1,000	7,194	78.3	1	7,807	85.0	0
한울#6	2005.04.22		1,000	7,912	86.0	0	7,620	82.9	0
신한울#1	2022.12.07		1,400	894	102.5	0	12,975	101.8	0
신한울#2	2024.04.05		1,400	–	–	–	–	–	–
계/평균	26기		27,316	173,644	81.6	4	180,437	81.8	1

자료: 원자력발전백서, 2024, 한국수력원자력

표 3·8은 세계 원자력발전 설비현황을 나타낸 것이다.

표 3·8 세계 원자력발전 설비현황

순위	국 명	운 영 중				건 설 중	
		설비용량 [MW]	기수	2023년 발전량 [TWh]	점유율 (%)	설비용량 [MW]	기수
1	미국	95,835	93	779.2	18.5	1,117	1
2	프랑스	61,370	56	323.8	64.8	1,630	1
3	중국	53,152	55	406.5	4.9	24,948	24
4	러시아	27,727	37	204.0	18.4	2,700	3
5	**한국**	**25,825**	**26**	**171.6**	**31.5**	**2,680**	**2**
6	캐나다	13,699	19	83.5	13.7	–	–
7	우크라이나	13,107	15	–	–	2,070	2
8	일본	11,046	12	77.5	5.5	2,653	2
9	스페인	7,123	7	54.4	20.3	–	–
10	스웨덴	6,944	6	46.6	28.6	–	–
11	인도	6,290	19	44.6	3.1	6,028	8
12	영국	5,883	9	37.3	12.5	3,260	2
13	핀란드	4,394	5	32.8	42.0	–	–
14	아랍에미레이트	4,011	3	31.2	19.7	1,310	1
15	체코	3,934	6	28.7	40.0	–	–
16	벨기에	3,908	5	31.3	41.2	–	–
17	파키스탄	3,262	6	22.4	17.4	–	–
18	스위스	2,973	4	23.4	32.4	–	–
19	슬로베키아	2,308	5	17.0	61.3	440	1
20	벨라루스	2,220	2	11.0	28.6	–	–
21	불가리아	2,006	2	15.5	40.5	–	–
22	헝가리	1,916	4	15.1	48.8	–	–
23	브라질	1,884	2	13.7	2.2	1,340	1
24	남아공	1,854	2	8.2	4.4	–	–
25	아르헨티나	1,641	3	9.0	6.3	25	1
26	멕시코	1,552	2	12.0	4.9	–	–
27	루마니아	1,300	2	10.3	18.9	–	–
28	이란	915	1	6.1	1.7	974	1
29	슬로베니아	688	1	5.3	36.8	–	–
30	네델란드	482	1	3.8	3.4	–	–
31	아르메니아	416	1	2.5	31.1	–	–
전 체		369,665	411	2,528	22.7	51,175	59

자료: PRIS Reference Data Series No.2 2024 Edition, 2024, IAEA

3장 연습문제

3·1 어떤 나라에서 1.6×10^5[GWh]의 에너지를 1년 동안 소비하였다. 이 에너지를 quad 단위로 변환하시오.(10^{15}[Btu] = 1[quad]).

3·2 일일 평균 부하가 36[MW]인 발전소를 운전하기 위하여 드는 1년간의 연료 단가를 계산하시오. 발전소의 전체 효율은 18[%]이고 연료의 가격은 40[원/kWh]이다.

3·3 어떤 양의 연료가 15×10^{12}[Btu]의 에너지를 포함하고 있고 12[%]의 전체효율을 가지고 있는 발전소에서 전기에너지로 변환된다. 발전소의 일일(24[h]) 평균수요전력은 5[MW]이다. 몇 일 동안에 연료가 모두 소비되겠는가?

3·4 어느 나라에서 에너지 소비가 매년 6[%]의 성장률을 가지고 있다. 몇 년 안에 에너지소비가 4배가 되겠는가?

3·5 우리나라의 수력 자원 문제에 대해서 설명하시오.

3·6 수력발전소를 하천 유량의 사용법에 따라서 분류하는 데에는 어떤 방법이 있는가?

3·7 최근 양수발전소의 가동률이 많이 떨어지고 있는데 그 이유를 설명하시오.

3·8 유효 저수 용량 216×10^3[m^3]의 조정지를 갖는 유효 낙차 50[m]의 수력발전소가 있다. 자연유량이 36[m^3/s]일 때 그림 3·103과 같은 부하 곡선으로 운전하면 피크부하

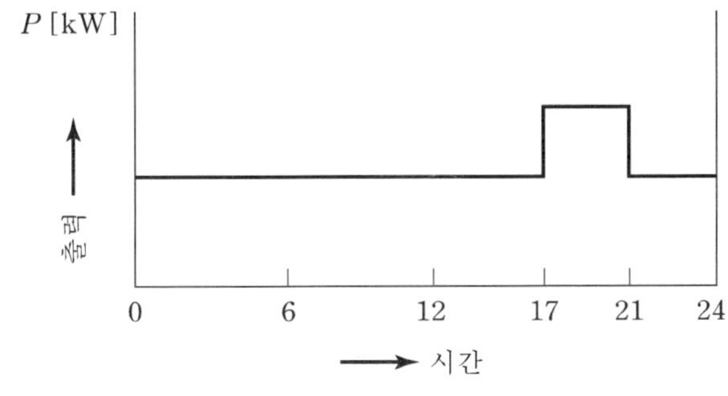

그림 3·103

시는 출력(P_p)을 얼마로 낼 수 있는가? 또 경부하시의 출력(P_f)은 얼마인가? 단, 유효 낙차는 변하지 않는 것으로 하고 수차와 발전기의 종합효율은 85[%], 조정지는 최대한으로 이용하고 경부하시에도 넘치지 않는 것으로 한다.

3·9 정수(靜水) 중 수심 200[m]인 점의 압력의 세기는 얼마인가?

3·10 다음 용어의 뜻을 설명하시오.

(1) 속도수두 (2) 낙차 (3) 유출계수 (4) 손실수두

3·11 다음 용어를 설명하시오.

(1) 베르누이의 정리 (2) 토리첼리의 정리

3·12 유역 면적 200[km^2], 연강수량 1,500[mm]의 하천에 유출되는 연평균 유량을 구하시오. 단, 하천의 유출 계수는 70[%]라고 한다.

3·13 다음 용어를 설명하시오.

(1) 유효낙차 (2) 적산유량곡선

(3) 유황곡선 (4) 유량도

3·14 갈수량, 저수량, 평수량, 풍수량을 설명하시오.

3·15 역조정지에 대해서 설명하시오.

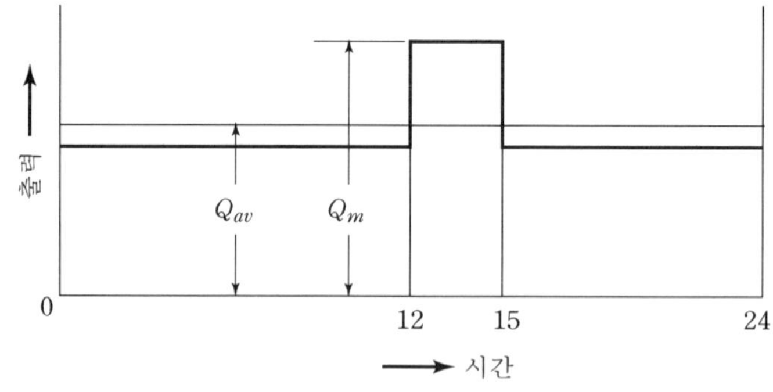

그림 3·104

3·16 유역 면적 $220[\mathrm{km}^2]$, 1년간의 강수량 $1{,}600[\mathrm{mm}]$의 수력 지점이 있다. 유출 계수를 $70[\%]$라 하고 갈수량을 연평균 유량의 1/3이라고 하면 갈수량은 얼마로 되겠는가? 또, 갈수시 이 수량을 이용해서 그림 3·104와 같은 부하율 60[%], 피크 부하 계속 시간 3시간의 부하에 대해서 발전하고자 하면 소요될 조정지의 용량 $V[\mathrm{m}^3]$를 구하시오.

3·17 댐의 종류를 들고 각각에 대하여 설명하시오..

3·18 다음 각 항목에 대하여 설명하시오.

(1) 침사지 (2) 압력 터널 (3) 상수조 (4) 조압 수조

3·19 유효 낙차 $60[\mathrm{m}]$, 출력 $90{,}000[\mathrm{kW}]$의 수력발전소에서 수압관의 평균 지름(안지름)은 얼마인가? 단, 발전소의 종합효율은 $80[\%]$, 수압관 내의 유속은 $3[\mathrm{m/s}]$라고 한다.

3·20 종축에 절대온도 T, 횡축에 엔트로피(entropy) S를 취한 $T-S$ 선도에 있어서 단열 변화를 나타내는 그림을 도시하시오.

3·21 그림 3·104는 랭킨 사이클의 $T-s$ 선도이다. 이 중 보일러 내의 등온팽창을 나타내는 부분은?

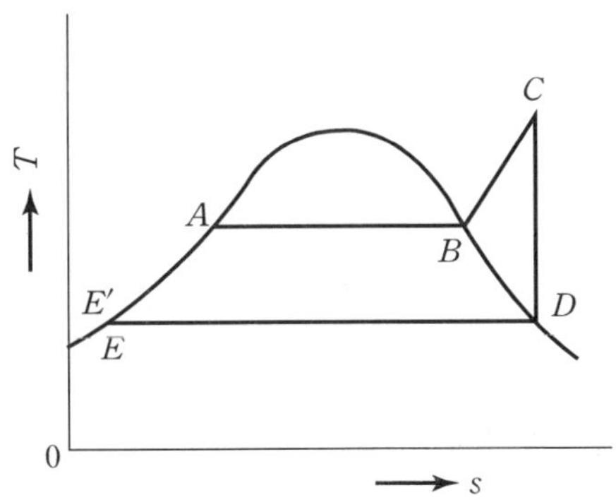

그림 3·104 랭킨 사이클의 $T-s$ 선도

3·22 재열재생사이클에 대하여 설명하시오.

3·23 화력발전소에 있어 급수 및 증기의 흐르는 계통을 순서대로 나열하시오.

3·24 1일 발생 전력량 720[MWh], 일 부하율 60[%]인 발전소의 하루 최대출력은 몇[MW]인가?

3·25 발전 전력량 E[kWh], 연료 소비량 W[kg], 연료의 발열량 c[kcal/kg] 일 때 화력발전의 열효율[%]인가?

3·26 출력 30,000[kWh]의 화력발전소에서 6,000[kcal/kg] 의 석탄을 매시간에 15톤의 비율로 사용하고 있다고 한다. 이 발전소의 종합효율은 몇 [%]인가?

3·27 발열량 10,000[kcal/kg] 의 벙커C유를 1시간에 75[ton] 사용해서 300[MW]를 발전하는 기력발전소의 열효율은?

3·28 화력발전소에서 매일 출력 180,000[kW], 부하율 85[%]로 1일간 연속 운전할 때 중유 소비량은 약 몇 [kℓ] 인가? 단, 사이클 효율, 보일러 효율, 터빈효율, 발전기 효율 등의 종합효율은 31.6[%]이고, 중유의 발열량은 10,000[kcal/ℓ] 이라 한다.

3·29 발전단 열효율이 37[%]인 화력발전소가 있다. 발열량 1,000[kcal/ℓ] 의 중유를 사용할 때의 1[kWh]당의 연료비는 얼마인가? 단, 중유의 가격은 74,000[원/kℓ]이라 한다.

3·30 기력발전소의 열사이클 중 가장 기본적인 것으로 두 등압변화와 두 단열변화로 되는 열사이클은?

3·31 원자로의 종류를 열거하고 그 특징을 설명하시오.

3·32 원자로에서 카드뮴(C_d)봉이 하는 일은 어떤 것인가?

3·33 원자로의 반사체란 무엇인가?

3·34 원자력발전의 특징을 간단히 설명하시오.

4장 녹색성장을 위한 신재생에너지 발생 방식

유엔(UN)의 주도하에 1992년 브라질의 리우환경회의, 2005년 일본의 교토의정서 및 2015년 프랑스의 파리협정을 통하여 지구의 평균 온도가 산업화 이전에 비해 2도 이상 상승하지 않도록 하고, 최종적으로 모든 국가는 이산화탄소 순 배출량 0을 목표로 하여 자체적으로 온실가스 배출 의무 목표를 정하고 실천하고 있다. 2023년 기준으로 온실가스 배출량 세계 10위인 우리나라가 감축 의무부담 시 산업 경제활동에도 막대한 영향을 줄 것으로 예상한다.

이러한 국내외 에너지 환경변화에 능동적으로 대응하고, 나아가 지속적인 성장을 위해서는 태양광, 태양열, 풍력, 지열 및 폐기물발전 등의 신에너지와 재생에너지(이하 신재생에너지)의 기술개발 및 보급 확대가 절실한 실정이다. 이에 정부에서는 2012년 "신에너지 및 재생에너지 개발·이용·보급 촉진법"을 제정하였고, 그 법률에 따라서 "신·재생에너지 기술개발 및 이용·보급 기본계획"을 수립하여 10년 이상을 계획기간으로 5년마다 추진하고 있다.

민간을 대상으로는 신재생에너지공급의무화제도인 RPS(renewable energy portfolio standard)를 시행하여 공급인증서 RECs(renewable energy certificates) 거래제도를 운용함으로써 RPS 대상사업자는 직접 신·재생에너지 발전설비를 도입하거나 다른 발전사업자로부터 RECs를 구매하여 할당 의무를 충당하도록 의무가 부여되었다.

표 4·1은 국내 1차 에너지 중 신재생에너지 공급 비중을 나타낸 것으로써, 1990년 이후 공급 비중이 증가하다가 정부 정책 등으로 2023년 이후 낮아지는 특성을 보인다.

표 4·1 국내 1차 에너지 중 신재생에너지 공급 비중

연 도	1차에너지	신재생에너지	
	공급량[천toe]	공급량[천toe]	공급 비중[%]
1990	89,680	16	0.0
2000	183,078	1,135	0.6
2010	254,399	3,773	1.5
2020	285,512	12,625	4.4
2022	203,954	15,909	7.8
2023	297,597	17,058	5.7

자료: 에너지통계연보, 2024, 산업통상자원부 에너지경제연구원
신재생에너지 보급통계, 2024, 한국에너지공단 신재생에너지센터

표 4·2는 "신·재생에너지 기술개발 및 이용·보급 기본계획"에 의하여 2034년까지 총 전력 생산 중 신재생에너지의 공급 목표를 나타낸 것이다. 표와 같이 총 전력 생산 중 신재생에너지 발전량이 차지하는 비율의 목표도 신재생에너지 전망치 등을 감안하여 2034년까지 25.8[%]로 설정하고 태양광, 풍력 및 해양 등 신재생에너지는 지속해서 확대될 전망이다.

표 4·2 신·재생에너지 기술개발 및 이용·보급 기본계획 주요 내용

구 분		1차(2001.02)	2차(2003.12)	3차(2008.12)	4차(2014.09)	5차(2020.12)
계획 명		대체에너지 기술개발, 보급 기본계획	제2차 신재생에너지 기술개발 및 이용보급 기본계획	제3차 신재생에너지 기술개발 및 이용보급 기본계획	제4차 신재생에너지 기술개발 및 이용보급 기본계획	제5차 신재생에너지 기술개발 및 이용보급 기본계획
계획기간		2001~2003년 (3년)	2003~2012년 (10년)	2009~2030년 (22년)	2014~2030년 (17년)	2020~2034년 (15년)
목표	1차 에너지 비중	2003년 2%	2011년 5%	2030년 11%	2030년 14.3%	2034년 13.7%
	전력 비중	해당 없음	2011년 7%	2030년 7.7%	2030년 21.6%	2034년 25.8%
	온실가스 감축	해당 없음		누적 11[억ton]	누적 9.9[억ton]	2034년 0.69[억ton]
주요 정책		공공기관 등 설치 의무화	태양광 주택 10만호 추진	그린호 100만호 추진 RPS 도입	신규 에너지원 발굴	RPS 확산 RE100 시행

자료: 신재생에너지백서, 2022, 한국에너지공단 신재생에너지센터

4·1 태양광발전

1) 태양광발전의 개요

태양광발전의 역사와 현황

태양전지는 1954년 미국의 Bell Lab.에서 개발된 후, 1958년 미국의 인공위성 전원으로 사용되었으며 1970년대 석유파동 이후 태양전지의 연구개발 및 상업화에 수십억 달러가 투자되면서 태양전지의 상업화가 급진적하에 되어 현재 태양전지 효율 15[%] 이상, 수명 20년 이상 모듈 가격 1[$/W] 내외로 보급하고 있다.

세계 태양광 발전 시스템 설치 시장은 2004년 1[GW]를 초과한 이후 43[%] 이상의 폭발적인 연평균 성장률로 급성장했고, 2015년 약 50[GW]를 초과하는 시장 규모에 이르렀다. 특히 COVID-19 팬데믹 환경에도 불구하고, 2021년 태양광 시장은 180[GW] 내외 규모의 태양광이 보급되면서 2021년까지 세계 누적 설치 용량은 최소 942[GW]로 알려졌다.

2021년 주요 태양광 보급시장은 중국, 미국, 유럽, 인도 등이며, 점차 중국의 비중이 확대되었고 2019년에 대비하여 2020년에는 다양한 국가에서 태양광 보급시장이 형성되고 있다.

우리나라는 1970년대 초부터 대학과 연구소를 중심으로 태양광 연구를 시작하여 1988년부터 대체에너지 개발 촉진법에 따라 정부 차원에서 관련 기술개발을 추진하고 있다. 2021년 신재생에너지 보급통계 확정치에 의하면 국내 태양광 신규 보급 용량 및 증설 용량은 3.9[GW]에 달하고, 태양광 시장 규모는 약 4.5조 원으로 추정되며, 글로벌 기준 약 8위권의 시장으로 성장하였다. 향후 국내 태양광 설치량은 설치비용 상승, 금리 인상 및 정책 환경 등의 시장 불확실성 등의 부정적 요인과 석탄 및 가스 발전단가 상승에 따른 태양광발전 수익성 개선 등의 긍정적인 요인들이 맞물려 있으면서 소폭 감소할 것으로도 전망되었다.

태양전지의 발전원리와 종류 및 구조

① 태양전지의 발전원리

실리콘 반도체의 예를 들어 원리를 설명한다. 태양전지는 n형과 p형의 실리콘 반도체를 연결한 구조로 n형과 p형 반도체의 접합 부분에 태양광이 닿으면 빛에너지로 인해 전자(−)와

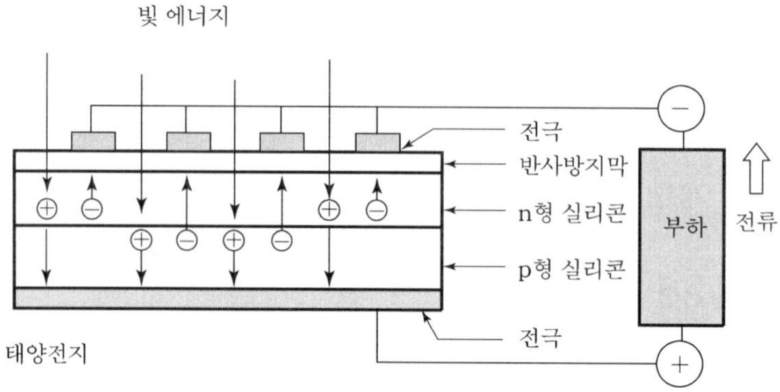

그림 4·1 태양전지의 발전원리

정공(+)을 발생한다. 태양전지 내부의 전계로 인해 전자는 n형에 모이고 정공은 p형에 많이 모인다. p형과 n형 사이에 부하를 연결하면 전류가 흐른다. 그 개요를 그림 4·1에 나타낸다. 이와 같이 태양전지는 빛에너지를 전기에너지로 직접 변환하기 때문에 깨끗한 발전이라 할 수 있다.

② 태양전지의 종류

태양전지의 종류를 표 4·3에 나타내었다.

표 4·3 태양전지의 종류와 변환 효율

종 류	실리콘 반도체			화합물 반도체
	결정 계통		비결정 계통	GaAs, InP 등
	단결정	다결정	아모르퍼스	
변환효율	~23[%]	~19[%]	~15[%]	~38[%]

현재 변환 효율이 좋은 결정 계통 실리콘 반도체가 널리 이용되고 있는데 유리나 스테인리스와 같은 기자재 위에 얇은 막 형태로 실리콘을 성장시켜 만드는 아모르퍼스 태양전지도 대량생산성이 있어 경제성을 기대할 수 있다. 또한, GaAs 나 InP 등을 활용한 화합물 반도체를 이용한 태양전지에 대해서도 변환 효율의 향상(20[%] 이상)과 저비용 화와 대량 생산을 목표로 광범위한 연구개발이 진행 중이다.

③ 태양전지의 구조

태양전지는 그림 4·2와 같이 태양전지 셀이 최소 단위이며 이것을 직렬로 수십 장 접속한 것을 태양전지 모듈이라고 한다. 규격은 메이커에 따라 다르지만 한 장에서 50~150[W] 정도를 출력한다. 필요한 전력을 얻기 위해 태양전지 모듈을 직렬이나 병렬로 조합해 패널화한 것을 태양전지 어레이라고 한다. 그림 4·3에는 태양전지의 기본 회로 구성을 나타낸다. 필요에 따라

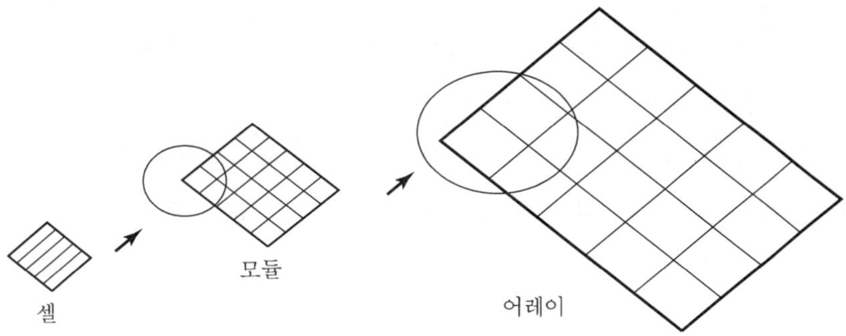

그림 4·2 태양전지와 모듈의 구조

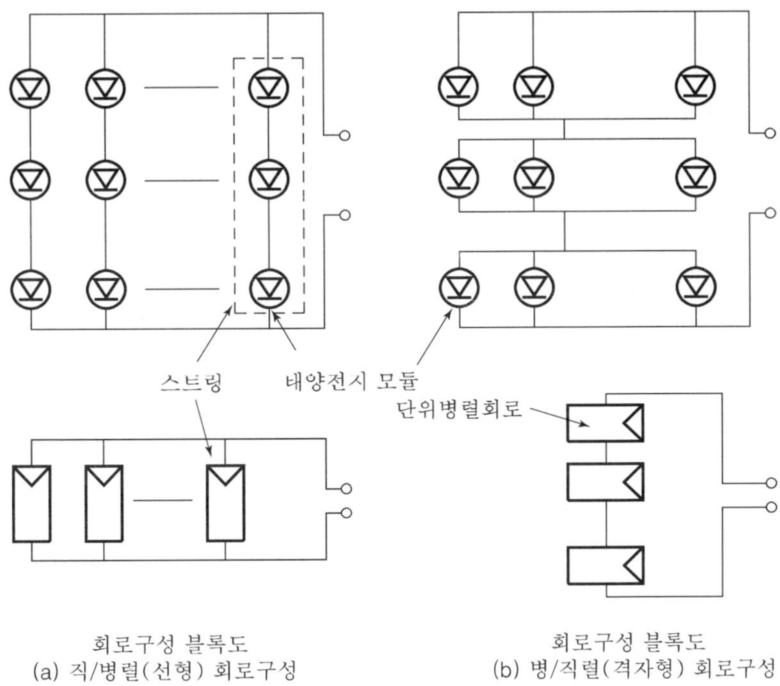

그림 4·3 태양전지의 기본회로 구성

이러한 기본 회로를 조합해 태양전지 어레이를 구성한다. 태양전지 모듈을 직렬로 접속한 회로를 스트링이라고 하며 병렬로 접속한 회로를 단위 병렬회로라고 한다.

태양전지 시스템의 구성과 종류 및 특징

① 태양전지 시스템의 구성

태양전지 시스템은 그림 4·4와 같이 태양전지와 파워컨디셔너 등으로 이루어진다. 지붕에 설치한 태양전지가 직류전력을 발전하고 파워컨디셔너에서 교류로 변환시켜 이용한다. 보통은 전력회사의 전력계통과 연계해서 사용한다.

파워컨디셔너는 인버터와 계통연계 보호장치로 이루어진다. 인버터는 직류를 교류로 변환할 뿐 아니라 주파수와 전압, 전류, 위상, 유효와 무효전력, 동기 등을 제어한다. 그리고 자동운전 정지와 최대전력 추종제어 및 단독운전 방지와 자동전압조정, 이상발생 시 차단과 정지기능을 지닌다. 계통연계 보호장치는 태양광발전 시스템이나 전력계통의 이상을 검출해 인버터를 정지시켜 전력계통과의 연계를 즉시 차단해 계통 측의 안전을 확보한다.

그 밖에 전력량계(판매 전력용, 수전전력용), 분전반, 접속함 등이 필요하다.

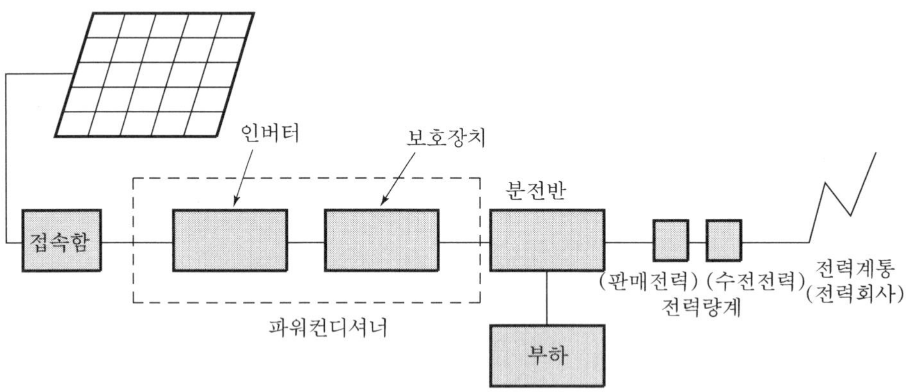

그림 4·4 태양광발전 시스템의 구성

② 태양광발전 시스템의 종류

태양광발전 시스템은 상업용 전력계통과 연계하는 계통 연계형과 연계하지 않는 독립형으로 나눈다. 계통 연계형에는 계통의 정전 시에 계통에서 분리된 형태로 태양광발전 시스템을 운전

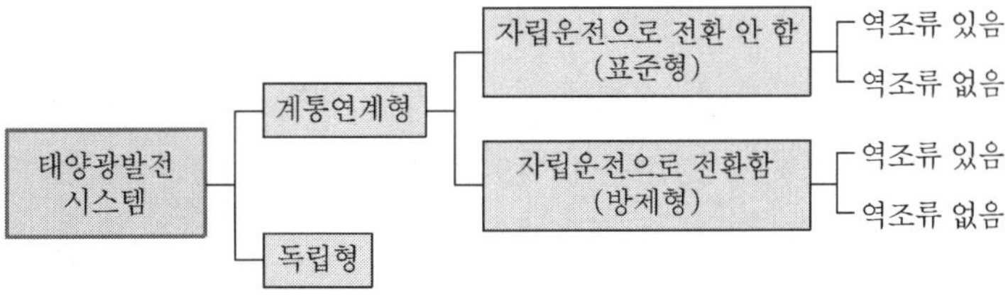

그림 4·5 태양광발전 시스템의 종류

하는 자립운전으로 전환하지 않는 시스템(표준형)과 전환하는 시스템(방재형)이 있다. 자립운전 전환하지 않는 시스템은 단독주택에서 가장 일반적으로 채택한다. 자립운전으로 전환하는 시스템에서는 축전지를 내장해 정전이나 화재 시에는 계통연계에서 자립운전으로 전환해 특정 설비에 전력을 공급한다. 독립형에는 가로등이나 교통표지 외에 섬이나 산간벽지와 같은 전기 없는 지역의 전원에서 예를 찾을 수 있지만 야간이나 우천 시에는 발전할 수 없으므로 축전지를 사용하는 경우가 많다. 태양광발전 시스템의 종류를 정리하면 그림 4·5와 같다.

③ 태양광발전 시스템

태양광발전 시스템의 특징을 표 4·4에 나타낸다.

표 4·4 태양광발전 시스템의 특징

장 점	단 점
· 깨끗한 발전 · 유지관리가 용이 · 반영구적 에너지 · 모듈 구조로 소규모에서 대규모까지 가능	· 고비용 · 출력이 불안정(날씨와 주야의 영향) · 설치에 넓은 장소가 필요 · 설치장소의 조건적인 영향(위도, 방위, 경사각)

2) 향후 동향 및 전망

세계적으로 태양광발전 기술의 고도화를 위해서 상용 전력과 경쟁을 할 수 있는 발전단가 수준의 태양전지를 대량 생산하고, 동시에 신뢰성과 이용효율이 높은 시스템을 개발 중이며, 또한 미래의 태양광발전은 우주공간에서의 태양광발전과 microwave 송전, 사막 지대의 대규모 태양광발전에 의한 초전도 송전 등이 구상되고 있다.

우리나라의 경우 최근 국내의 태양광 발전시설 보급 현황을 나타낸 표 4·5와 같이 주택보급사업, 발전 차액 보전 제도 및 공공건물 신재생에너지 의무 설치 제도 등 다양한 정부 지원제도에 따라 태양광 발전시설의 발전량이 2019년 14,192[GWh]에서 2023년 33,236[GWh]로 가파른 성장을 보인다.

표 4·5 국내 태양광 발전시설 보급 현황

구분	2019년	2020년	2021년	2022년	2023년	합계
발전량 [GWh]	14,192	19,337	24,718	30,726	33,236	122,209

자료: 신재생에너지 보급통계, 2024, 한국에너지공단 신재생에너지센터

특히, 2020년 3월 전라남도 해남군에 BS그룹이 3,440억 원을 투자하여 158만[㎡] 규모에 98[MW]급 태양광 발전설비와 세계 최대 규모 용량인 306[MWh]급의 ESS(energy storage system)를 갖춘 솔라시도 태양광 발전소를 준공하였다. 이 발전소에서 생산되는 전력량은 연간 약 129[GWh]로 약 27,000가구가 1년 동안(가구당 월 400[kWh] 이용 기준) 이용할 수 있는 것으로 알려졌다.

무한정하면서도 청정한 태양에너지를 바로 전기로 변환하는 태양광발전은 석유 자원의 고갈 문제가 대두되면서부터 이미 에너지 문제를 극복할 최선의 대안으로 인식됐다. 최근의 일시적인 수요공급 불일치에 따른 경기 위축 문제에도 불구하고 앞으로 태양광발전 산업은 지속해서 발전할 것으로 예측된다.

그리고 신재생에너지 2030 이행계획 및 2050 탄소중립으로 대표되는 에너지 전환정책에도 핵심 역할을 함으로써 장차 국내의 기후변화 대응 및 에너지 자립에도 이바지할 것으로 전망된다. 하지만 중요한 것은 다가올 시장 확대기에 대비하여 국내 기업이 경쟁력을 꾸준히 확보해 나가고 향후 우리나라의 미래 성장동력 산업으로 성장하는 것이며, 또한 이와 함께 국내에서의 태양광발전 보급도 늘리는 것이다. 이를 위하여 무엇보다 필요한 것은 차별화된 기술을 선점하는 것이다.

기술개발에 의한 결정질 실리콘 분야에서의 경쟁력 확보와 함께 향후 부가가치 창출 효과가 크고 다양한 분야로 응용이 가능한 차세대 박막 태양전지를 개발하는 것과 건물일체형 태양광 발전 시스템, 영농형 태양광, 수상 및 해상 태양광 등 국내 실정에 맞는 태양광 시스템을 보급

하기 위한 정부 차원의 노력이 필요할 것으로 판단된다. 또한, 태양광발전 기술의 실용화를 통한 국내 기업의 산업 경쟁력 확보 및 보급 확대도 필요하다.

3) 관련 용어

- SO_X(황산화물) : 석유나 석탄 등의 석탄 연료를 연소할 때 배출되며 대기오염과 산성비의 원인이므로 배출을 억제하기 위해 연소가스에서 황산화물을 제거하는 배연탈연법 등이 있다.
- NO_X(질소산화물) : 석탄에 포함된 질소화합물이 연소할 때 생성되며 대기오염과 산성비의 원인이고 광화학 스모그의 원인물질이기도 하다. 배출을 억제하기 위해 배기가스에서 질소산화물을 제거한 배연탈초법이 있다.
- 화석연료 : 석탄, 석유, 천연가스를 말하며 태고의 식물이나 동물이 땅속에 매몰되어 장기간에 걸친 물리적, 화학적 작용을 받아 생성된 것이라고 본다.
- 스트링 : 태양전지 모듈의 집합체를 말하며 역류방지 소자와 바이패스 소자 및 중계단자함과 태양전지 어레이의 전기회로로 구성한다.
- 아모르퍼스 : 진공상태에서 증발시킨 물질을 다른 물질의 표면에 흡착시켜 얇은 막을 만든다. 이러한 고체 상태를 아모르퍼스(비결정질)라고 하며 결정을 포함하지 않는다. 결정 계통에 비해 상당히 얇으므로 실리콘을 절약할 수 있지만 효율은 낮다(초박형 투명 플라스틱 재질과 아모르퍼스 실리콘 태양전지의 형성은 보통 300[°C] 정도의 온도에서 진공상태의 플라즈마 반응으로 이루어진다. 이 조건에서 유기 기판재료는 보통 아웃 가스를 발생시켜 태양전지의 특성을 많이 감소시키므로 내열성 플라스틱 필름이 개발되었다).
- 화합물 반도체 : 두 종류 이상의 원소가 원자 화학결합으로 인해 생성한 순수물질인 갈륨과 비소화합물인 GaAs(갈륨·비소)나 인듐과 인 화합물인 InP(인듐·인)과 같은 입방정계 결정의 반도체를 말하며 효율적이고 소형 경량인 제품도 있지만 고가이기 때문에 우주위성과 같은 특수한 전원으로 사용한다.
- 육상 지붕 : 경사가 극히 적고 거의 평평한 지붕으로 빌딩이나 아파트 등의 철근 콘크리트 건축에서 많이 볼 수 있다.
- IPP : 독립계통 발전사업자(independent power producer)를 말하며 발전설비를 자체적으로 건설, 운영하고 전력회사에 전력을 판매하는 사업회사

4·2 풍력발전

1) 풍력발전의 개요

풍력발전의 역사와 현황

풍력발전의 구동기인 풍차의 역사를 살펴보면 기원전 2천 년 무렵에 이미 그 형태를 나타내고 있다고 한다. 그 후 네덜란드의 풍차로 대표되는 '돛'을 이용한 풍차가 유럽과 아시아에서 많이 사용되었으나, 산업혁명으로 인한 증기기관 발명과 함께 그 수량을 줄여나갔다. 전력 생산을 목적으로 20세기 초부터 5～20[kW]급 풍차를 연구자들이 설계했지만 1940년경 화석에너지에 밀려 그 연구도 쇠퇴하였으나, '기존 에너지 고갈'과 '지구환경 문제'에 대한 의식이 높아진 1980년대부터 유럽과 미국 등에서 적극적인 기술개발과 함께 보급이 본격화되었다.

그림 4·6에 2017~2026년 연도별 세계 풍력발전의 신규 및 누적 설비 용량의 신장을 나타내었다. 풍력발전은 육상풍력(70[%] 이상)과 해상풍력으로 이용하고 있으며, 2017년 신규 및 누적 설비 용량이 54[GW]와 539[GW]였으나 매년 급속하게 성장하여 2026년은 신규 및 누적 설비 용량이 129[GW]와 1,444[GW]로 예측되었다. 우리나라는 2024년까지 풍력발전 누적 설

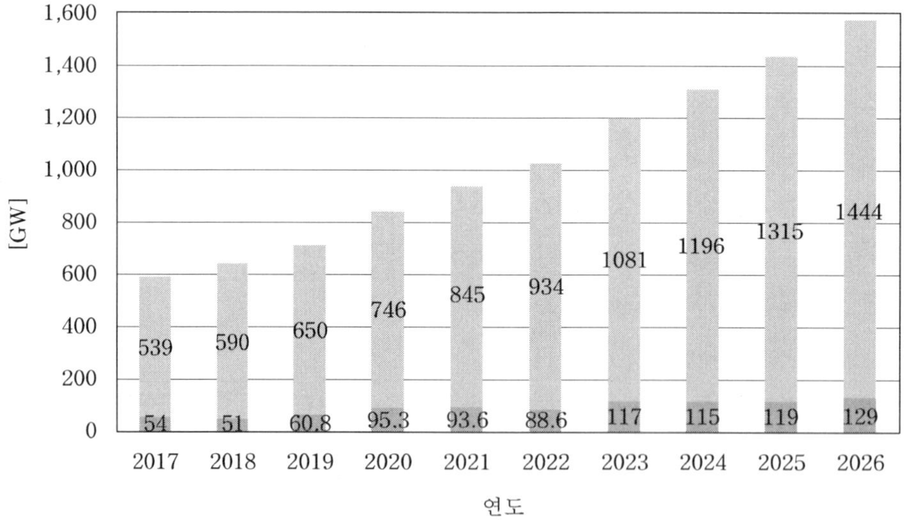

자료: 글로벌 풍력 보고서, 2024, GWEC

그림 4·6 세계의 풍력발전 신규 및 누적설비 용량

비 용량이 2,268[MW] 정도이며, 탐라해상풍력(30[MW])과 서남해해상풍력(60[MW])를 제외하고는 육상 풍력발전을 이용하고 있다. 또한, 20[MW]가 넘는 규모의 풍력발전 단지로 경북 영덕의 풍력발전 단지(1.65[MW]급 24기), 제주 한경의 남부 발전단지(21[MW]) 등이 있다. 풍력발전 시 이론 출력(P_w)은 식 (4·1) 및 출력 계수(C_p)와 실제 출력(P)은 식 (4·2)와 같으며, 풍속의 3승에 비례하고 회전날개 반지름의 2승에 비례한다.

$$P_w = \frac{1}{2}mv^3 = \frac{1}{2}(\rho A v)v^2 = \frac{1}{2}\rho A v^3[\mathrm{W}] \tag{4·1}$$

여기서 m 은 질량[mg], ρ 는 공기밀도[kg/m^2], A는 로터 단면적[m^2], v 는 평균풍속 [m/s]이다.

$$C_p = \frac{P}{P_w} = \frac{P}{(1/2)\rho A v^3} \tag{4·2}$$

풍차의 종류와 발전 시스템

풍차 종류는 크게 나누어 수평축 형과 수직축 형으로 분류한다. 현재 풍력발전에 가장 많이 사용하는 것은 프로펠러형(수평축 형)으로 특히 3개 블레이드형이 대부분을 차지한다. 플로펠

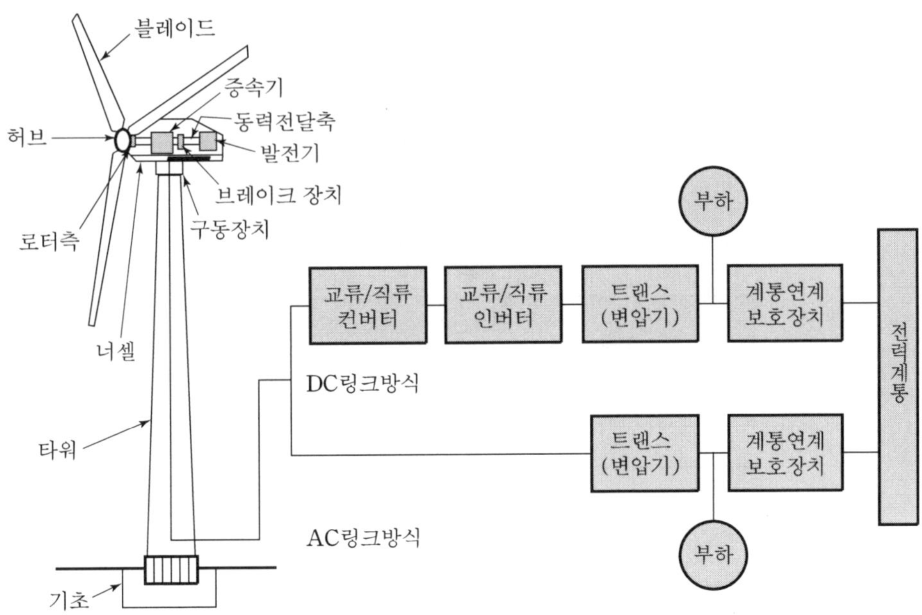

그림 4·7 프로펠러형 풍력발전시스템

입지조사

- 유망지역 추출
- 근방의 풍황 데이터 수집
- 지리적 조건 조사(자연조건, 사회조건)
- 풍차도입 규모의 상정

↓

풍황의 정밀 조사

- 풍황관측
- 풍황특성, 에너지 취득량 평가
- 경제성에 대한 개략적 검토

↓

기본설계

- 풍차설치지점의 결정
- 풍차규모 설정(용량, 수량, 배치)
- 기종 선정
- 환경영향 평가(소음, 전파장애, 경관)
- 경제성 검토
- 전력회사에 대한 사전협의 및 상담

↓

실시설계

- 측량조사, 지질조사
- 설비설계, 공사설계, 공사계획

↓

관계기관에 대한 절차

- 전력회사에 대한 사전협의(계통연계, 잉여전력)
- 공사계획 신청(출력 500 [kW] 이상일 경우)
- 전기 안전관리기술자의 선임 또는 위탁
- 안전규정 신청

↓

건설공사

- 토목공사, 풍차설치공사, 전기공사
- 시운전, 검사

↓

운전과 보수

- 전기설비의 보수점검
- 풍차설비의 보수점검

그림 4·8 풍력발전 도입의 순서

러형 발전 시스템의 개요를 그림 4·7에 나타내었다.

풍력발전 도입의 순서

풍력발전 도입을 계획할 때, 일반적인 발전 도입의 순서를 그림 4·8에 나타낸다.

① 입지 조사

풍력발전의 '유망지'는 당연히 바람이 잘 부는 장소가 최적 조건이 되지만 그 밖에도 중요한 조건이 있다. 그것을 다음에 나타내었다.

ⓐ 풍차 건설용 반입 도로가 있어야 한다.
ⓑ 가까이에 계통연계 할 수 있는 배전선과 송전선이 있어야 한다.
ⓒ 인근 민가의 상황
ⓓ 사회적 요건
ⓔ 풍황에 대한 개념

② 풍황의 정밀 조사

후보 지역 중에서 풍황(풍속과 풍향 등)을 현지에서 자세히 관측하고 그 결과를 분석하는 것을 '풍황의 정밀 조사'라고 한다. 풍황의 정밀 조사는 최근 1년간 실시하는 것이 원칙이다.

그림 4·9에 관측 장치의 설치개요를 나타낸다.

③ 기본설계와 실시설계

풍황 정밀 조사 결과 해당 지역이 풍력발전에 적합하다고 판단될 때, 물리적 요건과 경제적 요건 및 사회적 요건을 더 자세히 검토하기 위해 기본설계와 실시계획을 시행한다. 이러한 '기본설계'를 '시스템설계'라고도 한다.

이러한 기본설계에서 실시하는 주요 작업은 다음과 같다.

- 현지 측량 및 풍차 기초설계를 위한 보링 조사
- 공공전파, TV 전파에 대한 영향을 예측하기 위한 전파장애 조사
- 도입 풍차의 규모, 수량, 시방 등의 검토
- 기본설계(도면 및 시방서 작성)

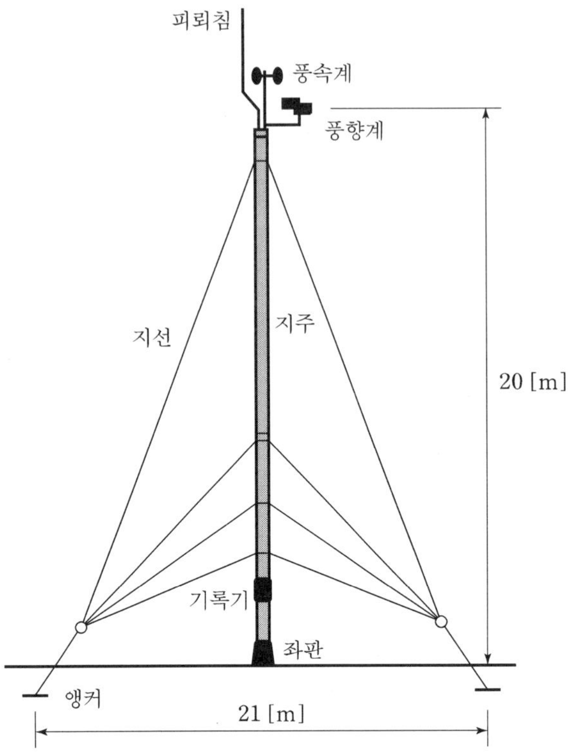

그림 4·9 관측장치 설치 개요도

- 공사계획서 작성
- 종합평가

이러한 방법에 대해서도 각종 '풍력발전 도입 가이드북'이나 '풍황 정밀 조사 매뉴얼' 등에 자세히 기재되어 있다. 그리고 이러한 자료에는 풍황 정밀 조사, 시스템설계, 실시계획에는 약간씩의 차이가 있다.

2) 풍력발전의 특성

경제성

새로운 에너지와 미이용 에너지는 전반적으로 기존의 에너지(석유, 석탄, 원자력 등)보다 에너지 밀도가 낮고 안정도에 비해 가격이 비싼 것이 일반적이지만 사업화가 진전됨에 따라 비용도 감소하는 경향이 있다. 그러나 우리나라의 경우 풍력발전의 경제성은 기존 에너지보다 경제적일 가능성이 작고 정부의 보조금 지급 등으로 사업화를 촉진하고 '환경비용' 개념을 도입함으로써 세계 여러 국가와 어깨를 나란히 할 수 있는 수준이 될 것이라고 기대된다.

① 풍력발전설비 건설비용

세계적으로 풍력발전의 발전 단가는 1980년 중반의 119[원/kWh]에서 2010년에는 42[원/kWh]과 같이 지속적으로 비용이 감소함으로써 많은 국가에서 기존의 화력발전이나 원자력발전에 대하여 발전 비용의 경쟁력을 가질 수 있게 되었다.

풍력발전의 경제성은 평균풍속에 크게 좌우되기 때문에 국가나 지역마다 현저하게 차이가 난다. 예를 들면 평균풍속 6.5[m/s]의 지역에서의 단위 용량당 건설비는 8.5[m/s]의 건설비의 약 2배에 달하므로 평균풍속이 6.5[m/s] 이상인 지역이 드문 우리나라를 풍속이 높은 북유럽의 경우를 그대로 적용하는 것은 적절하지 않다.

표 4.6과 같이 세계적으로 평균풍속이 8.5[m/s]인 지역의 신규 풍력발전 설비의 건설단가는 약 2,000[유로/kW], 미국은 약 1,450[달러/kW], 일본은 약 24[만엔/kW]이다. 우리나라도 평균풍속이 8.5[m/s]인 경우 약 200[만원/kW] 정도로 추정되고 있으며, 풍력발전 기술의 진보와 대단위 공사에 따른 공사비 절감을 고려한 미래의 건설단가는 2030년 기준 약 99[만원/kW] 정도로 예상한다.

표 4·6 육상 풍력발전 설비 건설비용의 비교(평균풍속 8.5[m/s] 지역)

지역 및 국명	건설비용
유 럽	약 2,000[유로/kW]
미 국	약 1,450[달러/kW]
일 본	약 24[만엔/kW]
한 국	약 200[만원/kW]

자료 : Wind Power, JWEA·AWEA 및 EWEA, 2023

② 발전단가 산정

발전단가를 계산하는 경우 표 4.7과 같이 그 과정에는 설치장소의 풍황에 따른 건설비와 발전량, 각종 세율과 수명 등을 고려한 경제성 분석, 투자 비용과 유지비용 등을 고려한 요인을 포함하여 적절하게 산정하게 된다.

표 4·7 발전단가 산정 항목 및 세부 산정요인

항 목	세 부 산 정 요 인
건설비 및 발전량	– 건설단가 – 건설비용 – 발전량
경제적 분석	– 할인율 및 이자율 – 법인세 및 제세 – 보험료 – 운전유지 및 수선비 – 공사 기간에 이자 – 설비수명
발전단가	– 자본회수계수 – 연간 투자 비용 – 연간 고정유지 비용 – 발전단가

자료: 신재생에너지백서, 2022, 한국에너지공단 신재생에너지센터

풍력발전의 문제점

① 바람의 불안정성

바람은 변덕의 대명사이며 상당히 강풍이 부는 지역이라도 하루 종일 전혀 바람이 불지 않는 때도 있다. 따라서 발전전력을 이용하는 부하 측이 변동에 민감한 경우에는 '사용 불가능' 평가를 한다.

돌풍을 동반한 계절풍을 풍력발전 사업에 이용할 수 있는 이유로는 규제 완화에 따른 계통연계에서의 역조류가 가능해진 것을 들 수 있다. 발전 측의 변동을 계통 측으로 끌어들여 부하 측과 매칭을 도모하여 풍력발전 설비의 특성인 '변동'을 흡수할 수 있게 된 것이 가장 큰 요인이다. 다만, 그러한 (풍력발전 측 용량 / 계통 측 용량) 비율이 지나치게 크면 계통 측의 전압이나 주파수에 영향을 미칠 우려가 있으므로 주의가 필요하다. 보통 이러한 비율을 퍼네트레이션 레시오(관통률)라고 하며 유럽 등지에서 실제 10[%] 정도가 상한이라고 한다.

② 소음, 전파방애, 낙뢰, 환경문제 등

• 소음문제

풍차에서 발생하는 소음은 주로 블레이드가 바람을 가르는 소리와 증속기 등에서 나는 기계음이다. 풍속이 빠를 때는 바람이나 나무 소리로 인해 문제가 되지 않지만, 풍속이 7～8[m/s] 정도의 중 속력일 경우에 특히 문제가 될 경우가 있다.

보통은 풍차에서 수평거리가 250[m]를 넘으면 소음레벨은 45[dB] 이하이며, 최근 개발되고 있는 풍차의 소음은 점차 낮아지고 있다.

발전용 풍력설비에 대한 소음 환경기준은 전기설비기술기준 제173조에서 풍력터빈을 시설하는 자는 '소음·진동관리법' 등에서 규정하는 기준을 준용하는 것으로 되어 있다. '소음·진동관리법'에서 그 최저값은 도시지역 중 전용주거지역 및 녹지지역 등(A지역)의 야간값이 40[dB] 이하이며, 일반주거지역 및 준주거지역 등(B지역)의 야간값이 45[dB]이하이다(지역에 따라 다른 경우가 있을 수 있음). 따라서 풍력발전 설비를 B지역에 건설할 때는 소음 규제상 문제가 없을 수 있으나, A지역에서도 절대 피해야 한다.

• 전파장애

풍차가 전파장애의 대상이 되는 전파로는 TV 방송국, 전화국 어업무선 중계기지 등의 전파이다. 풍차 주위에 민가가 있을 때도 가장 문제가 되는 것이 TV 전파장애로 특히 지리와 지형상 미약한 전파 채널을 수신하는 지역의 경우에는 큰 영향을 줄 우려가 있다.

차폐 영역 외에 반사 영역에서도 '고스트' 등의 영향이 있으므로 풍차 후보지를 선정할 때 고려해야 하고 고스트 발생 우려가 있을 때는 건설하기 전에 사전 조사와 평가를 반드시 해야 한다. 이러한 전파장애를 측정하는 방법과 위에서 설명한 소음측정 방법도 '풍황의 정밀 조사'시에 자세하게 기록하여야 한다.

• 낙뢰 대책

세계적으로 풍차 등의 풍력발전 설비가 낙뢰로 인한 피해가 발생함으로써 설비 제조사에서는 낙뢰에 대한 대책 마련에도 큰 노력을 하고 있다.

ⓐ 블레이드에 금속재료를 사용하지 않는다.
ⓑ 블레이드의 끝부분에 금속재료를 사용하여 도선과 타워를 통해 접지시킨다.
ⓒ 가까이에 피뢰 철탑 등을 설치한다.

낙뢰로 인한 피해로는 블레이드의 소손 등 중대한 사고로 이어질 가능성이 있으므로 사전에 낙뢰 대책을 생각해 둘 필요가 있다.

• 환경문제

원래 풍력발전 설비는 환경대책을 근본으로 하여 도입을 추진하고 있다. 따라서 풍력발전 설비를 설치하는 것이 환경에 문제가 된다면 주객전도라는 비난을 피할 길이 없다.

환경문제로는 건설공사에 따른 생태계(동물, 조류, 식물 등)에 미치는 영향과 하천, 호수,

지하수맥에 주는 영향을 고려해 사전에 검토해 둘 필요가 있다.

• 항공 장애에 대한 영향

'항공안전법'에서는 '최고 도달점의 높이가 60[m]를 넘는 경우 항공 장애 등을 설치 또는 풍차 타워나 블레이드를 적백 대비 모양으로 도장한다.'라고 되어 있다.

그러나 풍차가 삼림이 우거진 장소에 건설될 경우가 많으므로 '경관' 면에서 보면 문제가 있다. 다만 항공기가 공항에 진입할 때의 진입로 문제는 상당히 배려할 필요가 있다.

• 계통연계 문제

대형 풍차의 발전기는 기존에는 유도발전기를 많이 사용하였다. 그러나 최근에 납입하기 시작한 링제너레이터 방식은 동기발전기를 이용한 것이다.

따라서 역조류의 유무와 관계없이 계통연계가 필수조건이다. 그리고 자가용으로 많은 부하가 없는 이상 역조류로 인한 '판매 전력'도 풍력발전 설치의 필수조건이다.

2) 향후 동향 및 전망

2001년 이후 2010년까지 세계 풍력발전 시장은 신규 풍력 시장의 연간 평균 누적 성장률 22[%]의 높은 성장세를 보였으나, 이후 성장률이 2010~2015년에는 연간 평균 누적 성장률 10[%], 2015~2020년에는 7[%]로 감소하였다. 특히 COVID-19로 인하여 많은 육상과 해상 풍력발전 프로젝트가 지연되어 성장세가 주춤하였으나, 2022년부터는 성장세를 회복하고 있다.

누적 설치 용량도 꾸준한 성장세를 나타내어 해상풍력의 경우는 2010년 처음으로 전체 풍력발전 설치 용량 중 2[%]를 돌파한 후, 2021년 7[%]를 달성하는 등 급속한 성장을 하고 있다.

탄소중립 달성이 각 나라의 주요 정책목표로 설정됨에 따라 풍력발전의 중요성이 강조되고 있으며, 이러한 정세변화로 인하여 향후 연간 평균 6.6[%]의 시장 성장률이 전망되며, 향후 5년간 총 557[GW]의 신규 풍력발전기가 보급될 것으로 예상된다.

현재까지 FIT(feed in tariff) 보조금 제도와 녹색인증제도가 풍력 보급시장 성장에 핵심 역할을 해 왔지만, 2021년부터 중국과 베트남 등이 FIT 보조금 제도를 중단함에 따라 향후 풍력발전 보급시장은 화석연료 발전 대비 가격 경쟁력을 갖는 것이 중요한 시장환경이 되고 있다.

육상풍력의 경우 2026년까지 연간 평균 6.1[%] 성장이 기대되며, 설치 용량으로는 연간 평균

93.3[GW]가 보급될 것으로 전망된다. 해상풍력은 2026년까지 연간 평균 8.3[%]의 성장률을 유지하여 총 90[GW]의 해상풍력발전기가 설치될 것으로 예상된다.

우리나라는 해상풍력의 경우 한국남동발전에서 2021년부터 두산에너빌리티와 유니슨 등 국내 풍력발전기와 부품 제작사를 보호하고 해외 풍력발전기 제작사들의 국내 생산시설 투자 및 국산 부품 사용 유도를 통한 국내 풍력산업의 발전과 경쟁력 강화를 위해 국산화 비율 반영제도를 도입하고 있다. 육상풍력의 경우 기존 풍력발전 단지가 민가와 인접할 수밖에 없고 신규 부지확보가 갈수록 어려워지고 있어서 기존에 설치된 노후 단지를 대상으로 리파워링이 이루어질 것으로 예상되며 리파워링 사업은 착수 시점을 예측 가능하다는 점에서 국내 풍력발전 산업의 성장을 이룰 수 있는 또 하나의 기회가 될 수 있을 것으로 전망된다.

3) 관련 용어

- 윈드팜 : 풍차를 수십 대에서 수백 대를 한곳에 설치하여 대규모 발전을 하는 장소로 미국 캘리포니아주의 3대 윈드팜 외에 유럽, 인도 등에 있다.
- 풍력 기여율 : 풍력발전의 잠재 능력이 기존(화력, 원자력 등에서의) 발전량의 몇 [%]까지 낼 수 있는가를 나타내는 값으로 이론값이다.
- 설비 이용률 : 만약 10[kW] 발전장치(풍력, 태양광 등)를 설치한다고 하면 최대로 발전할 수 있는 것은 10[kW]×8,760[시간/년]=87,600[kWh/년]이지만 실제로 발전할 수 있는 것은 20,000[kWh/년] 정도이다. 실제로 발전할 수 있는 양과 기기의 정격출력에서의 최대 발전량의 비율이 설비 이용률이다(풍력발전에서 10~30[%] 정도, 태양광발전에서 10~15[%] 정도).
- 단독운전 방지 장치 : 계통 측이 다운되었을 때 하나의 발전기만 동작하고 있는 상태를 단독운전이라고 한다. 계통 측의 안전을 위해 단독운전을 방지해야 한다. 따라서 풍력발전에서는 '전송 차단장치'와 '단독운전 방지 장치' 및 '주파수 검지'를 통해 단독운전을 방지하는 것이 의무이다.
- 페네트레이션 레시오(penetration ratio) : 관통률이라고 하며 발전기를 이용한 발전량과 계통 측의 용량과의 비율로 풍력발전에서는 그 변동이 크므로 10[%] 정도가 한계라고 한다.
- 피치제어 : 풍력발전의 과회전 방지 방법으로는 날개 형태에 따른 실속 현상을 이용한 '스톨제어'와 날개부착 각도를 변화시키는 '피치제어'가 있다. 피치제어는 제어성이 우수하지만,

구조가 복잡하다는 단점이 있다.

• 계통연계 : 자가 발전 등을 전력회사에 접속하는 것을 계통연계라고 한다. 발전한 전력을 전력회사에 판매하는 것을 계통연계에서 특히 '역조류 있음'이라고 하여 구분할 때가 많다.

4·3 지열발전

1) 지열발전의 개요 및 현황

지열이란 지구 중심(약 6,000[℃])인 맨틀 부위에서 핵분열로 발생하는 에너지와 토양·지하수·지표수 등에 축적된 일부 태양 복사에너지를 의미한다. 지열을 에너지가 저장된 깊이를 기준으로 분류하면 보통 지표면으로부터 지하 300[m] 이내에 저장된 천부지열과 지하 500[m] 이상에서 존재하는 심부지열로 구분된다. 지형과 지역에 따라서 다소 차이가 있지만, 천부지열은 대략 15~30[℃] 그리고 심부지열은 대략 40~400[℃]의 온도 범위에 있다.

19세기 초 이탈리아의 토스카나주, 라르데레로에 있는 붕산 제조 공장에서 그 공장의 총지배인이었던 지놀·콘티씨는 1904년에 천연 증기 열을 이용해 붕산용액을 농축하는 과정에서 천연 증기로 전기를 만들려고 생각했는데 이것이 세계 최초의 지열발전 시도이다.

지열은 오랫동안 발전과 직접 이용(난방 및 산업 등)으로 사용되었다. 적어도 세계적으로 많은 지열 자원이 부존되어 있어 30개국 이상에서 지열발전을 시행하고 있다. 지열을 이용한 전력 생산은 1924년 Geysers라는 미국 캘리포니아 북부의 소규모 휴양지에서 시작되었다. 1950년대에는 12[MW] 규모, 1990년대에는 2[GW] 규모의 생산이 이루어졌다. 그 후 지속적 성장을 통하여 2023년 지열발전 설치 용량은 약 16[GW] 이고, 발전량은 96,552[GWh] 이상이다. 현재까지 미국, 인도네시아, 필리핀 등 환태평양 지역에서 지열발전을 주도하고 있으나 독일, 중국, 프랑스 등 화산지대라고 할 수 없는 국가에서도 많은 양의 지열발전이 이루어지고 있으며, 특히 아이슬란드의 경우 전력의 2/3 정도를 지열로 충당하고 있다.

우리나라의 경우 화산지대가 거의 존재하지 않아 심층 지열 이용이 매우 어려우므로 지열발전은 상용화되지 않고 있으며, 이에 따라 현재까지 지하 100~150[m] 깊이 지열의 직접 이용 분야만 보급되어 활용되고 있다. 또한 지열 수의 직접 이용도 동래온천 등에서의 건물 난방, 인천 석모도의 소규모 온실 및 지역난방에 활용되고 있을 뿐, 2010년 이후 새로운 프로젝트가 진행되지 않고 있으며, 지열원 히트펌프 보급을 위한 지열에너지 시장이 대부분이다.

지열원 히트펌프 시장은 공공기관 신재생에너지 설치 의무화 제도 시행과 다양한 보급 보조금 제도의 시행에 힘입어 매년 꾸준한 성장을 하고 있다. 공공기관 설치 의무화법에 따라서 2021년은 74,565[kW] 정도 시공되어 해당 법규가 지열원 열펌프 보급에 많은 역할을 하고 있으며, 최근 제로에너지 건축물 인증범위가 확대되는 등 지열히트펌프의 시장이 더욱 확대되고 있다. 그러나, 히트펌프를 이용하는 지열 이용 시스템은 운영비가 기존 설비보다 작지만, 초기 투자비가 많아서 경제성이 낮다는 단점이 있다. 향후 고성능 히트펌프 개발과 열교환기 효율이 높아진다면 히트펌프를 이용한 지열 이용 시스템의 보급은 증가할 것으로 예상된다.

표 4.8과 같이 세계적으로 지열발전을 실시하는 주요 국가는 역시 화산이 많은 미국, 중국, 아이슬란드 등으로 오래전부터 지열에 관한 많은 연구개발이 추진되고 있다.

표 4·8 주요 국가의 지열발전 용량(단위 [MW])

1	미국	3,919	11	코스타리카	253
2	인도네시아	2,384	12	엘살바도르	204
3	필리핀	1,952	13	니카라과	165
4	튀르키예	1,717	14	러시아	82
5	뉴질랜드	1,055	15	칠레	81
6	멕시코	1,002	16	파푸아뉴기니	50
7	케냐	973	17	독일	47
8	이탈리아	916	18	과테말라	46
9	아이슬란드	755	19	중국	45
10	일본	546	20	온두라스	35

자료: Evolution of Worldwide geothermal power, 2024, https://www.researchgate.net

2) 지열발전의 구조

지열에너지

지열에너지는 지구가 탄생한 이후 지구 내부에 축적된 지구 자체가 지닌 열에너지이다. 지구는 그림 4·10처럼 지각과 맨틀, 핵으로 구성되어 있으며 지각의 두께는 대륙부에서 30~40[km], 해양에서 5[km] 정도이다. 지각바닥 온도는 대륙부에서 약 400~500[°C], 해양부에서는 약 200[°C] 정도이다. 따라서 맨틀 부분에서 시작되어 핵에 가까울수록 맨틀 온도가 뜨거우며 외핵과의 경계에서는 약 4,000[°C], 두께는 약 2,900[km]이다. 또한 지구 중심부인 핵은 외핵부와 내핵부로 구분되며 외핵은 철이 녹은 것으로 온도는 철의 융점인 약 6,000[°C]이다. 내부 핵은 철의 고체라고도 한다.

열은 높은 쪽에서 낮은 쪽으로 흐르므로 지구도 항상 내부에서 외부로 열이 흐른다. 대류하면서 지각 균열과 약한 부분에 맨틀 일부가 녹아 마그마를 생성한다. 마그마는 지질구조의 비교적 공간이 많은 장소에 모이며 마그마 연못을 형성한다. 따라서 마그마 활동은 지층변동과 플레이트 변화가 생기고 대륙이나 해저에서 화산활동을 일으킨다. 즉 화산주변의 지표 아래에는 그림 4·11과 같은 마그마 연못 주변이 있다. 그림에 있는 지열 저유층은 마그마 연못 주변에 공간이 많은 암반이 있으면 빗물 등의 지하수가 침투해 물이 고이는 층이 생기고 마그마 열로 과열되어 지열 저유조가 생긴다. 지열 저유층이 생기려면 저유조 위에 모암(마그마 주위의 암석)

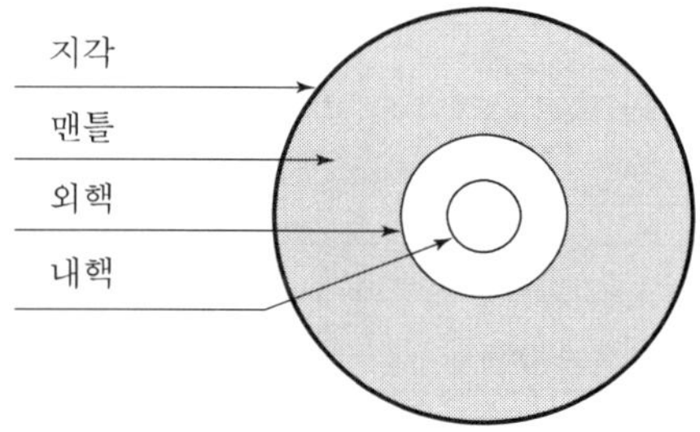

그림 4·10 지각의 내부

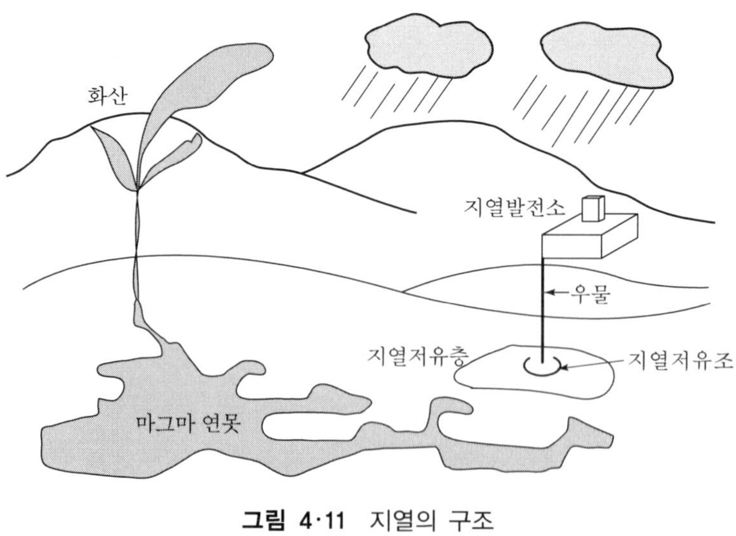

그림 4·11 지열의 구조

이라는 뚜껑 역할을 하는 물이 통과되지 않는 지층이 필요하다.

지열발전의 구조는 이 지열 저유조에 저장된 고온고압 열수에 우물(생산정)을 굴착해서 나온 증기와 열수를 분리하여 생긴 증기로 직접 터빈을 동작해 발전하는 것이다. 또한 이 지열 저유조가 형성되는 장소는 물이 통과하지 않는 지층으로 비교적 공간이 많은 지질구조가 필요하므로 한정된 조건의 장소만 존재한다. 따라서 지열 저유조가 없어도 마그마 연못 주변에서는 암석이 고온으로 건조된 장소가 많이 있다. 이것을 고온암체(hot dry rock)라고 부른다.

화산국이 아닌 국가에서도 지구구조에서 지하로 깊어질수록 고온암체가 많이 존재한다. 즉 세계 각국에서 미래 에너지 자원으로 고온암체의 열 이용 연구를 추진하고 있다. 최근에는 이 고온암체를 이용한 고온암체 발전 개발이 주목받고 있다. 고온암체 발전이란 고온암체 내에 깊은 우물(주입정)을 굴착하여 고압수를 주입하고 고온암체에 균열을 일으켜 인공적으로 지열 저유조를 조성하는데 이것을 수압파쇄라고 한다. 이 균열(인공지열 저유조) 부분에 새로운 생산정을 굴착하여 증기, 열수의 지열에너지를 이용해 발전하는 시스템이다.

지열발전의 특징

지열발전에는 다음과 같은 특징이 있다.

- 자연에너지를 효과적으로 이용한다.
- 연료가 필요 없으며, 이산화탄소를 배출하지 않는 깨끗한 에너지이다.
- 반영구적으로 안전하게 이용할 수 있다.
- 가동률이 높고 발전원가가 저렴하다.
- 대용량 발전소를 완성하기 곤란하다.
- 화산지대 등 지열이 나오는 지역에 한정된다.
- 자연경관이 뛰어난 장소가 많아 주변 환경과 조화를 도모하는 등 주의할 필요가 있다.

지열발전의 방식

① 증기 발전

천연 건조 증기를 생산정에서 추출하여 직접 터빈에 주입하고 배기는 대기 중에 방출하는 가장 간단한 발전방식(그림 4·12)이다.

미국 캘리포니아와 일본 이와테 등에서 이용하고 있다.

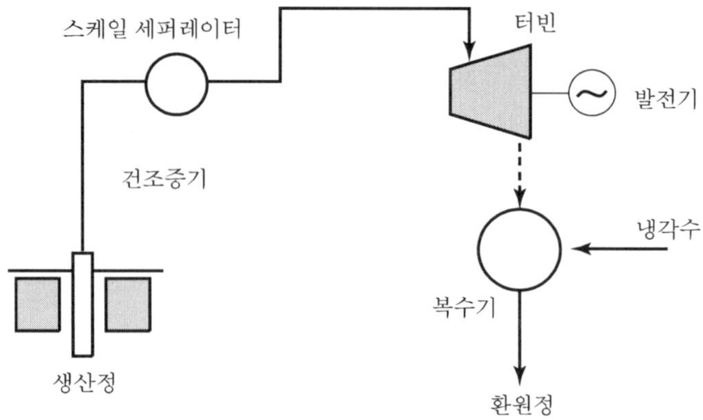

그림 4·12 증기발전

② **싱글플래시**(single flash, SF) **발전**

지열유체가 증기와 열수일 때, 지열유체를 증기 분리기로 유도하여 증기와 열수를 분리하고 분리한 증기로 터빈을 기동하여 발전하는 방식(그림 4.13)이다. 가장 일반적인 지열발전 시스템이며 일본, 필리핀, 인도네시아, 아이슬란드 등에서 채택하고 있다.

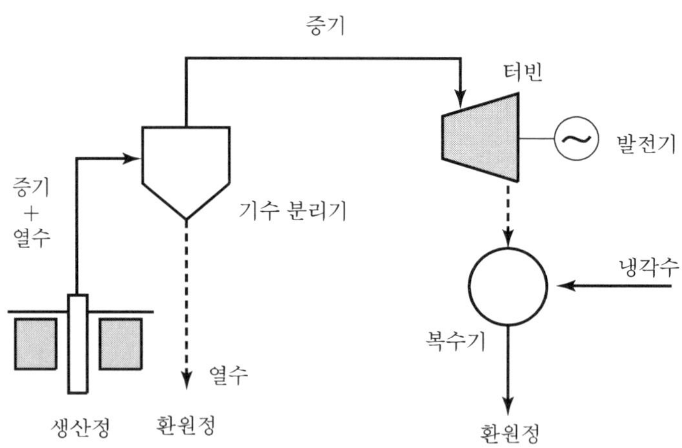

그림 4·13 싱글플래시 발전

③ **더블플래시**(double flash, DF) **발전**

기수분리기로 분리한 열수의 온도가 높은 경우 열수를 플래셔로 유도하고 다시 급탕하여 생긴 증기를 터빈에 주입해 출력을 증가시키는 방식(그림 4·14)이다. 미국, 멕시코 등에 많이 이용하

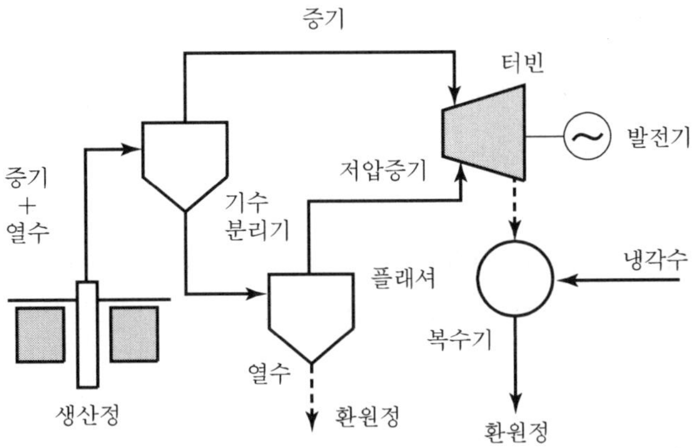

그림 4·14 더블플래시 발전

고 있으며, 일본과 필리핀에서도 일부 이용하고 있다.

④ 바이너리 사이클(binary cycle) 발전

지열유체 온도가 낮은 열수인 경우 열교환기를 이용해 저 비점 유체를 통해 매체 증기로 터빈을 기동해서 발전하는 방식(그림 4·15)이다. 효율이 낮아서 효율 향상을 위한 많은 연구개발이 추진되고 있으며, 지역난방과 연계한 열병합 발전방식의 형태로 경제성을 높이고 있다.

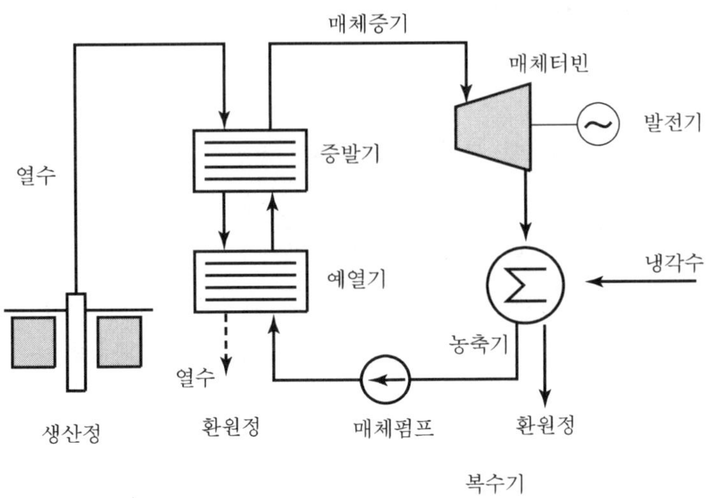

그림 4·15 바이너리 사이클 발전

⑤ **토털플로(total flow) 발전**

생산정에서 추출한 지열유체를 열수와 증기로 분리하지 않고 직접 토털플로 팽창기에 넣어 발전하는 방식(그림 4·16)이다. 그러나 고효율화와 고성능화를 위해서는 토털플로 팽창기의 성능을 높여야 하지만, 다른 지열발전 방법에 비하여 지열에너지를 효과적으로 이용할 수 있으므로 발전 비용이 저렴하다. 기수분리기에서 나온 증기를 이용해 플래시 발전방식과 조합함으로써 고성능 지열발전 시스템이 구축될 것으로 기대된다.

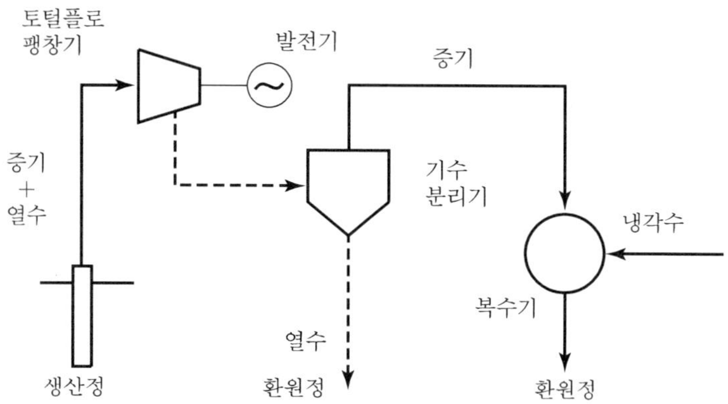

그림 4·16 토털플로 발전

지열 자원의 탐색과 굴착 기술

① **탐색방법**

지열 자원의 탐색 방법은 리모트 센싱(remote sensing)을 이용하는 것이 일반적이다. 항공사진이나 위성사진에서 지형의 암질, 지질구조를 판독하여 지열 저유조에 적합한 지역을 탐색하는 '사진영상방식'과 지표면에서 나오는 열에너지의 적외선을 상공에서 측정하여 지표면 온도가 높은 장소가 어느 정도의 열을 방출하는지 알아내는 '대상물면 주사 영상 방식'이 있다.

기타 방법으로는 자기 탐사법, 전기 탐색법, 방사능 탐사법, 지온 탐사법 및 지진 탐사법 등이 있다.

② **굴착 기술**

지열발전의 우물 깊이는 수백[m]에서 3,000[m] 정도로 석유정보다 비교적 얕다. 따라서 지열정의 굴착 기술은 석유정 개발과 함께 발전되어 왔다.

굴착 기술 중 석유정의 깊이에 관한 기술이 있으므로 깊이 6,000[m] 정도까지의 굴착은 가능하다. 그러나 온도에서는 다른 목적의 갱정과 달리 암반 온도가 상당히 높아지므로 고온에 견딜 수 있는 굴착 기술이 필요하다. 따라서 고온에 관한 연구개발이 추진되고 있다. 최근의 지열자원 조사에서 최대 700[°C] 암반까지의 굴착에 성공하여 고온도에 관한 굴착 기술도 앞으로 기대될 것으로 본다.

3) 지열발전소의 고려사항

지열발전에 이용할 수 있는 증기, 열수 조건

지열유체 온도와 산성의 강도 등 화학적 성질에 따라 발전 이외에 주로 농업의 하우스 재배, 난방, 제설에 이용된다. 지열에너지를 어떤 경우에 발전에 이용하고 어떤 경우를 발전 이외에 이용할 것인지 검토할 때도 가장 중요한 요소는 지열유체 온도이다.

현재 많이 이용되는 발전 기술로 경제성이 좋은 것은 저유층 온도가 200[°C] 이상인 열수형 자원 및 건조증기형 자원이다. 즉 저유층 온도 150[°C] 이상의 열수형 자원은 발전에 이용할 가능성이 있다. 또한 한 개의 증기정에서 구해지는 증기의 양은 지하 상황에 따라 크게 다르다. 그러나 일반적으로 지열발전에 이용하는 증기량은 시간당 수십[ton] 정도인 것이 많으며 시간당 1[ton]의 증기량 당 100[kW] 발전할 수 있다.

단 증기, 열수 온도, 증기량 등의 특성은 갱정에 따라 각각 다르므로 그 특성에 따라 가장 경제적인 발전방식을 선정할 필요가 있다.

문제점과 대책

지열발전소의 주요 문제점은 부식, 소음, 환경문제이다.

① 부식 대책

지열발전에서의 부식은 직접 지열유체에 접촉해서 생기는 것과 대기 중에 확산한 지열증기 중의 부식성 가스 영향으로 생기는 것 두 종류가 있다. 전기설비의 부식은 주로 대기 중의 부식성 가스에 의한 부식이 대부분이다. 이 대책은 부품 및 기기의 개별대책과 기기의 설치환경에 대한 대책 두 종류로 구분된다. 그러나 실제로는 이것을 병용해서 효과를 거두는 경우가 많다.

• 부품 및 기기의 개별대책

내식성이 있는 재료를 사용할 것, 또는 내식성이 있는 도금이나 코팅으로 보호할 것, 가능한 한 밀폐케이스에 수납할 것이 기본적인 대책이다. 다음에 전기, 계장기기, 발전기에 대한 대책을 설명한다.

- 전기, 계장기기 : 전기설비 중 부식이 가장 문제가 되는 것은 전기, 계장기기이다. 이에 대해서는 현지 노출시험과 경험, 실적에 의해 기기, 부품별로 스테인리스 강재의 사용과 도금을 하는 등 부식 대책을 실시할 필요가 있다.
- 발전기 : 지열발전 설비의 발전기에는 냉각방식 차이에 따라 수소냉각 발전기와 공기냉각 발전기가 있다. 전자는 가압 된 깨끗한 수소가스 안에서 운전되므로 특별한 부식대책은 필요 없다. 그러나 후자는 각 부분이 직접 대기와 접촉하므로 표 4·9와 같은 대책이 필요하다.

표 4·9 발전기의 부식대책

대 상	부식대책
기본구조	발전기, 여자기 모두 폐쇄순환통풍 냉각방식으로 하고 공기냉각기는 기내에 설치한다.
실	(1) 각 접속 부는 기밀구조로 한다. (2) 로터 관통부에는 발전기 냉각팬 토출 측의 압력을 가진 공기를 유도하고 봉입한다.
순환 공기	발전기, 여자기 폐쇄순환 회로 안에 산화 촉매 필터를 설치하고 순환 공기 중의 황화수소를 제거한다. 또한 메이크업 공기도 도입구에 설치한 필터로 정화한다.
도 장	바탕 처리 : 쇼트블라스트 또는 와이어 플러시를 이용한다. 도장 막 두께 : 두껍게 바른다.
단 자	테이핑 후, 코일의 노출 부분과 단자에 내식 도장을 한다.
공기냉각기 냉각수 배관	냉각수 수질에 적합한 스테인리스강, 기타 재질을 이용한다.
스페이스 히터	발전기가 정지하였을 때 발전기 내부의 결로를 방지하기 위해 설치한다.

• 기기의 설치환경에 대한 대책

환경이 지닌 부식성을 줄이거나 제거하는 것이다. 설치하는 기기의 종류에 따라 방법이 다르지만 기기는 직접 외기와 접촉하지 않도록 가능하면 밀폐구조의 옥내에 설치하고 필요에 따라 습도를 줄이는 공조를 한다. 탈황 필터를 이용하면 좀더 효과적이다.

표 4·10에 전기설비의 설치 환경대책과 특징을 나타낸다.

표 4·10 전기설비의 설치환경에 대한 대책

환경 대책 내용	장 점	단 점
흡습재를 이용하는 습도 감소	패널 내부의 습도 감소용으로 가장 간편한 수단이다.	(1) 교환작업이 필요하다. (2) 방식용으로는 보조적이다.
스페이스 히터를 이용하는 결로 방지	패널 내 전기기계 내부의 결로 방지용으로 효과적이다.	(1) 전원반이 필요하다. (2) 방식용으로는 보조적이다. (3) 고장시 대책이 필요하다.
배기 팬을 이용하는 부식성 가스축적 방지	건축물 내부의 부식성 가스축적 방지용으로 효과적이다.	(1) 방식 가스 농도는 옥외수준 이하로 하지 말아야 한다.
공조설비에 의한 온습도 조정	내기 순환식일 때, 방식효과가 있다.	(1) 방식용으로는 보조적이다. (2) 외기도입식은 방식효과가 적다.
탈황 필터 장착 팬에 의한 황화가스 농도감소	(1) 기내순환식으로 하면 부식 효과가 있다. (2) 전기실, 보조기기실용으로 효과적이다.	(1) 외기도입식은 방식효과가 적다. (2) 필터 교환 시기를 명확히 하기가 곤란하다. (3) 설비 고장시 대책이 필요하다.
탈황 필터 장착 공조설비에 의한 종합적인 환경조정	(1) 내기 순환식으로 하면 방식효과가 크다. (2) 중앙제어실용으로 효과적이다.	

② 소음 대책

소음에는 건설작업 중의 건설소음과 운전 중 소음이 있다. 지열발전소 건설 중인 특유소음으로는 조사정과 생산정의 굴착공사 중 증기와 열수가 분출해 큰 소리를 내는 경우가 있다. 따라서 미리 사일렌서를 준비해 두고 분출이 시작되면 사일렌서를 통과시킬 필요가 있다.

발전소 운전 중인 소음의 발생원은 터빈, 발전기, 변압기, 펌프류가 있다. 이것은 건물 안에 있어 방음 커버나 흡음재를 설치하는 대책을 마련하여 발전소 이외에는 소리가 나오지 않는다.

③ 환경대책

지열유체에는 대부분 황화수소, 탄산가스를 비롯해 환경상 유해한 물질을 포함한 경우가 많다. 발전소 건설 때에는 지열 자원이 풍부한 지역이 국립공원 내부나 그 주변에 있으므로 자연환경에 영향을 미칠 가능성이 있으므로 환경오염을 초래하지 않도록 충분한 대책을 세울 필요가 있다. 지열발전소를 건설할 때는 환경문제에 대해 기초적인 조사, 검토와 환경에 중요한 영향을 지닌 황화수소 등 배출 방지 대책을 검토해야 한다. 먼저 환경을 보호하기 위한 조사과제로 동식물 환경조사, 기상조사 수질 조사가 있다. 이 조사 결과를 통해 환경보호 대책을 효과적인 것으로 만들기 위해 발전소의 위치와 각 플랜트의 위치를 선정할 필요가 있다.

특히 기상조사는 지열발전소를 설치하려는 장소의 연간풍속, 기온분포를 측정하여 황화수소 확산 시의 주위 지역 영향을 밝히고 황화수소 제거 장치와 함께 냉각탑의 최적 위치를 선정하는 것이 중요하다.

4) 향후 동향 및 전망

지열에너지는 온실가스를 작게 배출하면서도 일조량과 기후조건에 무관하게 24시간 365일 가동될 수 있어 기저부하를 담당하는 중요한 신재생에너지원이라 할 수 있다.

심부지열 에너지의 경우 지하자원의 특성상 높은 초기 투자비와 개발기간이 길다는 단점과 함께 개발 위험이 존재해 세계적으로 많은 나라에서 지질 특성 및 에너지 환경에 적합한 보조금 제도나 위험 경감 제도 등의 지원제도를 마련해 개발을 지원하고 있다.

지열발전의 경우에는 높은 초기 투자비와 개발 위험이라는 장애요인이 제거된다면 우리나라에서도 시장이 형성될 가능성은 있으나, 지열발전에 따른 환경영향 및 대중 수용성 부분에서 더욱 충분한 검토가 필요한 실정으로 장기적인 접근이 필요하다. 단기적으로는 국내 개발과 별도로 동남아시아, 아프리카 등으로 지열발전 시장의 진출 등을 통해 관련 기술 축적 및 해외시장 등으로의 진출이 필요하다. 지열원 히트펌프의 경우 신재생에너지 보급을 위한 보조금 제도와 공공 의무화 제도를 통해 재생에너지 보급을 적극적으로 지원하고 있고 우리나라에서의 지열원 열펌프의 높은 보급 증가는 이러한 활발한 지원제도에 따른 것이다.

지열 히프펌프는 여름에는 냉방, 겨울에는 난방이 필요한 우리나라 기후 조건의 이점을 살려 지금보다 냉난방 효율이 높은 시스템의 개발 보급이 가능하다. 최근 유럽에서 많이 연구되고 있는 스마트 열 그리드나 계절 간의 장기 축열의 성공 사례는 이를 입증하고 있으므로 외국과 경쟁할 수 있는 기술에 대한 연구개발과 업계의 기술력 향상 노력이 필요하다.

표 4·11은 국내 주택, 건물 및 지역의 지열 열펌프 시스템의 보급 현황을 나타낸 것이다.

표 4·11 국내 주택, 건물 및 지역의 지열 열펌프 시스템의 보급 현황

구분	2017년	2018년	2019년	2020년	2021년	2022년	합계
보급 용량 [kW]	19,665	16,414	17,347	14,556	17,423	18,481	103,886

자료: 신재생에너지백서, 2022, 한국에너지공단 신재생에너지센터

5) 관련 용어

- 생산정(증기정) : 지열 저유층에서 열수, 증기를 생산하기 위해 굴착된 것
- 지열 저유층 : 지열유체를 축적하고 있는 지하의 공간
- 지열유체 : 지하에서 분출하는 고온고압 증기와 열수
- 증기형 자원 : 지열 저유층에서 증기 형태로 존재하고 있는 지열 자원
- 열수형 자원 : 지열 저유층에서 열수 형태로 존재하고 있는 지열 자원
- 환원정 : 열수에서 증기를 분리한 나머지 열수를 지열 저유층으로 환원하기 위한 갱정
- 2상 유체 : 열수와 증기의 혼합 유체
- 기수분리기 : 2상 유체에서 증기와 열수로 분리하는 장치
- 플래셔(flasher) : 열수의 압력을 감소시켜 압력이 낮은 증기와 열수로 분리하는 장치
- 역조류 : 자가용 발전설비가 있는 수용가 구내에서 전력회사의 전력 계통으로 향하는 전력의 조류
- 지열 히트펌프(Geothermal heat pump) 시스템 : 300[m] 이내 10~20[°C] 범위 저 엔탈피 지열을 가진 지중, 지하수, 지표수를 열원으로 이용하는 히트펌프 시스템
- 스케일 : 지열유체에 포함되는 실리카 등이 생산정이나 배관에 석출한 것
- 화학세정 : 스케일을 용해할 수 있는 산을 주입하여 스케일을 제거하는 방법
- 사이드트렉 : 스케일 제거법 중 하나로 갱정 중간에서 구멍을 구부린 후 다시 굴착하는 것
- 제트 세정 : 고압수(600~1,200[kg/cm^2])를 특수한 노즐로 분출시켜 스케일을 제거한다.

4·4 수소에너지

1) 수소에너지 개요와 특징

수소에너지는 태양이나 석유와 같은 1차 에너지가 아니고 이들 1차 에너지를 변환시키며 물과 작용시켜 얻을 수 있는 2차 에너지에 해당한다. 이 수소는 아래와 같이 여러 가지 장점이 알려져 있고 모든 에너지 자원으로부터 에너지 변환에 따라 얻어질 수 있으며 효율적인 에너지 변환 매체일 뿐 아니라 다양한 합성연료로써도 평가되고 있다.

● 수소에너지의 특징

① 풍부한 자원(물)으로부터 얻을 수 있는 청정 2차 에너지이다.
② 연소생성물이 환경을 오염시키지 않는다.
③ 에너지의 저장 및 수송을 할 수 있는 화학적 매체이다.
④ 석유 대체에너지로서 자동차, 항공기, 로켓 등의 연료로 사용 가능하다.
⑤ 연료전지 시스템을 사용 직접 발전이 가능하다.
⑥ 에너지 변환 매체이다.
⑦ 석유화학의 연료 및 C1 화학의 중간체이다.

2) 수소의 물성

수소는 P(압력)-V(비체적)-T(온도) 물성을 가진다. 여기서 특히 주목할 것은 슬러시(slush) 수소이다. 이는 10K 이하에서 60[%]의 고체 수소를 포함한 액체·고체 혼합상태의 수소를 지칭한 것으로 수소의 효율적 저장 및 운반수단으로 활용되고 있다. 수소는 표 4·12와 같이 발열량이 용적 기준으로는 최저이나, 중량 기준으로는 최고임을 알 수 있다.

또한 용적발열량은 적지만 아래의 연소반응식과 같이 산소소비량이 적어 배기가스 용적이 적고 연소가스 온도가 높을 수 있다.

표 4·12 수소 및 타 가스의 연소 관련 물성

연소 물성	수소	메탄
전 발열량(질량 기준, [Kcal/Kg])(용적 기준, [Kcal/Nm^3])	2만 8,570	1만 1,930
이론 공기량[[Nm^3/Nm^3 fuel]	2.38	9.52
N_2	1.88	7.52
이론 배기량[Nm^3/Nm^3 fuel]CO_2	0.0	1.0
H_2O	1.0	2.0
공기 중 폭발범위[vol%]	4.0～75	5.3～15
최소발화에너지[mJ]	0.02	0.29
연소속도[cm/s]	265～325	37～45
자기 발화온도[K]	858	813
확산 정수[cm/s]	0.61	0.16

$$2H_2 + O_2 + 4N_2 \rightarrow 2H_2O + 4N_2 + Q \qquad (4\cdot3)$$

일반적으로 수소의 안전성이 사용상 문제점으로 제시되는데 이는 폭발범위가 넓고, 점화가 용이하고, 수소의 화염은 무색으로 식별이 어렵지만, 확산 및 화염속도가 크기 때문이다. 따라서 수소 안전에 관한 연구는 미래의 청정에너지 이용에 꼭 필요하다고 볼 수 있다.

탄화수소는 C_nH_m으로 표시할 수 있고, 각종 탄화수소를 탄소 수(n) 대 수소 수(m)비로 표시한다. 인류의 탄화수소 사용 경향은 탄소 비가 큰 것(석탄, 중질유)으로부터 점차 수소 비가 큰(메탄) 쪽으로 변화되고 있다. n이 클수록 이에 수반하여 유황, 질소, 중금속 등 오염물질이 많아지고, 또한 비중이 커지고 고상 또는 액상을 나타내게 된다. 운반의 경제성은 액상 연료의 경우 동일 발열량에 대해 비중이 작을수록 유리하다. 수소 성분(m)이 증가할수록 연소가스는 깨끗하다. 따라서 수소를 청정에너지로 지칭할 수 있다. 수소 성분의 증가는 비등점을 낮추어 연소 시 기화를 쉽게 하여 연소효율을 향상할 수 있다. 현재의 디젤 차량에서 발생하는 매연은 주로 불완전 연소한 디젤연료에 의한 것이므로 이는 수소 비를 높인 수소 또는 메탄의 사용으로 해결될 수 있음을 알 수 있다. 즉, 향후 연료 사용 형태는 수소 성분이 많은 탄화수소의 사용 비중이 높아지고 궁극적으로는 수소로의 이행이 진행될 것이다.

3) 수소의 제조

현재의 수소원료로는 ① 화석연료 유래의 탄소질 원료, ② 메탄올, ③ 소금 전기분해의 부산 수소, ④ 제철 부산 가스 중의 수소, ⑤ 재래식 물 전기분해 등이 이용되고 있다. 이 중 90[%] 이상이 주로 석탄가스를 포함한 석유화학 공정에서 제조되고 있다.

현재와 같이 수소가 탄화수소로부터 제조된다면 수소의 경제성은 탄화수소의 가격(석유 가격)에 크게 의존하여 변동되게 되어 있다. 또한 제조 시 탄화수소의 연소로 발생하는 환경오염 물질은(CO_2, NO_X, SO_X, CO 등) 이용할 수 있는 발열량을 기준으로 비교하면, 줄지 않으므로 수소의 이점은 사라진다. 다만 사용처에서의 오염은 극소화될 수 있으므로 도시와 같은 에너지 사용 밀도가 높은 지역의 환경오염을 줄이는 데는 기여가 가능하다. 따라서 수소 본래의 이점을 100[%] 살리기 위해서는 탄화수소가 아닌 원료 즉 물을 원료로 사용한 수소 제조가 바람직하다고 볼 수 있다.

장래에 수소에너지 시스템을 완성하려면, 수소를 저렴하게 대량 생산하는 제조 기술의 개발이 무엇보다도 중요하다. 앞으로 화석연료의 고갈에 따라 이를 원료로 사용하는 방법은 경제적

의미가 없어질 것이다.

현재 사용되는 수소의 제조법

① 탄화수소의 수증기 개질에 의한 제조

현재 나프타(naphtha) 또는 천연가스에 수증기와의 반응으로 수소를 얻는 대표적 반응은 아래와 같다.

$$C_mH_n + mH_2O \rightarrow mCO + (m+n/2)H_2 \tag{4·4}$$

$$C_mH_n + 2mH_2O \rightarrow mCO_2 + (2m+n/2)H_2 \tag{4·5}$$

$$CO + H_2O \rightarrow CO_2 + H_2$$

② 탄화수소의 부분산화

부분산화의 특징은 원료의 불순물에 좌우되지 않고 수소 제조가 가능하여 고비점 중질유 및 석탄을 원료로 사용할 수 있는 특징이 있다. 원료를 산소 또는 공기, 수증기를 사용하여 상압~50기압, 1,300[°C] 전후에서 부분산화 반응시켜 수소를 얻는다. 이때 반응은 아래와 같다.

$$C_mH_n + m/2O_2 \rightarrow mCO + n/2H_2 \tag{4·6}$$

$$C_mH_n + mO_2 \rightarrow mCO_2 + n/2H_2 \tag{4·7}$$

$$C_mH_n + mH_2O \rightarrow mCO + (m+n/2)H_2 \tag{4·8}$$

$$C_mH_n + 2mH_2O \rightarrow mCO_2 + (2m+n/2)H_2 \tag{4·9}$$

$$C_mH_n + mCO_2 \rightarrow 2mCO + n/2H_2 \tag{4·10}$$

위 반응에서 식 (4·6), (4·7)은 발열반응이고 나머지 반응들은 흡열반응이므로 산소량의 적절한 조정에 의한 반응시간의 열평형을 유지하는 것이 중요하다.

③ 메탄올로부터의 수소 제조

메탄올을 구리-아연 촉매 상과 250[°C] 이하에서 개질하여 합성가스를 제조할 수 있다. 그

반응은 아래와 같다.

$$CH_3OH \rightarrow CO + 2H_2 \qquad (4\cdot11)$$

$$CH_3OH + H_2O \rightarrow CO_2 + 3H_2 \qquad (4\cdot12)$$

또한 수증기 존재하에 구리계 촉매로 반응시키면 수소 수율을 증가시킬 수 있다. 이 방법은 연료전지나 on-site 형 소형 고순도 수소 제조에 이용된다. 현재 메탄올을 사용한 수소 제조는 일부가 고순도 제조용으로 상용화 단계에 들어서 있다. 이 단계에서 중요한 것으로는 개질기의 소형, 고효율화와 시스템의 안정성 등이다.

④ 식염 전해로부터의 부생수소

식염 용액의 전해에 의한 수산화나트륨 제조 시 아래와 같은 반응으로 수소가 부생한다.

$$2NaCl + 2H_2O \rightarrow 2NaOH + Cl_2 + H_2 \qquad (4\cdot13)$$

수소는 음극에서 환원반응에 의해 아래와 같이 생성된다. 수소의 발생은 동량의

$$2H^+ + 2OH^- + 2e \rightarrow H_2 + 2OH^- \qquad (4\cdot14)$$

OH^-를 수반하고 Na^+와 반응 NaOH를 생성한다. 이온교환막법에서는 티타늄 표면에 루테늄 산화물을 입혀 금속 양극으로 하고 음극은 철을 사용한다. 전압은 보통 3.2~4.5[V]이다.

⑤ 물 분해에 의한 수소 제조

현재의 물의 전기분해는 에너지 소비적 공정이라고 할 수 있다. 양극에 니켈도금 철, 음극에 철을 이용하고 전해질에 25~30[%] KOH 수용액을 사용한다. 전해 온도는 60~90[°C], 전해 밀도 10~30[A/dm^3], 전압 1.9~2.5[V]로 전류효율은 96~99.9[%]로 수소 1[m^3]당 4.4~5.7[kWh]의 에너지가 필요하다. 반응은 아래와 같다.

$$\text{양극반응} \quad 2OH^- \rightarrow H_2O + 1/2\,O_2 + 2e^- \qquad (4\cdot15)$$

$$\text{음극반응} \quad 2H_2O \rightarrow H_2 + 2OH^- \qquad (4\cdot16)$$

4·5 연료전지

1) 연료전지 발전의 역사

수소경제 사회란 수소를 에너지원으로 하는 경제체제로 수소생산, 저장, 운송, 이용을 포괄하여 현재 우리가 사용하는 화석연료를 수소로 대체되는 사회를 의미한다. 연료전지는 수소를 이용하는 대표 기술로 수송용 엔진, 가정·건물용 열병합 발전 시스템, 대형 분산 발전 시스템으로 활용할 수 있다.

연료전지는 배터리, 수전해와 같은 전기화학 시스템 기술로 전기화학 분야에서 난이도가 제일 높은 기술이다. 연료전지는 1839년 영국의 W.R.Grove에 의해 발명되어 제2차 세계대전 후 우주개발에서 처음으로 실용화되었다. 1965년의 우주선 제미니 3호는 실용 1호기라고 할 수 있는 GE사 제품의 출력 1[kW] 고체고분자형 연료전지(PEFC)를 내장하고 있었다.

1990년대부터 미국, 일본, 캐나다 기업들의 기술 혁신을 통해 상용화에 성공하였고 한국, 일본, 유럽을 중심으로 연료전지 시장이 확대되고 있다. 국내에서는 수송용 및 가정· 건물용 연료전지를 집중적으로 개발하여 기술 수준이 선진국 수준에 도달하고 있다.

2) 연료전지 발전 시스템의 개요

연료의 구조는 연료(수소)와 산화제(산소)를 전기화학 반응시켜 직접 발전하는 장치이다. 연료전지의 원리는 물의 전기분해와 반대의 반응, 즉 수소와 산소가 결합하여 전기와 물이 발생하는 구조를 이용하고 있다.

일반 건전지에서는 내장 반응물의 출입이 없으므로 곧바로 수명이 다하게 된다. 그러나 연료전지는 반응물 보급과 생성물의 배출을 연속해서 하므로 이론적으로는 영구적으로 전기를 발생할 수 있는 시스템이다. 연료전지는 수소인 연료와 공기 중의 산소를 전기화학적으로 반응시켜 전기 및 열에너지를 발생하는 직접 에너지 변환형 발전설비이다. 그림 4·17에 연료전지 발전 시스템을 나타낸다.

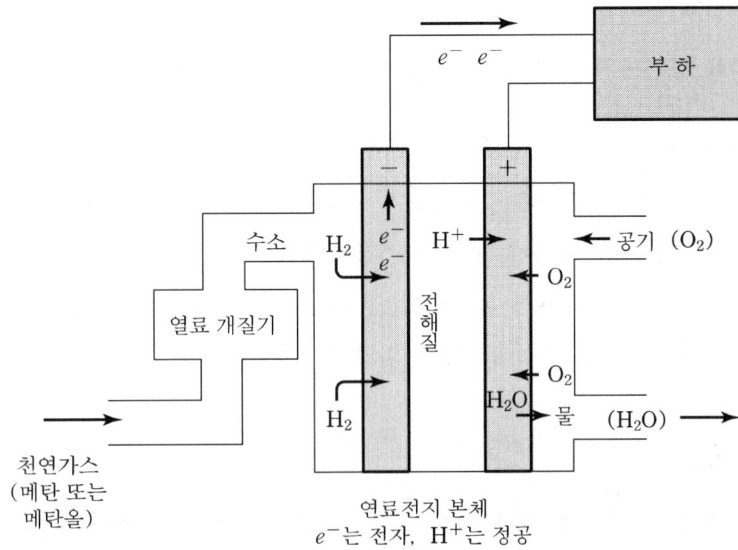

그림 4·17 연료전지 발전 시스템

3) 연료전지의 원리와 특징

● 연료전지의 원리

전지 본체는 전자도체인 두 개의 전극과 이온 전도체인 전해질로 구성된다. 음극(연료극, 캐소드)에 개질기를 이용해 만들어진 수소, 양극(공기극, 애노드)에는 산화제인 산소(공기)가 공급되어 다음 반응이 일어난다.

$$음극(수소) : H_2 \rightarrow 2H^+ + 2e^- \tag{4·17}$$

$$양극(산소) : 1/2O_2 + 2H^+ + 2e^- \rightarrow H_2O \tag{4·18}$$

연료전지 내부에서 위와 같은 반응이 일어나면 전기생성과 발열반응이 일어나 외부로 전기에너지와 열에너지를 내보낼 수 있다. 연료전지는 기존의 발전처럼 증기터빈을 가동해 전기에너지를 구하는 화력 발전방식과 달리 연료가 지닌 화학에너지를 직접 전기에너지로 변환하므로 화학력 발전방식이라고도 한다.

연료전지의 특징

연료전지에 의한 발전의 특징은 주로 다음 5가지로 정리할 수 있다.

① 발전효율이 높다.
② 폐열 이용이 가능하고 종합에너지 효율이 높다.
③ 환경성이 높고 저소음, 저공해 발전 시스템이다.
④ 규모에 따른 효율 차가 작아서 온사이트(on-site) 형 발전 시스템으로 활용할 수 있다.
⑤ 천연가스, 메탄올, LPG 가스 등 연료 다양성이 뛰어나다.

연료전지의 종류

연료전지는 동작 온도 차이에 따라 저온형(상온~250[°C]), 고온형(500~1,000[°C])으로 분류된다. 또한 전해질 종류에 따라 인산형, 용융탄산염형, 고체전해질형 및 고체고분자형 연료전지로 분류된다. 표 4·13에 연료전지의 종류와 특징을 나타내었다.

표 4·13 연료전지의 종류와 특징

항 목	인산형 (PAFC)	용융탄산염형 (MCFC)	고체전해질형 (SOFC)	고체고분자형 (PEMFC)
전해질	액상 인산(H3PO4)	액상 탄산염(Li,K)	고체 세라믹 지르코니아(YSZ GDC)	고체 고분자 이온교환막
동작 온도	150~220[°C]	550~700[°C]	500~1,000[°C]	50~100[°C]
사용 가능 연료	천연가스, 메탄올, LPG, 나프타, 등유	천연가스, 메탄올, 석탄가스, LPG, 나프타		수소, 천연가스, 메탄올, LPG
시스템 발전효율	40~45	45~55[%]	40~60[%]	40~60[%]
특 징	(1) 발전용, 건물용 (2) 촉매 : 백금 (3) 폐열을 회수해 급탕, 냉방에 이용	(1) 발전용 (2) 촉매 : 니켈 (3) 급탕, 냉방 및 폐열을 발전에 이용	(1) 가정/건물/발전용 (2) 촉매 : cermet (3) 출력밀도가 높아 고성능/콤팩트 화를 기대	(1) 가정/건물/수송용 (2) 촉매 : 백금 (3) 동작 온도가 낮아서 기동시간이 짧다. (4) 소형 경량화 기대
출력밀도	150~300[MW/㎠]	100~300[MW/㎠]	250~350[MW/㎠]	100[W]~100[kW]

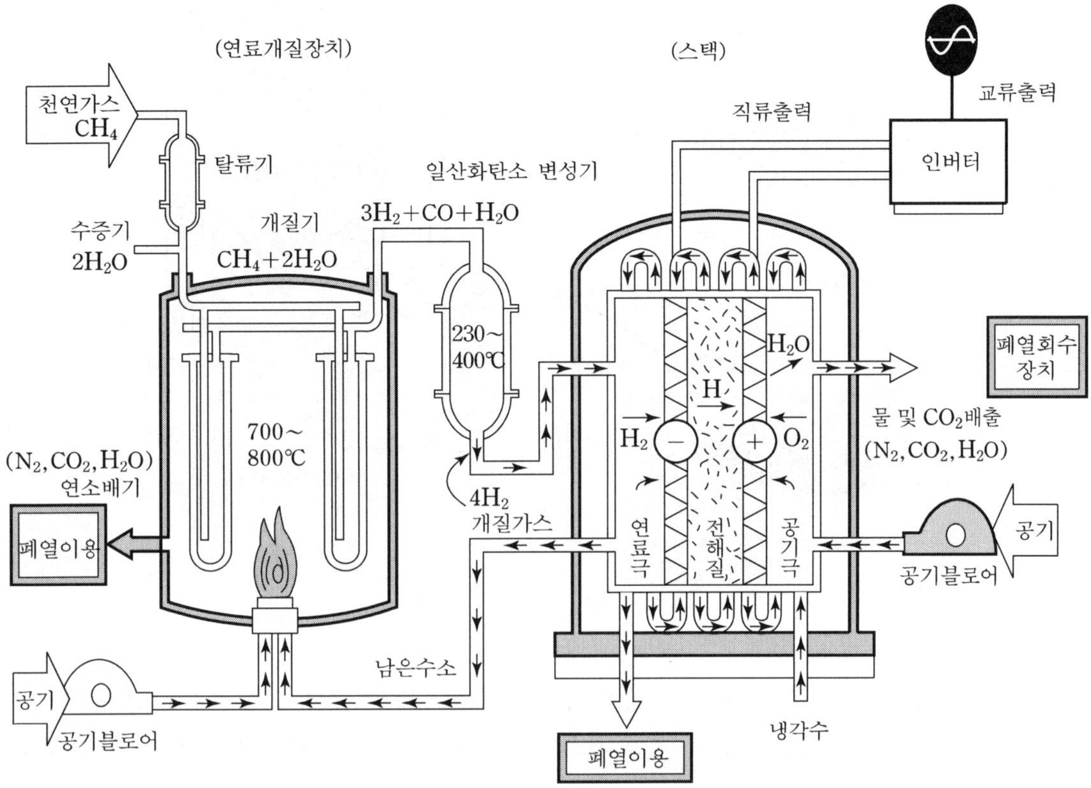

그림 4·18 인산형 연료전지 발전 시스템의 구성

본 절에서는 기술적으로 가장 앞서 있는 인산형 연료전지 발전 시스템을 소개한다.

그림 4·18은 도시가스를 연료로 하는 인산형 연료전지 발전 시스템의 구성을 나타내었다. 주요 구성기기는 전지 본체, 개질장치, 인버터, 제어장치로 분류된다.

4) 연료전지 구조

● 전지 본체

연료전지 본체는 연료극(수소공급), 공기극(산소공급)으로 이루어지는 한 쌍의 전극과 그사이에 전해질 층으로 단전지(cell)를 구성하며, 그림 4·19와 같이 셀을 많이 적층함으로써 큰 출력을 구하는 구조이다.

전극은 가스가 잘 통과하는 구조로 만들어져 있으며 여기에 수소연료와 공기가 보내져 수소와

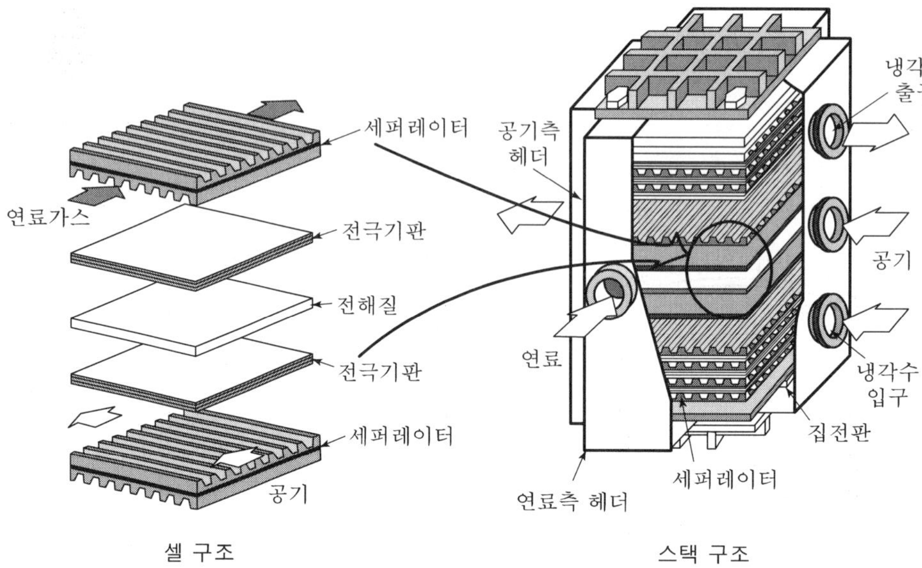

그림 4·19 셀 및 스텍 구조

산소가 전기화학적으로 반응해 전기가 발생한다 전해질 층에는 인산이 들어있어 반응 매체가 되는 수소이온의 통로 역할을 하고 있다. 셀과 셀 사이에는 세퍼레이터가 설치되어 연료와 공기 혼합을 방지하며 2개의 셀을 전기적으로 연결하는 역할을 한다. 단셀을 수십 장에서 수백 장 적층해 하나의 발전 유닛을 구성한 것을 스텍(stack)이라고 한다. 스텍 측면에 헤더가 부착되어 있어 연료, 공기가 각 셀에 분배 공급되는 구조로 이루어져 있으며 스텍 상하에 설치된 집전판(集電板)에서 직류전력이 나온다. 연료전지의 반응은 발열반응이므로 여러 셀별로 냉각기가 설치되며 냉각수에 의해 셀 냉각이 이루어진다. 냉각수에 빼앗긴 열은 열교환기를 통해 시스템 외부로 유도되며 그 폐열원으로 이동된다.

연료개질장치

천연가스, LPG, 메탄올, 나프타, 등유 등의 연료를 스팀과 혼합하여 고온 촉매반응에 의해 수소를 발생시킨다. 탈류기, 개질기, 일산화탄소 변성기로 구성되며 각각 연료 속의 황성분을 제거하는 기능, 연료를 수소로 변환(개질)하는 기능, 개질기로 만들어진 반응 가스 속의 일산화탄소를 다시 수소로 변환하는 기능이 있다. 얻어진 수소가스는 개질 가스라고 부르며 스텍에 공급되어 발전에 사용된다. 스텍에서 사용된 나머지는 개질기 버너에 공급되어 개질기를 고온으로 유지하기 위한 연료로 사용된다.

인버터

스텍에서 나오는 전기는 직류이다. 직류를 일반 용도에 이용하려면 교류로 변환할 필요가 있으며 인버터가 설치되어 있다. 인버터는 반도체 스위칭 소자를 이용해 직류를 교류로 변환할 뿐 아니라 발전출력도 컨트롤하는 기능이 있다.

제어장치

연료전지 발전 시스템에서 발전출력, 연료, 공기 및 폐 열량을 자동으로 조정하여 안정된 발전을 유지하기 위해 제어장치가 설치되어 있다.

기타 기기

- **질소 설비** : 전지, 배관의 안전용 질소 부분이나 전지의 가동 중지 시 보관용으로 질소 설비가 설치된다.
- **수처리 설비** : 전지의 절연 보호용으로 냉각수의 수질을 유지할 필요가 있어 이온 교환수지나 역침투막의 설비가 설치된다.
- **폐열회수장치** : 스텍, 연료개질장치에서 증기, 온수의 형태로 폐열을 계통 외부로 내보내서 이용하기 위해 설치된다.
- **상용연계 장치** : 연료전지의 발전전력을 상용전원과 연계하기 위해 상용연계용 보호계전기가 설치된다.

5) 연료전지의 활용 분야

연료전지는 스텍, 연료변환 장치, 주변기기 및 제어장치 등으로 구성된다. 기존 화력발전 대비 연료전지는 이산화탄소 배출을 40[%] 정도 감소하고 에너지 사용량은 26[%] 정도 절감하는 에너지 신기술로 미국, 일본, EU에서 미래 성장동력 산업으로 육성하고 있다.

세계 연료전지 시장은 최근 2020년 이후 연평균 약 30[%]의 빠른 성장세를 보여 용도별로는 수송용과 고정형(가정·건물용 및 발전용)이, 종류별로 수송용으로는 고체고분자형, 가정·건물용으로는 고체고분자형과 고체전해질형, 발전용으로는 인산형과 고체전해질형이 시장을 주도하고 있다.

연료전지 시스템 판매량은 지속해서 증가하여 2021년 2.3[GW] 규모에 이르렀다. 응용 별로 고정형 348[MW](15.0[%]), 수송용 1,965[MW](84.9[%])가 판매되었고, 종류별로, 고체고분자형 1,998[MW](86.4[%]), 인산형 207[MW](8.9%) 순으로 시장을 점유하고 있다.

표 4·14 연료전지의 주요 활용 분야

구 분	인산형 (PAFC)	용융탄산염형 (MCFC)	고체전해질형 (SOFC)	고체고분자형 (PEMFC)
용 도	가정용, 건물용, 발전용	발전용	발전용	수송용, 가정용, 건물용
용 량	100～400[kW]	300～3,000[kW]	1～2,000[kW]	1～100[kW]

6) 향후 동향 및 전망

연료전지가 수소경제 사회에서 관심이 집중되는 이유는 첫째, 친환경성이다. 수소로 기존 내연기관을 통해 발전하는 경우 미세먼지 유발 물질인 NOx를 다량 방출하게 되나 무 연소 발전기인 연료전지는 유해 물질 배출이 없다는 것이다. 둘째, 높은 에너지 효율이다. 기존 LNG 화력발전소에 등을 통해 발전할 경우는 열 손실(약 55~60[%])과 송전손실(약 5[%])이 발생하나 연료전지는 종합발전효율이 90[%]으로 손실은 약 10[%] 정도인 초고효율 발전기이다. 셋째로 높은 안전성이다. 내연기관과 달리 연료전지는 내부에서 수소, 산소를 직접 연소시키지 않기 때문에 화재, 폭발 위험성이 매우 낮다는 것이다.

2050년 1차 에너지 중 수소가 차지하는 비율이 미국은 14[%], 유럽은 18[%] 정도로 예상한다. 우리나라는 수소경제 로드맵 발표 이후 집중적으로 투자한 결과 우리나라 수소경제의 글로벌 위상이 빠르게 부상하고 있다. 수소전기차 분야에서 일본을 제치고 2019년 시장 판매량 1위를 달성하였고, 국내 발전용 연료전지 시장은 미국을 넘어 세계 보급량의 40[%] 이상으로 세계 최대 규모로 성장하게 되었다.

확대되는 국내시장에서 부족한 양산 기술, 내구성 향상, 효율 향상 등 제품 신뢰성을 높이는 기술개발을 병행하여 연료전지 기술 강국의 위치를 확보해야 한다. 기후 위기에 대응하여 선진국 주도의 수소 기술에 대한 투자 확대는 연료전지 시장 활성화를 유발하게 됨으로써 시장 선점을 위한 준비가 계속해서 필요하다.

7) 관련 용어

- 인버터 : 연료전지에서 발생하는 직류를 교류로 변환하는 장치
- 온 사이트형 연료전지 : 전기나 열 수요가 있는 장소에 설치하는 비교적 소용량 연료전지 발전 시스템을 말한다. 설치장소는 호텔, 병원, 레스토랑, 사무실 빌딩이다.
- 공기극(에노드) : 산화제인 공기나 산소가 공급되는 측의 전극으로 산소극이라고 부른다. 인산형이면 수소이온, 산소이온 및 전자가 반응해 물을 생성하는 반응이 생긴다.
- 셀(단전지) : 스텍을 구성하는 전지 본체의 최소 단위로 두 개의 전극, 전해질 층, 세퍼레이터로 구성된다.
- 스텍 : 단위 셀을 전기적으로 직렬이 되도록 수십 혹은 수백 장을 적층한 연료전지의 집합체로 여기에 연료, 공기, 냉각수 출입을 일괄해서 공급하는 장치를 설치해 용기 내에 수납한 것을 말한다.
- 연료극(캐소드) : 연료인 수소를 주성분으로 하는 개질 가스 또는 순수한 수소가 공급되는 전극(촉매 포함)으로 연료극이나 수소극이라고 한다. 인산형이면 수소가 수소이온과 전자로 분리되는 반응이 일어난다.
- 분산형 전원 : 연료전지의 특성인 환경 적합성을 살려 전력수요지로 분산시켜 설치하는 것을 말하며 장거리 전송설비 등을 생략할 수 있다는 장점이 있다. 개별 시설에 설치된 온 사이트형보다도 대용량 설비임.
- 인산형 연료전지 : PAFC(Phosphoric Acid Fuel Cell)라고 약칭하기도 한다. 인산을 전해질로 하는 연료전지이다.
- 용융탄산염형 연료전지 : MCFC(Molten Carbonate Fuel Cell)라고 약칭한다. 전해질로써 탄산염(K_2CO_3와 Li_2CO_3의 혼합 염)을 이용하여 그 용융점 이상의 온도에서 운전하는 연료전지, 연료가스로서 수소, 일산화탄소, 탄산가스를 사용할 수 있다.
- 고체전해질형 연료전지(고체 산화물 연료전지) : SOFC(Solid Oxide Fuel Cell)라고 약칭된다. 전해질로 산화물 이온 도전성을 가진 고체전해질을 이용한 연료전지로써 고체전해질로는 일반적으로 세라믹 지르코니아 등을 이용한다.
- 고체고분자형 연료전지(고분자 전해질 연료전지) : PEMFC(Polymer Electrolyte Fuel Cell)라고 약칭된다. 수소이온을 투과할 수 있는 고분자막(이온교환막)을 전해질로 사용하며, 다른 형태의 연료전지보다 저온에서 작동되며, 전류밀도가 큰 고출력 연료전지이다.

4·6 핵융합

1) 핵융합 개요 및 모형

많은 에너지 방출과 함께 무겁고 큰 핵이 작고 가벼운 조각으로 분해되는 핵분열(nuclear fission) 반응은 핵자(nucleon)의 결합에너지(binding energy)를 방출하는 수많은 핵반응의 한 종류일 뿐이다. 핵반응에 있어서 반응 전 반응물의 질량보다 반응 생성물의 질량의 합이 작으면 아인슈타인의 이론에 따라 막대한 열과 빛, 즉 에너지를 방출하게 된다. 같은 이유로 핵융합(nuclear fusion) 반응에서도 작고 가벼운 핵들이 반응 융합하여 크고 무거운 생성물을 형성할 때 질량의 결손이 생기면, 언제든지 에너지를 방출하게 된다. 이와 같은 핵융합반응은 태양이나 별들의 주요 에너지 생성 원이다.

지구로부터 1억 5천만km 떨어진 태양으로부터 직각으로 조사되는 빛의 에너지는 $1[m^2]$당 약 1.4[kW]이다. 따라서 태양으로부터 방출되는 에너지의 총량은 4×10^{26}[W]이다. 이와 같이 내부 온도가 1.6×10^7[K] 정도인 태양이나 별에서의 에너지 생성의 기본과정은 그림 4·20에 나타낸 바와 같이 양자-양자 순환과정(proton-proton cycle)으로 알려진 수소 핵의 융합에 의한 것이다. 2개의 양자(proton)가 융합되면 식 (4·19)와 같이 중양자(deuteron)와 양성의

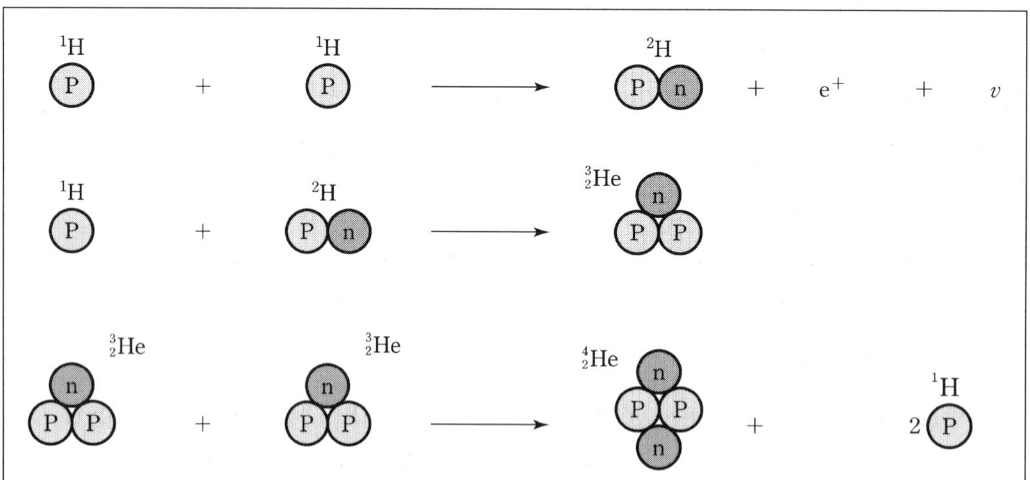

그림 4·20 양자-양자 순환과정(The proton-proton cycle)
-4개의 양자가 한 개의 헬륨과 두 개의 양자를 생성하는 핵융합반응

베타입자(positive beta particle)와 중성미자(neutrino)가 생성되며, 이때 방출되는 에너지는 0.93[MeV]이다.

$$^{1}H + {}^{1}H \rightarrow {}^{2}H + e^{+} + \upsilon \tag{4·19}$$

중양자와 양자가 융합하여 3He가 생성되고, 3He 들이 융합하면서 다시 양자와 4He를 생성하게 된다. 이 과정에서 방출되는 총에너지는 24.7[MeV]이다(그림 4·20). 물론 이것은 핵분열 시의 방출에너지 200[MeV]보다는 상당히 작다. 그러나, 일반 화학반응에 의해 방출하는 에너지 보다는 몇천 배 높은 값이다. 24.7[MeV]는 4×10^{12}[J]이므로 태양이 4×10^{26}[W]를 방출하기 위해서는 그림 4·20의 반응이 초당 10^{38}번 일어난다는 것을 의미한다. 태양은 70[%]의 수소와 28[%]의 헬륨, 기타 물질 2[%]로 구성되어 있으므로 앞으로 수십억 년 더 현재와 같은 상태로 에너지를 방출할 것이다.

$$^{6}_{3}Li + {}^{1}_{0}n \rightarrow {}^{3}_{1}H + {}^{4}_{2}He \tag{4·20a}$$

$$^{7}_{3}Li + {}^{1}_{0}n \rightarrow {}^{3}_{1}H + {}^{4}_{2}He + {}^{1}_{0}n \tag{4·20b}$$

그림 4·20에서와 같이 간단한 화학반응 모델에 의해 핵융합을 이해하기는 쉬운 일이나, 실제로 핵융합을 실현하기는 대단히 어렵다. 각 양자는 양전하를 띠고 있으므로 서로 전기적으로 반발하게 된다. 그러나 핵 사이의 거리가 2×10^{-13}[cm] 이내이면 반대로 강한 인력이 발생하여 핵융합반응이 일어난다. 그러므로, 핵융합을 위해서 공급해야 할 에너지는 당연히 양자 간의 반발력보다 커야 할 뿐 아니라 양자들이 핵력의 영향권 안으로 들어가게 할 수 있는 충분한 에너지가 필요하다. 그러나 양자들이 핵력의 영향권에 있다 하더라도, 다양한 종류의 핵반응 때문에 핵융합은 쉽게 일어나지 않는다. 태양의 경우는 섭씨 수백만 도나 되는 열 에너지원이지만, 핵융합반응은 중심부에 국한되어 일어난다. 태양의 중심부만이 높은 온도와 동시에 핵융합의 확률이 높은 양자의 밀도를 갖고 있기 때문이다.

이와 같이 핵융합반응은 그 확률이 대단히 낮고, 높은 온도가 요구되기 때문에 지구상에서 이용할 수 있는 에너지원으로 수소의 양자에 의한 핵융합은 거의 불가능하다. 그러나 두 양자의 융합과 같이 에너지를 방출하면서도 반응확률이 높은 여러 핵융합반응이 있다. 그중에서도 2개의 중양자(deuteron)의 융합이나, 중양자와 삼중양자(triton)의 융합이 관심의 대상이 되고 있다. 수소의 동위원소 7,000개당 1개(약 0,015[%])가 중수소(deuterium)이며 물속에는 많은 양의 수소가 녹아 있으므로 바다는 거의 무한대의 중수소원이 되기 때문이다. 삼중수소를 자연에서 회수하기는 대단히 비경제적이다. 그러나 식 (4·20)과 같이 2종의 리튬 동위원소와 중성자의 반응으로 얻을 수 있다.

이들 중 중수소와 삼중수소에 의한 핵융합이 더욱 관심을 끌고 있다. 그 이유는 그림 4·21에서 나타낸 바와 같이 방출에너지가 상당히 크고, 상대적으로 그 융합온도가 약 섭씨 4,000만[℃]로 낮기 때문이다.

이와 같이 핵융합 온도를 반응이 일어날 수 있는 충분한 시간 동안 만들어낸다는 것이 기술적으로 가능하지 않을 것으로 생각되지만, 실제로 많은 연구가 지속적으로 진행되고 있다.

핵융합에너지는 꿈의 에너지로 통한다. 인류의 에너지 문제를 해결해 줄 근본적인 해결책이 된다는 뜻으로, 핵융합은 쓰레기로 물만을 남기게 되므로 환경오염 및 지구온난화 문제도 없기 때문이다. 또한 핵분열처럼 방사능 유출의 위험도 없고, 군사적 사용 가능성도 없다. 상기에서 기술한 바와 같이 태양이 이같이 핵융합으로 열과 빛을 내기 때문에 핵융합 실험 장치는 '지상의 인공 태양'으로 불리기도 한다. 그러면, 다음 핵융합 방법을 통하여 지구상에서 어떻게 핵융합을 실현할 수 있는지 과학적인 면과 핵융합 장치 제작상의 기술적인 면에서 그 발전 현황을 살펴본다.

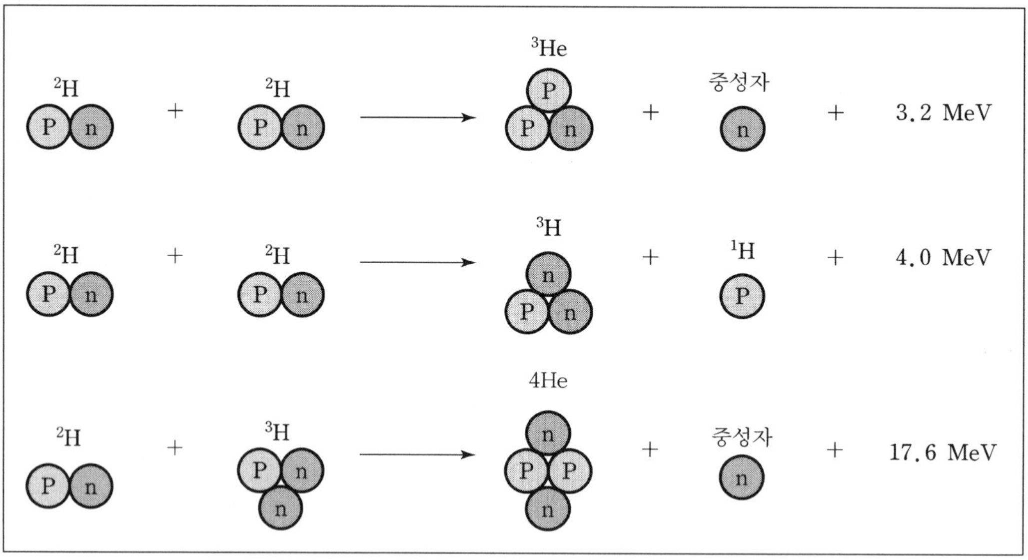

그림 4·21 중양자-중양자 및 중양자-삼중양자 핵융합반응

2) 핵융합 방법

일반적으로 불꽃 온도는 약 1,000[°C]이며, 이 온도에서 불꽃 속의 원자 에너지는 약 0.1[eV]이다. 이 에너지는 원자 속의 전자들을 제거하는 데 충분치 못하다. 핵융합에 사용되는 열에너지는 원료 기체의 원자들로부터 모든 전자를 제거할 수 있을 만큼 커야 한다. 이렇게 충분한 에너지에 의해 원료 기체로부터 전자가 방출되면, 자유전자와 양이온의 혼합상태가 되는데 이것을 플라즈마(plasma)라 부른다. 핵융합은 바로 플라즈마 속의 양이온들이 반응하여 결합하는 것이다. 그러나 자유전자와 양이온은 자연적으로 다시 결합하려 할 것이고, 양이온들은 서로 반발할 것이다. 따라서 핵융합반응이 지속해서 일어나기 위해서는 충분한 에너지를 공급해 주어 양이온의 밀도를 일정 시간 이상 유지해 주어야 하는데 이를 밀폐시간(confinement time)이라고 한다.

핵융합반응은 한번 시작되면, 에너지 손실보다 에너지의 생산량이 크기 때문에 반응은 계속 진행된다. 그러나 어떤 산화 과정이든 전도와 대류 등에 의한 에너지의 손실이 중요하듯이 핵융합발전에서도 빠르게 움직이는 이온화된 핵들에 의한 에너지 손실을 줄이는 것이 중요한 문제이다. 핵융합 연구의 목적은 바로 이와 같은 에너지 손실을 줄이고 이용할 수 있는 에너지를 얻는 데 있는 것이다. 핵융합이 실제 에너지원으로의 사용 가능성을 결정해 주는 가장 중요한 과학기술 분야는 다음과 같다.

● 점화온도(ignition temperature) 기술

플라즈마 제동복사(bremsstrahlung)에 의한 에너지 손실보다 큰 에너지(바로 이 전이가 일어나는 온도가 점화온도이다), 즉 플라즈마 속의 양이온들이 전기적 반발력을 극복하고 서로 접근하여 반응을 일으킬 수 있을 만큼 충분한 운동에너지를 줄 수 있는 온도가 필요하다.

● 플라즈마 내의 양이온 밀도(cation density) 유지 기술

플라즈마 내의 양이온 밀도는 양이온 사이의 충돌이 자주 일어날 수 있을 만큼 충분해야 한다.

● 플라즈마 밀폐시간(confinement time) 유지 기술

충분한 플라즈마 양이온 밀도와 더불어 양이온들의 접촉에 의한 핵융합반응의 확률을 높이기 위해서는 플라즈마 상태가 충분한 시간 지속되어야 한다.

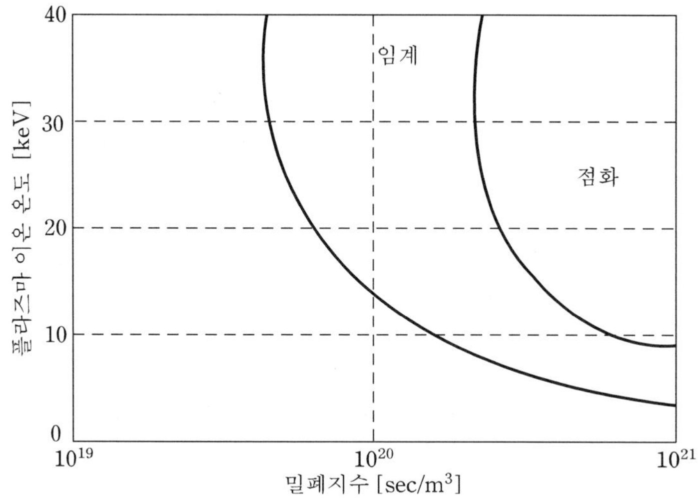

그림 4·22 핵융합로의 임계점과 점화에 대한 조건

현재 점화온도 기술은 상당한 수준에 올라 있다. 중양자-삼중양자 융합에 있어서 최소 점화온도는 섭씨 약 섭씨 4,000만[℃]이지만 실제 핵융합 반응기에서는 이 온도의 2배 이상 높은 온도인 약 1억[℃]가 필요하다. 이것은 이온온도(ion temperature) kT로 환산하면 약 10[keV]에 해당한다(k는 Boltzman's constant). 미국 프린스턴 대학교 플라즈마 물리연구소에서는 TFTR(Tokamak fusion test reactor)을 이용해서 이미 극히 짧은 시간이나마 반응기 온도를 섭씨 약 3억[℃]까지 올린 바 있다.

플라즈마를 핵융합반응 온도로 유지하기 위해 공급되는 에너지와 플라즈마 내에서 융합으로 생산되는 에너지가 같을 때 이것을 임계점(break-even point)이라 하는데, 이때 주어진 플라즈마 온도와 이온밀도에서 요구되는 밀폐시간은 일반적으로 영국의 핵물리학자 로손이 제시한 기준(Lawson number)에 의해 예측된다. 로손 등의 계산에 의하면 중양자와 삼중양자를 이용한 핵융합반응을 이용하기 위해서는 밀폐지수(confinement quality parameter), 즉 양이온의 밀도와 밀폐시간의 곱이 적어도 10^{20}[sec/m^3] 이상이어야 한다(그림 4·22). 만약 양이온의 밀도가 10^{21}[1/m^3]이면, 적어도 0.1[sec]의 밀폐시간이 필요하게 되는 것이다. 그러므로, 핵융합 발전에 관한 연구는 양이온의 밀도와 밀폐시간의 곱을 최대화하는 방법과 점화온도를 얻는 방법에 중점을 두고 있다.

플라즈마 반응기 안에서 반응기 벽과 접촉 없이 고온의 플라즈마 상태를 상당 시간 지속시키는 것은 점화온도를 얻는 것보다 어렵다. 문제는 플라즈마가 고온이기 때문에 이 열에 의한

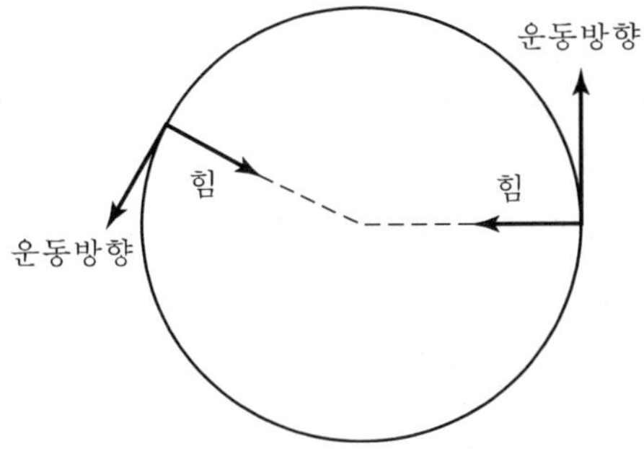

물체에 작용하는 힘이 운동 방향과 직각일 때 물체는 원운동을 하게 된다.

그림 4·23 물체의 원운동

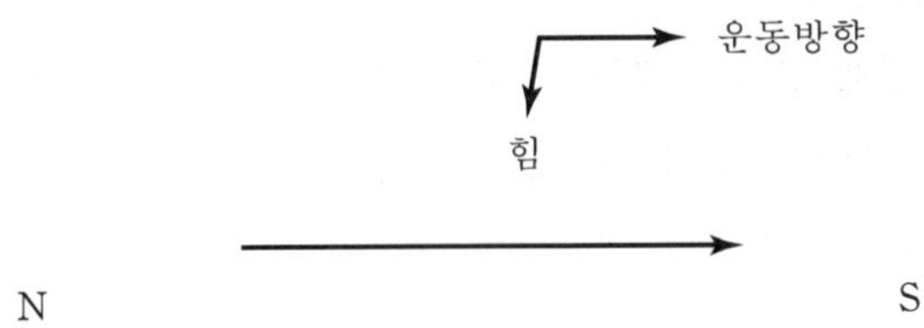

그림 4·24 자기장에 직각인 방향으로 운동하는 하전체의 원운동

반응기의 융해 가능성 때문이 아니고, 핵융합반응에 충분한 양이온의 수를 유지하는 것이다. 즉 플라즈마가 반응기 벽과 충돌하면 자발적인 융합반응에 필요한 에너지를 잃게 되어 반응은 중단된다. 플라즈마가 대단히 빠르게 감소하는데, 그 원인은 플라즈마의 불안정성에 의한 것으로 현재까지도 많은 연구가 진행 중이다. 이러한 문제는 현재 자기장 밀폐방식(magnetic confinement)과 관성 밀폐방식(inertial confinement) 등 다양한 방법으로 연구되고 있으며, 좋은 결과를 얻고 있다. 여기서는 자기장에 의한 방법만 설명할 것이고, 관성에 의한 방법은 레이저 융합(laser fusion)에서 살펴본다.

자기장에 의한 플라즈마 연구는 1950년대 러시아에서 최초로 개발된 토카막(Tokamak ; Toroid Kamera Magnit Katushka : Toroidal Magnetic Chamber란 의미의 러시아어)이라 불리는 토로이드 모양(도너츠 모양) 토카막 장치를 이용한 방법이 가장 활발하게 연구되고 있다.

이 방법은 전하가 자기장(magnetic field) 내에서 운동할 때 힘을 받는다는 물리적인 원리를 이용하여 양이온과 장치 벽과의 충돌을 방지하는 방법이다. 그림 4·23과 같이 물체의 운동 방향과 직각으로 힘을 가하면 그 물체는 원운동을 하게 된다. 지구 주위로 원운동 하는 인공위성의 궤도는 좋은 예가 될 것이다. 만약 하전입자가 자기장에 직각인 방향으로 운동할 때 입자는

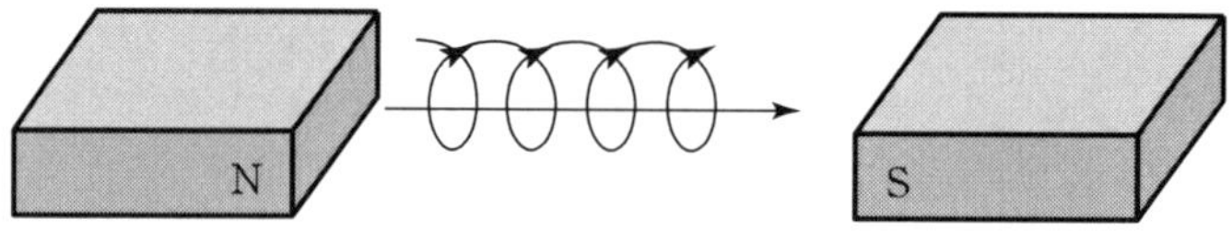

그림 4·25 자기장에 직각이 아닌 방향으로 운동하는 하전체의 나선형 운동

자기장과 직각이면서도 동시에 운동 방향과 직각인 방향으로 작용하는 힘을 받게 된다(그림 4·24). 따라서 입자는 원운동을 하게 된다. 자기장의 세기가 커질수록, 입자가 받는 힘은 커지게 되어 궤도의 반경은 작아지게 된다. 만약 입자의 운동 방향이 자기장과 직각이지 않고, 받는 힘이 운동 방향과 자기장에 직각이면 입자는 그림 4·25와 같이 나선운동을 하게 된다. 이 원리가 플라즈마 속에서 이온의 밀도와 온도를 제어하는 데 이용되고 있다.

따라서 토카막의 이온 밀폐 원리는 그림 4·26과 같이 원형 단면을 갖는 플라즈마 환의 형태로 플라즈마 환속에 강한 토로이드 형의 자기장(toroidal magnetic field)을 형성시킨다. 또한 토로이드 형 전기장에 의해 플라즈마 내를 흐르는 토로이드 형 전류를 유도하여, 이 전류로 폴로이드 형 자기장(poloidal magnetic field)을 형성시킨다.

두 전자장에 의해 나선형의 전자장이 형성되어 플라즈마를 밀폐시킬 수 있는 것이다. 토카막은 지난 1960년대 러시아(구 소련)의 쿠르차토프원자력연구소(I.V.Kurchatov Institute of Atomic Energy)에서 처음 개발된 이후, 현재까지도 세계적으로 이 방법을 이용해서 핵융합 연구가 활발하게 진행되고 있다. 토카막 이외의 자기장을 이용하여 이온을 넣는 방법으로

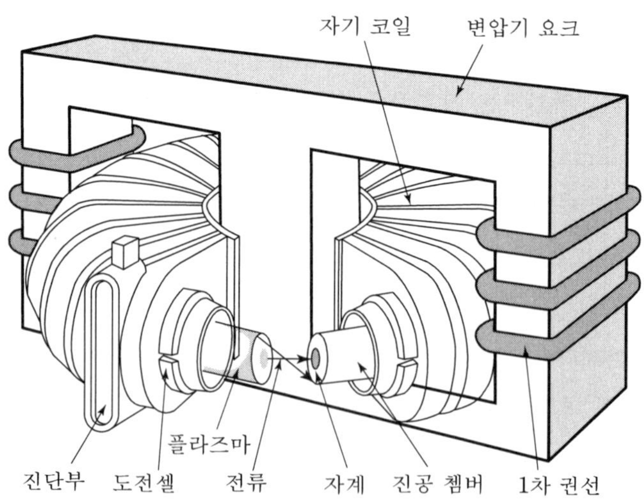

그림 4·26 전형적인 토카막 장치

mirror machine, high-density pinch 라 불리는 방법들이 연구되었으며, 최근에는 stellarator, reversed- field pinch, compact tori 등의 방법이 토카막과 함께 새로이 연구되고 있다. 표 4·15는 지난 수십 년 동안 세계적으로 설치된 자기장을 이용한 융합장치의 이름, 크기 및 위치를 나타내었다.

표 4·15 자기장(밀폐방식)을 이용한 주요 융합로의 크기 및 위치

Reactor Model	Plasma volume[m^3]	Location
Tokamaks ST (C-Stellerator rebuilt as Tokamak)	0.4	미국(Princeton)
Doublet-II	1.2	미국(San Diego)
ATC (adiabatic Toroidal Compression Experiment)	0.07	미국(Princeton)
Alcator (High-field Tokamak with cryogenic magnets)	0.1	미국(Cambridge)
Ormak (Oak Ridge Tokamak)	0.8	미국(Oak Ridge)
TFR(Tokamak Fusion Reactor)	0.8	프랑스
PLT (Princeton Large Torus)	5	미국(Princeton)
T-10 (Tokamak-10)	30	러시아(구 소련)
D-III (Doublet-III)	22	미국(San Diego)
JT-60 (Japanese Tokamak)	60	일본
TFTR (Tokamak Fusion Test Reactor)	35	미국(Princeton)
JET (Joint European Tokamak)	180	영국
T-20 (Tokamak-20)	400	러시아(구 소련)
Mirrors		
2XIIB (Beam-driven mirror machine)	0.006	미국(Livermore)
MFTF (Tandem Mirror Experiment)	0.1	미국(Livermore)
TMX (Mirror Fusion Test Facility)	1.700	미국(Livermore)
Pinches		
Scyllac (Toroidal Z-pinch)	0.8	미국(Los Alamos)
ZT-II (Toroidal theta pinch)	0.9	미국(Los Alamos)

3) 핵융합로 체계 설계

그림 4·27에 핵융합반응으로부터의 열에너지를 얻을 수 있는 전기발전시설을 개략적으로 나타내었다. 핵융합발전 설비에 있어서 중요 요소는 상기에서 논의한 플라즈마를 밀폐할 수 있는 자기장을 형성시키는 방법과 플라즈마 상태를 일정 시간 확보하는 기술 외에 플라즈마를 싸고 있는 리튬 차폐층(lithium blanket)의 설계이다.

중성자와 알파입자를 생성하는 핵융합반응이 플라즈마 안에서 일어나면 에너지는 여러 형태로 방출된다. 우리가 관심을 두고 있는 에너지는 플라즈마 중심부에서 튀어나오는 중성자가 갖고 있다. 왜냐하면, 중수소-삼중수소 융합의 경우 생성 에너지의 80[%]가 중성자의 운동에너지로, 나머지 20[%]는 알파입자의 운동에너지로 방출되기 때문이다. 따라서 중성자의 운동에너지를 열로 회수하는 설비가 필요한데, 이것이 바로 리튬 차폐층이다. 중성자는 전기적으로 중성이므로 전기장에 의해 그 속도를 조절할 수 없으며, 플라즈마 내부에서 튀어나와 차폐층의 리튬핵과 반응한다. 이 반응에서는 헬륨과 삼중수소가 반응 생성물로 남게 된다. 이 생성물들은 전하를 갖고 있어 쉽게 리튬층에서 정지되며 리튬층 온도를 높인다. 액체 리튬의 열은 열교환기를 통해서 제거되며 계속 순환하게 된다. 삼중수소는 회수되어 반응기의 연료로 다시 사용된다. 이상과 같이 핵융합로 건설에는 과학적인 면과 기술적인 면, 그리고 경제적인 면에서 해결해야 할 많은 문제점이 있지만, 핵융합에 대한 지속적인 관심은 다음과 같은 장점이 있기 때문이다.

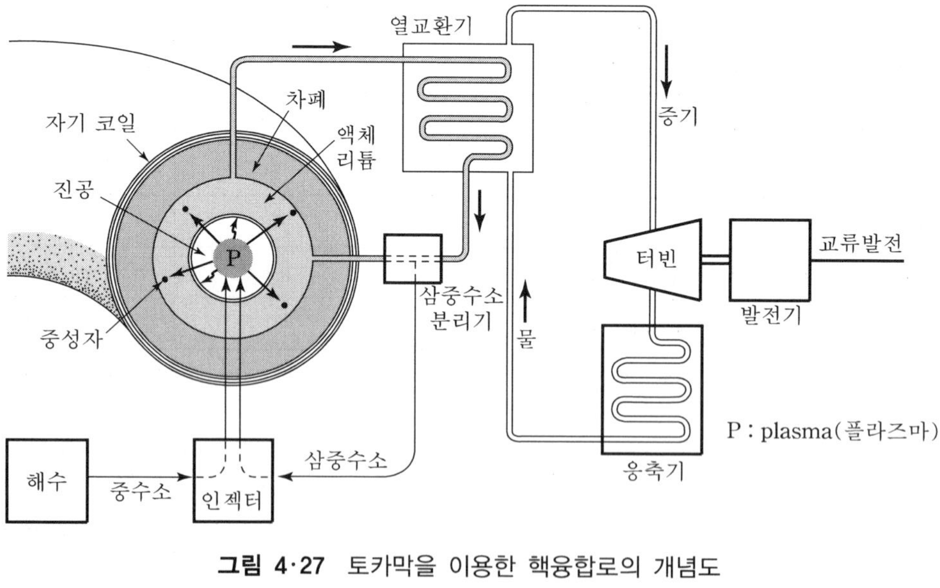

그림 4·27 토카막을 이용한 핵융합로의 개념도

① 방사성 폐기물의 축적을 피할 수 있다.

주요 반응 생성물은 중성자, 방사능이 없는 헬륨, 수소의 핵자와 방사능이 있는 삼중수소 핵이다. 삼중수소는 아주 적은 에너지의 방사선을 베타입자 형태로 방출한다. 그러나 삼중수소의 방사성은 대단히 미약하며 현재의 기술 수준으로도 안전하게 처리할 수 있는 것으로 알려져 있다. 또한 삼중수소는 연료로 다시 사용하게 된다. 많은 양의 방사성물질을 반응 생성물로 남기는 핵분열에 비하여 대단히 안전한 것이다. 따라서 러시아(구 소련)의 체르노빌(Chernobyl) 원전 사고(1986년 4월)나 미국의 스리마일섬(Three Mile Island) 원전 사고(1979년 3월)와 같은 방사능 물질 누출 사고의 위험은 전혀 없다.

② 핵폭발을 일으킬 만큼 많은 핵연료가 필요 없다.

핵융합은 핵분열처럼 임계질량이 요구되지 않고 플라즈마의 밀도가 아무리 높아도 연쇄반응을 일으킬 수 있는 양이 존재하는 경우가 없다.

③ 물에서부터 중수소의 형태로 연료를 얻기 때문에 연료공급에 문제가 없다.

④ 다른 연료(화석연료 등)의 공급이 필요치 않아 이산화탄소, 이산화황 등 지구 온난화 및 대기오염물질의 배출이 없다.

⑤ 열역학적으로 상당히 효율이 높은 시스템이다.

이상의 장점과 더불어, 핵융합로 설계에 있어서 몇 가지 고려해야 할 사항은 다음과 같다. 첫째, 중성자와 구조물과의 계속 충돌로 인하여 방사능을 방출하거나 구조물을 약화한다. 따라서, 플라즈마를 싸고 있는 구조물의 가장 안쪽 벽은 5년에 1번 정도 교체해 주어야 하는 문제가 있다. 둘째 리튬으로부터 재생된 삼중수소 역시 수소와 마찬가지로 한곳에 보전하기 힘들고, 어느 정도 보전 용기 벽 속으로 확산되어 산소와 반응하여 물을 형성한다. 따라서 삼중수소의 방사성은 물의 형태로 생물학적 피해를 줄 수도 있다.

4) 레이저 융합(LASER fusion)

레이저 융합은 자기장을 이용한 플라즈마 밀폐방식과는 근본적으로 다른 방법으로, 고출력의 레이저를 이용하여 플라즈마를 밀폐하고 가열하여 핵융합반응을 얻게 된다. 그림 4·28에 레이저에 의한 핵융합 반응로를 나타내었다. 레이저광의 펄스는 강도(intensity)가 같은 작은 펄스로 나뉘어 증폭된다. 증폭된 광들은 거울이나 렌즈를 거쳐 펠릿으로 제조된 연료를 구심점으로 여러 방향에서 일정하게 조사된다. 연료 펠릿은 중수소-삼중수소 연료를 플라스틱이나 유리

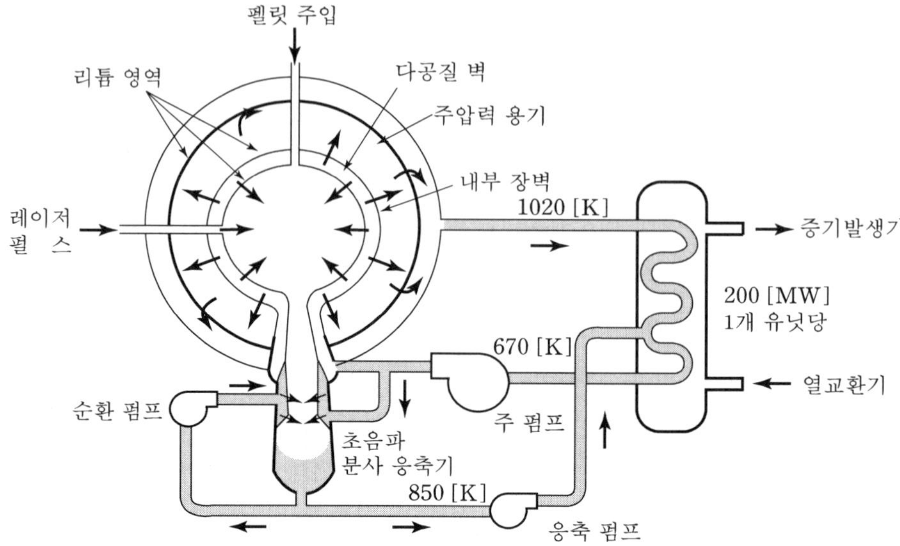

그림 4·28 레이저 융합 발전의 기본 개념도

등으로 제조된 반경이 약 1[mm]인 작은 셀(cell) 안에 넣은 것이다.

레이저에 의한 에너지는 먼저 펠릿의 최외각 층을 이온화시킨다. 그러나 흡수된 에너지는 일정한 임계 반경 내의 내부 연료에는 전혀 영향을 주지 못한다. 조사된 에너지는 중수소-삼중수소 연료 주위의 플라즈마층에 흡수되기 때문이다. 에너지를 흡수한 플라즈마층은 급격하게 팽창한다. 팽창하는 플라즈마 속의 이온들의 이탈속도는 약 1,000[km/s]이다. 이때 플라즈마가 팽창하는 방향의 반대 방향인 펠릿의 내면으로 관성(Newton의 제3법칙)에 의한 강한 반발력이 발생하여 급격히 안쪽으로 전파된다. 이 힘은 남아 있는 연료 내부의 입자들의 속도를 약 10억분의 1초 동안에 초속 수백[km]으로 가속한다. 따라서 펠릿은 반경이 50분의 1 정도로 압축된다. 최대로 압축되면 계속해서 핵 중심으로 전달되는 여분의 운동에너지는 펠릿 온도를 상승시키게 되고, 펠릿이 점화온도에 도달하면 융합반응이 일어나게 되는 것이다.

5) 향후 동향 및 전망

그림 4·29에 세계 핵융합발전 연구 결과 추이 및 예상도를 나타내었다.

핵융합 연구는 초기의 예상과는 달리 자기장 속에 가둔 초고온 플라즈마의 불안정성 때문에 많은 어려움을 겪었고 이를 극복하기 위해 요구되는 높은 기술 수준으로 인해 지속적인 연구에 비해 발전의 속도가 느렸으나, 1968년 소련 과학자들에 의해 토카막 장치를 이용한 천만 도에서의 안정된 플라즈마 밀폐 결과가 발표되어 핵융합 연구 활성화에 크게 이바지하였다.

이에 따라 1970년대에 들어와서는 토카막 장치에 의한 핵융합 연구는 괄목할 만큼 발전하기 시작하였고 1970년대 중반에 있었던 아랍권 국가들의 석유 수출 금지 조치의 결과로 석유 가격 인상 등으로 세계적으로 에너지 공급에 대한 불안감이 전파되면서, 이에 대응하는 세계적 노력의 한 방법으로 선진국들에 의해 본격적인 핵융합에너지 개발이 시작되었다.

현재 주요 토카막 핵융합 실험 장치는 일본의 『JT-60SA 토카막』, 유럽연합의 『유럽 공동연구 토러스(JET)』, 일본과 유럽연합이 공동으로 개발한 『JT-60SA 토카막』, 독일의 『ASDEX-U』, 미국의 『DⅢ-D』 등과 같은 중대형 토카막형 핵융합 연구시설이 건설되어 핵융합 연구에 획기적인 발전을 가져오게 되었다. 1970년대 후반부터 본격적으로 진행된 핵융합 연구의 괄목할 만한 발전을 보여주고 있으나, 세계적인 석유 가격 안정과 선진국의 연구재정형편으로 핵융합 연구의 상용화로의 개발이 아직 멀다는 비판이 있었다.

우리나라에서 플라즈마 과학과 핵융합 연구가 시작된 것은 1970년대 후반부터이며, 국가적 차원에서의 본격적인 핵융합 연구는 1995년 국가 핵융합 연구개발 기본계획(Korea National

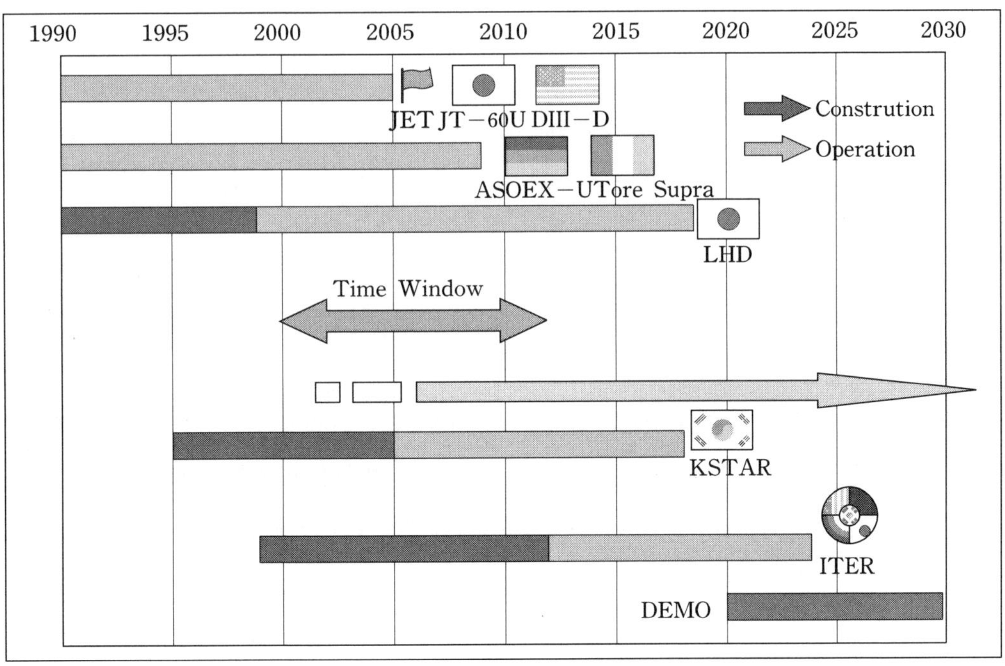

그림 4·29 세계 핵융합발전 연구 결과 추이 및 예상도

Fusion Program, KNFP)이 정부의 중간진입전략 자문위원회의 논의를 거쳐 기획되면서 시작되었다. 국가 핵융합 연구개발 사업은 KSTAR(Korea Superconducting Tokamak Advanced Research) 장치로 이름 지어진 차세대 초전도 토카막 장치의 개발·설치와 이 연구 장치의 운영을 통한 핵융합 연구와 기술의 확보, 나아가 세계적인 핵융합로 개발에 동등한 자격으로의 참여 등을 목표로 하는 계획으로 수립되어 있으며, 핵융합 발전 기술의 상용화 시기까지 이 분야의 기술 선진국으로서의 위치를 확립하는 것을 최종 목표로 하고 있다.

이처럼 국가 핵융합 연구개발 기본계획에 따라 현재까지도 많은 예산을 투입하여 세계 수준의 KSTAR를 국제 공동협력을 통해 국내 기술로 건설하고, 이 연구 장치의 운영을 위해 선진국 수준의 핵융합 기술을 확보하여, 핵융합에너지 개발을 위한 대형 국제 공동 연구에 동등한 자격으로 참여할 수 있는 연구 기반을 확보하기 위해 노력해 왔다.

국가적 차원으로 핵융합 연구개발사업을 지속해서 추진하는 이유는 세계적인 핵융합 연구 여건에 따른 것이다. 세계적으로 핵융합에너지 실현이라는 거대한 목표를 달성하기 위한 대표적인 사례가 바로 '국제핵융합실험로(International Thermonuclear Experimental Reactor, ITER)' 프로젝트이다. ITER는 우리나라를 비롯하여 유럽연합(EU), 미국, 러시아, 중국, 인도, 일본 총 7개 회원국이 참여하여 프랑스 남부 카다라슈에 건설 중인 세계 최대 규모의 핵융합 연구 장치이다.

4·7 폐기물발전

1) 폐기물발전의 개요

에너지 및 자원의 유효 이용과 지구환경 문제에 대한 대응 관점에서 다양한 미이용 에너지의 유효 이용을 제창하고 있다. 그 중 도시 쓰레기의 소각은 재이용이 가능한 에너지를 회수하여 지구환경에 공헌함으로써 지금까지 폐기되던 소각에너지를 유용하게 활용하는 '리사이클 형 에너지'로 대체할 수 있다. 따라서 앞으로 발전용 연료로 적극적인 이용이 추진될 것이다.

가연성 쓰레기를 처리하는 경우는 소각에 의한 감량처리 방법이 일반적이다. 그러나 일부 소각처리장에서는 발생하는 배기가스에서 회수한 열을 보일러의 열원으로 이용해 고압증기를 발생시키고 증기터빈을 구동시켜 발전에 이용하고 있다.

폐기물발전은 다음과 같은 의의가 있다.

① 소각열을 에너지로 이용하여 화석연료 사용을 줄이고 새로운 CO_2 발생을 억제할 수 있다.
② 발전에 의한 전력은 연속적으로 구해지는 안정된 전력으로 새로운 에너지 중에서는 공급 안정성이 높다.
③ 소각시설은 도시나 그 주변에 설치되어 있으므로 규모가 작다. 그러나 전력 수용지와 직결되어 송전손실도 적다.
④ 발전소와 인접하는 스포츠 시설, 복지시설에 대한 온수와 증기 공급을 할 수 있으므로 복지향상에 기여한다. 또한 주변에 사무실 등의 상업시설과 공동주택이 있는 경우는 열병합발전(cogeneration) 시스템으로 전력과 함께 지역 열 공급 시설에 열을 공급할 수 있어 좀 더 효율적인 이용이 실현된다(그림 4·30).

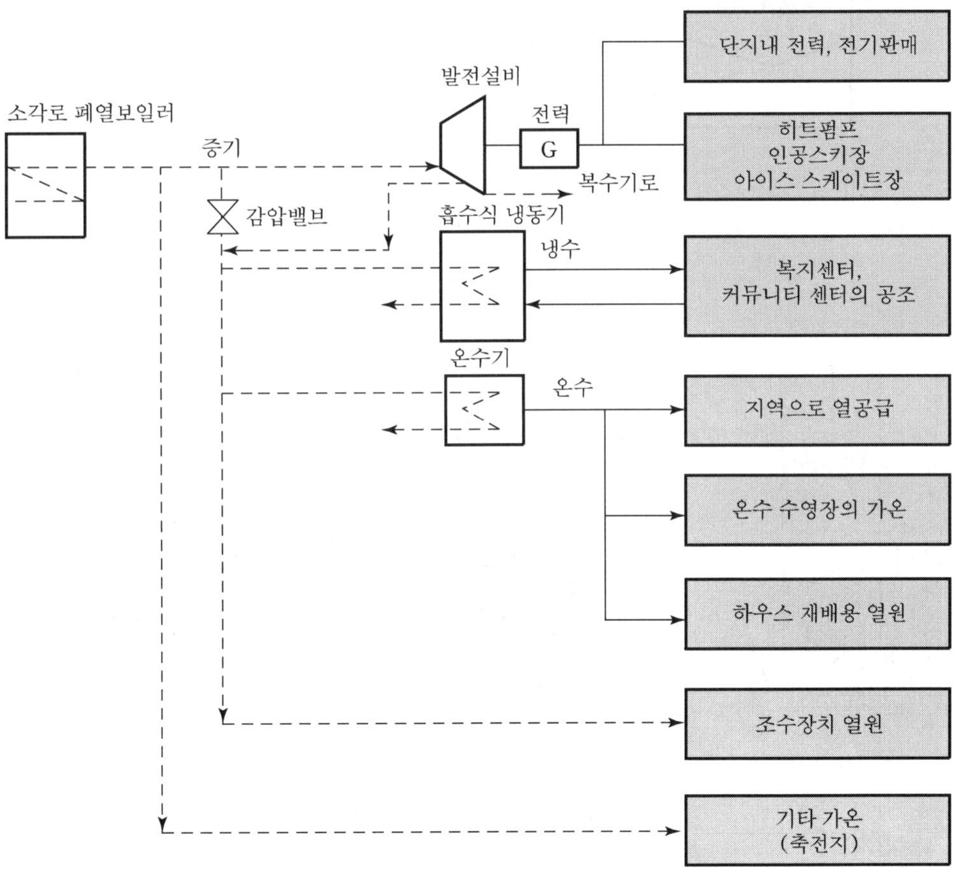

그림 4·30 소각열 에너지의 이용 형태

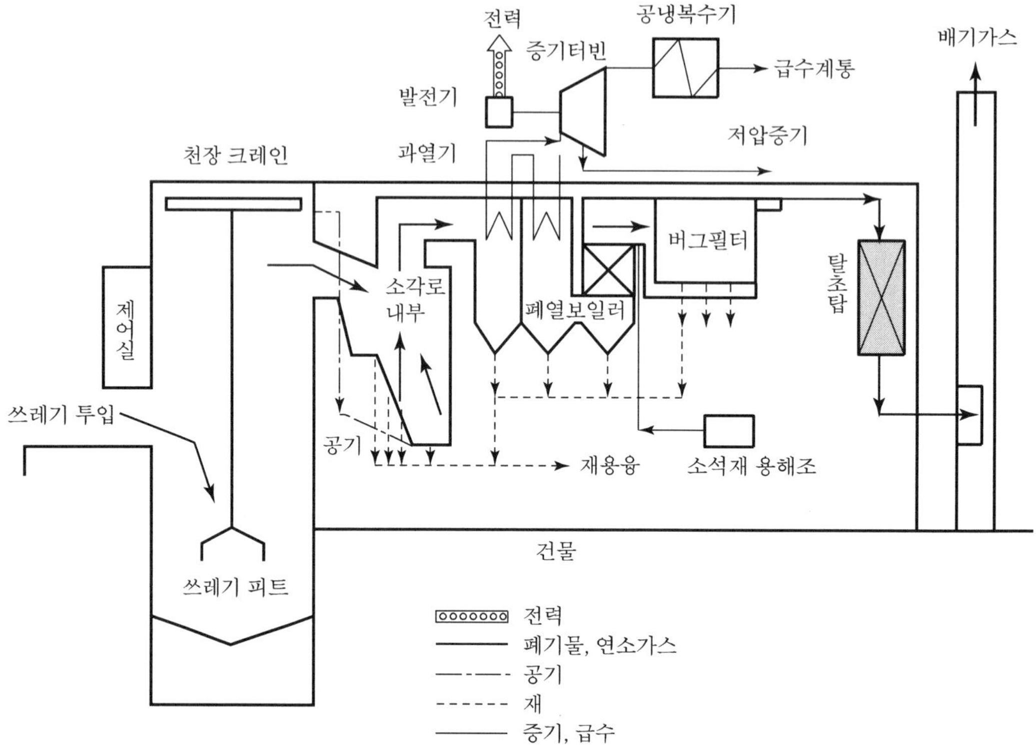

그림 4·31 폐기물발전의 기본 구성

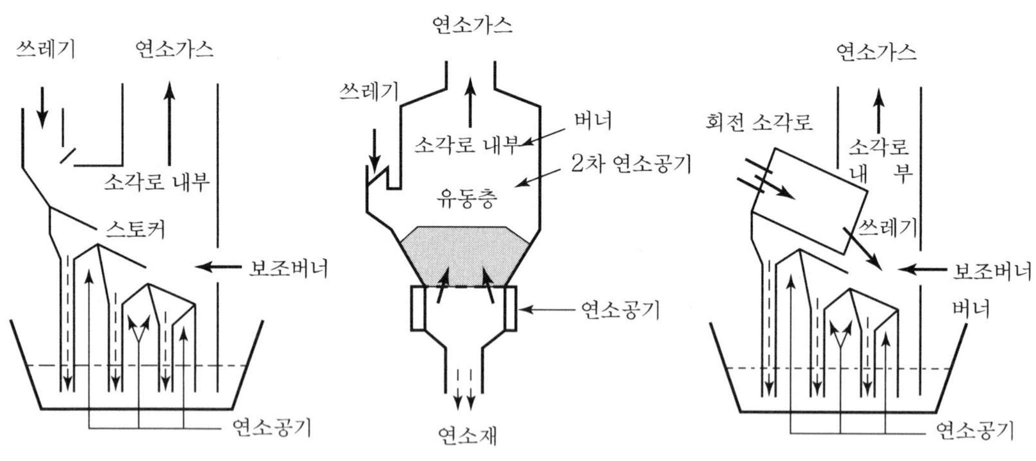

그림 4·32 소각로의 종류

폐기물발전의 기본적인 시스템은 다음과 같다. 쓰레기는 피트에서 소각로로 이송되고 시설 내에서 투입된 연소 공기로 연소한다. 연소 배기가스는 배기관을 따라 폐열보일러, 버그 필터(집진기)를 거쳐 굴뚝으로 유도되고, 폐열보일러에 의해 발생한 증기는 과열기를 거쳐 증기터빈으로 유도되어 발전에 이용된다. 소각로 바닥 및 각 배기관에 설치된 기기에서 배출되는 재의 처리설비 및 배수처리 설비도 설치된다(그림 4·31).

이 중 소각로는 크게 스토커식 소각로, 유동바닥식 소각로 및 회전식 소각로로 분류된다(그림 4·32).

스토커식 소각로

일반적으로 스토커는 3단식(또는 2단식)으로 이루어져 있으며 단별로 건조, 연소, 후 연소가 차례대로 이루어진다. 쓰레기를 소각로 안에 일정 시간 갖고 있으므로 쓰레기의 연소열 변동이 적어 안정된 연소를 유지하는 특징이 있다.

유동바닥식 소각로

소각로 내부로 들어오는 열풍에 의해 유동화된 유동매체(모래)가 유동바닥을 형성하고 소각로 내 온도가 800[°C] 이상으로 유지되도록 유동바닥에 쓰레기를 투입한다.

소각로 자체는 구동부가 없으므로 소각로 구조는 단순하고 비교적 중·소형 용량에서 많이 볼 수 있다. 쓰레기 안의 플라스틱 함유량에 제한이 없다. 기동이 쉽고 소각재가 비교적 깨끗한 특징이 있다.

회전식 소각로

회전 소각로와 스토커 소각로를 조합한 것으로 회전 소각로는 주로 쓰레기 건조와 연소를 하고 스토커 소각로는 후 연소로 쓰레기를 완전 연소한다. 플라스틱 함유량이 비교적 높아도 연소할 수 있어 안정적이다.

발전설비의 기본공정을 그림 4·33에 나타낸다. 소각로의 폐열보일러로 만들어진 어느 압력과 온도의 증기는 터빈에 도입되고 복수기의 압력(냉각수 등 온도에 따라 정해지는 진공압력)까지 단열 팽창된다. 그리고 증기가 있는 에너지 일부가 터빈의 회전력이 되어 동일 축에 접속된 발전기를 회전시켜 전력으로 내보낸다. 터빈에서 역할을 다한 저압 증기는 복수기로 복수(復水)되어 급수가 되고 다시 보일러로 보내진다. 복수기는 보통 소각로가 내륙부에 위치하는 경우가

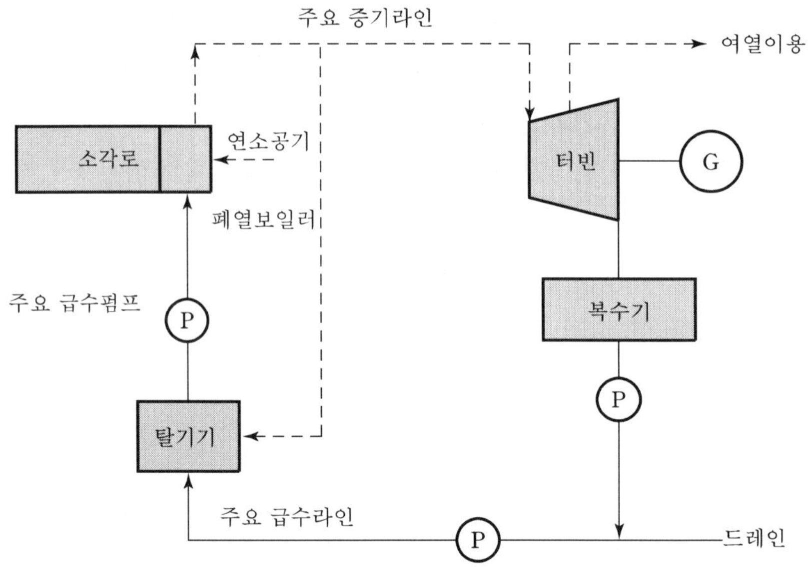

그림 4·33 발전설비의 기본공정(단순사이클 예)

많으므로 공랭식을 많이 사용한다. 해수를 냉각수로 사용할 수 있으면 터빈의 출력을 증가시킬 수 있고 효율이 향상된다.

2) 폐기물발전 시스템의 종류

폐기물발전 시스템의 방식은 크게 다음과 같이 구분할 수 있다. 그림 4·33과 같은 기본공정에서 다음과 같은 방식이 있다.

- 쓰레기 소각열만 이용하는 방식 (고효율 발전방식)
  - · 고온고압 보일러 방식
  - · 고효율 발전방식(열분해 용융방식 포함)
- 쓰레기 소각열과 다른 화석연료를 결합한 방식 (슈퍼 쓰레기 발전방식)
  - · 가스터빈 병설방식
- 쓰레기의 고형연료화에 의한 방식 (RDF 발전방식)

3) 폐기물발전의 미래 과제

- 공급 연료의 고효율화
  - · 양질로 구분된 폐기물의 확보
  - · 폐기물 연료의 고체화인 RDF(refuse derived fuel)의 대형화

- 시스템 측의 고효율화
  - · 발전효율의 향상

- 환경문제의 해결책
  - · 배연 처리대책－산성가스, 매연, 다이옥신 대책
  - · 잔재 처리대책－용융 고화, 시멘트 고화, 약제 첨가 대책

4) 향후 동향 및 전망

위에서 설명한 미래 과제에 대해 정리하면 폐기물발전의 주요 기술개발 주제는 다음과 같다.

- · 발전효율의 향상
- · 배연처리 대책의 고도화
- · 재처리대책의 고도화
- · 신형 폐기물 발전방식의 개발

5) 관련 용어

● RDF 발전(refuse derived fuel)

쓰레기를 고형연료화하는 것으로 쓰레기의 질과 양의 변동과 관계없이 안정된 폐기물발전이 가능하다.

● 가스화 용융발전

가스화 용융시스템은 쓰레기를 열분해로 가스화하고 미연소분(재 함유분), 금속분을 분리하

며 재 성분은 고온하에서 고화물(슬래그)화 한다.

고온 연소에 의한 다이옥신 감소, 재용융까지 포함해 고효율 발전을 실현하는 시스템으로 기대된다.

카리너 사이클

물 대신 암모니아수를 열매체로 사용하는 시스템으로 암모니아수는 물보다 비점이 낮으므로 효율적으로 소각로의 폐열을 증기로 변경하여 터빈을 기동할 수 있어 발전효율이 높아진다. 그러나 암모니아에는 독성이 있으므로 배관에서 누설되면 시설 외부로 누출되지 않도록 노력할 필요가 있다.

버그 필터

매연 제거에 사용되는 여과식 집진기이다. 원통형 여과 헝겊을 여러 개 겹쳐 가스를 여과하고 먼지 입자를 포집한다. 그 포집효율이 뛰어나 1[μm] 이하의 입자까지 포집할 수 있다.

용융 고화법

소각재 처리 방법의 하나로 소각재를 고온 가열 처리하고 용융하여 고화물(슬래그)로 만들고 안정된 유리질로 해서 중금속 용출을 방지한다. 슬래그는 토목, 건축재료로의 재이용이 기대된다. 전기 가열방식은 이미 이용한 실적이 있다.

시멘트 고화법

고화의 원리는 시멘트의 강알칼리성에 의한 중금속 이온의 불 용출, 시멘트 광물의 표면에서 중금속 이온의 흡착, 시멘트겔에 의한 봉입 작용에 기초하고 있다. 비교적 간단한 설비이고 운전 비용이 저렴하므로 가장 많이 실시되고 있는 처리법이다.

약제 첨가법

매연을 중금속을 고정하는 약제, 예를 들어 황을 이용한 유화물, 철이온과 섞어 중금속을 불용화하는 방법이다.

이 방법은 처리장치가 간단하고 유지보수도 비교적 쉽지만, 약제 종류에 따라 비용이 많이

들기 때문에 러닝 비용의 감소가 요구된다.

TEQ(toxicity equivalents, 독성등가량)

환경에는 다양한 종류의 다이옥신류가 존재하며 종류에 따라 독성에 차이가 있으므로 환경영향을 판정할 때는 실측농도에 독성강도의 계수를 곱해 사염화다이옥신의 양으로 계산해 수치화한다. 이 계산된 양의 표기에 이용한다.

4·8 태양열발전

태양열발전은 태양열에너지를 효율적으로 모아 열원으로 하고, 그 열에너지를 열기관에 의해 전기에너지로 변환하는 발전방식이다. 이 발전방식을 그림 4.34에 나타낸다.

그림과 같이 집광경과 흡수체에서 태양열에너지를 집열하고 그 열에너지에 의해 흡수체에 둘러싸인 파이프 속의 열매체가 가열된다. 가열된 열매체는 축열 열교환장치, 증기터빈, 복수기에서 순서대로 열에너지를 소비하면서 다시 집열부(흡수체)로 순환하여 루프를 형성한다. 여기서 축열 장치는 야간이나 우천 시에도 발전할 수 있도록 열에너지를 증기터빈에 공급하기 위한 것이다.

태양열발전에서는 열에너지를 모으는 방법으로써 3종류의 집광, 집열 방법이 있다. 먼저 분산형으로써 넓은 부지 면에 많은 집열기(collector)를 배치하여 집열하는 방법이 있고, 다음으로 넓은 부지 면에 쏟아지는 태양광을 한곳으로 모아서 집열하는 집중형 방법 및 이들 두 가지를 병용한 평면-곡면 병용형이 있다. 분산형의 대표적인 것은 집광경으로 통형 포물면경에 의한

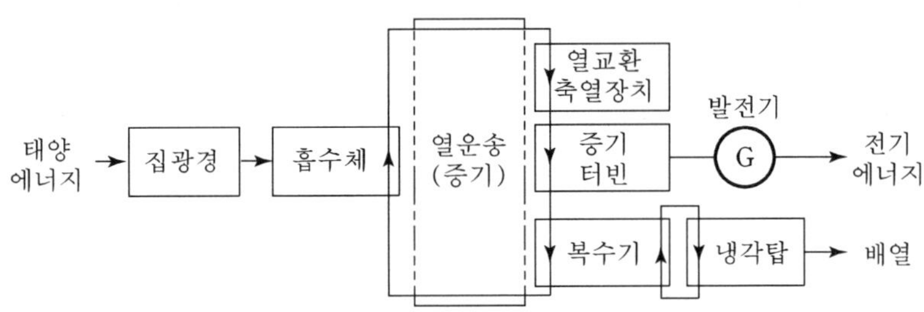

그림 4·34 태양열발전의 기본 시스템(증기의 경우)

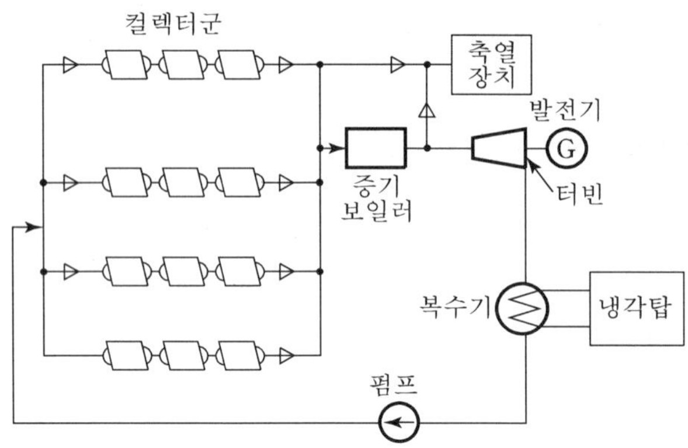

그림 4·35 분산형 태양열발전 시스템

것이 있으며, 초점의 축을 남북 또는 동서로 배치하는 것이 일반적이다. 이 방법의 집광 비는(집중 배율) 수십 배~50배 정도이고, 이 방식에 의한 집열 실험 등의 역사는 오래되었다. 또한 회전포물면경을 이용한 것으로써 점상에 태양을 집광하여 고온의 열에너지를 얻는 방식이 있다. 그 외 위에 기술한 반사경과 원리가 같은 선형 프레넬경 및 접시경 등에 의한 방식도 사용되고 있다.

분산형 태양열발전의 장점으로는 이들 각종 집열기를 여러 가지로 조합시킴으로써 필요한 온도의 열에너지를 얻을 수 있다는 것과 1대당 집열기가 비교적 작게 조합되므로 지형이나 장소에 의한 영향을 적게 받는다는 것이다(그림 4.35). 그러나 넓은 부지의 집열기 부에 각각 집광된 열에너지를 모으기 위해서 각 집열기 부를 연결하는 열 수송 파이프가 길어지는 것은 피할 수 없어 파이프에서 열 손실이 다른 발전방식에 비해 크다는 결점이 있다.

집중형 태양열발전은 일명 타워(tower) 집광형 태양열발전이라고도 하는데 그림 4.36에 나타낸 바와 같이 넓은 부지의 중심에 높은 타워가 있고, 그 정상에 열 흡수기(receiver)가 있다. 부지 내에는 여러 개의 평면경이 깔려있고, 태양광은 이들 평면경에 의해 반사되어 열 흡수기에 흡수된다. 이 경우 집광비는 200~1,000배 정도로 크고, 고온의 열에너지가 쉽게 얻어지게 되어 열기관의 효율 면에서 유리하다. 또, 태양광을 한 곳으로 집중시킬 수 있으므로 열 수송 파이프가 짧아지고, 열손실량은 분산형의 열손실량보다 적다. 그러나 이 발전방식에서는 계절에 의한 집열량 변화 및 집광비가 크게 되므로 열 흡수기의 열적 뒤틀림이나 평면경의 태양추적 기구의 정밀도상의 문제 등이 있을 수 있다.

다음으로, 위에서 서술한 양자를 병용한 평면-곡면 병용형 태양열발전에서는 그림 4.37에 나타낸 바와 같이 포물면경의 수십 배의 면적에 상당하는 다수개의 평면경에서 반사광을 일단

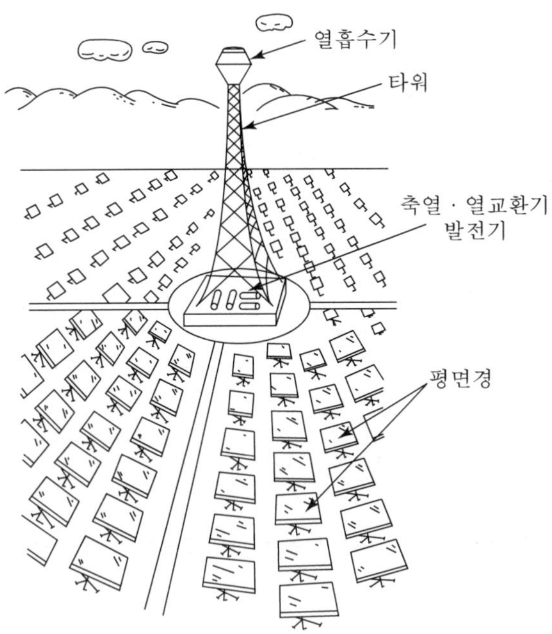

그림 4·36 tower 집광형 태양열발전

통형 포물면경에 입사시켜 이 거울에 집광하고, 집열관(흡수체 파이프)에 열에너지를 모아서 열원으로 하여 발전하는 방식이다. 이 경우 집광비는 100~200배 정도이다.

이상, 서술한 각종 태양열발전 방식에서 공통적인 것은 열교환 축열 장치이다. 이 장치는 일사 변동이 있어도 일정 열에너지를 증기터빈에 공급하여 일몰 후, 흐리거나 우천 시에도 전력 생산이 가능하게 하기 위해 필요한 것이다. 축열 재료로써는 물질의 현열(顯熱)을 이용한 재료 및 상변화에 수반되는 물질의 잠열을 이용한 재료 등의 개발이 추진되고 있다.

태양열발전 터빈으로 사용할 수 있거나 혹은 고려해 볼 만한 것으로, 증기터빈, 가스터빈, 유기 매체 터빈 및 스털링엔진(stirling engine) 등이 있다. 집열기의 집열온도에 의해서 적당한 터빈이 선택된다. 즉, 현재 300~550[℃] 정도의 집열온도를 선정한 경우, 대용량 증기터빈이 사용된다. 또한, 집열온도가 이것보다 상당히 낮은 경우에는 프레온 등의 저 비점 매체를 사용한 유기 매체 터빈이 사용된다.

국내를 포함한 전 세계적인 탄소중립을 위한 노력의 수단으로 태양열 기술의 개발과 보급은 지속해서 이루어질 것으로 전망된다. 태양열에 의한 열 공급 기술은 전기를 이용한 열 공급 기술에 비하여 비용과 효율 측면에서 매우 효과적이라고 할 수 있다. 2021년 IEA에서 발간한 에너지 섹터 로드맵 보고서 'Net Zero by 2050'에서는 건물과 산업부문에서 최종 이용 기술로

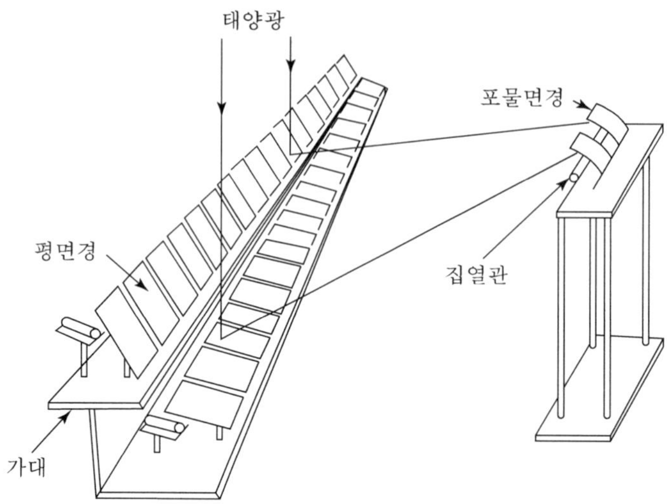

그림 4·37 평면-곡면 병용 태양열발전(집광·집열부)

태양열 비율을 2020년 2[%]에서 2030년 5[%], 2050년 12[%]로 증가를 전망하였다.

우리나라는 유럽 등 태양열발전 기술 선진국 수준에 도달하고자 관련 기술의 신뢰성 향상과 비용 저감화를 위한 기술개발, 그리고 태양열 제조설비 효율화에 대한 투자가 시급히 선행되어야 할 것이다. 또한 적용 대상을 고려한 사업 측면에서 전통적인 냉난방 분야 외에 다양한 산업공정 분야와 해수 담수화 같은 대규모 태양열시스템 적용할 수 있는 열 수요처를 발굴하고, 고효율 히트펌프, 지열, 태양광 발전, 수소에너지와 연료전지 시스템 등 열, 전기 그리고 수소 등 다양한 형태의 친환경 에너지시스템과 시너지효과를 위한 연계 적용도 고려할 필요가 있다.

4·9 해양에너지 발전

1) 해양에너지 발전의 개요

해양에는 이용할 수 있는 다양한 형태의 에너지가 존재하는데 태양, 달, 지구 등 천체운동에 의한 조석 에너지, 바람, 파랑 또는 해류와 같은 운동에너지, 그리고 해양에 저장되는 열에너지 등으로 크게 나눌 수 있다. 조석 에너지는 조력과 조류력으로 이용되며, 운동에너지는 풍력,

해류력, 파력 등으로 이용될 수 있고, 열에너지 부분은 부존자원은 크지만, 온도가 낮아 효율적인 이용은 어렵다. 그러나, 이는 축적된 에너지이기 때문에 자연에너지 중에서 비교적 안정된 에너지라는 이점이 있어 열대 해역에서는 해양온도차발전 등을 통해 에너지 추출의 효율성이 상대적으로 우수하다고 본다.

우리나라의 서해를 비롯하여 지구상의 몇몇 해역에서는 조석 현상이 아주 강하게 발생해서 밀물과 썰물의 수위 차를 이용하는 조력발전을 통해 대규모의 전력 생산이 가능하다. 조력에너지는 이미 수 세기 전에 방앗간을 움직이는 동력원으로 유럽에서 사용된 예가 있고 한국, 프랑스 등의 나라에서는 다양한 용량의 조력발전소를 건설 운영하고 있다. 또한 지형적인 특성에 따라 강한 조류가 발생하고 있는 곳에서는 바닷물의 흐름을 직접 이용하는 조류발전이 가능하다. 이러한 조석 현상은 규칙적인 천체운동 때문에 발생하므로 바다에서 발생하는 현상 가운데 가장 규칙적이며 정확한 장기 예측이 가능하다는 큰 장점을 가지고 있다.

2) 해양에너지 발전의 종류

① 조력발전

조력발전은 조수 간만 차의 위치 에너지를 전력으로 변환하는 방식으로 그 설치장소는 될 수 있으면 조수 간만의 차가 큰 곳이 좋다. 즉, 조수가 만(滿)일 때 해수를 해안에 건설해 둔 저장지에 끌어들여 저장하고 조수가 밀려갈 때 저장지에서 해수를 바다로 떨어뜨려 양수발전의 경우와 동일한 발전기를 구동하여 발전하는 방식이다.

현재 세계적으로 가동 중인 조력발전소는 프랑스의 Rance 조력발전소(1967년 완공, 시설 용량 240[MW]), 캐나다의 Annapolis(1984년 완공, 시설 용량 20[MW]), 러시아의 Kislaya-Guba(1968년 완공, 시설 용량 400[kW]), 중국의 Jiangxia(1980년 완공, 시설 용량 3,9[MW]) 등이다. 우리나라의 경우 표 4·16과 같이 경기도 시화호(2018년 완공, 시설 용량 254[MW]), 충청남도 가로림만(시설 용량 520[MW]), 인천만(시설 용량 2,410[MW]), 인천 강화만(시설 용량 710[MW]), 충청남도 아산만(시설 용량 399[MW])에 조력발전을 운전 및 추진 중이며, 이 계획대로 추진된다면 약 2,913[MW]의 조력 에너지가 개발될 전망이다. 이것은 2[MW]급 풍력발전기 약 1,457기에 해당하는 규모이다.

표 4·16 국내 조력발전 추진 현황

구 분	단위	시화호	가로림만	인천만	강화	아산
시설 용량	MW	254	520	1,320	420	399
연간발전량	GWh	552	950	2,410	710	670
조지 면적	㎢	43.2	96.0	157.5	36.9	33.6
대조차	m	7.8	6.7	7.7	7.8	8.0
방조제 길이	㎞	12.7	2.1	18.3	4.5	2.9
추진 현황		가동 중	타당성 조사	타당성 조사	타당성 조사	타당성 조사

② 해양온도차 발전

해양온도차 발전은 태양열을 간접적으로 이용한 발전의 일종이다. 그림 4.38과 같이 바다 표면, 특히 남해의 바다 표면은 태양열에 의해 20~30[℃] 정도로 따뜻해진다. 한편, 심해의 해수는 그림 4.38과 같이 4~7[℃] 정도이다. 그래서 태양열발전의 집열장치(collector) 역할에 해당하는 자연적으로 존재하는 해수면을 이용하여 태양열에 의해 20~30[℃]로 따뜻해진 해양 표층수를 고온 열원으로 하고, 다른 한편 4~7[℃]를 저온 열원으로써 이 양 열원 간에 랭킹 사이클을 적용하여 해양온도차 에너지를 이용하여 발전하는 방식이 해양온도차발전이다. 그림 4.39에 해양온도차발전 시스템을 나타내었다.

그림 4.38에 나타낸 바와 같이 태양열에 의해 따뜻해진 해면 표층수(28[℃])를 고온 열원으로 하고, 열교환기를 사용하여 프레온이나 암모니아 등의 증기(22.6[℃])를 만들고 이것을 2차 유체로 하여 터빈 발전기를 구동하여 발전한다. 그리고 터빈을 구동한 프레온 등의 2차 유체는 저온 열원인 심해 심층 냉수에 의해 응축기를 통하여 응축(12[℃])되어 증발기로 보내진다. 증발기에서 증발한 증기는 터빈으로 보내져서 발전기를 구동시키는 방식이다.

해양온도차 발전의 선진국인 미국은 1970년대 초에 이미 160[kW]급의 해양 온도차 발전에 대한 실증 실험을 마친 바 있으며, 하와이에는 50[kW]급의 상용 발전소가 가동 중이고(Mini OTEC) 수백[MW] 급의 대규모 플랜트를 개념 설계도 진행하였다.

일본은 일찍부터 Sun-Shine 계획의 일부로 해양 온도차 발전 기술의 개발을 추진하여 Tokushima에 50[kW]급, Saga 대학에 75[kW]급, Toyama에 3.5[kW], 국제 협력 사업으로 Nauru 섬에 100[kW]급 시범 발전소를 건설하여 가동하고 있으며 1,000[kW]급에 대한 실증 실험도 수행하였으며 동남아국가에 관련 기술을 수출까지 하고 있다.

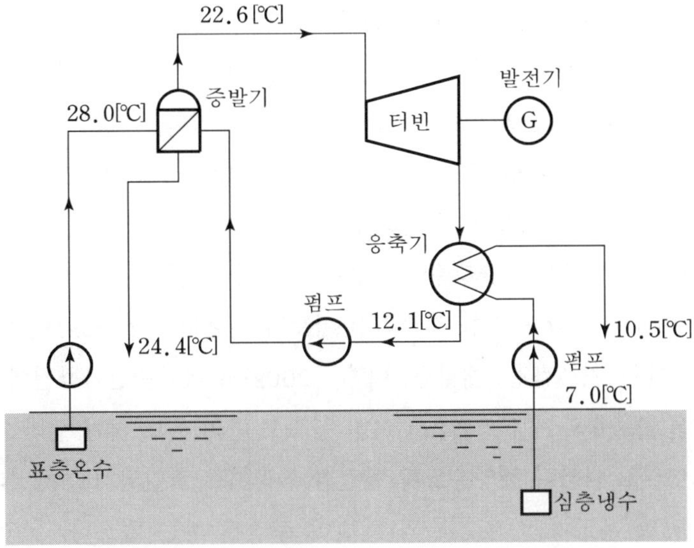

그림 4·38 해양온도차 발전 블록 다이어그램

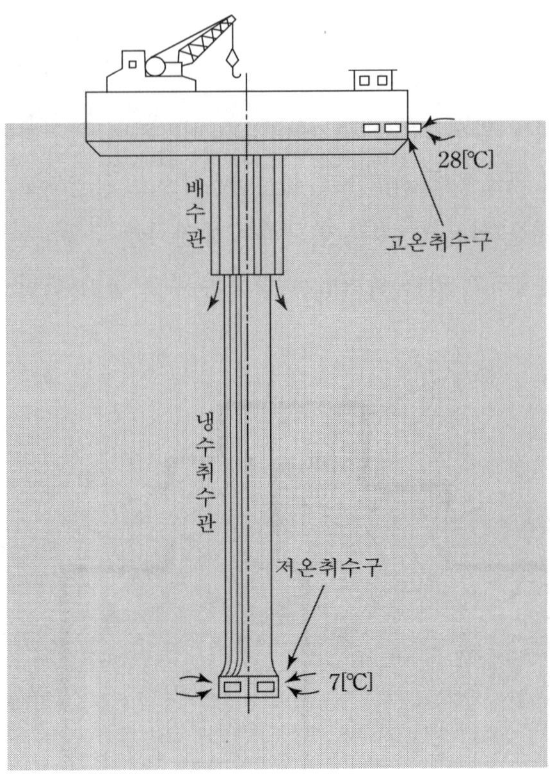

그림 4·39 해양온도차 발전 plant 개념도

프랑스는 남태평양의 타히티섬에 5,000[kW]급 해양온도차 발전소 건설을 계획하였으며, 북구의 핀란드도 스페인과 공동으로 저 온도차 OTEC 시스템을 이용한 해수 담수화 장치 개발을 추진하고 있으며, 자메이카에 MW급 발전소 건설도 추진하였다. 네덜란드도 1980년대 후반부터 개발에 착수하여 인도네시아의 발리섬에 250[kW]급 발전소 건설을 추진하였으며, 영국은 10[MW]급 해상 발전소 건설 사업을 추진하였다.

우리나라도 동해 남부 해역에는 표층수와 심층수 사이에 상당한 온도 차가 존재한다고 알려져 해양 온도차 발전 기술의 개발에 관한 적극적인 검토가 진행되었다. 1991년 한국해양연구원이 해양에너지 복합 이용 시스템을 개발한 이후, 2002년 국립수산과학원에서는 포항 동쪽 35~55[km] 해역은 표층수와 수심 500[m] 이하 심층수 간의 온도 차가 섭씨 15도 이상 벌어지는 기간이 연중 215일로 나타나 해양온도차 발전의 최적지로 판단되기도 하였다. 그러나, 국내에서는 본격적인 해양 온도차 발전 기술의 개발이 추진된 바는 없으나, 국외의 사례와 같이 우리의 경제적, 사회적 활동 무대를 넓히기 위한 국제 협력 사업의 하나로 추진하는 것도 고려할 필요가 있다.

③ 파력발전

파력발전은 바람에 의해 발생하는 파력 에너지를 이용하여 발전하는 방식이다.

현재, 이미 부표 등의 극소용량 전원으로서는 실용적으로 공급되고 있지만, 이 방식에서는 파력의 상하 운동 에너지를 회전에너지로 변환하여 발전기를 구동하는 방법이 채용되고 있다. 지금까지 연구개발이 진행되고 있는 파력발전 방식은 주로 공기 터빈 방식이고, 이 원리도를

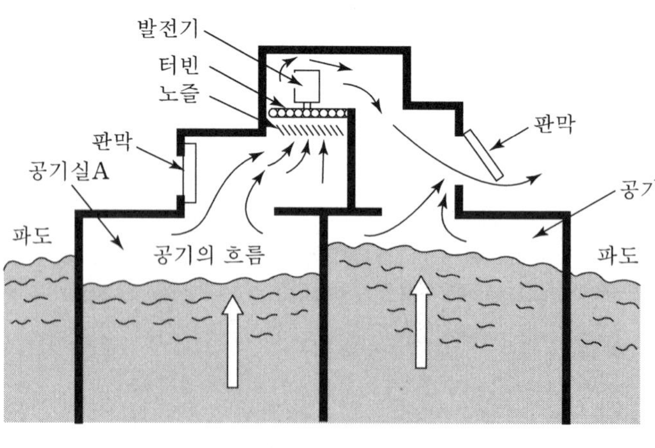

그림 4·40 파력발전(공기 터빈식)의 원리

그림 4.40에 나타낸다. 그림에서 나타낸 바와 같이 파도에 의해 해면이 상승하면 공기실 A, B의 공기가 압축되고, B실의 판막을 열 때 A실의 공기는 노즐을 통하여 공기 터빈 발전기를 구동하고 B실의 판막을 거쳐 밖으로 나간다. 다음에 해면이 하강하면 B실의 판막이 닫히고 양 공기실의 압력은 저하한다. 그리고 공기는 A실의 판막을 통하여 A, B 양실에 유입된다. 이때 B실에 유입된 공기가 재차 공기 터빈 발전기를 구동한다. 발전 용량을 증가하려면 공기실(A, B)을 여러 개를 연결하여 구성한다.

세계적으로 파력에너지를 이용한 발전 기술 연구는 파력 자원이 풍부한 영국, 미국, 캐나다, 일본 등에서 활발하게 추진되고 있다. 파력발전은 심한 출력 변동과 대규모 발전 플랜트를 해상에 계류시키는 데 기술적인 어려움이 있으나 1998년 이후 상용 발전소를 운영하고 있다.

일본은 Kaimei 에 240[kW]급의 해안 고정식 파력발전 장치를 설치하여 시험 가동하였으며, 해양 과학 기술 센터 주관으로 540[kW]급의 부유식 파력 발전소 건설을 진행하였다. 영국도 Queen's 대학에 75[kW]급 파력발전 장치를 설치하여 가동하였고, 덴마크는 34[kW]급 발전소에 대한 실증을 진행하고 있으며 노르웨이도 500[kW]급 발전소 건설을 추진하였다.

우리나라도 파력 에너지는 광범위하게 분포하므로 가용 에너지원이 풍부하다 할 수 있으나, 한국해양연구원이 2001년 60[kW]급 파력발전 장치에 대한 개발을 수행한 이래 향후 발전효율이 개선되고 단지화 및 복합발전 등을 통해 경제성의 제고를 위하여 민간을 중심으로 본격적인 상업적 이용이 가시화될 것으로 예상된다. 그리고 파력과 해상풍력을 이용하는 복합발전의 경우도 파력발전과 해상풍력 관련 기술이 실용화 단계에 이르면 대규모 단지형 개발보다는 소규모 분산형으로 파력발전과 해상 풍력발전이 활성화될 수 있으며, 기존의 방파제를 활용한 방파제 연계형 파력발전 장치 개발도 진행되고 있다.

3) 향후 동향 및 전망

해양에너지는 자원량이 풍부하고, 밀도도 높은 편이며, 조력·조류에너지는 일정한 주기로 에너지를 취득할 수 있고, 지속적인 이용도 가능한 많은 장점이 있는 차세대 에너지원으로 주목받고 있다. 해양에너지 개발을 위한 본격적인 투자는 해양에너지가 갖는 장점으로 인해 최근 유럽과 미국, 캐나다 등을 중심으로 실제 해역 성능시험이 확대되고 있다. 그러나, 기술적 측면에서 해양의 높은 부식성과 가혹한 물리적 환경에 견디는 발전시스템 개발과 이러한 시스템의 설치·운영·유지 ·보수 등을 위한 공법의 확보 등 극복해야 할 과제가 여전히 많이 남아 있다.

우리나라는 해양에너지 개발을 위하여 정부의 정책적 지원(연구개발 지원, 해양에너지 개발 구역 지정, REC 확대 등)을 기반으로 산학연이 선택과 집중 전략을 세워 실제 해역 시험장 등 인프라를 확충하고 인증체계를 마련함으로써 경제성 있는 해양에너지 기술의 상용화 기반을 마련해야 할 것으로 전망된다. 또한 해양에너지 미래 시장 창출 및 보급 확대를 위해 고효율이며, 유지보수가 원활한 해양에너지 시스템을 개발과 함께 환경친화적으로 개발이 되어야 한다.

4·10 MHD 발전

1) MHD 발전의 개요

MHD 발전은 Magneto Hydro Dynamic(전자유체역학) 발전의 약자로써 그림 4.41에 나타낸 바와 같이 석탄이나 중유를 연소하여 얻은 고온 연소가스(2,000~2,700[℃])를 전기도체 대신 강력한 자계 중을 통과시키면 자속을 끊음으로써 발전하는 방식으로 기존의 직류발전기와 같이 패러데이 전자유도 법칙으로 발전하는 것이다. 또한, 기존의 발전기에 비해 현저히 다른 점은 (1) 전기도체 대신 고온 도전성 가스(도전성 유체)를 사용하는 것, (2) 전기도체를 터빈이나 수차로 회전시켜 자속을 끊는 종래의 발전방식보다 MHD 발전은 회전 부분이 없고, 고온 연소가스를 직접 압송(壓送)하여 그 양단에서 직접 전기를 추출한다는 점이다.

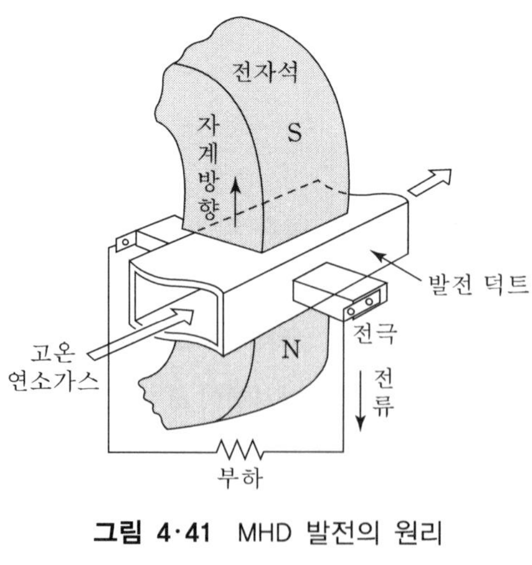

그림 4·41 MHD 발전의 원리

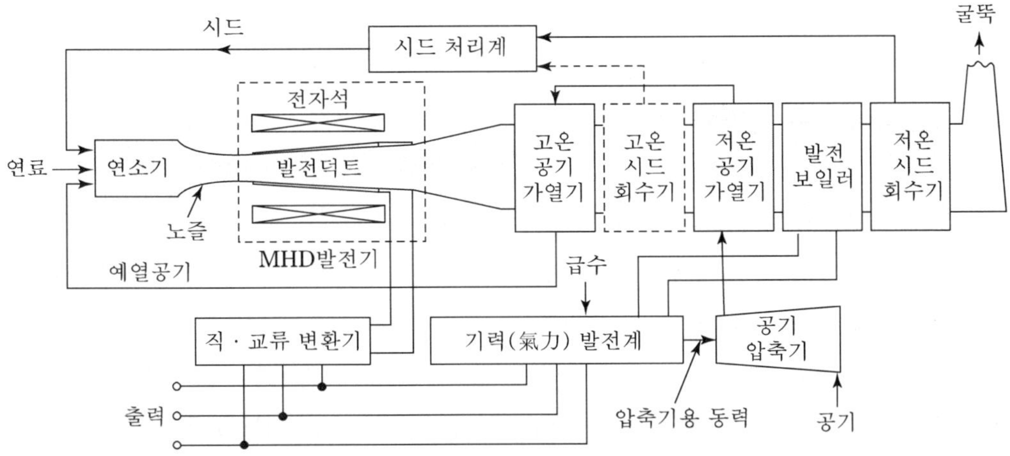

그림 4·42 MHD-화력 복합발전 시스템의 구성

MHD 발전에서 고온 연소가스의 전리를 촉진해 도전율을 높이기 위해서 가스에 첨가물을 더한다. 이를 위하여 보통 칼륨(K)이나 세슘(Cs)(시드(seed) 물질이라 한다) 등을 연료와 함께 투입한다. 이것은 연소 중 유황분과 결합하여 유산 칼륨으로 되고, 시드 회수 장치로 거의 완전히 회수되므로 이산화황(SO_2)에 의한 대기오염이 방지된다. 또한, MHD 발전은 발전을 끝마친 연소가스가 2,000[℃] 가까운 고온이므로 이것을 이용하여 종래의 화력발전이 가능하여, 결국 MHD 발전과 화력발전에 의한 복합발전으로 발전소 전체의 총효율을 50~60[%]로 높일 수 있어서 에너지 자원의 절약에 유용하다.

그 예로써 MHD-화력 복합발전 시스템을 그림 4.42에 나타낸다. 그림에서 나타낸 바와 같이 MHD 발전기를 빠져나온 연소가스는 연소용 공기를 예열하여 이어지는 화력 발전용 보일러에 의해 화력발전으로 전력을 생산한다. 그리고 MHD 발전기 출력은 직류이므로 직류 · 교류 변환 장치에 의해 교류로 변환되어 화력발전소의 출력과 함께 전력 계통에 송전된다.

2) MHD 발전의 출력 특성

MHD 발전기의 출력은 패러데이 전자유도 법칙에 기초하므로 고온 연소가스의 유속을 v, 가스 흐름과 직각 방향의 자속밀도를 B, 가스의 도전율을 σ라고 하면, MHD 발전기의 출력밀도(도체 단위 체적당의 출력) ω는

$$\omega \propto \sigma v^2 B^2 \tag{4·21}$$

로 된다. 즉, 출력밀도는 연소가스의 유속이 빠를수록, 자속밀도가 높을수록, 연소가스의 도전율이 높을수록 커진다. 연소가스의 도전율이 높으면 좋지만, 도전율을 높이기 위해 연소가스 온도를 높여야 한다. 또한, 도전율은 전술한 바와 같이 시드 물질의 첨가량에 따라 달라진다.

그림 4.43은 고온 연소가스의 온도와 도전율의 관계를 시드 물질과 그 양을 파라미터로 나타낸 것이다. 그림과 같이 연소가스의 도전율은 대체로 2,200K 이하에서는 급속하게 저하한다. 따라서 MHD 발전의 연소가스 온도는 대략 2,200K 가 하한이다. 또한, 시드 물질의 첨가량이 많을수록 도전율은 높아지지만, 첨가량이 너무 많으면 온도가 저하하여 도전율도 저하하므로 최적인 시드 물질 첨가량이 있다. 보통 칼륨(K)의 중량비가 1[%] 정도로 공급한다. 다음으로 자속밀도가 높을수록 출력밀도는 높아진다. 따라서 자속밀도가 크면 클수록 도전율(바꾸어 말하면 고온 연소가스 온도)이 낮아도 동일 출력밀도가 얻어지게 된다. 예를 들면 자속밀도를 1T(tesla) 강하게 하면 공기의 예열온도는 약 150[℃] 낮아진다고 보고되고 있다.

이와 같이 자속밀도가 크게 높아지면 가스의 온도 레벨도 낮아지지만, 내열재료의 개발 면에서도 좋고, 실용화도 앞당길 수 있다. 그래서 강한 자계를 얻을 수 있는 초전도전자석을 개발하여 현재 자속밀도는 5~6T 정도를 얻을 수 있게 되었다.

가스의 유속이 빨라질수록 출력밀도는 높아지지만, 실제로 유속을 너무 크게 하면 가스 온도

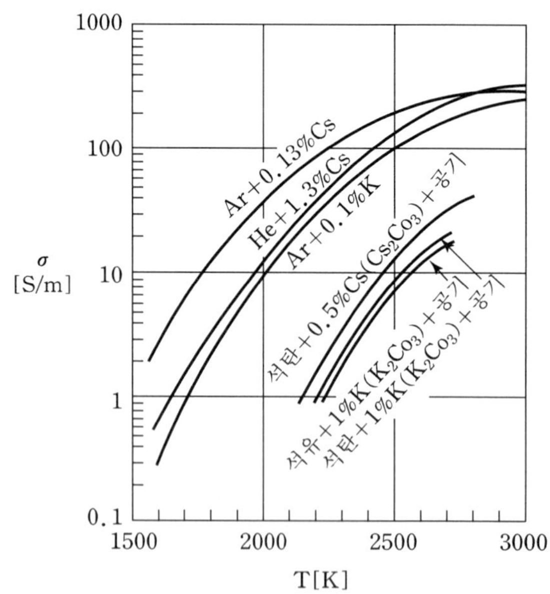

그림 4·43 시드에 따른 기체의 도전율과 온도의 관계

가 저하하여 도전율이 낮아지고 출력밀도는 오히려 저하하게 된다. 보통 가스유속은 음속의 1~3배 정도로 검토하고 있다.

그런데 MHD 발전기 발전효율은 동작 온도 레벨에 의해 달라지지만 2,000~2,700[℃] 범위에서 대체로 수십[%] 정도이다. 따라서 보통 화력발전소 고온 부의 증기를 활용한 발전으로써 MHD 발전기를 이용하고, 그 배기의 열로써 화력발전을 하면 전체 발전효율은 50~60[%]로 높아질 가능성이 있다.

3) MHD 발전형식

그림 4.44에서 MHD 발전을 위한 덕트 부의 전극 구성은 3가지 형식이 고려되고 있다.

첫 번째 형식은 그림 4.44(a)와 같이 가장 일반적인 구성으로 패러데이 형식이라고 불린다. 발전 덕트의 전극 간에 발생하는 패러데이 전압을 이용한 시스템이다.

1,000[MW]급 패러데이 형 MHD 발전기에서는 발전 덕트 입구, 출구에 따라 다르지만, 대체로 5~10[kV] 정도이고, 전극의 수는 수십~수백 개 정도이다. 그리고 고온 연소가스의 유출 방향과 부합되는 발전 덕트에서는 풀 전압(패러데이 전압과 직각 방향)이 발생하므로 각 전극의 전위가 다르다. 따라서 많은 전극을 병렬로 접속하는 것은 어렵다.

또한, 전극 간의 출력전압은 직류이므로 이것을 교류로 변환하여 이용하기 위해서는 각 전극에 인버터를 설치하여야 한다.

두 번째 형식은 그림 4.44(b)와 같이 패러데이 전압을 단락하여 고온 연소가스 흐름과 부합되는 발전 덕트에 발생한 풀 전압을 이용하는 시스템으로 풀 형식이라 불린다. 이 경우 출력 전극은 1개, 출력전압도 높고 직류 · 교류변환 장치도 1개면 되지만, 발전효율이 패러데이 형식에 비해 낮으므로 현재까지도 다양한 연구개발이 추진되고 있다.

세 번째 형식은 그림 4.44(c)와 같이 패러데이 형식과 풀 형식의 중간 형태로써 동일 전위인 전극을 적당한 개수로 직렬 접속하여 패러데이 형태에 비해 출력 전극의 개수를 감소시킨 형식으로 diagonal 형태라고 한다.

3가지 형식 중에서 세계적으로 가장 단순한 패러데이 형식을 개발하기 위한 연구가 적극적으로 추진되고 있다.

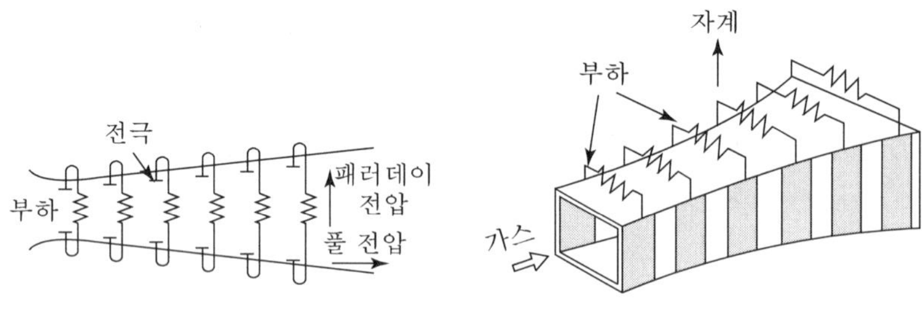

(a) 패러데이 형

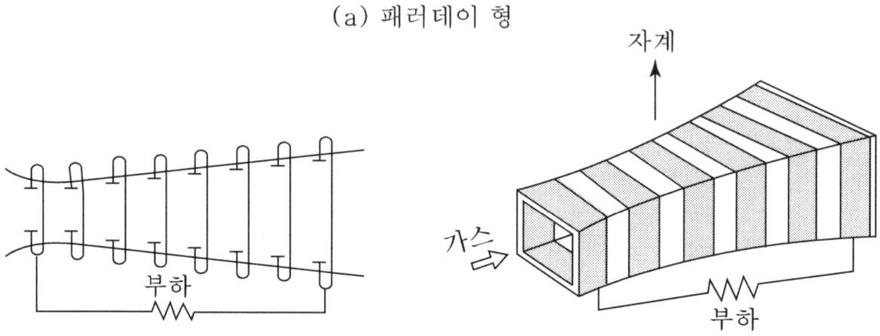

(b) 풀 형

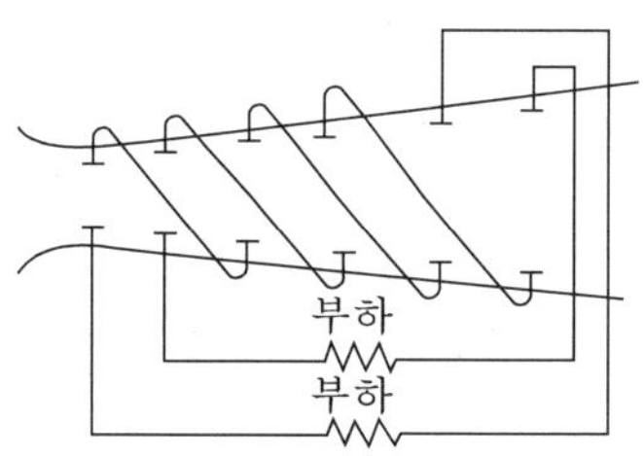

(c) diagonal 형

그림 4·44 발전 덕트 부의 전극 구성

4) 향후 동향 및 전망

MHD 발전 실용화를 위해서는 주로 다음 과제의 연구개발이 필요하다.

- 고효율 발전기구 개발 : 연소기의 개량, 발전 덕트 구조와 발전 특성 관련 연구
- 발전 덕트용 고온 내열재료 개발 : 2,000~2,700[℃]의 칼륨을 포함한 고온 연소가스(초속 1,000[m] 이상)에 장시간 접촉하여도 손상이 없는 발전용 전극 재료와 절연재료 개발
- 고효율, 경제적 MHD 발전 운용 방식 연구

상기 과제 중에서 MHD 발전 실용화에 가장 중요한 점은 발전 덕트용 고온 내열재료를 활용한

고신뢰도로 장시간 운전을 가능하게 하는 것이다.

일본에서는 1,000[kW]급 단시간 시험기, 소출력(2[kW]) 장시간 시험기를 설계 제작하여 연구개발을 추진하였고, MHD 발전시스템으로써 장시간 종합 운전 실험도 추진하였다. 러시아는 1971년 총출력 75[MW](MHD 발전 출력 25[MW], 화력발전 출력 50[MW])의 종합 실험용 발전 plant인 U-25를 건설하여 운영하였고, 미국 및 독일에서도 연구개발을 적극적으로 추진하고 있다. 국내에서는 한국원자력연구원과 한국기계연구원 등을 중심으로 고효율 MHD 발전시스템의 핵심 요소기술 파악과 MW급 발전시스템 국산화 등을 위한 전략 수립 등 지속적인 연구를 수행하고 있다.

4·11 EHD 발전

EHD(Electro Hydro Dynamic) 발전은 전자(電子), 이온 또는 입자상의 전하(캐리어)를 유체의 운동으로 집적하여 고전압을 발생하는 장치이다. 이미 축적된 전하에 의한 역 전계에 대항하여 전하를 운송함으로써 유체의 운동에너지가 전기에너지로 직접 변환된다.

그림 4.45에 나타낸 바와 같이 에미터에서 공급된 전하가 attractor를 통과하여 변환부에 주입된다. 이것이 유체로 운반되어 collector에 모여서 부하 RL에 공급된다. 에미터에서 전하 주입 방법으로는 코로나 방전 또는 전계방사를 이용하여 효율적으로 다량의 전하를 주입하는 것이 가능하다. 이 경우 최대 출력밀도 P_M은 다음과 같이 나타낼 수 있다.

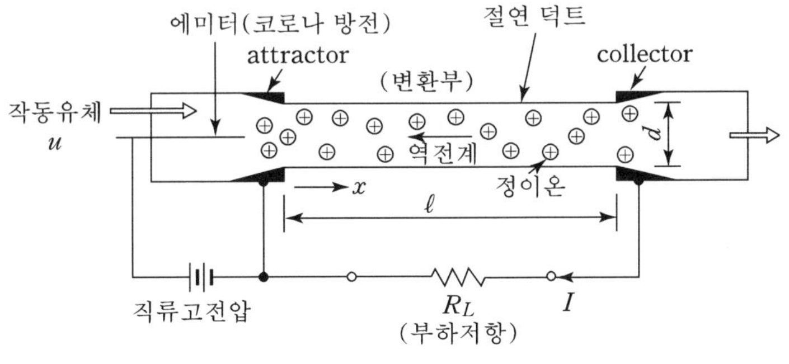

그림 4·45 EHD 발전의 원리

$$P_M = \frac{4\epsilon u E_b^2}{d} \tag{4·22}$$

여기서 ϵ : 매질의 유전율, u : 흐름방향 캐리어의 평균 속도, E_b : 작동유체의 절연 파괴 전계 강도, d : 원통형 유로(변환부)의 직경이다.

이상 서술한 신재생에너지 발생 방법 이외에도 인공위성을 이용한 태양에너지 이용법, 조류 이용 발전, 바이오매스 발전, GHD 발전 등을 고려할 수 있으나 이들에 관하여는 다음 기회에 기술하고자 한다.

4장 연습문제

4·1 태양에너지를 이용한 발전에는 어떤 것이 있으며 이들에 관한 원리, 구조 및 특징에 관하여 설명하시오.

4·2 풍력발전시스템에 필요한 각 설비를 열거하고 이에 수반되는 기술은 어떤 것이 필요한가?

4·3 지열발전방식에 관하여 설명하시오.

4·4 수소에너지의 특징을 설명하시오.

4·5 연료전지의 발전시스템을 설명하고 그 특징은 무엇인가?

4·6 핵융합발전의 개념도를 나타내고 주요 설비의 기능을 설명하시오.

4·7 폐기물발전의 기본 구성을 나타내고 기력발전(汽力發電)과 서로 다른 점은 무엇인가?

4·8 해양에너지를 이용한 발전에 관하여 설명하시오.

4·9 태양열발전에서 열에너지를 모으는 방법 3가지를 설명하시오.

4·10 해양에너지 발전 중 조력발전을 하기 위한 입지 조건에 관해 설명하시오.

4·11 MHD발전을 실용화하는데 필요한 연구개발 과제에 대하여 설명하시오.

4·12 EHD 발전의 원리도를 나타내고 발전원리를 설명하시오.

5장 녹색성장을 위한 에너지 저장

현재 전력 공급시스템에서 장기간에 걸쳐 에너지를 저장하는 경우는 전기에너지를 일단 다른 에너지 형태로 변환해서 저장하고 사용할 때는 다시 전기에너지 형태로 변환하는 방식을 취하고 있다. 그래서 본 장에서는 에너지 저장의 원리를 개관하고 전력 공급시스템에서 사용되고 있는 에너지 저장방식과 녹색성장을 위한 신에너지 저장방식에 관해서 설명한다.

5·1 개설

에너지시스템에 있어서 대량의 에너지를 장기간에 걸쳐 저장하는 경우는 1차 에너지(석유, 석탄, LNG 등)나 2차 에너지로 저장하는 형태의 에너지 비축이 다른 에너지의 형태로 저장하는 경우보다 우수하다고 한다. 그리고 1차 또는 2차 에너지를 전기에너지로 변환한 후에 전력 공급 시스템 내에서 에너지 저장이 필요로 하는 이유와 저장 방법이 구비할 조건은 다음과 같이 된다.

1) 전력 공급시스템에 있어서 에너지 저장의 필요성

● 수요 변동에 대응하기 위해서의 저장

어떤 지역의 1주간 전력 부하곡선의 예를 표시하면 그림 5·1(a)의 곡선과 같이 되고 전력 부하는 시시각각 변화하고 있다. 그림에 표시한 것과 같이 이들 부하 중 최저 부하전력의 부분을 기본 부하(base load), 그 중간의 부하를 중간 부하(intermediate load)라 한다. 에너지 저장 시스템에서는 저전력 부하 시에 에너지를 저장하고(그림 5·1(b)의 검게 칠한 부분), 첨두 부하 시에 그 에너지를 방출(그림 5·1(b)의 회색 부분) 함으로써 발전설비의 부하율을 증가시켜 발전 원가를 저감할 수 있다.

● 전력 발생의 변동에 대응하기 위한 저장

자연에너지(수력, 태양, 풍력 등)를 이용하는 발전소의 출력은 자연조건에 좌우되고 화력 및

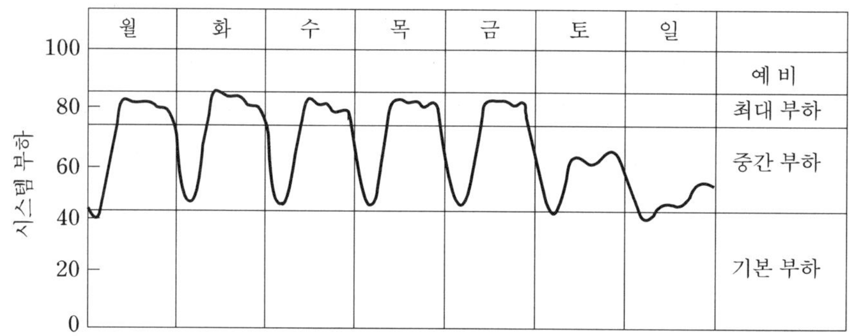

(a) 전력저장을 하지 않은 경우

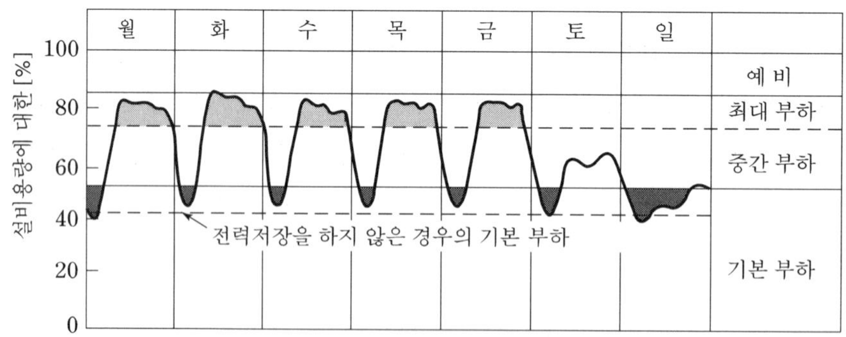

(b) 전력저장을 사용하는 경우

그림 5·1 주간 부하곡선과 전력 저장에 의한 전력 부하 평활화의 개념

원자력 발전소의 출력도 정기적인 검사 등의 이유로 변동한다. 이들의 발전소를 저장설비와 조합하는 것에 의해 발전소 출력과 수요변화와 정합을 하는 것이 가능하다.

● 예비 전원으로써의 저장

병원, 컴퓨터 등과 같이 정전이 허용되지 않는 부하에 대해서 저장설비를 예비 전원으로써 활용할 수 있다.

● 가변 전력원으로써의 저장

육상 수송 수단은 전차에서 자동차 중심으로 이동하였고, 에너지 자원의 관점으로는 더 많은 석유를 소비하는 방향으로 향하게 되었다. 한편 각종 에너지원 상황에서 보면 탈석유 지향이 요구된다. 이 에너지의 자원과 소비에 있어서 지향하는 방향의 차이는 에너지 저장으로 해결할 수 있다.

● 순시적 대전력 발생용 전원으로써의 저장

핵융합 장치나 대형 가속기 등에서는 단시간의 고출력 전원을 필요로 하므로 저장설비에서 전력을 서서히 저장하고 단시간에 방전하는 것에 의해서 이것이 실현할 수 있다.

● 통신소, 측후소 등의 원격지 전원용으로써의 저장

2) 전력 공급시스템에 있어서 에너지 저장설비의 구비조건

① 싼 저장 원가, ② 높은 저장 밀도, ③ 대용량 저장에너지의 양, ④ 장기 저장 시간, ⑤ 높은 입출력률, ⑥ 입출력에 있어서 높은 속응성, ⑦ 고효율 저장, ⑧ 높은 안정성과 신속성 등이다.

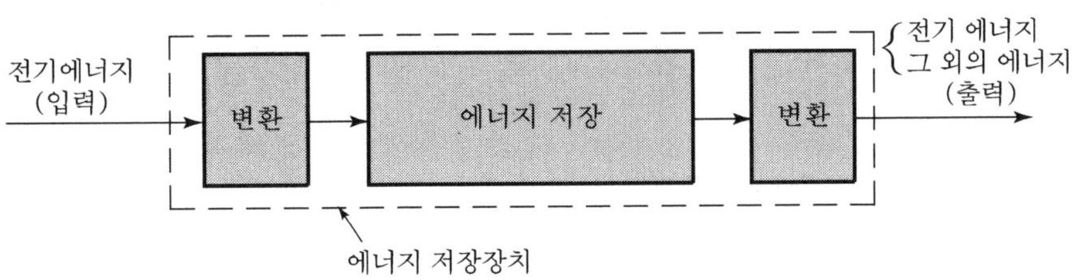

그림 5·2 전기공급 시스템에 있어서 에너지 저장

일반적으로 전력 공급시스템에 있어서 에너지 저장 장치로는 전기에너지가 주된 입력이지만 에너지 저장은 전기 이외의 형태로 행해지는 것도 있고 본 장에서는 그림 5·2에 표시한 것 같이 변환장치도 포함해서 에너지 저장장치라고 한다.

5·2 에너지 저장의 원리

저장 에너지 형태와 저장 기술의 분류를 표 5·1에 표시한다.

표 5·1 에너지 저장방식

저장 에너지의 형태		저장 기술의 예
역학적에너지	탄성에너지 압력에너지 위치에너지 운동에너지	스프링 압축기체 양수발전 플라이휠
열에너지	현열 잠열	현열 축열(석탄, 물) 잠열 축열(용융염)
전자기에너지	정전에너지 자기에너지	콘덴서 초전도 코일
화학에너지	전기화학에너지 화학에너지	축전지 합성연료 등

1) 역학적에너지

역학계가 그 자신만으로 에너지를 방출할 수 있는 상태로 있을 때, 계는 위치에너지(potential energy)를 가지고 있다고 한다. 축적된 스프링, 압축기체 및 높은 장소의 물은 위치에너지를 가지고 있다.

계에서 외부로 출력되는 에너지 W 는

$$W = \int F dx \tag{5·1}$$

으로 주어진다. 단, F는 계가 외부에 대해서 작용하는 힘, x는 변위량이다.

스프링의 축적에너지

스프링 정수를 k, 스프링의 신장을 x로 하면

$$k = \frac{dF}{dx} = \frac{F}{x} \tag{5·2}$$

인 것에서

$$W = \int_0^x F dx = \frac{1}{2} kx^2 \tag{5·3}$$

로 된다.

압축기체에 에너지 축적

압축기체의 경우의 예로서 그림 5·3에 표시한 것 같은 피스톤에서 압축된 기체를 고려한다.

피스톤의 운동에 따른 마찰 손실은 무시하고 압축기체가 이상 기체라고 가정하면, 기체의 상태방정식은 다음과 같이 된다.

$$PV = nR_0 T \tag{5·4}$$

여기서, n은 기체의 mol 수, R_0는 1mol 당의 일반 기체정수, P는 압력, V는 기체의 체적, T는 기체의 온도이다.

이 계에서 유효하게 출력되는 에너지의 양은 압축기체를 어떤 조건으로 팽창시키는가에 의존한다. 즉 압축기체 내부에너지의 변화 dU는 계 외로의 열 방출 dQ와 유효하게 출력시키는 일 dW의 합으로 되어 다음 식으로 표현된다. 즉

$$dU = dQ + dW \tag{5·5}$$

이며, 그림 5·3의 피스톤에서 출력된 일을 고려하면

$$P = \frac{F}{S} \tag{5·6}$$

인 것에서(단, S는 피스톤의 단면적)

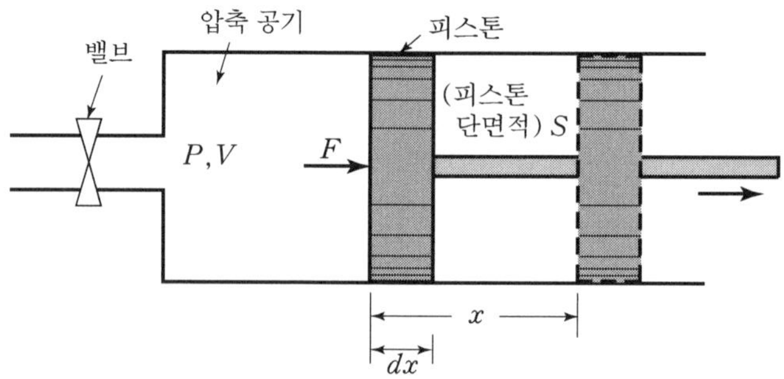

그림 5·3 압축기체에 의한 에너지 저장

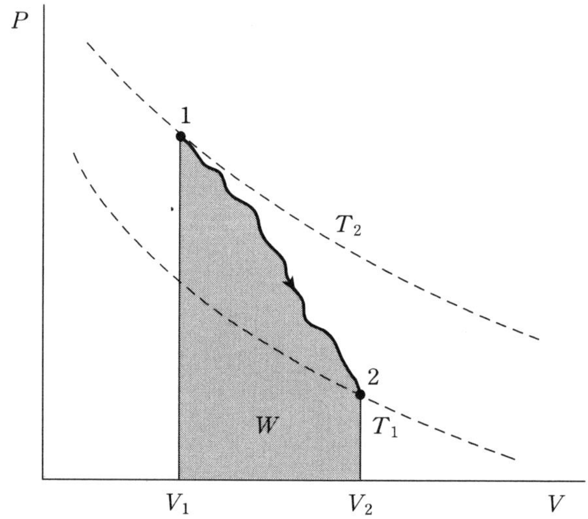

그림 5·4 압력과 온도의 변화를 동반한 가스계에서 출력되는 일 W

$$W = \int F dx = \int PS dx = \int P dV \tag{5·7}$$

위 식의 dV는 피스톤이 dx 만큼 이동한 거리에 대한 체적이다. 등압변화, 즉 피스톤의 운동에 의한 체적변화가 처음의 압축기체 체적에 비해서 충분히 작은 경우에는

$$W = P\int_{V_1}^{V_2} dV = P(V_2 - V_1) \tag{5·8}$$

으로 된다. 등온변화의 경우는 식 (5·4)의 T를 일정으로 하고 식 (5·7)에 대입하면

$$W = \int_{V_1}^{V_2} P dV = nR_0 T \ln\frac{V_2}{V_1} = nR_0 T \ln\frac{P_1}{P_2} \tag{5·9}$$

로 된다. 단, P_1, P_2는 기체 팽창 전후의 압력이다. 실제의 경우는 P, T 동시에 변화하지만, 그 변화의 과정이 그림 5·4의 $P-V$선 그림에서 1, 2를 이은 곡선으로 표시될 때, W는 식 (5·7)과 같이 그림의 회색으로 표시한 부분의 면적으로 된다.

양수에 의한 에너지 축적

양수로 물을 높은 장소로 옮기기 위한 경우의 위치에너지 증가 W는

$$W=\int_0^h Fdx=\int_0^h Mgdx=Mgh \tag{5·10}$$

으로 주어진다. 단, h는 낙차, M은 양수량(질량), g는 중력 가속도, $F=Mg$이다.

운동에너지 형태로 저장

운동에너지의 형태로 에너지를 저장하는 경우, 저장장치는 플라이휠과 같은 회전체로 되는 경우가 많다. 회전체에서의 축적에너지 W는

$$W=\frac{1}{2}I\omega^2 \tag{5·11}$$

로 된다. 단, I는 회전체의 관성 모멘트, ω는 회전체의 각운동 속도이다.

2) 열에너지

열에너지로 저장하는 에너지 W는

$$W=m\int_{i(T_1)}^{i(T_2)} di \tag{5·12}$$

로 표시된다. 단, m은 축열재 총중량, $i(T)$는 온도 T의 축열재의 에너지, T_1, T_2는 축열 전후의 축열재 온도이다. 엔탈피의 변화는 그림 5·5에 나타난 MgO의 경우와 같이 축열재의 온도변화 만에 의한 경우(현열형 축열)와 NaOH의 경우와 같이 상변화를 동반한 잠열이 가해진 경우(잠열형 축열)가 있다.

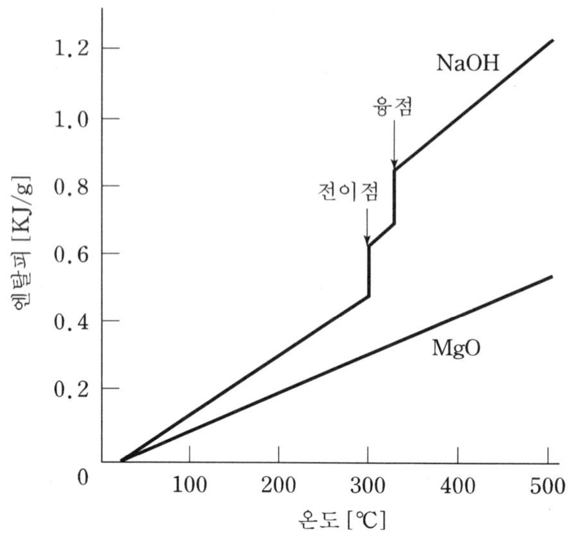

그림 5·5 MgO(현열만의 경우)와 NaOH(잠열을 포함한 경우)에 의한 열에너지 저장의 개념

3) 전기에너지

● 정전에너지

비유전율 ϵ_s의 물질에 강도 E의 전계가 인가될 때, 물질 내의 공간에 축적된 정전 에너지 밀도 ω_e는

$$w_e = \frac{1}{2}\epsilon_0 \epsilon_s E^2 \tag{5·13}$$

으로 되고, 그림 5·6에 표시된 것과 같은 평행 평판 콘덴서에 저장된 에너지 W는, 단효과(端效果)를 무시하면

$$W = \int w_e dV = \frac{1}{2}\epsilon_0 \epsilon_s E^2 l S \tag{5·14}$$

로 된다.

단, dV는 체적 요소, S는 전극 면적, l은 전극 간의 거리이다. 평행 평판 콘덴서의 정전용량은 $C = (\epsilon_0 \epsilon_s S)/l$인 것에서 이것을 식 (5·14)에 대입하면

$$W = \frac{1}{2}C(El)^2 = \frac{1}{2}CV^2 \tag{5·15}$$

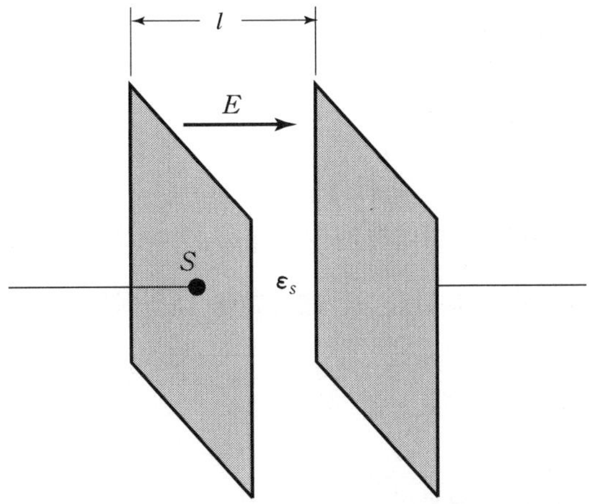

그림 5·6 콘덴서에 저장되는 정전에너지

로 된다. 단, V는 전극 간의 전압이다.

자기에너지(자기회로에 축적)

다음은 그림 5·7에 표시한 자기회로에 축적된 에너지에 관하여 알아보고자 한다.

비투자율 μ_s의 자성재료 내의 자속밀도가 B일 때, 재료 내의 자속 에너지 밀도 ω_m은

$$\omega_m = \frac{B^2}{2\mu_0\,\mu_s} \tag{5·16}$$

로 된다.

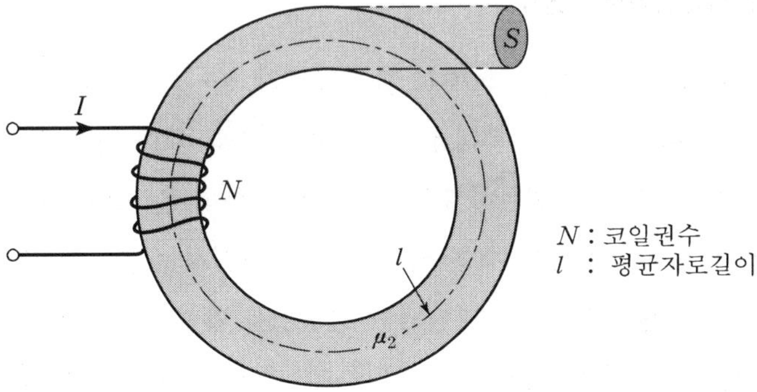

그림 5·7 무단 솔레노이드에 저장된 자기에너지

자기회로에 축적된 에너지 W는

$$W = \int w_m \, dV = \frac{B^2 Sl}{2\mu_0 \mu_s} \qquad (5 \cdot 17)$$

로 되고, 무단(無斷) 솔레노이드의 인덕턴스 $L = (\mu_0 \mu_s SN^2)/l$, 자속밀도 $B = \mu_0 \mu_s \times H = (\mu_0 \mu_s NI)/l$ 인 것에서, 이들의 값을 식 (5·17)에 대입하면

$$W = \frac{1}{2} LI^2 \qquad (5 \cdot 18)$$

로 된다. 단, I는 솔레노이드의 전류이다.

4) 화학에너지

화학에너지의 형태로 저장하는 주요한 방법으로는 다음의 두 가지가 있다.

● 화학전지

화학변화, 온도 차, 광선 등의 작용에 따라 구성된 전극 사이에 전위차를 생기게 하는 장치를 전지라고 한다. 화학전지는 일반적으로 금속 전극과 전해질과의 조합으로 이루어진다. 충전과 방전을 반복하여 사용할 수 있는 2차 전지(secondary battery, 축전지)와 충전으로는 원상태로 돌아가지 않는 1차 전지(primary battery)로 구분된다.

● 합성연료(synthetic fuel)

화석연료 이외의 연료를 넓은 의미로 합성연료라 한다. 원자로에서 발생한 대량의 열에너지나 태양에너지를 사용해서 물을 분해해서 얻어진 수소와 같이 화학에너지 이외의 형태의 에너지를 연료로서의 화학에너지로 변환하였을 때, 이 연료를 좁은 의미로의 합성연료라 한다. 이 외에 수소나 석탄을 사용하여 취급이 쉬운 액체 연료를 합성하는 경우와 같이 어떤 연료의 화학에너지에서 다른 연료의 화학에너지로 변환되는 경우로서 합성할 수 있는 연료를 합성연료라 부르는 때도 있다. 합성연료로써는 여러 가지가 있는데, 원료(물)가 풍부하게 있고 본질적으로 깨끗한 연료인 수소가 장래의 에너지시스템에 있어서 에너지원으로서 주목되어지고 있으므로, 여기에

서는 수소의 저장을 설명하기로 한다.

수소의 저장법으로는 압축기체에 의한 방법, 액화수소에 의한 방법 및 금속수소화물(metal hydride)로서의 고체에 의한 방법 등이 있다. 이들 저장법의 수소 밀도와 수소 함유율의 비교를 표 5·2로 표시한다.

표 5·2 각종 수소 저장법에서 수소 함유율과 수소 밀도

	수소 함유율[%]	수소 밀도 [$\times 10^{22}$ atoms / cm^3]
H_2 가스 (100atm)	100	0.5
20K의 액체 H_2	100	4.2
MgH_2	7.6	6.7
VH_2	2.1	11.4

금속수소화물에 의한 에너지 저장(metal hydride storage)은 저장 밀도가 높고, 표 5·2의 VH_2 경우는 액체 수소의 약 3배의 수소 밀도로 되고, 휘발유의 에너지 밀도와 비슷하다. 또한 기체 수소는 폭발의 위험이 있으나, 액체 수소의 경우는 극저온에서 단열 용기에 저장이 필요한 냉동과 극저온 저장에 따른 에너지 손실이 있는 것에 비하여 금속수소화물은 기체 수소보다 안전하고 극저온에 관한 문제가 없다.

금속과 수소가스가 반응해서 금속수소화물을 생성하는 과정은 가역반응으로서 이 반응은

$$\frac{2}{n}\mathrm{M}(\mathrm{s}) + \mathrm{H_2}(\mathrm{g}) = \frac{2}{n}\mathrm{MH_n}(\mathrm{s}) + Q \tag{5·19}$$

와 같이 표시된다. 단, M은 금속, MHn은 금속수소화물, (s)는 고체 상태, (g)는 기체, Q는 수소 1mol당의 수소 반응열이다.

그림 5·8은 이상적인 금속수소화물 생성계에서 수소, 압력, 온도 및 수소 흡수량 관계의 개념도이다. 1의 상태에서 방출한 일정 온도(T)하에서 수소 압력을 상승하면 수소 흡수량은 약간 상승해서 2에 이른다. 상태 2에서는 금속수소화물이 생성되기 시작하고 같은 압력에서 수소 흡수량이 증가하고 3의 상태로 된다. 3에서 금속 수소화가 포화하면, 수소 흡수량은 압력에 따라서 상승하는 것만으로 된다.

압력을 감소하면, 4－3－2－1의 과정을 지나 상태 1로 되돌아간다. 반응 시의 온도가 T에서 T_1 또는 T_2로 변화하면 ($T_1 < T < T_2$)로 된다. 금속수소화물을 생성할 때의 반응 압력이

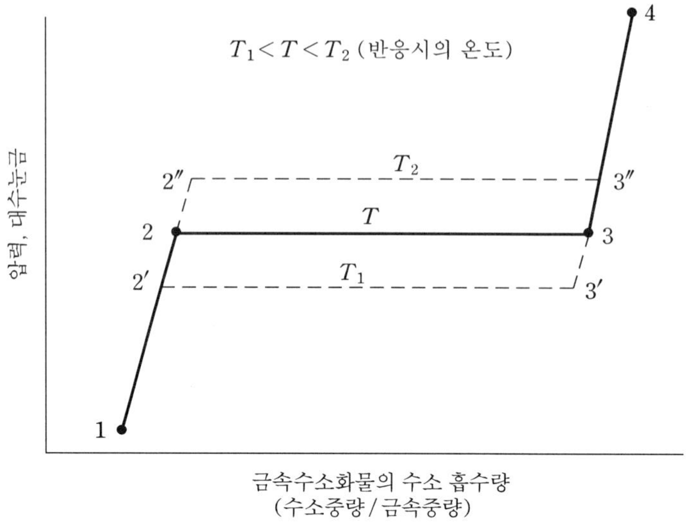

그림 5·8 금속수소화물에 의한 수소저장의 개념도

그림의 직선 T에서 파선으로 표시한 T_1 또는 T_2와 같이 변한다.

반응을 일정 온도에서 진행할 때는 수소 흡수 시에 수소 1mol당 식 (5·19)의 Q의 열을 방출하고, 그 역과정에서는 열을 흡수한다. 이 Q는 수소의 연소반응에 의한 에너지의 10~15[%]에 해당한다. 따라서 금속수소화물의 저장 용기는 열교환기와 같은 구조로 된다.

예제 5·1

초기 체적 $1[m^3]$, 압력 2[atm]의 공기를 일정 온도에서 $0.4[m^3]$까지, 압축해서 에너지를 축적한 저장에너지의 양과 밀도를 구하라.

풀이 저장에너지

$$W = nR_0 T\ln(V_2/V_1) = P_2 V_2 \ln(V_2/V_1)$$

이고,

$$V_1 = 0.4[m^3],\ V_2 = 1[m^3],\ \ P_2 = 2 \times 101325[N/m^2]$$

인 것에서,

$$W = 1.86 \times 10^5[J],\ w = W / V_1 = 4.66 \times 10^5[J/m^3].$$

예제 5·2

비유전율 3의 절연재료를 끼운 평행 평판 콘덴서에 전압을 인가하고, 전극 간의 전계 강도를 40[kV/mm]로 했다. 저장에너지 밀도를 구하라. 단, 콘덴서의 단(端)효과는 무시 가능한 것으로 한다.

풀이 $\epsilon_0 = 1/(36\pi \times 10^9)$, $\epsilon_s = 3$, $E = 4 \times 10^7$[V/m]로 두고, $\omega_e = 2.12 \times 10^4$[J/m^3].

예제 5·3

초전도 코일 내의 자속밀도가 4[T]이었다. 코일 내의 저장에너지 밀도를 구하라.

풀이 $B = 4T$, $\mu_0 = 4\pi \times 10^{-7}$, $\mu_s = 1$로 두고, $\omega_m = 6.37 \times 10^6$[J/m^3].

예제 5·4

낙차 100[m]의 양수 발전소가 있다. 단위 수량 당의 저장에너지를 구하라.

풀이 Q_h[m^3]($Q_h \times 10^3$[kg])의 물이 H_h[m] 떨어질 때 얻어지는 일 W는, 식 (5·10)에서 $W = 9.8\, Q_h H_h \times 10^3$[J]이다.
따라서, $\omega = W/Q_h = 9.8\, H_h \times 10^3 = 9.8 \times 10^5$[J/m^3].

5·3 전력시스템에 있어서 에너지 저장 방식

전력시스템에서 현재 이용되고 있는 에너지 저장 방식은 양수와 전지이고, 계속해서 플라이휠, 압축 공기, 신형 전지 및 초전도 마그네트 등에 의한 저장방식의 실용화가 연구 개발되고 있다.

1) 양수발전소

양수발전소는 그림 5·9에 나타난 것 같이 수력발전소의 상류 측과 하류 측에 저수지를 가진 그림 5·1 및 5·10에 표시한 부하곡선의 피크가 아닌 때에 원자력 발전소 및 고효율 화력발전소

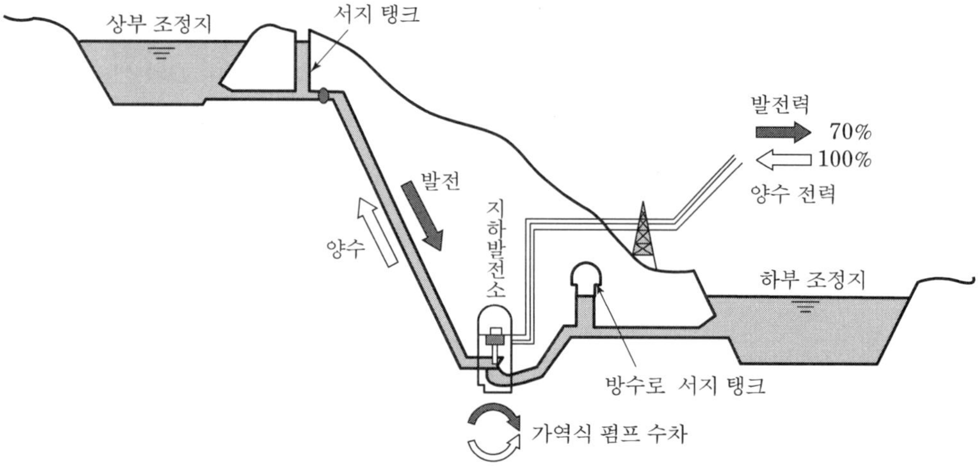

그림 5·9 양수발전소

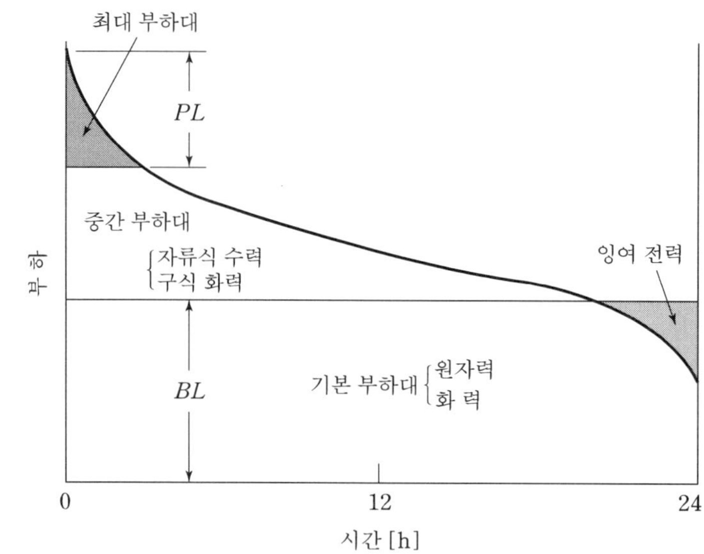

그림 5·10 부하곡선과 발전방식

에서 전력을 수전하여 하류 측의 저수지에서 상류 측의 저수지로 양수하고, 첨두부하 시 이 물을 낙차 하여 발전하는 수력발전소이다. 따라서, 이론 양수에너지는 식 (5·10)에서 발전소 출력(P)은 $P = 9.8QH\eta$로 주어진다.

양수 시의 입력 전력량에 대한 발전 전력량의 비 η는, 양수 효율 η_p와 발전효율 η_g의 곱으로 다음 식으로 된다.

$$\eta = \eta_p \eta_g \quad (5\cdot20)$$

이 값은 대용량 양수발전소에서 0.7 정도이고, 양수발전소까지의 송전손실을 고려하면 에너지 저장에 따른 양수발전소의 전체 변환 효율은 더욱 낮게 된다.

현재의 전력시스템에 있어서 주요 발전방식은 수력(자류식, 양수식), 화력 및 원자력이다. 자류식 수력발전소는 이미 개발·운전 중이며, 현재의 기술로 대규모로 건설할 수 있는 발전소는 양수, 화력 및 원자력발전소이다. 이 경우 왜 첨두부하 대에서는 양수발전하고, 화력이나 원자력 발전하지 않는지를 살펴보자.

그림 5·1과 같은 부하곡선을 부하전력이 큰 순서로 열거하면 그림 5·10과 같이 된다.

한편 이들의 부하전력에 대응하여 건설할 수 있는 발전방식의 특성을 표 5·3에 표시했다.

표 5·3 각종 발전소의 특성

발전방식	발 전 원 가		특 성
	설비비*	운전비	
양수식	싸다	비교적 쌈	급격한 부하 변화에 대하여 속응성이 있고, 병·해열이 쉽다.
화 력	중간	비교적 높음	급격한 부하 변화에 대응이 곤란하고, 병·해열에 수 시간이 필요하다.
원자력	고가	싸다	부하 변화에 대응, 빈번한 병·해열은 곤란하다.

발전원가는 건설비의 감가상각분과 운전비의 합으로 되므로 설비비가 비쌀수록 설비 이용률의 증가에 따라서 발전원가의 저하가 현저하다. 따라서 그림 5·10에 표시된 것과 같이, 원자력과 고효율 화력을 기본 부하대로 충당하고 그 설비 용량이 BL로 있다고 한다. 이 경우 BL보다 부하전력이 작을 때 그들의 차를 잉여전력(surplus power)이라 한다.

기본 부하용 발전설비의 자산은 잉여전력의 발전 여하와 관계없이 감가상각되기 때문에 잉여전력의 원가는 기본부하발전소(base load plant)의 운전비와 거의 같다고 볼 수 있다. 따라서 잉여전력에서 첨두 부하에 대응한 양수만 할 뿐 양수발전소의 물단가(화력발전소의 단위 출력당의 연료비에 상당)는

$$\text{양수발전소의 물단가} = \frac{\text{기본 부하 발전소의 연료비}}{\eta \times \text{송전효율}} \quad (5\cdot21)$$

로 된다. 즉, 양수발전소가 공급하는 첨두 부하 전력량이 잉여전력을 넘지 않게 하여 양수발전소

의 운전비는 저렴하게 억제된다. 또한, 자류식 수력발전소와 달리 건설 지점의 선정에 자유도가 크므로, 건설・설비비도 내구 년수를 생각하면 비교적 저렴하게 할 수 있다. 이상의 것 외에 양수발전소는 부하 변화에 대한 속응성이 있고, 발전소의 병・해열이 쉽고 무인화 등도 가능한 특징도 가지고 있다.

2) 전지

전지는 양수발전소에 비해서 소규모이지만, 고효율로 건설 공기가 짧고 기동 정지나 부하에 대응하는 운전성이 뛰어나면서 환경상의 문제도 없으므로 수요지에 인접해서 설치할 수 있는 특징을 가지고 있다. 종래의 전력 에너지 저장용 전지는 1859년에 Plante가 발명한 연축전지(lead battery)를 개량한 것이다. 최근까지 다양한 종류의 신형 전지가 실용화를 향하여 연구되고 있다. 연축전지의 기본 구성은 그림 5·11에 표시하고 있고 부(−)전극 및 정(+)전극에 있어서 충・방전 반응은 각각 다음 식으로 나타난다.

• 부(−)전극에 있어서의 반응

$$Pb \underset{\text{충전}}{\overset{\text{방전}}{\rightleftarrows}} Pb^{2+} + 2e^{-}, \qquad Pb^{2+} + SO_4^{\ 2-} \underset{\text{충전}}{\overset{\text{방전}}{\rightleftarrows}} PbSO_4 \tag{5·22}$$

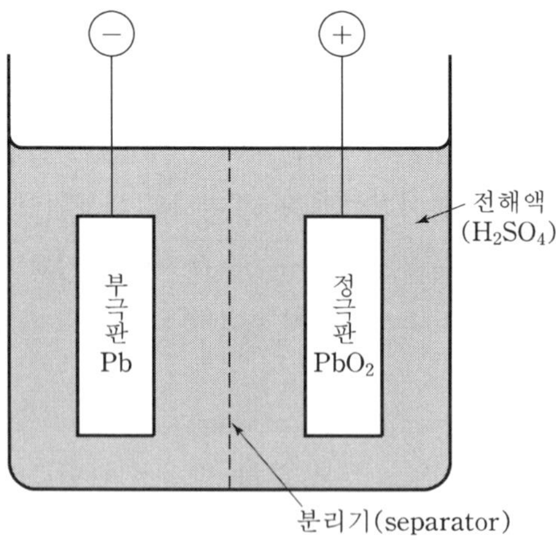

그림 5·11 연축전지의 기본 구성

• 정(+)전극에 있어서의 반응

$$PbO_2 + 4H^+ + SO_4^{2-} + 2e^- \underset{\text{충전}}{\overset{\text{방전}}{\rightleftarrows}} PbSO_4 + 2H_2O \tag{5·23}$$

따라서, 전체 반응은 다음과 같이 된다.

$$PbO_2 + 2H_2SO_4 + Pb \underset{\text{충전}}{\overset{\text{방전}}{\rightleftarrows}} 2PbSO_4 + 2H_2O \tag{5·24}$$

전지는 방전 반응으로 이상 조건에서는 Gibbs의 자유에너지 감소와 같은 전기에너지가 출력되고, 역으로 충전 반응 시에는 전기에너지를 공급해서 그것에 상당하는 Gibbs의 자유에너지가 증가해서 에너지 저장이 이루어진다. 그림 5·11에 표시한 2차 전지의 기본 구성을 단전지(single battery)라 한다. 단자 전압은 2[V] 정도로써 출력 전류는 전극 면적에 비례한다. 전력 저장용의 전지를 구성할 경우는 단전지의 전극 면적을 넓혀서 출력 전류를 10~10,000[A]로 하고, 이들을 직 · 병렬로 조합해서 소정의 용량을 얻는다. 그림 5·12에 전력 저장용 대형 연축전지의 구조를 나타내었다.

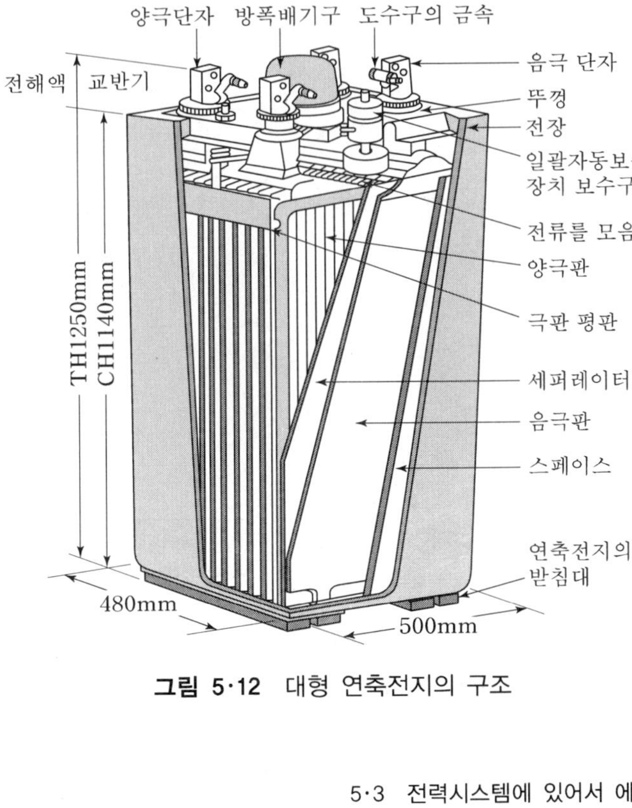

그림 5·12 대형 연축전지의 구조

3) 신 에너지 저장 방식

플라이휠(Flywheel)

플라이휠 기술은 예로부터 일그너 시스템(ilgner system)의 전동 발전기, 기계 프레스의 관성력, 자동차 엔진의 관성력 등에 널리 사용되고 있다. 양수발전소 입지가 크게 부족한 현재 플라이휠은 전력수요지에 가깝게 설치할 수 있는 무공해의 전력 저장설비로써 많은 주목을 받고 있다.

그림 5·13은 플라이휠 시스템의 구성이다. 입력에너지의 형태는 전기에너지, 회전에너지, 제동에너지, 풍력에너지 등이지만 전력 저장용으로는 전기에너지가 입력으로 된다. 또한, 그림의 에너지 변환기로써 발전기를 전동기로 병용해서 사용하는 경우도 있다.

플라이휠이 보유하는 에너지는 식 (5·11)에 나타난 것 같이 $W = I\omega^2/2$ 으로 주어진다. 플라이휠을 회전시키기 위한 기계요소는 축수, 증 · 감속장치, 급유장치 등이 있다. 에너지 저장 중에 W는 풍손, 축수손 그 외의 기계 손실 때문에 서서히 감소한다. 플라이휠의 보유 에너지는 회전속도의 2승에 비례하고, 풍손은 약 2.8승, 축수손은 2승에 비례하여 증가하기 때문에 고속 회전에서의 동력 손실은 대단히 크게 된다. 이러한 손실을 낮추기 위해서 플라이휠은 $10^{-1} \sim 10^2$[Pa]의 진공 중에 설치한다. 플라이휠의 보유에너지와 출력 사이에는 다음과 같은 관계가 있다. 플라이휠의 유효 출력을 O_p로 하면

$$O_p = P - L \tag{5·25}$$

로 된다. 단, P는 플라이휠 출력, L은 동력 손실의 합이다. 플라이휠이 출력을 발생하는 구간의 어떤 시각 t에 있어서 보유에너지 W는

$$W = W_0 - \int_0^t P dt \tag{5·26}$$

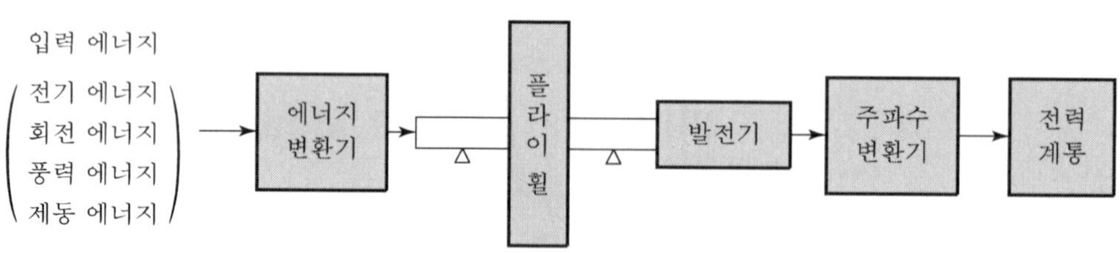

그림 5·13 플라이휠 시스템의 구성

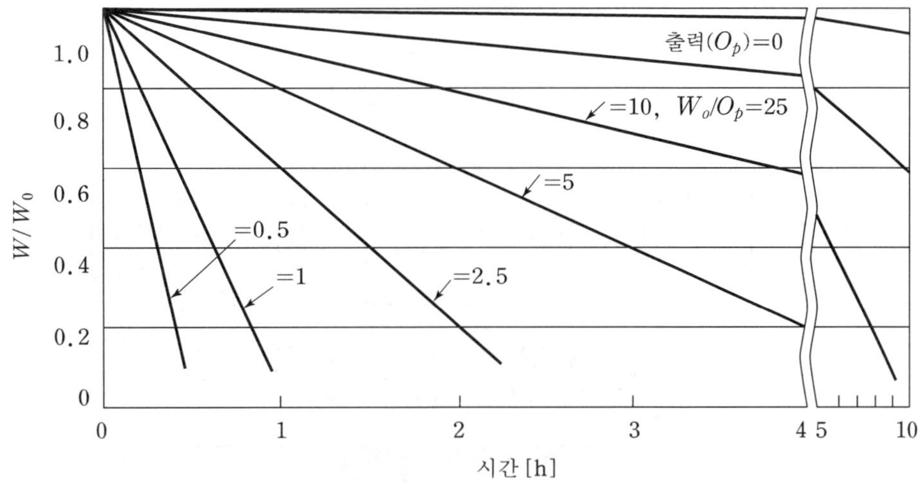

그림 5·14 보유에너지의 변화 $W_0 = 50$[MW·h]

과 같이 된다. 단, W_0는 초기($t = 0$)의 보유에너지이다. 참고로 W_0에 대한 시간 t일 때의 보유에너지 W의 시간 특성을 그림 5·14에 나타낸다.

압축공기 저장

압력 P_1의 대기를 압축기에서 압력 P_2까지 등온 압축하면, 식 (5·9)로 주어지는 에너지가 저장된다. 잉여전력으로 공기를 압축해 저장하고, 첨두 부하 시에 이 압축 공기를 사용해서 공기 또는 내열 가스터빈을 구동해 발전한다. 이 방식은 압축공기 탱크의 기동 정지가 쉽다는 점에서 양수를 위한 적절한 장소가 부족하다는 측면에서 압축공기를 저장하는 방법이 주목된다. 특히, 가스터빈 발전소에서는 출력의 약 2/3가 압축 공기를 얻기 위한 압축기 구동용으로 소비되고 있다. 이 때문에 첨두 부하가 아닌 경우의 잉여전력으로 압축공기를 얻는 방식에는 가스터빈발전기를 이용하는 경우가 특히 유력하다. 1978년에 독일의 Huntorf의 290×2MW 가스터빈 장치를 가진 이 방식의 발전소 운전을 개시하고, 2시간의 첨두부하에 출력을 충당하고 있다. 그림 5·15(a)는 압축공기에 의한 에너지 저장 및 발전시스템의 기본구조를 보여주며 (b)는 미국 오하이오 림스톤(rimstone) 동굴(10^7[m^3])의 대형 압축 공기 발전시스템 계통도를 나타낸 것이다.

압축 공기는 지하의 공동(空洞) 또는 바다 중의 공기탱크 등으로 저장되지만, Huntorf의 설비 및 림스톤 설비에서는 전자의 방법을 채용하고 있다.

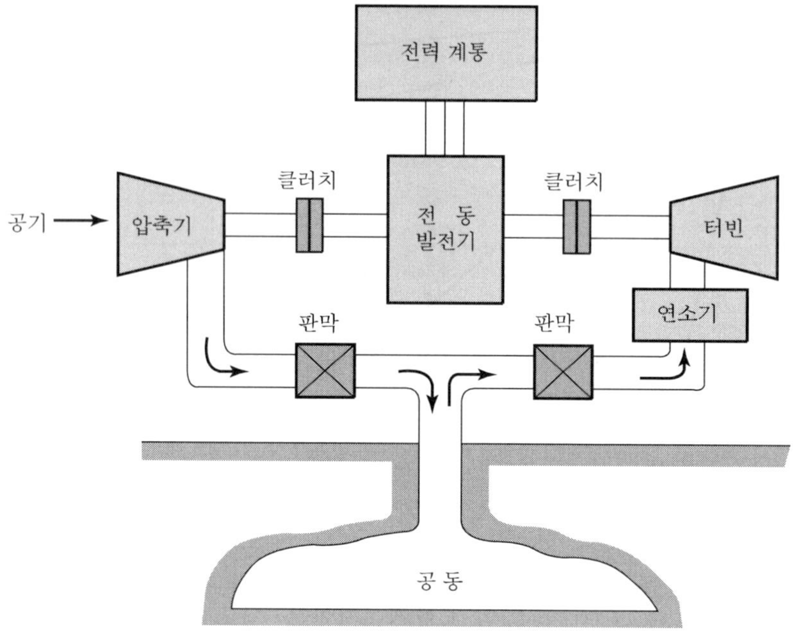

(a) 기본구조

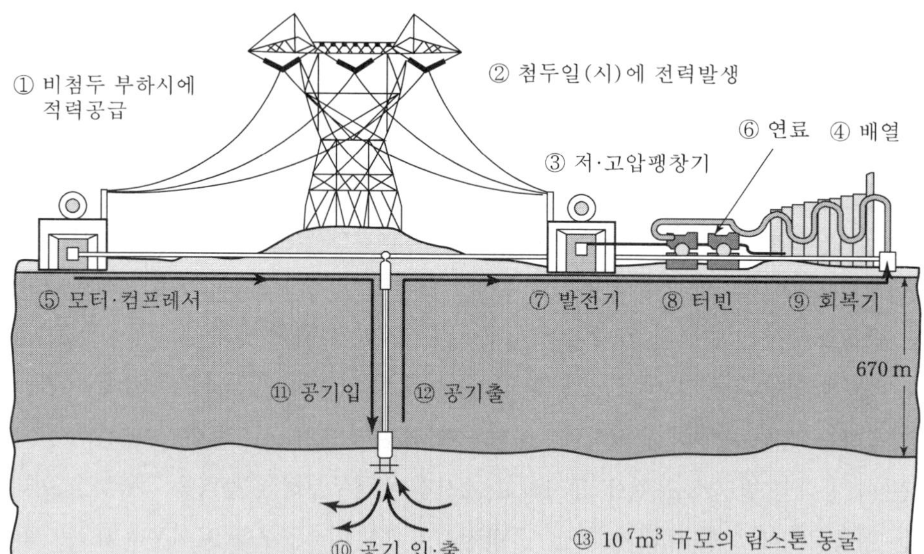

(b) 2700 MW 시스템의 예, Ohio Power Sitting Board,

자료: Spectrum, 2001, IEEE

그림 5·15 압축공기에 의한 에너지 저장의 기본구조 및 발전시스템

축열 장치

축열 장치는 냉・난방, 급탕 등의 민간용으로써 에너지 유효 이용의 관점에서 널리 보급되고 있다. 전력 공급 시스템에 있어서 대용량 축열 장치의 이용 예로써 태양열 발전소가 있다. 이 경우 열의 저장 기간으로서

① 일사량의 시시각각 변동조정(분～시간)
② 주간의 태양열을 야간에 이용한다(반일～일).
③ 청명한 경우의 태양열을 우천 시에 이용한다(수일～주).
④ 하기의 태양열을 동기에 이용한다(월～반년).

가 생각되고 있다. 이 중에서도, ②의 목적으로 5·2의 2) 항에서 설명한 현열형, 잠열형 및 그들을 조합한 축열법이 주목되고 있다.

그림 5·16은 정격출력 1,000[kW]의 태양열 발전시스템의 예로 태양열에서 가열된 물 또는 증기가 보유한 열을 축열 장치로 저장되고, 야간에도 발전할 수 있는 장치이다. 열의 저장에는 압력 수를 저장하는 축열과 고온 열수에서의 열에너지를 용융염으로 이동해서 저장하는 잠열형 축열기가 이용되고 있다.

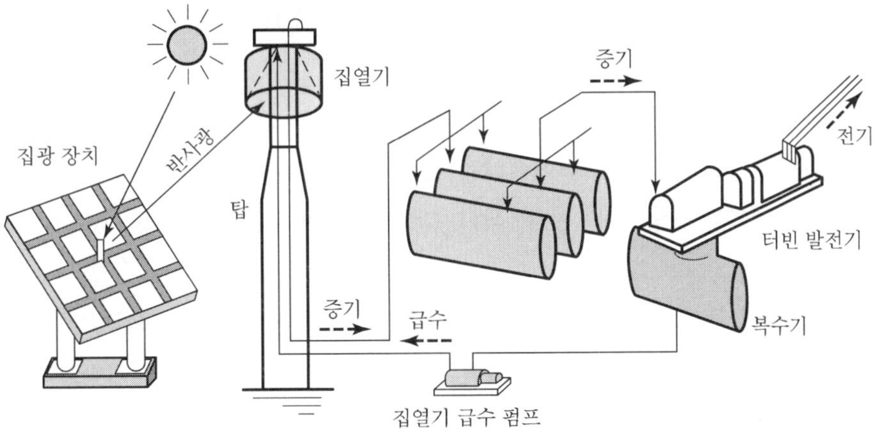

그림 5·16 탑 집광 방식의 태양열 발전시스템의 축열 장치

축열기에 이용되는 용융염 온도는 표 5·4에 표시된 것 같이 여러 가지 무기염을 혼합함에 따라 여러 가지 적당한 값을 선택할 수 있다.

표 5·4 태양열발전용 잠열형 축열기 재료

혼합염	조성비[mol %]	융점[°C]	융해 잠열[kcal/kg]
$NaNO_3-KNO_3-NaNO_2$	wt%7−53−40	142	19.2
NaOH−KOH	49.4−50.6	187	64.0
KCl−LiCl−NaCl	24−43−33	357	41.92
KCl−LiCl	41.5−58.5	354.3	57.25
NaCl−MgCl	52−48	450	77.0
$MgCl_2-KCl$	58−42	470	73.2
$KCl-NaCl-NaCl_2$	4−26−70	490	54.5
KF−LiF	50−50	492	93.0
$NaCl-CaCl_2$	48−52	500	55·0
NaCl−KCl	50−50	658	91.0

초전도 코일(superconducting magnet coil)

초전도 현상을 갖는 도체로 만든 코일을 초전도 코일이라 한다. 인덕턴스 L_s의 초전도 코일에 전류 I_0가 흐르고 있으면 식 (5·18)에서 설명한 바와 같이 초전도 코일에는 $W = L_s I_0^2/2$의 에너지가 축적된다. 초전도 코일에 의한 에너지 저장법은 양수발전소 및 압축 공기에 의한 방식보다 저장 에너지 밀도가 높고 환경에 대한 충격이 작은 것과 대형으로 되면 양수 발전소보다도 저장 가격을 낮추는 가능성이 있다.

그리고 공간이 작아도 되므로 장래의 전력 저장법으로서 기대되고 있다.

현재까지 연구·개발되는 대형의 전기에너지 저장장치로써는 핵융합에 이용되는 펄스 발생용 저장 코일과 전력 저장용 코일 등이 있다. 여기서는 이들 코일에서의 에너지 이송과 저장 시스템의 개요를 설명한다.

그림 5·17은 초전도 코일을 이용한 펄스 발생용 회로이다. 전원의 에너지는 일단 초전도 코일에 저장되고 다음과 같이 부하 코일로 이송된다. 처음 스위치 S_1, S_2를 개방하여 두고S_3를 닫아서 루프 l_1에 전류를 흘려서 초전도 코일을 충전한다. 초전도 코일의 전류가 규정치 I_0에 도달할 때 S_1을 닫고, S_3를 연다. 이때 스위치 S_1이 초전도 스위치이면, 루프 l_2에는 에너지 손실이 없으므로 초전도 코일의 전류는 I_0로 유지된다. 다음에 S_2를 닫고 S_1을 열어서 전류를 루프 l_3로 이동해서 부하 코일로 전류를 출력한다.

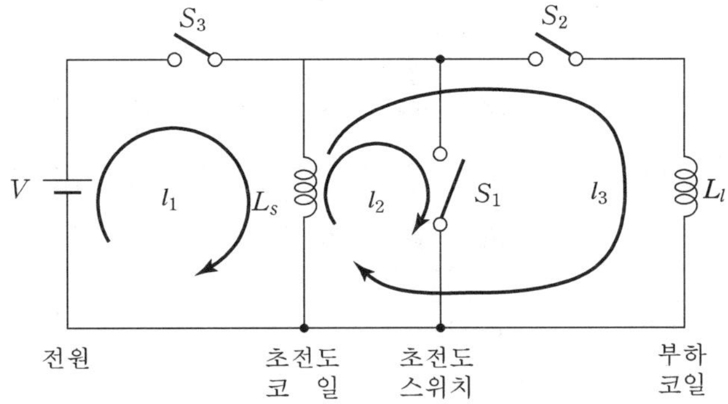

그림 5·17 초전도 코일에서 부하 코일로의 에너지 이송 회로의 원리도

지금 초전도 코일과 부하 코일의 인덕턴스를 각각 L_S, L_l 로 한다. S_2 를 닫을 때, 루프 l_3 에 키르히호프(Kirchhoff)의 전압 법칙을 적용하면

$$(L_S + L_l)\frac{dI}{dt} = 0 \tag{5·27}$$

그러므로

$$(L_S + L_l)I = \text{일정} \tag{5·28}$$

그런데 S_2 닫은 직후의 $(L_S + L_l)I$ 의 값은 $L_S I_0$ 인 것에서

$$(L_S + L_l)I = L_S I_0 \tag{5·29}$$

가 성립한다. 따라서 L_l 로 이송된 에너지 W_l 는

$$W_l = \frac{1}{2}L_l I^2 = \frac{1}{2}L_s {I_0}^2 \frac{L_l L_s}{(L_s + L_l)^2} \tag{5·30}$$

으로 된다. 즉 초전도 코일에 저장된 에너지의 $[L_l L_s / (L_s + L_l)^2]$ 배 에너지가 부하 코일로 이송되어, $[{L_s}^2 / (L_s + L_l)^2]$ 배가 초전도 코일에 남고, 다른 에너지는 손실로 된다. 손실에너지는 부하 코일의 전류가 0에서 급격히 $(L_s I_0)/(L_s + L_l)$ 까지 증가해서 스위치 S_1 에 고전압이 발생하고 아크가 발생하는 것에 의해서 생긴다.

부하에 이송된 에너지의 저장에너지에 대한 비율을 이송효율이라 한다. 초전도 코일에서 부하 코일로 에너지를 이송하는 경우, 이송효율을 상승시키자면 S_1 을 개방할 때 S_1 에 가해지는

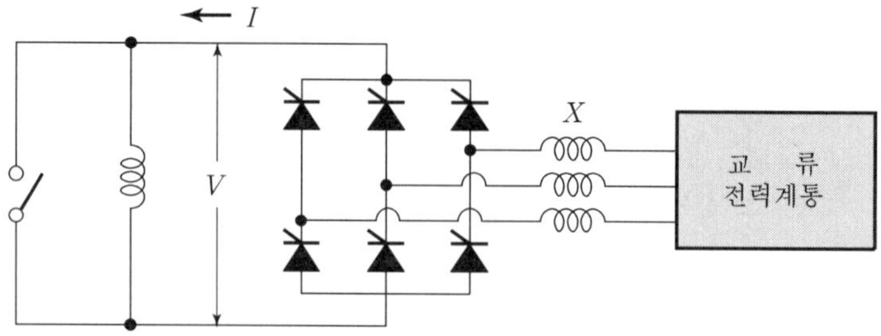

그림 5·18 초전도 코일 전력 저장 시스템

전압을 0에서 서서히 상승시켜서 아크의 발생을 방지하는 회로 기구로 하면 좋다.

또한 손실은 저장에너지에서 부하에 이송에너지 및 L_s 에 남은 에너지를 빼면 되는데 그 값은 $\frac{1}{2}L_s\,I_0^2\left[\frac{L_l^2+L_sL_l}{(L_s+L_l)^2}\right]$ 로 된다. 그러므로 손실률 k 는 $k=\frac{L_l^2+L_sL_l}{(L_s+L_l)^2}$ 가 된다.

그림 5·18은 초전도 코일 전력 저장 시스템의 원리도이다. 교류 전력 계통의 잉여전력을 사이리스터 변환기로 교류에서 직류로 변환해서 초전도 코일을 충전하고, 다음으로 초전도 스위치를 닫아서 초전도 코일과 초전도 스위치의 루프에서 전류를 흘리고 코일 내에 전력을 저장한다.

신형 전지

대용량 전지의 개발은 자동차용과 전력용으로서 진행되고 있다.

전력 저장용으로서 기대되고 있는 신형 전지와 그 전지 반응을 다음에 표시한다.

• 나트륨－유황 전지(sodium－sulphur battery) :

$$2Na + S \underset{\text{충전}}{\overset{\text{방전}}{\rightleftarrows}} Na_2S \tag{5·31}$$

• 아연－염소 전지(zinc－chloride battery) :

$$Zn + Cl_2 + 6H_2O \underset{\text{충전}}{\overset{\text{방전}}{\rightleftarrows}} ZnCl_2 + 6H_2O \tag{5·32}$$

• 아연 – 브롬 전지(zinc – bromine battery) :

$$Zn + 2Br \underset{충전}{\overset{방전}{\rightleftarrows}} Zn + Br_2 \tag{5·33}$$

• 레드옥스 플로우형 전지(redox flow battery) :

$$Fe^{3+} + Cr^{2+} \underset{충전}{\overset{방전}{\rightleftarrows}} Fe^{2+} + Cr^{3+} \tag{5·34}$$

• 리튬 – 유황 금속 전지(lithium – sulphur battery) :

$$2Li + S \underset{충전}{\overset{방전}{\rightleftarrows}} Li_2S \tag{5·35}$$

연료전지는 연료를 저장하고 필요에 따라서 발전할 수 있으므로, 이 의미에서 에너지 저장 기능을 가진 발전시스템이라 한다. 그중에서도 장래의 합성연료로서 기대되고 있는 수소를 사용한 수소 – 산소 연료전지가 전력 공급 시스템용으로서 주목되어지고 있다.

5장 연습문제

5·1 전력 공급 시스템에 있어서 에너지 저장의 필요성을 요약하고 에너지 저장설비의 구비조건을 약술하여라.

5·2 압축기체를 이용한 에너지 저장의 원리를 설명하고 이 원리를 이용하여 발전하고 있는 현황을 조사하여라.

5·3 화학에너지의 형태로 저장하는 방법을 설명하여라.

5·4 연축전지의 충전과 방전에 관한 반응식을 쓰고 설명하여라.

5·5 초전도 코일을 이용하여 전기에너지를 저장하려면 어떤 기술이 필요하며, 저장된 에너지를 부하에 보내는 방법을 설명하여라.

6장 에너지와 환경

6·1 집진 기술

1) 집진 총론

가스 중의 미소 입자를 분리 포집하는 장치를 집진 장치라 부른다. 집진에는 기체에 포함된 고체입자를 분리하는 포집기, 프로세스 가스 중에서 유효성분의 입자를 분리하는 것 또는 가스 중의 고체입자를 제거하여 가스를 정제하는 것 등이 있다. 이 중에서 에너지와 관련된 집진은 후자의 경우로서 각종 연소기 및 가스 화기에서 발생하는 가스를 정제할 목적으로 사용된다.

에너지 생성 시스템에서는 석탄화력발전소와 원자력 폐기물 소각 시에 배출되는 분진의 집진이 큰 비중을 차지한다. 따라서 여기서는 주로 석탄화력발전소와 관련한 집진을 다루고자 한다. 차세대의 석탄화력발전 형태는 가스화 복합발전, 가스화 연료전지 복합발전, 직접 연소 복합발전 등이 있는데 가스터빈의 수명 연장, 열효율 50[%] 이상 달성으로 에너지 효율 향상, 환경공해 저감을 목적으로 하고 있다. 이런 시스템을 만족시키기 위해서는 800[°C] 이상과 30기압 이상에서 99.9[%] 이상의 집진 효율이 요구된다.

집진기 선정

집진기를 선정할 때 우선 집진 규격이 결정되어야 한다. 집진 규격에는 집진 후의 분진 허용농도, 허용 최대입경, 그리고 집진 온도 및 압력이 대표적인 항목이다. 그다음에 입자와 가스의 물리화학적 특성에 따라 적합한 집진기를 선정한다. 이 경우 집진 규격을 만족시킬 수 있음은 물론 설치 환경 및 경제성에 따라서 가장 타당한 시스템이 선정되어야 한다. 그림 6·1에 집진장치 선정 시에 고려하여야 할 일반적 항목을 나타내었다.

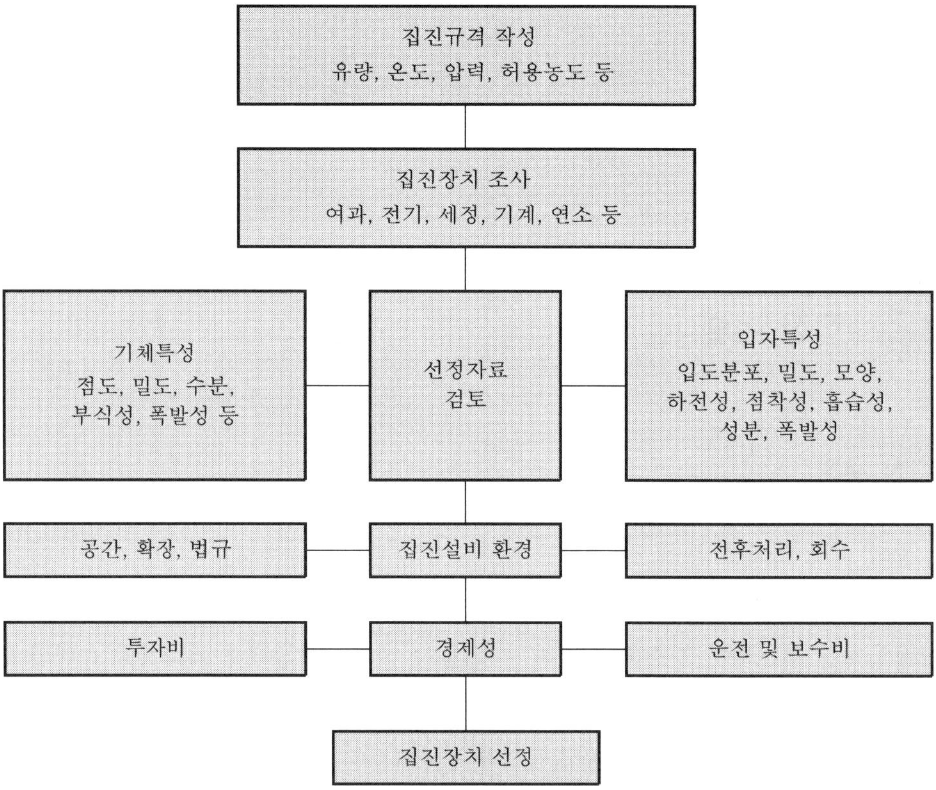

그림 6·1 집진장치 선정요령

집진 규격

일반 화력발전소에서 집진은 대기오염 규제를 목적으로 수행된다. 표 6·1과 같이 나라마다 화력발전소에서 발생하는 먼지 등 입자 형태 분진의 규제치는 다르고, 기술이 발달함에 따라 더욱 엄격해질 것이다. 우리나라의 경우 액체 연료 발전시설의 먼지 허용기준치는 2001년 6월

표 6·1 분진 규제의 실제 예

IGCC 가스터빈의 분진허용 농도[ppm]		화력발전소 배기가스 분진규제치[mg/m^3]	
Nakoso 12.5[MW]	30	미 국	28
Demkolec 250[MW]	5	독 일	39
Puertollano 330[MW]	4.2	스웨덴	43
Kobra 367[MW]	8	한 국	12

30일 이전 설치시설은 20[mg/m^3], 2001년 7월 1일 이후 설치시설 20[mg/m^3]이었으나, 2015년 1월 1일 이후 설치시설은 12[mg/m^3]로 더욱 강화된 상태이다.

차세대의 개량형 복합발전소에서 집진은 가스터빈의 보호가 우선적인 목적이다. 고속으로 투입되는 분진 입자는 가스터빈 날개를 침식하거나 마모시키며, 미세입자는 고온에서 가스터빈에 용융 부착하여 부식과 관석(scale)을 일으킨다.

배출가스 정화를 위한 기존 화력발전소의 경우 집진 온도는 대개 100[°C] 이전에서 이루어지며 보통 전기집진기를 사용한다. 석탄 가스화 복합발전(integrated gasification combined cycle, IGCC)의 집진은 가스터빈 전에 수행되며 탈황 방법에 따라 경제적인 집진 온도가 결정된다.

습식 탈황법인 클라우스(claus) 공정은 상온에서 수행되므로 집진 온도는 250[°C] 정도가 적합하다. 그리고 고온 건식으로 탈황을 수행하는 경우 380[°C]와 500[°C] 사이에서 경제적인 집진 온도가 결정된다. 가압 유동층 복합발전(pressurized fluidized bed combustion cycle, PFBC)이나 직접 온도가 800[°C] 이상이다. 집진 압력은 발전시스템 압력으로 설정하는 것이 바람직하다. 기존 발전소의 집진 압력은 1[atm] 정도이며, 가스화 및 연소형 복합발전의 경우 운전압력이 20～30[atm]에 속한다.

화력발전소 분진의 특성

화력발전 공정에서 발생하는 먼지 등 입자 형태 분진의 특성은 연소 및 가스화 방법, 탄의 종류 그리고 운전조건에 따라 다르다. 표 6·2에 미 분탄 연소와 가압 유동층 연소 그리고 고압 분류 층 가스화 및 유동층 가스화 공정에서 발생하는 분진의 사례를 나타내었다.

1,300[°C] 이상에서 운전되는 미 분탄 연소와 분류 층 가스화의 재는 용융이 발생하여 대개 구형의 입자로 구성된다. 그러나 이 중에는 잔류탄소와 같이 평판형 또는 각형을 구성하는 성분

표 6·2 석탄화력발전소의 분진 사례

공 정	연 소		가스화	
	재래형미분탄	가압유동층	분류층	유동층
연소온도[°C]	~1450	~850	~1300	~800
분진부하[g/m^{3}n]	5~60	5~50	~15	~50
평균직경[μm]	~7	~10	~5	~5
형태	구형	불규칙	구형	불규칙
성분[%]				
SiO_2	40~70	30~50	20~40	20~40
Al_2O_3	20~35	10~30	5~20	5~20
CaO	1~10	15~40	1~20	1~20
토탈 카본	<5	<5	20~60	30~60
전기저항도[Ω－cm]	10^8~10^{13}	10^{13}	10^3~10^4	10^3~10^4
겉보기밀도[kg/m^3]	800~1000	300~600	600(20[%]C) 400(30[%]C)	363(Brown) 211(Hard)

이 포함되어 있다. 비교적 저온에서 진행되는 유동층 연소 및 가스화 공정에서 발생하는 분진의 모양은 일정하지 않다. 여과집진기의 경우 분진의 형태가 케이크(cake) 형성에 큰 영향을 미친다. 가스화 공정의 경우 큰 입자를 사이클론에 포집하여 재순환 시키므로 전기집진기에 유입되는 입자의 평균입경은 2~3[μm]에 속한다. 잔류탄소가 30~60[%]를 차지하는 것이 가스화 공정으로부터 발생한 분진의 특성이다. 그리고 유동층 연소나 가스화 공정에서는 탈환제로서 $CaCO_3$나 $NaCO_3$ 등을 주입하므로 이들 알칼리화합물이 재의 융점 및 응집력에 큰 영향을 미친다. 재중의 탄소 농도는 재의 전기저항도 및 응집력에 큰 영향을 끼친다.

석탄화력발전 공정 가스의 특성

가스의 특성 중에서 점도와 밀도는 집진기 운전의 큰 변수이며 가스 성분, 온도 그리고 압력에 관계된다. 일종의 미 분탄 화력발전소에서 생성되는 배출가스는 질소, 이산화탄소, 잉여 산소, 일산화탄소, SO_X 및 NO_X 그리고 각종 소량의 부식 가스나 금속 가스로 구성된다. 고압 유동층 연소기의 경우 탈황제를 사용하여 SO_X 의 발생이 감소한다. 가스화 공정은 표 6·3과 같이 합성가스(CO+H_2) 발생을 주목적으로 운전된다. 가스화 공정에서는 석탄에 함유된 황으로 배출되며 탈황 공정이 별도로 필요하다. 합성가스의 점도는 온도와 압력에 따라 증가하며, 밀도는 온도에 따라 감소하고 압력에 따라 증가한다.

표 6·3 석탄 가스화 복합발전 가스의 조성 사례[vol%]

가스화 공정	산소산화제			공기산화제
	건식분류층	습식슬래그	유동층	유동층
CO	62~64	35~45	30~40	15~20
H_2	27~30	27~30	24~28	10~15
CO_2	2~4	10~15	10~15	5~8
H_2O	0~3	15~25	11~20	5~12
H_2S	0.2~1.2	0.2~1.2	0.2~1.2	0.1~0.6
N_2	1~5	0~2	0~2	40~50
기타	조금	조금	조금	조금

2) 집진장치(precipitator)

집진기는 중력, 정전기, 충격, 관성, 원심력 및 여과 등의 원리로 기체 중의 미소 입자를 분리하는 장치이다. 그 중 널리 활용되고 있는 정전기를 이용한 전기집진기(electric precipitator)에 관하여 살펴보고자 한다.

전기집진기는 기체 중에 함유된 분진 입자들이 코로나 방전으로 하전 된 후에 한 방향의 전기장에서 집진전극 판으로 이동하여 포집되는 원리다. 전기집진기는 크게 방전전극, 집진전극, 고전압 전원공급장치 그리고 전극 세정 장치로 구성된다. 전기집진기에서 분진 포집 절차는 코로나 방전의 형성, 분진의 대전, 대전입자의 이동, 집진전극의 포집, 그리고 포집된 집진진극의 세정으로 크게 나누어진다.

코로나 방전(corona discharge) 및 입자 하전

코로나 방전은 전기방전의 일종으로써 고전압이 걸려 있는 전극 주변의 기체분자가 전기적으로 파괴되는 현상에서 일어난다. 방전전극 주위의 강한 전장은 기체 내의 자유전자를 가속한다. 가속된 자유전자가 빠른 속도로 집진판으로 이동하면서 다른 분진에 충돌하여 연쇄적으로 많은 양의 자유전자와 양성자를 방출한다. 이때 생성된 양성자는 방전전극으로 이동하면서 전극 주위를 포위하고 있는 기체분자와 음극에서 충돌하며 이에 따라 새로운 전자가 발생한다. 이때 분진 입자들은 전극 영역에서 이온과 접촉하여 그림 6·2와 같이 하전된다.

방전전극으로 선전극(wire electrode), 판전극(plate electrode) 및 통전극(rigid electrode)

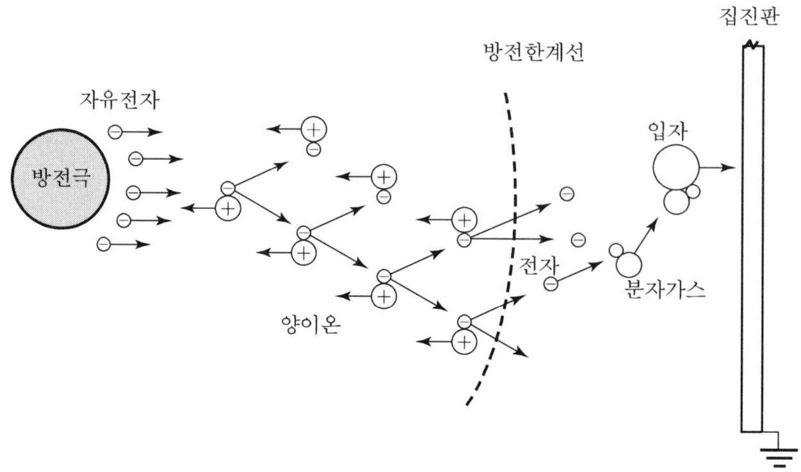

그림 6·2 코로나 방전의 원리

이 사용된다. 코로나 방전을 발생시키기 위해서는 날카로운 침상이 요구되므로 초기설치비가 저렴한 선전극이 재래에 많이 사용되었으나, 최근에는 보수비용을 절감하고 전선 진동의 영향을 줄이기 위해서 통전극이 많이 사용된다. 방전전극과 집진전극 사이에 맥류파 고전압(수만 볼트)을 가하면 전극 간에 전압이 일정한 방향으로 생성되어 불평등 전계를 형성한다. 이때 기체 내에서 전기 전도가 일어난다.

먼지 등 분진의 하전은 1.0[μm] 이상의 입자에 대해서는 전계 하전(field charge)이 발생하고, 0.3[μm] 이하의 분진은 확산 하전(diffusion charge)에 의하여 진행된다.

전기집진기 내에 처리 가스의 통과 저항은 주로 방전전극에서 발생하고 집진진극 사이 간격이 10[cm] 이상이므로 큰 저항을 받지 않는다. 따라서 처리 가스의 속도를 50[cm/sec] 이상으로 유지할 수 있고 대체적인 압력손실이 20～50[mmHg] 범위이다.

집진효율

집진 시스템에서 포집효율은 라미나(Laminar) 효율과 도이치(Deutsch) 효율 등이 있지만, 전기집진기의 집진 효율은 도이치－앤더슨(Deutsch－Anderson)의 경험 식 (6·1)로 설명된다.

$$\eta = 1 - e^{-(A/V)W} \qquad (6\cdot1)$$

여기서, η : 효율

A : 집진판의 유효집진 면적[m^2]

V : 집진기를 통과하는 가스의 체적 유속[m^3/sec]

W : 이동속도[m/sec]

$$W = \frac{d_p\, E_o\, E_p}{4\pi\mu} \tag{6·2}$$

d_p : 분체 입경[μm]

E_0 : 내부 전극 간의 평균 전계 강도[V/m]

E_p : 집진전극에서의 전계 강도[V/m]

μ : 가스 점도[kg/m·s]

식 (6·2)에 따르면 전압이 높을수록 집진 효율이 향상된다. 그러나 집진기의 전기적 특성은 여러 가지 요인에 의하여 영향을 받는다.

전기집진기 성능

가스의 온도, 압력, 성분, 그리고 유량과 분진의 화학 특성, 부하, 입도분포, 전도도 등의 변화에 따라 성능이 변화된다. 이러한 인자들이 복합적으로 작용하므로 미치는 영향을 구분하여 설명하기는 힘들다.

전기집진기의 집진 향상은 강한 전기량을 사용하면서 코로나 방전을 가능하게 하는 데에 있다. 일반적으로 인가전압이 높아지면 전류가 증가하며 온도가 높을수록 더욱 빨리 증가한다. 전류가 발생하기 시작하는 점이 코로나 개시점이다. 그리고 전류가 더욱 증가하면 스파크오버(sparkover) 전압에 도달된다. 집진 시의 운전은 코로나 개시점과 스파크오버 전압 사이에서 해야 한다. 그림 6·3에 따르면 저압의 경우 저온에서 그리고 고압의 경우 고온에서 각각 안정된 운전전압의 영역을 갖는다. 이와 같은 현상은 가스 온도와 압력에 따른 밀도변화에 따른 것으로 할 수 있다.

식 (6·1)에 나타낸 바와 같이 가스 유량이 중요한 요소이지만 실제로 다른 요인에 비해서 미치는 영향이 크지 않다. 대용량에서는 가스의 유량보다는 가스의 질이 더 중요하다. 즉 석탄재 슬러리(fly ash)와 같이 기공이 많은 입자가 포함된 가스는 유속에 따라 운전조건의 설정이 민감하다.

그림 6·4와 같이 분진의 전기저항은 운전전류 발생에 영향을 미치므로 운용되는 전압이 제한되고, 효율에도 밀접한 관계가 있다. 분진의 전기저항이 10^4[Ω·cm] 이하가 되면 도약(jumping)

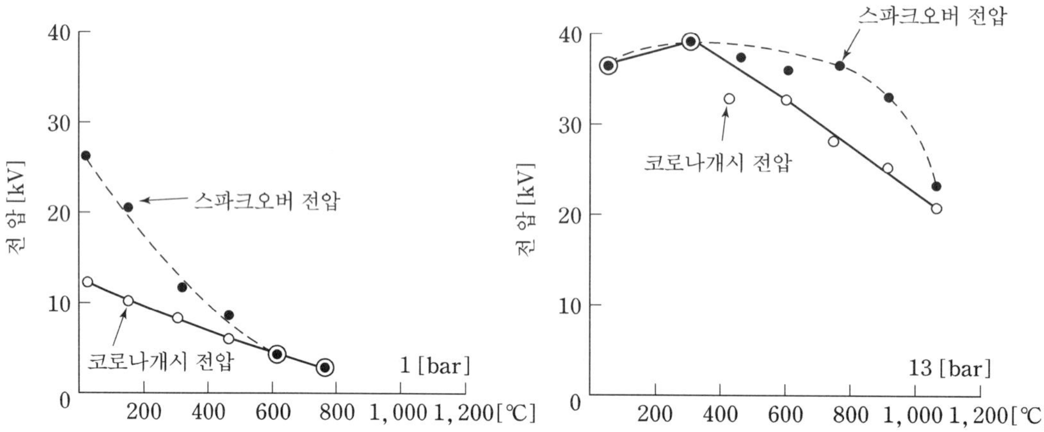

그림 6·3 코로나 개시 전압과 스파크오버 전압의 온도영향

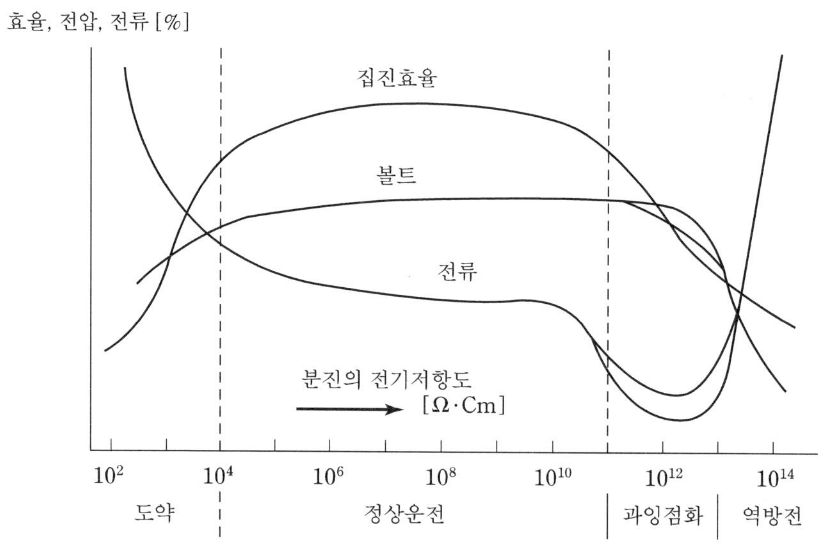

그림 6·4 분진 특성 및 운전조건에 따른 집진 효율

현상이 발생하여 집진 효율이 떨어진다. 전기저항이 10^{11}[Ω·cm] 이상이 되면 역 전리 현상에 의한 불꽃방전이 생기고 이에 따라 절연 파괴(electrical breakdown) 현상이 발생한다. 전기저항이 10^{13}[Ω·cm] 이상으로 더욱 크면 역 방전(back corona)이 생성되어 역시 집진 효율이 감소한다. 따라서 통상으로 최적의 전기저항은 $10^4 \sim 10^{11}$[Ω·cm] 사이일 때 안전하게 집진을 수행할 수 있다. 석탄재의 전기저항은 탄의 종류, 즉 유황의 함량에 따라서도 다르다. 고유황탄의 재는 전기저항이 낮지만, 저유황 탄의 경우 10^{13}[Ω·cm]에 이른다.

먼지 등 분진의 지름은 이동속도에 영향을 미친다. 분진 지름에 따라 이동속도가 최소를 보이는 영역은 0.1~1 [μm] 사이이다. 이 영역에서 역시 집진 효율이 최소가 된다. 인가전압이 높으면 다소 집진 효율이 향상하지만 80[%]에도 도달하지 못한다.

전기집진기 설계 및 운전

저온에서 사용되는 전기집진기의 설계 및 운전 특성에 관한 자료는 많은 자료에 소개되어 있다. 여기서는 뉴욕대학의 PFBC에 사용된 고온고압 전기집진기를 그림 6·5에 나타내었다. 일반적으로 450[°C] 이하에서 전기집진기의 설계 및 운전에 큰 문제가 없지만 800[°C]에 달하는 PFBC 집진의 경우 전극 설계와 재료에 많은 문제가 발생하고 있다.

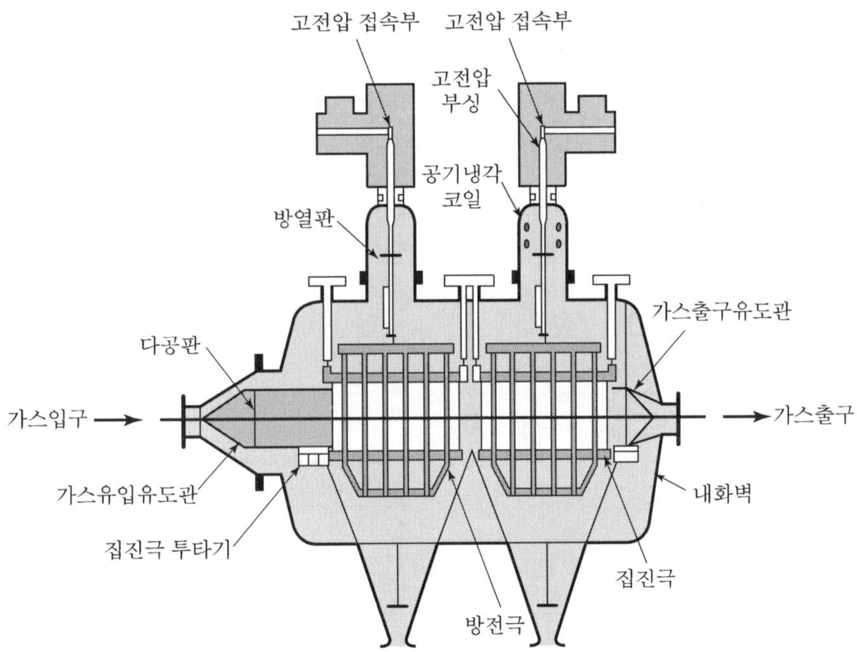

그림 6·5 뉴욕대학의 PFBC에 사용된 고온고압 전기집진기의 구조

3) 전하 입자층 여과기(electrostatic granular bed filter, EGB)

입경 1[μm] 이하의 입자는 전기집진기로 집진하기가 어렵다. 따라서 전기집진 작용과 여과 작용을 동시에 할 수 있는 방법으로써 EGB가 개발되고 있다. EGB는 세라믹 등의 절연체 입

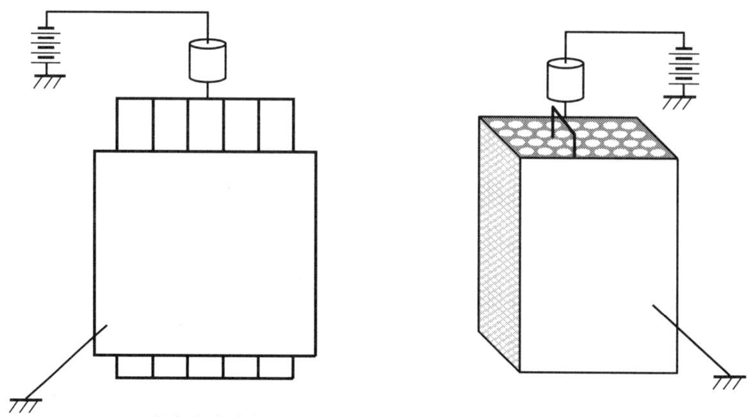

예비하전기 (PC)　　　　전하 입자층 여과기 (EGB)

그림 6·6 전기집진 내부의 충전형식

자를 그림 6·6과 같이 전기집진기 내부에 충진한 형식이다. EGB 내에 삽입된 전극은 －로 하전되고, 양측의 집진판은 접지되어 있다. 따라서 －전극 가까이에 있는 충진재는 ＋로, 접지극 가까이에 있는 충진재는 －로 유도전기에 의하여 분극된다. 분극된 충진층의 공극 사이를 함진가스가 통과하면 여과 집진과 전기집진이 동시에 일어나 집진 효율을 향상한다. 집진 효율을 더욱더 높이기 위하여 그림 6·6과 같이 예비하전부를 추가한다.

6·2 황산화물(SO_X) 저감 기술

1) 배경

급속한 경제성장과 산업발달로 국내의 에너지 소비량은 매년 증가하고 있고 이에 따라 화석연료 연소 시 배출되는 공해물질은 국민 생활에 직접적인 피해를 주고 있다. 1960년대 공업화가 시작된 이후 석유, 석탄 등 화석연료의 사용량이 급격히 증가함에 따라 대도시나 공업단지에서는 화석연료 연소 시 배출되는 아황산가스로 인한 만성적인 오염 현상이 심화하였다. 아황산가스를 포함한 대기오염물질들은 지역 대기의 질을 악화시킬 뿐만 아니라 장거리 이동으로 인근 지역 및 국가들에도 산성비 등으로 인한 영향을 미쳐 분쟁의 요인으로 작용하고 있다.

최근 들어 대기오염물로 인한 환경문제가 지구환경 차원의 문제가 확대됨에 따라 환경공해에 관한 관심 및 우려가 국제사회 차원에서뿐만 아니라 국내에서도 크게 확대되고 있다. 이러한 추세는 더욱 가속화될 전망이므로 이에 대한 효과적인 대처가 요구되고 있다.

이를 위해 정부에서는 1990년 환경보전법을 개선 공표한 이후, 2022년 개정된 대기환경보전법에 따라서 발전소와 같은 대형 연소설비에서 배출되는 대기오염물 중에서 황산화물 규제치를 1999년 270[ppm]에서 2015년 1월 이후 설치시설에 대하여 20[ppm]으로 대폭 강화하였다. 이렇게 강화된 배출 규제치를 만족시키기 위해서 1998년부터 석탄이나 중유를 사용하는 대형 연소설비들은 배연 탈황설비를 사용하고 있다.

SO_X란?

석유와 석탄과 같은 유황분을 포함하고 있는 화석연료가 연소할 때 SO_4, S_2O_7, SO_3, SO_2, S_2O_3, SO와 같은 유황산화물이 배출되는데 이러한 화합물을 총칭해서 SO_X라 부른다. 이 중 SO_2와 SO_3은 대기상에 존재하는 유황산화물 중 대표적인 물질들이다. SO_2는 대기상에 0.3~1.0[ppm]의 농도에서도 취각에 영향을 미치는 무색, 비폭발성, 비 화염의 가스이다. SO_2는 3.0[ppm] 이상의 농도에서 자극성이 강한 냄새를 가지고 있다. SO_2는 대기상에서 광화학이나 혹은 촉매반응에 의해 부분적으로 SO_3, H_2SO_4나 염의 형태로 전환된다. SO_3와 수분이 만나면 황산을 형성한다. 분진·수분과 함께 유황산화물은 대기오염에 가장 큰 영향을 미치고 있지만, SO_2의 영향만을 따로 분리해서 살펴보는 것은 매우 어렵다는 것이 판명되었으므로 유황산화물에 관하여 서술하고자 한다.

① 유황산화물의 시계와 각종 재질에 미치는 영향

대기상의 부유분진 입자들은 빛의 흡수와 산란으로 시계 거리에 영향을 미친다. 유황산화물의 입자들은 도심지역 대기 중에 존재하는 부유분진의 5~20[%]를 차지하므로 시계감소에 큰 영향을 미친다. 연구자들에 의하면 도심지역에 발생하는 안개와 같은 현상은 대기상에 존재하는 SO_2, 부유분진, 질소산화물, 탄화수소들이 광화학반응을 일으킨 결과로 생긴 에어로졸(aerosol)에 기인한다고 한다.

실험적 측정에 의하면 NO_X와 탄화수소 대부분은 자외선 광선에 의해 에어로졸을 거의 생성하지 않는다. 그러나 올레핀(olefin), NO_2와 SO_2 혼합물은 햇빛 중의 자외선에 의해 상당량의 에어로졸을 형성한다. 이와 같이 복잡한 광화학반응 생성물 중의 하나는 광 산란을 일으키는 미세한 황산 입자들이다.

도시지역 대기 중에 존재하는 황산염(sulfate)을 분석해 보면 0.2~0.9[μm] 영역에서 2.0[μm]보다 작은 크기가 큰 비중을 차지하는 경우가 많다. 전자기 스펙트럼의 가시광선 파장 범위는 대략 0.4~0.8[μm]이므로 대기 중에 이와 같은 형태의 에어로졸 존재는 시계감소에 큰 영향을 줄 수 있다. 도시지역의 SO_2 농도 범위는 0.1~0.2[ppm] 정도로 많이 알려졌으며, 0.14[ppm] 보다 큰 SO_2 농도 영역에서는 시계에 상당한 영향을 미친다.

유황산화물은 재료의 손상에 큰 영향을 미치는 것으로 알려졌지만, 어떤 오염물질이 어느 재료에 손상을 끼치는지는 아직 파악되지 않고 있다. 실험적 결과에 의하면 대기 중에 SO_2 농도가 1~2[ppm]일 때 페인트 필름(paint film)을 건조하는 시간에 끼치는 영향은 50~100[%], 7~10[ppm]의 고농도일 때는 2~3일의 증가를 가져온다. 또한 페인트가 SO_2의 존재하에 건조되었을 때 표면의 내구성이 떨어진다. 유황산화물은 이미 건조되어 굳은 페인트에는 거의 영향을 미치지 않으나 금속염을 포함하고 있는 페인트의 경우 H_2S와 반응한다. 유황산화물은 일반적으로 대기상이나 금속 표면에서 먼저 황산을 형성하므로 금속의 부식을 가속한다.

② 인체에의 영향

오늘날 유황산화물이 어떤 다른 오염물보다 건강에 미치는 영향을 집중적으로 연구하였다고 하지만 현재까지도 많은 문제가 밝혀지지 않은 상태로 남아 있다. 대기 중의 유황산화물은 높은 습도 상태에서 분진과 같은 대기오염물들과 혼합상태로 존재하기 때문에 다른 대기오염물들에 의한 영향과 구별하기는 쉽지 않다.

대부분 사람은 5[ppm] 이상의 SO_2 농도에서 증상을 보이며 아주 민감한 사람들은 1~2[ppm]의 농도에서도 반응을 보인다. 황산(H_2SO_4)은 SO_2 보다 인간에게 치명적이어서 대부분의 연구는 SO_2 단독에 의한 영향보다는 혼합된 형태의 유황산화물에 관한 연구를 진행하고 있

표 6·4 SO_2의 농도변화에 따른 인체의 영향 사례

농 도	영 향
0.03 [ppm]	상습적인 식물 피해
0.037~0.092 [ppm](연평균)	호흡기계통과 폐 질환이 발생할 수 있음
0.11~0.19 [ppm](24시간 평균)	노인들의 병원 출입이 잦고 부식률의 증가
0.19 [ppm](24시간 평균)	사망률의 증가 가능성이 있음
0.25 [ppm](24시간 평균)	질병률의 현저한 증가와 일 사망률의 증가 가능성이 있음
0.3 [ppm](8시간 평균)	일부 나무가 손상되는 현상을 보여 줌
0.52 [ppm](24시간 평균)	사망률의 증가

다. 표 6·4와 같이 수많은 임상적인 연구 사례를 통하여 분진이나 수분이 포함된 SO_2 의 농도와 건강에 미치는 영향은 아주 밀접한 관련이 있다고 밝히고 있다.

③ 산성비(acid rain)

대기 중에서 응축으로 생성된 물방울은 7 정도의 pH를 갖는다. 그러나 대기 중의 CO_2가 빗물에 용해되면 탄산이 형성되므로 pH 가 낮아진다. 대기가 유황산화물 등의 산성가스로 오염되지 않은 경우는 CO_2의 용해로 인한 빗물의 pH 의 값은 2～6의 값이다. 이는 자연적인 오염원으로부터 예상되는 값의 10～1만 배에 해당하는 산 농도이다. 이와 같이 낮은 값은 CO_2와 NO_2 가 구름이나 빗방울 속으로 흡수되어 산으로 변했기 때문이다. 이때의 대표적인 반응은 다음과 같다.

$$2SO_2 + O_2 = 2SO_3 \tag{6·3}$$

$$SO_3 + H_2O = 2H^+ + SO_4^- \tag{6·4}$$

이러한 산성 에어로졸은 지표면이나 수표면에 상당한 양으로 침적되며, 이러한 현상을 산성비라 한다. 이와 같은 산성의 증가는 세계적으로 1940년 이후 급속한 산업화에 따라 화석연료를 많이 사용하게 됨으로써 SO_2와 NO_X의 배출량이 증가하였기 때문이다. 연구 결과에 따르면, 산도의 60～70[%]는 황산에 기인하고, 30～40[%]는 질산에 기인한 것이다. 질산 유도체가 많은 것은 자동차로 인한 것이다. 황산 유도체가 많은 것은 고정 오염원으로 인한 것이다.

산성비가 미치는 영향에는 몇 가지가 있다. 첫째, 천연수를 산성화시키므로 생태계에 끼치는 영향은 크다. 둘째, 토양 내에서 염류가 용출되므로 식물과 산림이 해를 입는다. 산성비가 내린 지역은 이러한 피해를 개선하는 방법이 없어서 오염원의 배출을 억제해야 한다. 국지적인 대기오염을 감소시키기 위해 화석연료의 탈황이 매우 중요하며, 국지적인 대기오염이 범지구적인 대기오염으로 확산함으로써 지속적인 오염원 배출규제는 대단히 중요하다.

2) SO_X의 국내외 배출영향과 규제

국 내

배출기준은 오염원에서 배출되는 오염물의 양 혹은 농도를 제한하는 것이다. 지역의 대기질을 유지, 개선하기 위해 정부가 공포한 배출기준에 따라 산업 배출을 규제해야 한다.

표 6·5 국내 유황산화물 배출허용 기준치, ( )는 저유황유 사용지역

<table>
<tr><th>배출시설</th><th>2004년12월 31일 이전 설치시설</th><th>2005년 1월 1일 이후 설치시설</th><th>2015년 1월 1일 이후 설치시설</th></tr>
<tr><td>1. 일반 보일러
–액체 연료 사용</td><td>210(4)[ppm] 이하</td><td>80(4)[ppm] 이하</td><td>50(4)[ppm] 이하</td></tr>
<tr><th>배출시설</th><th>2001년 7월 1일 이후 설치시설</th><th>2015년 1월 1일 이후 설치시설</th><th>2020년 1월 1일 이후 설치시설</th></tr>
<tr><td>2. 일반 보일러
–고체 연료 사용</td><td>100(6)[ppm] 이하</td><td>50(6)[ppm] 이하</td><td>20(6)[ppm] 이하</td></tr>
<tr><th>배출시설</th><th>1996년 6월 30일 이전 설치시설</th><th>1996년 7월 1일 이후 설치시설</th><th>2015년 1월 1일 이후 설치시설</th></tr>
<tr><td>4. 발전시설
–액체 연료 사용
·설비 용량 :
100[MW] 이상
100[MW] 미만</td><td>

20(15)[ppm]
40(15)[ppm]</td><td>

20(15)[ppm] 이하
25(15)[ppm] 이하</td><td>

20(15)[ppm] 이하
20(15)[ppm] 이하</td></tr>
<tr><th>배출시설</th><th>1996년 6월 30일 이전 설치시설</th><th>2014년 12월31일 이전 설치시설</th><th>2015년 1월 1일 이후 설치시설</th></tr>
<tr><td>5. 발전시설
–고체 연료 사용
·설비 용량 :
100[MW] 이상
100[MW] 미만</td><td>

60(6)[ppm]
90(6)[ppm]</td><td>

50(6)[ppm] 이하
60(6)[ppm] 이하</td><td>

25(6)[ppm] 이하
35(6)[ppm] 이하</td></tr>
</table>

국내의 경우 경제성장에 따른 소득수준의 향상으로 국민의 쾌적한 환경에 대한 요구 증대에 부응하기 위하여 정부에서는 1990년 환경보전법을 개선 공표한 이후, 대기환경보전법에 따라서 황산화물을 규제하고 있다. 표 6·5는 국내외 황산화물 규제치가 100[ppm] 이하로 대폭 강화한 것을 나타내고 있다. 따라서 1998년부터는 탈황설비를 설치하여 강화된 배출 규제치를 만족시키면서 새로 신설되는 발전소에는 탈황설비가 설치되어 가동하고 있다.

3) 일반적인 제어 방법

황산화물의 배출은 대부분이 석유와 석탄과 같은 화석연료 중에 포함된 유황분이 연소과정에서 공기 중의 산소와 반응하여 생성된다. 황산화물의 배출량을 줄이기 위한 두 가지의 기본적인

방법은 연소 전에 연료에 포함된 유황분을 제거하는 연소 전 탈황과 연소 후에 배출되는 황산화물을 제거하는 배기가스 탈황 방법이 있다. 화석연료의 연소 시 배출되는 황산화물을 줄이기 위하여 다음과 같은 방법들이 이용되고 있다.

① 천연가스, 저유황 오일, 저유황 석탄으로의 연료전환
② 탈황된 석유와 석탄 이용
③ 연소 중 탈황 방법
④ 배기가스 탈황 방법

이 중 앞의 세 가지 방법을 먼저 간략히 언급하고 탈황을 위해 주로 사용되는 배기가스 탈황 방법은 후반부에서 언급하고자 한다.

저유황 연료

국내의 경우 유황분이 거의 없는 연료인 천연가스는 액화된 상태로 국외로부터 대부분 도입하고 있다. 수도권이나 대도시 등은 청정연료 사용지역으로 지정되어 유황분이 거의 없는 청정연료인 액화천연가스의 보급이 빠른 속도로 확대되고 있어, 천연가스의 수요는 매년 증가했다. 원유의 경우는 빠른 속도로 감소하고 있지만, 국내 정유회사들도 상당량의 고유황 분의 원유를 도입하여 탈황설비를 통해 정제한 후 저유황 경유나 벙커C유 등을 생산하고 있다. 석탄도 대부분이 발전용으로 사용되고 있으며, 탈황설비를 갖추어 국내 규제치인 20[ppm]의 배출 규제치를 만족하도록 유황분이 낮은 유연탄을 장기 도입계약을 통해 도입하여 사용 중에 있다.

석탄과 원유 중의 탈황 공정

석탄 중의 유황은 유기황과 무기황의 형태로 존재하고 있다. 유황철(FeS_2)의 형태로 존재하는 무기황은 미세한 입자의 형태로 석탄 내에 포함되어 있어 세정과 같은 물리적인 처리 방법으로는 제거할 수 있다. 산화철과 유기황의 함량은 석탄이 매장되어 있는 지역에 따라 다르다. 무기황은 세정 방법으로 전체 유황분의 1/3 정도는 제거할 수 있다. 유기황은 유화분이 석탄 화합물에 화학적으로 결합하여 있어 제거 비용이 많이 들고, 복잡한 화학적 처리 방법에 따라 제거할 수 있다. 예를 들면 석탄의 가스화나 액화 공정 기술들이 개발되어 사용 중에 있다.

원유 대부분은 약 1～3[wt%]의 유황분을 포함하고 있어 많은 정유공장은 탈황설비를 가동하고 있다. 탈황 공정은 원유에 포함된 유기황을 수소를 첨가한 촉매반응을 거쳐 제거하고 있다.

$$R + S + H_2 \rightarrow H_2S + R \tag{6·5}$$

R은 탄화수소 그룹을 나타낸 것이며, 정유공장의 탈황장치로부터 발생한 H_2S는 유황 회수 장치를 통해서 유황으로 회수된다. 대부분 유황 회수 장치로는 다음 반응에서와 같이 H_2S의 일부가 SO_2로 연소하고 다시 H_2S와 SO_2가 반응하는 클라우스(Claus) 공정이 사용되고 있다.

$$H_2S + \frac{3}{2}O_2 \rightarrow H_2O + SO_2 \tag{6·6}$$

$$2H_2S + SO_2 \rightarrow 2H_2O + 3S \tag{6·7}$$

연소 중 탈황

연소 중 탈황은 식 (6·8)과 같이 미세한 분말 형태로 분쇄된 석회석이나 생석회가 석탄과 같은 연료와 함께 연소로에 주입되어 높은 온도에서 반응하여 SO_2를 제거한 뒤, 반응 생성물은 집진 장치에서 분진과 함께 처리되는 방법이다. 가장 보편적으로 사용되는 CaO는 SO_2와 반응하여 황화칼슘이나 석고를 생성한다.

$$CaO(S) + SO_2 + \frac{1}{2}O_2 \leftrightarrow CaSO_4(S) \tag{6·8}$$

배기가스 탈황 공정

연소 중에 발생하는 연소 배기가스로부터 SO_2를 제거하기 위하여 ① 비재생과 재생 공정, ② 습식과 건식공정을 사용하고 있다. 비재생 공정은 SO_2 제거공정 중에서 발생한 반응물을 폐기물의 형태로 처리하는 방법으로 새로운 반응제가 연속적으로 공급되어야만 하는 방법이다. 비재생 공정은 전체적인 공정이 간단하여 시설 투자비가 적게 드는 장점이 있지만, 폐기물 저장 및 매립을 위한 추가 부지가 필요하고 반응물을 계속해서 투입해야 한다는 단점도 있다.

재생 공정은 반응 후 생성된 반응물이 재생 과정을 통해 반응흡수제가 재생되어 재사용되는 방법이다. 재생 공정은 비재생 공정과는 달리 폐기물로부터 반응제를 재생해 내고 상품 가치가 높은 황산 등을 회수할 수 있다는 장점도 있다. 그러나 공정이 복잡하여 시설 투자가 많이 들고 황이나 황산 회수공정에서는 많은 에너지가 필요하며 회수공정에 사용되는 H_2S, CO, H_2와 같은 환원 가스의 확보도 장애 요소로 작용한다.

표 6·6 습식 탈황 공정의 분류 및 비교

분 류	공정명	탈황률[%]	반응제	부산물
비재생 공정	Conventional 석회석 공정	90 이하	석회석	–
	강제 산화 공정	90 이상	석회석	석고
	마그네슘 첨가 공정	90 이상	석회석	석고
	이염기산 공정	90 이상	석회석	석고
	CT–121	90 이상	석회석	석고
	SHU	90 이상	석회석	석고
	이중염법	90 이상	Na, Ca 화합물	석고
	해수 흡수법	90 이상	해수	–
	신 석회석–석고 공정 PGD	90 이상	석회석	석고
재생 공정	웰만–로드 공정(Ellman–Lord)	90 이상	Na_2SO_3 + Na_2SO_3	H_2SO_4 유황
	산화마그네슘 공정(Mag–O_X)	90 이상	$Mg(OH)_2$	H_2SO_4 유황
	구연산염	90 정도	구연산염	유황
	$CONOSO_X$	90 이상	K_2CO_3	유황
	SULF–X	90 이상	FeS	유황

습식과 건식공정은 단순히 반응제가 액상이나 건조 형태와 어떻게 반응하느냐 여부에 따라 구분된다. 지금까지 개발된 수많은 습식 배가스 탈황 공정 중 대표적인 공정을 선정하여 그 특성을 비교하기 위하여 표 6·6에 나타내었다.

① 습식 공정

• 습식 석회석 또는 생석회 공정

표 6·6의 비 재성 공정 중 널리 이용되고 있는 공정은 흡수액으로 생석회나 석회석 슬러리(slurry)를 사용하는 공정이다. 이 공정은 SO_2가 생석회나 석회석 슬러리와 반응해서 $CaSO_4$나 $CaSO_3$를 생성한다. 습식 흡수액 공정은 배출 SO_2를 90[%] 이상 줄일 수 있다.

② 건식공정

건식공정은 흡수제로 석회석, 소석회, 알칼리 금속화합물 등과 같은 물질을 건성이나 반건성

표 6·7 건식 탈황 공정의 분류 및 비교

<table>
<tr><th colspan="3">공정명</th><th>탈황률[%]</th><th>반응제</th><th>부산물</th></tr>
<tr><td colspan="3">분무 건식공정</td><td>70~80</td><td>$NaCO_3$ 또는 생석회</td><td>–</td></tr>
<tr><td rowspan="11">건식 흡수제 주입 공정</td><td colspan="2">연소로 주입공정</td><td>–</td><td>석회석 돌로마이트 (Dolomite)</td><td>–</td></tr>
<tr><td colspan="2">전단기(Economizer) $Ca(OH)_2$ 분사 공정</td><td>–</td><td>$Ca(OH)_2$</td><td>–</td></tr>
<tr><td rowspan="9">덕트 흡수제 주입</td><td>CZD 공정(Bechtel)</td><td>–</td><td>돌로마이트(Dolomite)</td><td>–</td></tr>
<tr><td>생석회공정(GE)</td><td>–</td><td>생석회</td><td>–</td></tr>
<tr><td>HALT 공정(Dravo)</td><td>–</td><td>$Ca(OH)_2$</td><td>–</td></tr>
<tr><td>Coolside 공정(Consol)</td><td>–</td><td>$Ca(OH)_2$</td><td>–</td></tr>
<tr><td>HYPAS 공정(EPRI)</td><td>40~50</td><td>$Ca(OH)_2$</td><td>–</td></tr>
<tr><td>E−SO_X 공정(EPA)</td><td>60</td><td>생석회</td><td>–</td></tr>
<tr><td>ADVACATE 공정</td><td>90 이상</td><td>생석회+회재</td><td>–</td></tr>
<tr><td>LIFAC 공정(Tampella)</td><td>75~85</td><td>석회석</td><td>–</td></tr>
</table>

상태로 만들어 사용하므로 습식 공정의 단점으로 지적되고 있는 폐수처리 문제 및 배기가스 재가열이 필요 없다. 한번 사용한 흡수제는 재생할 수 있고 반복사용이 가능한 점 등의 장점이 있어 투자비 및 운전비가 절감된다. 건식공정은 흡수제를 흡수탑에 분사하는 분무 건식공정과 흡수제를 연소로 후반부에 주입하는 공정으로 구분되는데 흡수제의 주입 위치에 따라 4가지 공정이 있다. 4가지 공정은 ① Ca 계통 화합물의 연소로 내 주입, ② $Ca(OH)_2$의 절약장치(economizer) 주입, ③ $Ca(OH)_2$를 비교적 높은 상대습도에서 관(duct) 부분에 주입, ④ Na 계통의 흡수제를 관 부분에 주입하는 것이다. 건식 탈황 공정은 반응에 소용되는 시간이 길어서 반응영역의 확장에 따른 설비의 대형화가 야기되므로 반응성이 좋은 고가의 반응제를 사용하는 경향이 있다. 대부분 공정은 표 6·7과 같으며, 오래전부터 타 분야에 응용되어 온 분무 건식공정만이 상업화되어 있는 형편이다.

③ SO_X−NO_X 동시 제거공정

습식이나 건식의 탈황 공정을 이용하여 한 단일체(unit)에서 NO_X까지도 동시에 제거하기 위한 공정이 수없이 개발됐다.

표 6·8과 같이 SO_X-NO_X 동시 제거공정 개발에 많은 연구자가 관심을 가지고 기술을 개발했다. SO_X-NO_X의 동시 제거공정이 상업화되기 위해서는 현재 상업적으로 이용되고 있는 SO_2 제거를 위한 습식 석회석 공정과 NO_X 제거를 위한 SCR 공정을 합친 것보다 투자비나 운전비가 적게 들어가는 공정이어야 한다.

또한 생성되는 부산물이나 폐기물들이 처분장에서 처리 규정에 맞게 처리될 수 있도록 유해성이 없어야 한다.

현재 개발되고 있는 SO_X-NO_X 동시 제거공정은 대부분 건식으로 고형폐기물을 발생하지 않는 리사이클(recycle) 공정이므로 향후 환경규제치 강화로 고형폐기물의 처분이 어렵게 되면 습식 석회석이나 건식공정에 중요한 대안이 될 수 있다.

④ 신기술의 출현 전망

석탄 사용 시 배출되는 황산화물의 저감을 위해 현재 개발이 진행 중인 파일럿 규모 이상의 공정 중 상업화의 가능성이 큰 신기술은 기존의 습식 석회석 공정을 크게 개선하여 효율을 높이고 설비의 콤팩트(compact)화를 달성하고자 새로운 습식 석회석 공정과 한 단일체(unit)에서 SO_X와 NO_X를 동시에 제거하는 두 종류의 공정으로 나눌 수 있다.

최근 황산화물의 저감을 위한 신기술 개발에 많은 연구비를 투입하고 있는 미국은 청정석탄 활용 기술 개발계획의 하나로 기존의 배연탈황 공정에 비해 혁신적인 새로운 공정개발을 추구하고 있다. 기술 개발된 신기술들은 신 습식 석회석 공정으로 실험실적인 규모로부터의 단계적인 연구를 벗어나 실증시험 규모의 플랜트를 건설하여 그 성능을 입증한 퓨어 에어(Pure Air)사의 새로운 습식 석회석 석고(Advanced Flue Gas Desul- furization)공정 및 서던 컴퍼니 서비스(Southern Company Service)의 CT－121공정을 크게 개선한 공정들이다.

건식공정의 경우 단기간 내에 상업화되어 기존의 습식 석회석 공정을 대체할 가능성은 건식공정의 여러 가지 제약요건 때문에 아주 낮다고 할 수 있다. 단지 세계적으로 폐기물의 처리 문제가 점점 심각하게 됨에 따라 석고를 부산물로 생산하는 습식 석회석 공정이 과잉의 석고 생산으로 문제시될 때는 부산물을 발생하지 않는 SO_X-NO_X 동시 제거공정이 채택될 가능성이 있다.

개발된 공정 중 부산물을 배출하지 않는 유망한 건식공정은 탈황 흡수제와 요소(urea)를 주입하는 공정과 전자빔(electro beam) 공정을 들 수 있다.

표 6·8 SO_X-NO_X 동시 제거공정

공 정 명	개발 기관	SO_X-NO_X 제거 원리	개발 규모
NOXSO 공정	미국 NOXSO	γ－알루미나 운반체의 표면에 $NaCO_3$를 첨가하여 제조된 흡착제를 이용	108[MW]급
WSA－SNOX 공정	덴마크의 Haldor Topsoe	NO_X제거는 SCR 촉매, SO_2 제거는 V_2O_5 촉매 층을 이용해 NO_X는 N_2로 SO_2는 황산으로 회수	35[MW]급
전자빔 공정	일본의 Ebara	전자빔 가속기를 이용해 SO_X, NO_X를 분해하여 질산 및 황산으로 회수	100[MW]급
CuO 공정	미국 UOP	알루미나 운반체를 CuO를 함침 시켜서 SO_2와 NO_X를 제거	0.5[MW]급
$DeSO_XNO_X$ 공정	독일 Degussa AG	흡수제를 주입하여 SO_2와 NO_X를 제거	pilot plant
P_4/알칼리 공정	미국 버클리대학	습식 석회석 공정에 첨가제러 P_4를 이용하여 SO_2와 NO_X를 동시에 제거	pilot plant
Fe(Ⅱ)－EDTA 공정	미국 Dravo Lime	Fe(Ⅱ)－EDTA와 같은 킬레이트를 첨가하여 SO_2와 NO_X를 동시에 제거	5[kW]급
$SO_X-NO_X-RO_X-BO_X$ 공정	미국 Babcock & Wilcox	SO_2 제거를 위해 Ca, Na를 투입하고, NO_X제거는 SCR, 분진은 고온 여과포 이용	pilot plant

6·3 질소산화물(NO_X) 저감 기술

1) 배경

최근 우리나라 산업발전의 가속화에 따라서 환경오염은 날로 심각해지고 있으며, 특히 민간용 및 산업용 에너지 공급장치인 화력발전소, 산업용 보일러, 차량, 선박, 항공기 등의 각종 연소장치로부터 발생하는 대기오염물질은 에너지 소비의 증가와 생활 수준의 향상에 따라 증가하고 있다. 대기오염물질은 일단 대기 중에 방출되면 기류와 더불어 확산하기 때문에 폐수처리나 고형폐기물 처리에 비하여 처리상의 어려움이 따르고, 처리 방법의 선택에 따라 상당한 비용의 차이가 있는 것이 특징이다. 따라서 대기오염물질이 발생원에서 배출되기 이전에 경제성 있는 처리를 하여야 할 것이며, 이를 뒷받침할 수 있는 제거 기술의 개발과 우리나라의 상황에 적합한 처리시설의 설계 능력 제고가 중요하다. 여기서는 날로 오염의 심각성이 더해 가는 질소 산화물(NO_X) 저감 기술의 현황과 대체 방안에 대하여 알아보기로 한다.

NO_X란 ?

표 6·9와 같은 질소산화물(NO_X) 중 이산화질소(NO2)는 우리나라 대기환경기준 8대 집중관리항목(아황산가스, 일산화탄소, 이산화질소, 미세먼지, 초미세먼지, 오존, 납, 벤젠) 중의 하나로써 중점 관리되었음에도 1980년대 이후 폭주하는 에너지의 수요를 공급하기 위한 각종 연소 장치의 급격한 증가로 인하여 그 배출량이 날로 격증하는 추세에 있다.

표 6·9 질소산화물(NO_X)의 종류와 물성

질소산화물	물 성	반응성(균일반응)
N_2O	융점 91[°C], 끓는점 88[°C], 무색	물에 난용성, 반응성이 적다.
NO	융점 45[°C], 끓는점 151[°C], 이온화 potential=9.5eV 무색	물에 난용성 $NO+1/2O_2 \leftrightarrow NO_2$ $3NO \rightarrow NO_2+N_2O$ 액체 중에서 일부 회합
N_2O_3	융점 101[°C], 끓는점 3[°C], 붉은색	$N_2O_3+H_2O \rightarrow 2HNO_2$ $N_2O_3 \leftrightarrow NO_2+N_2O$ 100[°C] 이상에서는 실질상 완전 해리
NO_2	고체, 액체에서는 N_2S_4라 한다. 융점 11.2[°C], 끓는점 21.1[°C]	N_2O_4(or $2NO_2$)$+H_2O \rightarrow HNO_3+HNO_2$
N_2O_4	융점 11.2[°C], 끓는점 21.1[°C]	$N_2O_4+H_2O \rightarrow HNO_3+HNO_2$ $N_2O_4 \leftrightarrow 2NO_2$ 액체 중에서 $N_2O_4 \leftrightarrow NO+NO_2$
N_2O_5	융점 91[°C], 끓는점 88[°C]	$N_2O_5+H_2O \rightarrow 2HNO_3$

NO_X는 일반적으로 NO, NO_2, N_2O, N_2O_3, N_2O_4 및 N_2O_5 등 질소와 산소 원자의 다양한 형태로서 생성되나 그 배출과정에서 배기가스가 급속히 냉각되면서 공기 중의 산소와 결합하여 일부는 NO_2로 쉽게 전환되는 특징이 있다.

NO는 무색, 무취인 독성 기체지만, NO_2는 황갈색을 띤 독성 기체이므로 대기 중에 존재할 때는 기관지염, 호흡장애 및 안질 등의 직접적인 원인이 되기도 하지만 그보다 심각한 공해

요소는 대기 중의 수증기와 결합하여 산성비를 내리게 하거나, 대기 중에 확산하여 복잡한 광화학작용을 일으켜 각종 스모그(smog)의 원인이 된다. 또한, 질소산화물은 식물보다 사람이 피해를 받기 쉽고, NO_2는 NO보다 독성이 5~10배 정도 강하나 도시 대기 중에 존재하는 정도의 저농도에서는 폐기능과 생리 반응에 거의 영향을 주지 않으나 고농도에서는 점막을 심하게 자극하고 미터 헤모글로빈을 형성, 기도와 폐에 영향을 준다.

일반적으로 NO_X의 대부분을 차지하는 NO나 NO_2는 단독으로 존재하기보다는 두 물질이 함께 존재하는 경우가 대부분이므로 두 물질이 고농도일 경우는 눈과 호흡기 등에 자극을 주어 기침, 인후통, 현기증, 두통, 구토 등이 나타난다.

노출량이 많을 때 호흡 촉진, 부정맥, 불안감이 나타나고 심하면 폐부종, 혈압상승 등이 나타나 의식을 잃게 되며, 저농도에 장기간 노출될 때도 만성중독으로 기관지염, 폐기종, 위장병, 불면증 등을 일으키며 혈당의 감소 또는 헤모글로빈의 증가 등을 가져온다. 그리고 질소산화물은 물에 녹지 않기 때문에 상기도를 통하여 호흡기의 심부에 도달해 폐점막을 해치고 폐 조직에 염증을 일으켜 병원균에 대한 저항성을 약화하며, 장기 및 조혈조직에도 영향을 미치기 때문에 인체에 미치는 영향은 농도 및 노출시간과 밀접한 관계가 있다.

이러한 관점에서 표 6·10에 주요 국가별 질소산화물 환경기준 사례를 나타내었다.

표 6·10 주요 국가별 질소산화물 환경기준 사례

국 가	기준(평균치, [ppm])				
	연 간	24시간	3시간	1시간	30분
WHO	–	0.07 이하	–	0.20 이하	–
한국	0.03 이하	0.06 이하	–	0.10 이하	–
미국	0.05 이하	–	–	–	–
일본	–	0.04 이하	–	–	–
대만	0.05 이하	–	–	–	0.1 이하
멕시코	0.04 이하	–	–	0.15 이하	–

또한, 대기 중에 확산하여 복잡한 화학반응에 의한 순환과정의 결과 부산물로서 오존(Ozone, O_3)을 발생하게 하며, 이에 따라 대기 중에 오존 공해에도 이바지하는 부수적인 효과도 있다.

NO_X의 국내외 배출현황과 규제

환경부에서 발표한 국내에서의 NO_X 배출추세에 의하면 표 6·11에서 볼 수 있듯이 2017년에는 연소, 생산공정(발전소, 산업체 보일러 등)과 이동오염원(차량, 선박 등) 및 폐기물, 기타 등에서 발생하는 총 NO_X 발생량이 1,211천 톤이었으나, 2020년 929천 톤, 2022년에는 857천 톤으로 점차 감소하였다.

세계적으로 연소, 생산공정, 이동오염원, 폐기물 기타로 발생하는 NO_X에 대한 법정 규제치를 설정함으로써 배출되는 NO_X를 제어하고 있다.

표 6·11 국내 연도별 NO_X 배출현황 (단위 : 톤)

배출원 \ 연도	2017	2018	2019	2020	2021	2022
연소, 생산공정	421,597	409,227	368,050	313,484	304,677	319,870
이동오염원	777,231	723,979	664,534	604,994	568,861	528,691
폐기물, 기타	12,274	11,857	12,128	10,749	10,915	8,465
계	1,211,102	1,145,063	1,044,712	929,227	884,453	857,026

우리나라도 증발량이 시간당 40톤 이상의 액체 연료를 사용하는 2001년 6월 이전 설치된 일반보일러 70[ppm]와 가스터빈 발전시설은 55[ppm], 2015년 1월 이후 설치된 일반보일러와 가스터빈 발전시설의 경우는 50[ppm]까지 NO_X 의 배출 허용기준이 점차 강화되어왔다. 미국, 일본 등에서도 연소장치의 용량별, 연료의 종류별 및 공정별에 따른 배출 허용기준을 점차로 강화하고 있다.

2) NO_X 저감기술

연소, 생산공정 시의 NO_X를 줄이는 기술 체계로써는 기존 연소장치의 개선과 NO_X의 형성을 억제하는 조건을 부여함으로써 NO_X 발생을 줄이려 하는 소극적 개념의 기술 체계와 일단 발생하여진 NO_X를 각종 물리, 화학적 방법에 따라 제거하려고 하는 적극적 개념의 기술 체계로 크게 나눌 수 있다.

소극적 개념의 NO_X 저감 기술

연소 시 발생하는 NO_X의 형성을 억제하기 위해서는 첫째, 연소온도를 될 수 있으면 낮게 유지하고 둘째, 연소를 위하여 공급되는 공기 중의 과잉 산소의 농도를 되도록 적게 하고 셋째, 연소시간을 최소화하여 연소에 사용되지 않은 나머지 산소와 질소의 결합 기회를 적게 하여야 한다. 이러한 연소조건의 개선은 2단 연소법, 배기가스 재순환법, 화염의 분사 방식 및 열부하의 변경이나 수분 첨가 등의 방법을 이용하여 구현할 수 있다.

이 중에서 그 응용이 빈번한 2단 연소법과 배가스 재순환법을 소개하면 다음과 같다.

• 2단 연소법(two stage combustion)

연소용 공기를 둘로 나누어 1차 연소영역에 이른 연소 공기량의 80～90[%]를 공급하고 이 1차 연소영역의 상부에 나머지 과잉공기를 공급하여 1차 연소공급영역에서 NO_X 저감을 추구하

표 6·12 연소장치의 개선 사례

연소조건	제어개념	연소 시 NO_X에 대한 영향	연료 NO_X에 대한 영향	적용 시 변경 사항		
				운전상의 변화	실비개선	설계변경
연소 초기 과잉 산소 필요	전체적인 산소농도 감소	화염 내의 산소과잉, 고농도 NO_X 감소	Fuel－N의 중간 생성물과 산소의 반응을 줄임	저 과잉공기 연소 버너 조절	배기가스 순환 별 모임	버너로식 최적 조건 설계
	연료와 공기의 혼합 배열	화염 냉각, 물기가 서서히 혼합되며 화학 효과를 보이므로 화염온도 저하	산소부족으로 연소 초기의 휘발성 질소 성분이 N_2로 환원	BOOS based burner firing	저 NO_X 버너 부착	단계적 연소를 위한 버너 및 연소로 설계
	화염 화기 영역을 연료 과잉으로 처리	연료 초기영역 연료 과잉 저온으로 유지되므로 화염온도 저하	산소부족으로 연소 초기의 질소 성분이 N_2로 환원	–	over fire air port 설치	–
화염온도 처리	발열 화염온도 처리	연소 시 NO_X 생성 기구에 따른 간접적인 억제 요인으로 작용	거의 영향 없음	공기 예열온도	물/증기 분석	가열량 증가에 따른 열교환 계통 재설계
	연소 강도 저하	화염 영역의 냉각상태로 인한 화염온도 저하	연료와 공기 혼합 변화에 따른 간접적인 영향	부하 감소	–	연소로 부피 증대 버너 간격 증대

고, 2차 연소영역에서는 1차 연소영역에서 넘어온 연료 과잉 상태의 연소가스를 완전하게 연소하는 단계적 연소법이다.

• 배기가스 재순환법(fuel gas recirculation)

연소로 내의 연소영역에 배기가스를 재순환시킴으로써 노(爐) 내 가스의 유량 증가에 따른 열용량 증가로 노 내의 온도를 낮추고 연소영역의 산소농도를 희석해서 NO_X 생성을 억제하는 방법이다. 기존 연소장치에 비하여 2단 연소법 및 배가스 재순환법을 병행하였을 때 상당한 NO_X 배출의 줄이는 효과가 있다.

표 6·12는 연소장치의 개선에 따른 NO_X와 연료 NO_X의 감소 효과를 나타낸 것이다.

적극적 개념의 NO_X 저감 기술

적극적 개념의 NO_X 저감 기술에는 그림 6·7과 같이 건식법과 습식법으로 나누어진다. 종래에는 습식법을 일반적으로 사용했으며, NO를 환원 때문에 NH^{4+} 또는 산화에 의해 NO_2^-, NO_3^-로 전환한 뒤 이를 적절한 액상 흡수제를 이용하여 흡수시키는 방법이 주종을 이루고 있다. 습식법은 배기가스 중의 NO_X와 SO_X를 동시에 제거할 수 있고 배기가스 중의 분진에 영향을

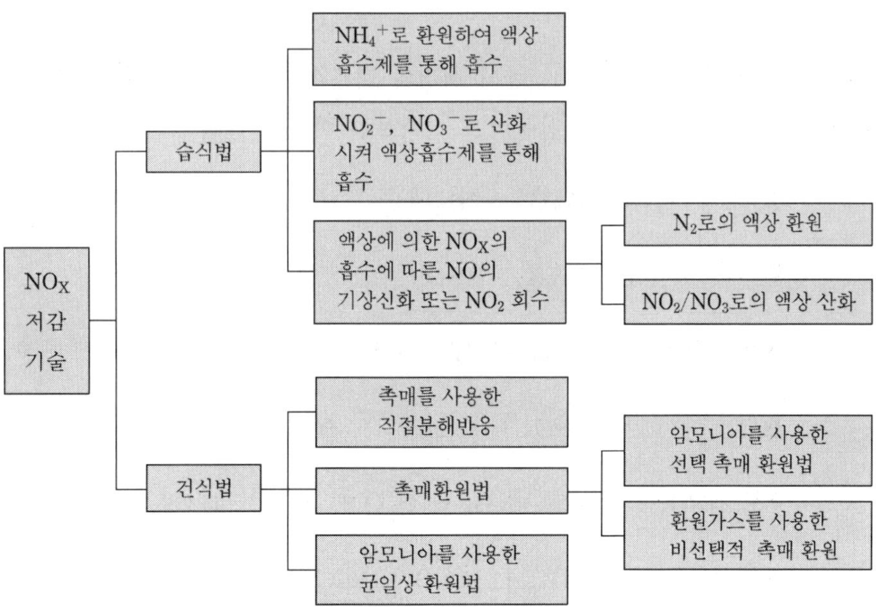

그림 6·7 NO_X 제거기술

받지 않는다는 이점이 있기는 하나, 장치비가 많이 들고 특히, 흡수로 생성한 질산 폐수를 처리해야 되는 부차적인 오염 문제가 따르므로 바람직하지 않다. 따라서 근래에는 투자비와 유지비가 상대적으로 저렴하고 공정이 단순한 건식법의 이용이 선호되고 있으며, 특히 NH_3를 환원제로 하여 촉매의 존재하에서 NO_X를 선택적으로 환원시키는 선택적 환원 공정이 범용화되고 있으며, 근래에는 독성물질인 NH_3를 사용하는 대신 탄화수소를 환원제로 하는 SCR(selective catalytic reduction) 공정을 활용하고 있다.

한편, 전자빔(electron beam) 조사에 의한 NO_X 제거 방법도 상당히 가능성이 큰 것으로 인정되고 있으며, 특히 NO_X와 SO_X를 동시에 제거할 수 있는 건식공정이 연구·개발됨으로써 촉매의 개발 및 반응기의 개량을 통하여 지속해서 경제성 있는 공정을 구현될 것으로 내다보고 있다.

3) 미래의 NO_X 저감 기술 전망

향후 대기 오염방지 기술은 종합적인 배기가스 처리시스템을 통해서 탈황, 탈질 처리를 연속적으로 또는 동시에 한 반응기 내에서 수행하는 것이 바람직할 것이며, 이에 대한 기술적, 경제적 조건들을 충족시켜 주기 위한 다방면의 연구 · 개발이 더욱 활발히 진행되어야 할 것으로 판단된다.

현재까지 진행되어 온 NO_X 및 SO_X 동시 제거의 대표적인 반응으로는 활성탄에 의한 NO_X와 SO_X의 동시 제거가 있는데, 그 반응식을 살펴보면 아래와 같다.

$$2SO_2 + O_2 + 2H_2O \rightarrow 2H_2SO_4 \quad (6\cdot 9)$$

$$H_2SO_4 + NH_3 \rightarrow NH_4 \cdot HSO_4 \quad (6\cdot 10)$$

$$NH_4 \cdot HSO_4 + NH_3 \rightarrow (NH_4)_2SO_4 \quad (6\cdot 11)$$

$$H_2SO_4 + 1/2C \rightarrow SO_2 + 1/2CO_2 + H_2O \quad (6\cdot 12)$$

$$NH_4HSO_4 + 1/2C \rightarrow NH_3 + H_2O + SO_2 + 1/2CO_2 \quad (6\cdot 13)$$

$$NH_4HSO_4 \rightarrow 1/2NH_3 + 2H_2O + SO_2 + 1/3N_2 \quad (6\cdot 14)$$

즉, SO_X 는 활성탄에 황산으로 흡착되고, NH_3와 반응하여 황산암모늄으로 되며, NO_X는 NH_3

에 의해 환원이 된다. 이러한 반응의 특징은 활성탄 자체에서는 탈질률이 낮으나 활성 성분의 첨가로 탈질 효율이 증진된다는 것이다.

이외의 또 다른 연구 방향은 금속산화물의 황산염화 반응을 이용한 탈황과 그의 생성 염을 촉매로 한 SCR 법에 따른 탈질을 조합($40CuO-2Al_2O_3-TiO_2$)하는 방법과 알칼리 금속의 황산 용융염을 반응 매체로 한 탈질을 합하여 NO_X와 SO_X의 동시 제거 방향으로 진행되어야 할 것이다.

현재까지 우리나라는 환경부에서 대기환경보전법에 근거하여 대기 환경개선 종합계획을 수립하여 대기오염물질과 온실가스를 줄여 대기환경을 개선하기 위하여 대기 환경개선 종합계획을 10년마다 수립·시행하고 있으며, 2022년 제3차(2023~2032년) 대기 환경개선 종합계획을 수립하였다. 주요 내용은 다음과 같다.

- 대기오염물질(장거리 이동 대기오염물질 포함) 배출현황 및 전망
- 대기오염물질 저감 목표 설정 및 분야별·단계별 대책
- 대기오염이 국민건강에 미치는 위해 정도 및 개선 수준
- 유해성 대기감시물질*의 측정·감시·관찰 : * 대기오염물질 중 사람의 건강이나 동·식물의 생육에 위해를 끼칠 수 있어 대기 배출 관리가 필요한 물질
- 특정대기유해물질* 저감 목표 설정 및 분야별·단계별 대책 : * 유해성대기감시물질 중 저농도에서도 장기 섭취·노출에 의하여 사람의 건강이나 동식물의 생육에 직접·간접으로 위해를 끼칠 수 있어 대기 배출 관리가 필요한 물질
- 장거리 이동 대기오염물질의 피해방지를 위한 국내 대책, 발생 감소를 위한 국제 협력, 발생 저감을 위한 민관 협력과 통합대기환경 관리체계 구축

6·4 오존의 생성과 환경개선으로의 응용

1) 오존

최근 지구환경 보전에 대한 관심이 고조되면서 대기오염 문제가 심각하게 대두되어 우리나라를 비롯하여 세계적으로 그에 대한 대책이 검토되고 있다. 디젤엔진과 발전소 등에서 배출되는

CO_X(탄소산화물)은 지구의 온난화 현상을 유발하고, SO_X나 NO_X는 광화학스모그나 산성비의 원인이 되기 때문에 이들 오염물질 제거를 위한 환경대책 기술의 진전이 요구되고 있다.

전술한 바와 같이 SO_X의 저감을 위하여 저유황 연료의 사용, 석탄과 원유 중의 탈황 공정, 연소 중의 탈황 공정, 배기가스 탈황 공정 등을 사용하였으며, 또한 액상 흡수제를 통한 흡수,

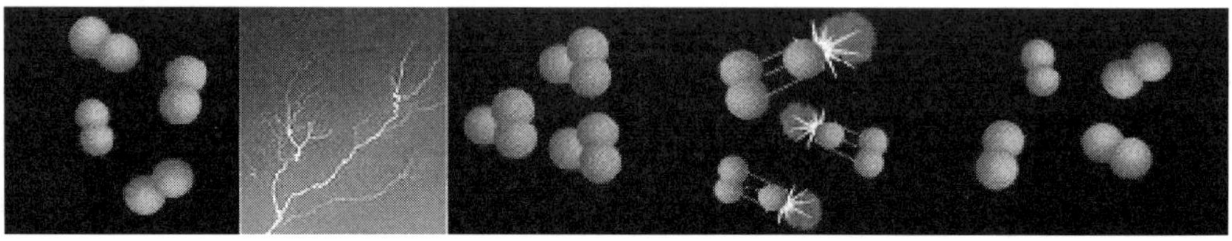

산소(O_2) + 방전 → 오존(O_3) 생성 → SO_X, NO_X와 작용 → 산소로 환원

그림 6·8 오존을 이용한 SO_X 및 NO_X 저감 기술

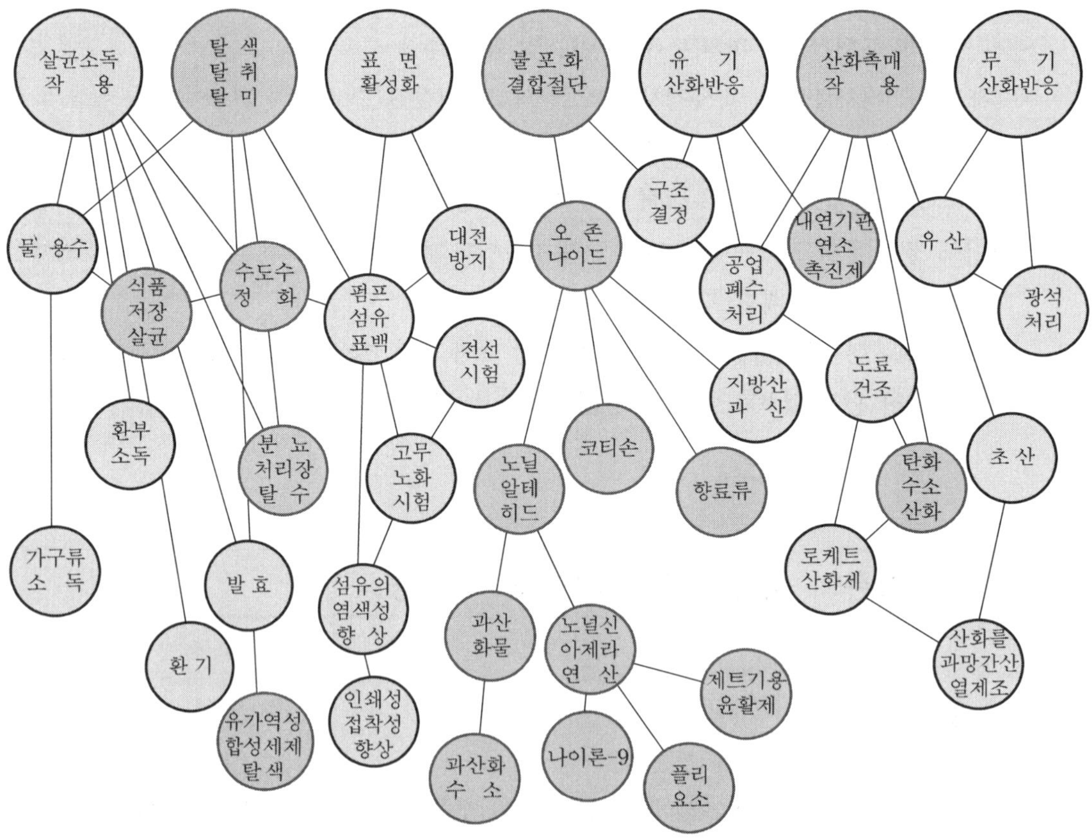

그림 6·9 오존의 이용

N_2로의 액상 환원, NO_2/NO_3로의 액상 산화, 촉매를 사용한 직접 분해반응 공정, 촉매환원법, 암모니아를 사용한 균일상 환원 기술 등을 NO_X 저감을 위하여 활용하고 있으나, 제거효율이 현재까지 대단히 미흡하여 코로나방전, 전자빔방전, 무성방전 등과 같은 방전 플라즈마 기술을 이용한 환경대책 기술에 관한 연구가 활발하게 진행되고 있다. 특히, 1~3[mm] 정도의 방전간극에 1개 이상의 유전체(유리 혹은 세라믹 등)가 존재하는 방전 공간에 교류 고전압을 인가하는 형태의 무성방전 시에 발생하는 오존(Ozone, O_3)을 이용하여 그림 6·8과 같은 SO_X 및 NO_X 저감 기술이 주목받고 있다.

오존은 자연계에서 불소(F) 다음의 강력한 산화력을 지니고 있으므로 그림 6·9와 같이 그 산화성을 이용하여 SO_X, NO_X, 프론(fluorocarbon), CO_X, 휘발성 유해가스 등의 대기오염물질 저감뿐만 아니라, 박테리아 · 바이러스 등의 살균, 상수 처리, 오폐수처리, 하수처리, 탈색, 탈취, 탈미, 표면 활성화, 어류 성장 촉진, 호수 부영양화, 난치성 의료분야, 수중 잔류 농약 처리, 반도체 세정을 비롯한 산화 공정 기술 등 환경개선 분야를 비롯해 광범위하게 활용되고 있다.

이러한 관점에서 본 절에서는 오존의 역사와 성질, 오존 생성 및 분해 기구, 오존산화에 미치는 조작 인자의 영향, 방전 기술을 이용한 오존발생장치, 환경개선으로의 오존 이용 분야, 오존 발생장치에 관한 실험적인 고찰을 살펴보고자 한다.

● 오존의 역사

그리스어의 냄새(ozein)라는 말에서 유래한 오존은 표 6·13과 같이 1785년 Von Marum 이 전기방전 실험에서 방전 특유의 냄새가 오존인 것으로 판명된 이후, 1840년 독일의 C.F. Schoenbein 에 의해 명명된 물질이다.

오존은 공기 중에도 미량 존재(약 0.005[ppm])하며, 자외선이 많은 해안, 높은 산, 삼림 등의 공기에 비교적 많이 존재한다(약 0.02[ppm]). 우리가 해안가, 삼림 등에 가면 상쾌하다고 느끼는 것은 바로 오존의 작용 때문이다. 대기로 올라갈수록 오존의 농도는 증가하며, 지상에서 20~25[km] 고도에 20[km] 두께로 비교적 농도가 높은 오존이 분포하는데, 이것을 오존층이라고 한다. 이러한 오존층에서 태양의 자외선을 흡수하기 때문에 지구의 생물은 자외선에 의한 피해를 막을 수 있다. 그러나 전술한 바와 같이 대기오염 유해 물질 등에 의한 환경오염으로 오존층이 서서히 파괴되고 있어 그 대책이 시급한 실정이다.

오존이 처음으로 활용된 것은 1893년에 네덜란드 Oudshoorn 수도에서 살균을 이용한 상수처리를 목적으로 사용되었다. 이후 프랑스 파리의 St.Maur 수도와 Lille 수도에 오존소독을 도입하였으며, Nice 수도가 1906년에 19,000[m^3/d]의 정수를 위한 오존소독을 시작한 이후 100년 이상 계속해서 사용하고 있다.

또한, 1897년 영국 Maisdstone 에서 표백 기술을 이용하여 수돗물의 소독이 처음으로 적용되어 현재까지 상수 처리에 많이 활용된 염소를 이용한 소독이 1910년 London이므로 오존소독이 염소계 소독보다 선행된 것이었다.

그 후 유럽, 미국, 일본 등에서는 오존소독뿐만 아니라 탈취, 탈색, 철 · 망간 등의 산화, 오니처리 유기물의 분해 · 산화, 난분해성 물질 처리, 페놀 처리, 발암성 트리할로메탄(THM)의 생성 방지, 식품의 저장성 향상, 의료요법 등을 목적으로 광범위하게 활용되고 있다. 국내에서도 1988년 한국 수자원공사를 중심으로 원수의 오존처리 연구를 추진한 이래, 현재까지 낙동강, 한강, 영산강, 금강 유역의 많은 정수장에서 수도수 처리를 목적으로 오존처리설비를 도입하여 정수처리를 실시하고 있다. 또한 정부, 연구소, 대학 및 산업체에서는 그림 6·9와 같이 다양한 응용 분야에 대한 오존의 활용을 적극적으로 추진하고 있다.

표 6·13 오존에 관한 주요 역사적 변천

연 도	연구자(국)	연구내용 및 특징
1785	Von Marum	– 전기방전 실험에서 오존 냄새 감지
1801	Cruiokshank	– 물의 전기분해 실험에서 오존 냄새 감지
1840	C. F. Schoenbein	– 오존으로 명명
1857	Werner Von Siemens	– 최초의 무성방전(無聲放電)형 오존발생장치 개발
1867	Soret	– 오존이 산소 원자 세 개로 구성된 산소 동위체임을 증명
1874	B. Brodie	– 오존의 분자구조를 증명
1892	Ohlmuller	– 오존의 살균작용을 발견
1893	네덜란드	– 수도수 소독
1940 ~ 현재	미국	– 오존을 이용한 음용수 · 정수처리, 하수 · 공업폐수처리 등에 이용
1972 ~ 현재	일본	– 오존을 이용한 수처리, 식품산업 등에 이용
1988 ~ 현재	한국 수자원공사	– 원수 오존처리 연구
1994 ~ 현재	한국(한강, 낙동강, 금강, 영산강)	– 오존 처리시설을 이용한 정수처리

오존의 물리화학적 성질

그림 6·10과 같이 3개의 산소 원자가 네 가지 형상의 공명구조로 결합한 형태로 산소의 불안정한 동위체인 오존은 건조한 기상 산소 중에 방전을 통하여 발생하는 미청색의 기체로써 액체로 될 때는 흑청색, 고체가 될 때는 암자색을 나타낸다.

표 6·14와 같이 0.02[ppm]의 저농도 오존은 특유의 자극적인 냄새를 나타내며, 0.2[ppm] 이상의 농도에서 장기간 노출시 인체에 유해하다. 오존은 자연계에서 불소 다음으로 산화력이 강하며 공기 중(1[wt%])의 반감기는 16시간 정도이지만, 수중에서는 pH=7.0, 농도 3[ppm]일 때 반감기가 약 30분 정도로 매우 짧은 특성이 있다.

오존을 그림 6·9와 같은 다양한 분야로 이용할 때는 3개의 산소 원자 중 제3의 원자가 결합력이 약하기 때문에 불안정하여 쉽게 분해되는 산화작용을 이용하는 것이다. 이때, 분해되는 산소에 의한 산화력은 염소보다 5.6배, 바이러스 살균력은 25배, 순간 살균력 또한 염소보다 3,000배 정도 빠른 것으로 알려지고 있다.

그리고 염소와 다르게 과도 첨가에 따른 2차 오염의 우려가 없으며, 반감기가 짧아서 화학적 성질을 전혀 남기지 않는 성질을 가진 것이 오존이다.

오존은 원래 불안정하여 물속에서 자기분해 반응으로 인하여 산소로 변하는 과정 중 연속적인 산화반응을 일으켜 반응성이 더 큰 종을 생성한다. 이때 분해 메커니즘은 pH, UV, 오존농도, radical scavengers 등에 의해 영향을 받는다. 즉 pH가 증가함에 따라 오존분해가 가속화되며, 주어진 pH에서는 불순용액에 존재하는 다양한 용질에 의해 자기분해 반응이 시작되어 라디칼 형태의 연쇄반응에 의해 가속화된다. 오존의 분해 메커니즘은 크게 초기 단계, 전파 단계, 종료 단계로 구분할 수 있으며, 다음과 같은 기본반응에 의해 표현될 수 있다

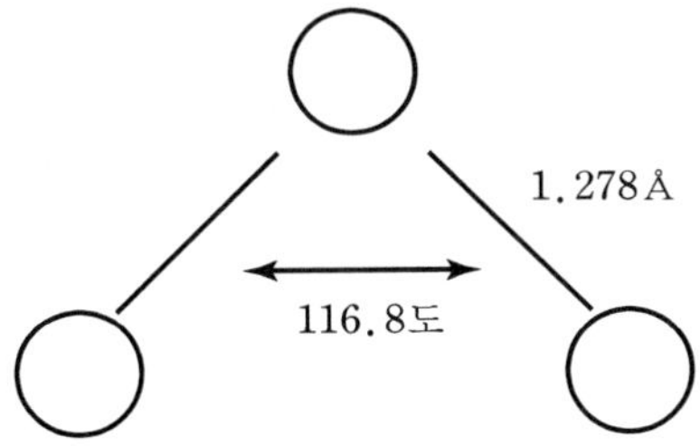

그림 6·10 오존의 분자구조

표 6·14 오존의 물리적 성질

<table>
<tr><th>항 목</th><th colspan="2">성 질</th></tr>
<tr><td>· 분자량</td><td colspan="2">48</td></tr>
<tr><td>· 비점</td><td colspan="2">−111.9 [°C]</td></tr>
<tr><td>· 융점</td><td colspan="2">−192.7 [°C]</td></tr>
<tr><td>· 임계온도</td><td colspan="2">−12.1 [°C]</td></tr>
<tr><td>· 임계압력</td><td colspan="2">54.6 [atm]</td></tr>
<tr><td>· 임계밀도</td><td colspan="2">0.437 [g/mℓ]</td></tr>
<tr><td>· 임계용적</td><td colspan="2">0.143 [ℓ/mol]</td></tr>
<tr><td>· 기체밀도(−183 [°C], 1 [atm])</td><td colspan="2">2.144 [g/ℓ]</td></tr>
<tr><td>· 액체밀도(−183 [°C], 1 [atm])</td><td colspan="2">1.151 [g/ℓ]</td></tr>
<tr><td>· 점도(액체 −183 [°C])</td><td colspan="2">1.55 ± 0.22</td></tr>
<tr><td>· 비열(25 [°C])</td><td colspan="2">9.37 [cal/mol]</td></tr>
<tr><td>· 이온화 전압</td><td colspan="2">12.8 [eV]</td></tr>
<tr><td>· 전자친화력</td><td colspan="2">1.9~2.7 [eV]</td></tr>
<tr><td>· 유전율(기체 0 [°C])</td><td colspan="2">1.0019</td></tr>
<tr><td>· 표면장력(−183 [°C])</td><td colspan="2">$(38.4 \pm 0.7) \times 10^{-3}$ [N/m]</td></tr>
<tr><td>· 액체 점성률(−183 [°C])</td><td colspan="2">1.57±0.02 [mPas]</td></tr>
<tr><td>· 융해열</td><td colspan="2">2.2±0.1 [kJ/mol]</td></tr>
<tr><td>· 표준생성열 $\Delta H_f°$</td><td colspan="2">142.7 [kJ/mol]</td></tr>
<tr><td>· 표준엔트로피 $\Delta S°$</td><td colspan="2">238.82 [J/Kmol]</td></tr>
<tr><td>· 생성 자유에너지 $\Delta Gt°$</td><td colspan="2">163.2 [kJ/mol]</td></tr>
<tr><td>· 결합 해리에너지</td><td colspan="2">101.0 [kJ/mol]</td></tr>
<tr><td>· 자화율(20 [°C])</td><td colspan="2">0.002×10^6 [$cm^3 g^{-1}$]</td></tr>
<tr><td>· 산화포텐셜(25 [°C])</td><td colspan="2">2.07 [eV]</td></tr>
<tr><td rowspan="3">색</td><td>기체</td><td>미청색</td></tr>
<tr><td>액체</td><td>암청색</td></tr>
<tr><td>고체</td><td>암자색</td></tr>
<tr><td rowspan="2">냄새</td><td>기체</td><td>건초 냄새, 비린내</td></tr>
<tr><td>액체</td><td>신냄새, 과일/낙엽 냄새</td></tr>
</table>

$$O_3 + OH^- \rightarrow HO_2 + O_2^- \qquad k = 7.0\times10^{-1}M^{-1}S^{-1} \qquad (6\cdot15)$$

$$HO_2 \rightarrow O_2^- + H^+ \qquad (6\cdot16)$$

$$O_3 + O_2 \rightarrow O_3^- + O_2 \qquad (6\cdot17)$$

$$O_3^- + H^+ \rightarrow HO_3 \qquad k = 5.2\times10^{10}M^{-1}S^{-1} \qquad (6\cdot18)$$

$$HO_3 + OH \rightarrow 2O_2 + H_2 \qquad k = 1.1\times10^{5}S^{-1} \qquad (6\cdot19)$$

$$OH + O_3 \rightarrow HO_4 \qquad k = 2.0\times10^{9}M^{-1}S^{-1} \qquad (6\cdot20)$$

$$HO_4 \rightarrow HO_2 + O_2 \qquad k = 2.0\times10^{9}M^{-1}S^{-1} \qquad (6\cdot21)$$

$$HO_4 + HO_4 \rightarrow H_2O_2 + 2O_3 \qquad (6\cdot22)$$

$$HO_4 + HO_3 \rightarrow H_2O_2 + O_3 + O_2 \qquad (6\cdot23)$$

주) HO_2 : Hydro peroxide radical, O_2^- : Superoxide radical ion
O_3^- : Ozonize radical ion, k : 반응 계수

이들 반응에서 주요 중간자들은 OH 라디칼, O_3^- 및 O_2^-이다. 순수한 물에서는 OH^- 이온에 의해 많은 오존 분자들이 분해되는 반면 수중의 carbonate/bicarbonate ions 등에 의해 오존 분해 반응은 정지하게 되며 carbonate 가 OH 라디칼과 반응하여 carbonate 라디칼이 생성하여 안정화되므로 더 이상의 오존 분해반응은 일어나지 않게 된다. 따라서 오존은 알카리도가 높은 곳에서 안정화된다.

오존의 안정성

오존은 강한 산화력을 이용하여 살균, 바이러스나 미생물 등의 불활성화 혹은 의료분야 등에 이용되고 있다. 반면에 생체에도 독성을 나타내는 것으로 알려지고 있다. 그 반응론적인 설명은 아직 충분하게 알려지지 않고 있지만 생체막, 조직을 구성하는 피복, 단백질, 핵산 등으로의 오존 공격이 고려되고 있다. 오존 자신에 의한 독성 발현에 덧붙여서 트리할로메탄 등의 다른 활성산소종의 기여도 고려되고 있다. 오존농도에 의한 생체로의 독성 사례를 표 6·15에 나타내었다. 이러한 오존의 독성을 방지하기 위해서는 오존을 이용하고 있는 경우 잔류오존을 분해하

여 제거하는 것이 필요하다. 이러한 측면에서 표 6·16과 같이 우리나라를 비롯하여 세계 각국에서는 대기 중 오존농도에 대한 대기환경기준을 마련하고 있다.

표 6·15 오존의 생체로의 독성 사례

오존농도[ppm]	작 용
0.01~0.02	냄새를 느낀다.
0.1	강한 냄새, 콧물이나 목의 자극
0.2~0.5	3~6시간의 직접 노출로 시각을 저하
0.5	자극을 느낀다.
1~2	2시간 직접 노출로 두통, 흉부통, 상부 기도의 혼탁이 일어나기 시작하고, 직접 노출의 반복으로 만성중독이 된다.
5~10	맥박 증가, 폐수종을 일으킨다.
15~20	작은 동물은 2시간 이내에 사망
50	인간도 1시간으로 생명이 위험한 상태가 된다.
1000	인간도 몇 분 내에 사망

표 6·16 오존 대기환경기준

국 가	오존 대기환경기준치(평균화 시간 : 8시간)
한 국	0.06[ppm]
WHO	0.05[ppm]
미 국	0.07[ppm]
일 본	0.07[ppm]

2) 오존생성기구

오존은 무성방전법, 전해법, 광화학반응법, 방사선 조사법 등을 이용하여 주로 산소에 물리, 화학적인 자극으로 에너지를 가해 오존으로 변화시키는 오존발생장치(Ozonizer)를 이용하여 발생시키게 된다. 본 절에서는 1857년 독일의 Werner Von Siemens에 의해 최초로 고안되어 산업적인 측면에서 현재까지 가장 많이 활용되고 있는 무성방전법을 비롯하여 전해법, 광화학반응법, 고주파 전계법 및 방사선 조사법을 이용한 오존발생 시의 방전기구 및 오존생성기구에 대하여 살펴보고자 한다.

● 무성방전법

① 방전기구

그림 6·11과 같이 1~3[mm] 정도의 방전간극(gap)에 적어도 한 개 이상의 유전체(유리 혹은 세라믹 등)가 존재하는 전극 간에 교류 고전압을 인가할 때 발생하는 무성방전(silent discharge)이 오존발생기에 이용되고 있다.

즉, 무성방전은 교류 고전압에 의해서 전극 간에 형성된 전계로부터 에너지를 얻은 전자가 스트리머(streamer)로 성장하여 전극 간을 교락 하는데, 이때 스트리머 내에 존재하는 전하가 유전체 표면에 축적되므로 그 전하에 의해 형성된 전계 때문에 인가 전계는 약화하여 스트리머가 소멸하는 과정을 되풀이하면서 발생하는 방전기구이다.

그 결과 무성방전 시의 전압, 전류 파형은 그림 6·12와 같으며, 1주기에 방전기간과 비방전기간(방전 휴지기간)이 각각 2회씩 존재하게 되며, 방전전류는 +,- 전압이 최대 점에 이를 때까지 흐르다가 전압이 +,- 최대 점으로부터 강하되면서 전류는 흐르지 않게되는 것이다.

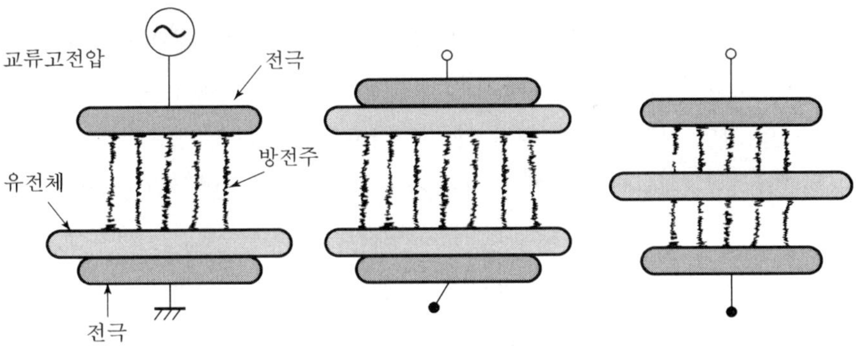

그림 6·11 무성방전의 전극 배치도

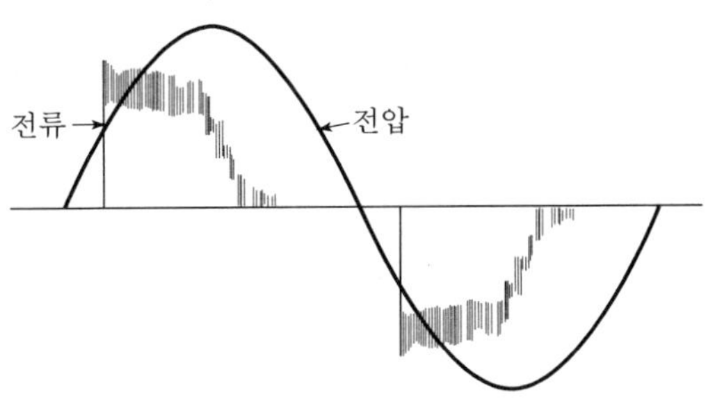

그림 6·12 무성방전의 전압·전류 파형

이것은 전극 간의 전압이 방전개시전압에 도달될 때, 전극의 각 지점에서 방전이 발생하지만, 이때 유전체에 도달된 전자에 의해서 전극 간에는 순간적으로 역 전위가 형성되면서 방전이 중지되어 한 개의 펄스 방전이 형성된 후, 다시 전압이 상승함에 따라 다음의 펄스 방전이 반복적으로 발생하여 전압의 최대치에 도달된 후 전압이 저하되면서 방전이 소멸하는 것이다.

이때, 무성방전은 그림 6·11과 같이 다수의 방전주가 존재하는 방전 형태를 취하고, 무성방전에 의한 오존발생 시의 방전현상은 전극 사이에 존재하는 유전체로 인하여 방전전류는 억제되어 낮아진다.

그리고 무성방전 시의 발광강도는 코로나방전과 같이 대단히 미약하며, 그림 6·12의 전류 파형과 같이 미세한 펄스적인 방전의 집합체인 것으로 알려졌으며, 이들 개개의 방전은 인가전압이 방전개시전압(V_0)에서 시작하여 방전소멸전압(Vs)이 되면 방전이 중지되므로 방전 갭에는 평균적인 방전유지전압$\{V^* = (V_0 + V_s)/2\}$이 존재하게 된다.

이와 같이 무성방전은 전자가 전극 면에서 다수점으로 발생하므로 전자와 원료 가스 분자와의 충돌로 발생하는 오존의 화학반응으로는 유용한 방전이라 할 수 있다.

한편, 영상 증폭 카메라를 사용하여 무성방전 현상을 측정한 연구로부터 전극 면에서의 방전주 발생 밀도는 원료 가스가 공기일 때 3[mm]의 방전간극에서 오존생성농도의 변화에 따라서 약 2~12[개/cm^2]로 알려지고 있다. 이때, 전압 파형에 의하여 한 개의 방전주당 평균 전하량은 1.8×10^{-9}~5×10^{-10}[C] 정도이었고, 원료 가스가 산소인 경우는 방전주의 발생 밀도가 오존생성농도와는 무관계하며 1개의 방전주가 가지는 평균 전하량은 4×10^{-10}[C] 정도인 것으로 알려지고 있다.

또한 영상 증폭 카메라를 이용하여 무성방전 시 방전주의 발광시간을 관측한 결과, 약 10[ns] 이하라는 사실로부터 무성방전형 오존발생기의 방전기구는 타운젠트(Townsend) 방전에서 스트리머로 성장하고, 이 스트리머는 과도 글로우(glow) 방전상태로 천이하면서 방전이 소멸한다. 결국 방전 초기 기구인 타운젠트 방전으로 오존이 생성되며, 타운젠트 방전 직후에는 전류 및 방전광이 대단히 강한 단시간 방전이 발생하여 이것이 다수의 방전주로 형성되는 것으로 생각하고 있다.

따라서 이러한 방전주가 관측되는 방전에서는 전류가 대단히 높으므로 방전영역에서의 온도 상승효과를 초래하여 결과적으로는 무성방전형 오존발생기의 수율을 저하하는 것으로 추정되고 있다.

② 오존생성 및 분해 기구

전술한 바와 같이 무성방전은 유리와 세라믹 등의 유전체로 코팅한 전극을 1~3[mm]의 방전 간극에 대향된 전극구조에 교류 고전압을 인가하면, 인가전압의 반주기마다 전극 면상의 미소점에서 미세한 펄스 방전이 발생한다. 표 6·17에 반응해석에 주로 이용되는 미소 방전의 파라미터를 나타내었다.

표 6·17 무성방전 파라미터

방전주 반경	100[μm]
기체밀도	2.4×10^{19}[cm^{-3}]
전자밀도	10^{14}[cm^{-3}]
환산전계 E/N	100~200[Td]
전자에너지	5~10[eV]
전자온도	10^4~10^5[eV]
가스온도	300[K]

표와 같이 전자온도가 높음에도 불구하고 가스 온도가 거의 실온으로 유지되고 있으므로 무성방전은 저압 플라즈마라고도 하며, 스파크(spark)보다 방전 음이 작아서 일반적으로 무성방전이라 부른다. 반응 면에서의 특징은 반응이 각 펄스 방전마다 종료한다는 것이다. 즉, 짧은 순간에 방전이 발생하고 그 후 수 분간 오존이 생성하고, 나머지 시간은 오존의 분해가 이루어진다는 것이다. 이와 같은 비연속적인 반응계에 있어서는 외부에서 관측된 오존농도의 증가 $\Delta O_3 / \Delta t$는 단지 그사이에 발생하는 방전의 회수를 제시하는 것에 지나지 않는다.

식 (6·24), (6·25), (6·26) 및 (6·27)은 무성방전에 의한 오존생성 및 분해 기구를 나타낸 것이다.

$$O_2 + e \rightarrow 2O + e \qquad (6\cdot24)$$

$$O + O_2 + O_2 \rightarrow O_3 + O_2 \qquad (6\cdot25)$$

$$O + O_3 \rightarrow 2O_2 \qquad (6\cdot26)$$

$$O_3 + e \rightarrow O_2 + O + e \qquad (6\cdot27)$$

식 (6·24)와 같이 전자충돌에 의하여 산소 분자가 해리됨으로써, 생성된 산소원자가 식 (6·25)에 의해서 다른 산소 분자와 결합하여 오존이 생성된다. 여기서 반응속도가 대단히 빠른 식 (6·24)는 전극 사이의 미소 방전주를 흐르는 2[ns] 정도의 펄스폭을 가진 전류에 의하여 산소 분자가 해리되므로 전류에 비례하는 오존생성농도 및 발생량이 얻어진다.

또한 식 (6·25)의 반응으로 오존이 생성되는 시간은 원료 가스가 대기압인 경우는 3[μs] 정도이며, 생성된 오존은 미소 방전주의 주변으로 확산하는 것으로 알려지고 있다.

그러나, 산소 분자가 무성방전형 오존발생기의 방전영역에서 체류하는 시간이 길어지면 오존생성농도가 높아지지만, 식 (6·26) 및 (6·27)과 같이 산소 원자나 전자충돌에 의한 오존의 분해도 크게 되므로 결국에는 오존생성농도가 포화하는 방전 평형의 상태로 이르게 된다.

따라서 무성방전형 오존발생기의 오존생성기구는 ① 전자충돌에 의한 산소 활성 종의 생성, ② 오존생성반응 및 ③ 오존분해반응에 의하여 이루어지는 것이라 할 수 있다.

• 전자충돌에 의한 산소 활성 종의 생성

식 (6·24)의 전자충돌에 의한 산소 분자의 해리 과정을 세분하면 식 (6·28) 및 (6·29)로 고려되고 있다. 즉, 전자충돌로 인하여 산소 분자는 약 6～8[eV]의 해리에너지로 기저상태의 산소 원자 $O(^3P)$ 또는 여기(exciting) 상태의 산소 원자 $O(^1D)$로 해리된다.

그러나, $O(^1D)$는 대기압 아래에서 바로 $O(^3P)$로 변환되므로 단순하게 식 (6·24)와 같이 2개의 산소 원자가 생성되는 것으로 생각하여도 무관한 것으로 알려지고 있다.

$$e + O_2 \rightarrow e + O(^3P) + O(^3P) \qquad (6\cdot28)$$

$$e + O_2 \rightarrow e + O(^3P) + O(^1D) \qquad (6\cdot29)$$

• 오존생성반응

무성방전에 의한 오존생성반응은 식 (6·30)의 반응으로 주로 형성된다.

$$O + O_2 + M \rightarrow O_3 + M \qquad (6\cdot30)$$

M : 제3물체(O, O_2, 혹은 N_2)

• 오존분해반응

무성방전에 의한 오존의 분해반응은 대부분 식 (6·31) 및 (6·32)로 고려되고 있다.

$$O_3 + M \rightarrow O + O_2 + M \tag{6·31}$$

$$O + O_3 \rightarrow 2O_2 \tag{6·32}$$

또한 무성방전형 오존발생기의 방전영역에서는 주로 식 (6·33) 및 (6·34)에 의한 오존의 분해반응도 생각되고 있다.

$$O_2(^1D) + O_3 \rightarrow O_2 + 2O_2 \tag{6·33}$$

$$O_2^* + O_3 \rightarrow O + 2O_2 \tag{6·34}$$

O_2^* : 여기 산소 분자

전해법

유산이나 인산, 과염소산 등을 전해질로 한 물을 큰 전류밀도로 전해하는 것으로써 양극에 산소와 동시에 오존을 발생시키는 것이다.

전해법을 이용한 오존 발생 시 방전 공간의 온도상승을 억제하기 위하여 전극을 중공(中空)으로 물을 통과시켜 직류 혹은 교류를 중첩하는 방법이 실용화되고 있다.

최근 표 6·18과 같이 전극으로 $\beta - PbO_2$나 SnO_2, 전해질로써 PF_6나 BF_4 등을 이용한 사례가 보고되고 있다.

표 6·18 전해식 오존발생 사례

전해질	전 극	온도 [°C]	전류효율 [%]
40% $HClO_4 + Mg(ClO_4)_2$	Pt	−53	25.9
3.25 M H_2SO_4	Pt	−63.5	32.4
8.5 M H_2SO_4	PbO_2	0	9.5
7.3 M HBF_4	PbO_2	0	18
7.3 M HPF_6	PbO_2	0	52
2M Phosphate($KH_2PO_4 + Na_2HPO_4$)	PbO_2	20	9.9

표에서 전류효율은 발생한 산소와 오존에 대한 오존의 발생비를 나타냈고, 오존농도로써 고려할 수 있다. 물의 전해에 의한 오존발생기구는 다음과 같이 설명할 수 있다. 물은 식 (6·35)와 같이 전리된다.

$$H_2O \rightarrow H^+ + OH^- \quad (6\cdot35)$$

이 용액에 전압을 인가하면 음극에는 H^+, 양극에는 OH^- 이온이 이동한다. 음극에서 H^+은 전자를 얻어 식 (6·36)과 같이 수소가스로 된다.

$$2H^+ + 2e \rightarrow H_2 \quad (6\cdot36)$$

한편, 양극에서는 OH^- 이온이 전자를 얻어 다음과 같은 반응으로 산소가 발생한다.

$$2OH^- \rightarrow H_2O + O_2/2 + 2e \quad (6\cdot37)$$

전기화학적으로는 다음의 반응이 일어나게 된다.

$$2H_2O \rightarrow O_2 + 4H^- + 4e \quad (6\cdot38)$$

반응 기구적으로는 전극 표면에 발생한 OH 라디칼(radical)로부터 산소 원자가 생성하고, 이것이 산소 분자와 결합하여 오존이 발생하는 것으로 고려할 수 있다.

$$(OH) + (OH) \rightarrow (O) + H_2O \quad (6\cdot39)$$

$$(O) + (O) = (O_2) \rightarrow O_2 \quad (6\cdot40)$$

$$(O) + (O_2) = (O_3) \rightarrow O_3 \quad (6\cdot41)$$

여기서 ( )는 표면부착물을 나타낸다. 전기화학적으로는 양극에서 다음과 같이 물이 분해된다.

$$3H_2O = O_3 + 6H^+ + 6e, E^\circ = 1.51\,[V] \quad (6\cdot42)$$

이것이 통상의 산소 발생 반응식 (6·38)(E°=1.23[V])과 경쟁하게 된다. 식 (6·42)로 가정한 전류효율 η는 이론적으로

$$\eta = \frac{6F \cdot Y}{3600 \cdot 48 \cdot I} \quad (6\cdot43)$$

으로 나타낼 수 있으며, 여기서 Y는 O_3[g/h], I는 전류 A 및 η는 전류효율을 나타낸다. 또한, 1[g]의 오존발생에 필요한 전력은 다음 식으로 표현할 수 있다.

$$W = \frac{6F \cdot V}{\eta \cdot 3600 \cdot 48} \quad (6\cdot44)$$

여기서, W는 전력 [W/g], F는 Faraday 정수 96,500[C/mol], V는 전해조 전압[V]을 나타낸 것이다.

광화학반응법

광화학반응법에 의한 오존 생성은 저기압 수은 램프(low pressure mercury lamp)의 수은 증기 방전 원리를 응용한 것으로써 그림 6·13과 같이 열음극에서 방출되는 전자는 수은 원자와 충돌하여 자외선을 조사하게 되며 방사된 자외선은 원료가스 중에 포함된 산소 분자와 반응하여 산소원자로 해리하게 된다. 이때의 해리된 산소 원자는 다른 산소 분자와 반응하여 오존을 생성시키는 반응법이다. 즉 식 (6·45) 및 (6·46)과 같이 산소 분자에 130~175[nm] 파장의 자외선을 조사하면 기저상태의 산소 원자와 여기 상태의 산소원자로 해리되고, 175~245[nm] 파장의 자외선이 조사되면 두 개의 기저상태인 산소원자로 해리된다.

이러한 과정에서 생성된 기저상태의 산소 원자는 제3의 물질 M(산소 및 질소)과 반응하여 식 (6·47)과 같이 오존을 생성한다.

$$O_2 + h\nu \rightarrow O^* + O \, (\lambda = 130 \sim 175\,[\mathrm{nm}]) \qquad (6\cdot45)$$

$$O_2 + h\nu \rightarrow O + O \, (\lambda = 175 \sim 242\,[\mathrm{nm}]) \qquad (6\cdot46)$$

$$O + O_2 + M \rightarrow O_3 + M \qquad (6\cdot47)$$

여기에서 파장이 210~300[nm]의 Hartley 대 및 300~374[nm]의 Huggins 대의 자외선을 오존이 흡수하게 되면 광분해가 일어난다. 이러한 광분해는 식 (6·48) 및 (6·49)와 같이 가시광선에 의해서도 일어나며, 또한 파장이 550~610[nm]의 Chapplus 대의 광을 흡수함으로써, 오존은 식 (6·50)과 같이 기체 상태의 산소 분자와 산소 원자로 해리된다. 이때 생성된

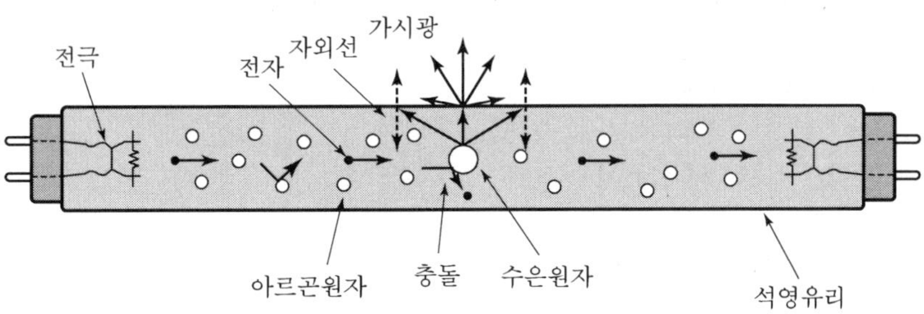

그림 6·13 광화학반응법을 이용한 오존발생 원리

산소 원자는 식 (6·51)에서와 같이 오존을 해리시킨다.

$$O_3 + h\nu \rightarrow O + O_2^* \quad (\lambda > 310[nm]) \tag{6·48}$$

$$O_3 + h\nu \rightarrow O^* + O_2 \tag{6·49}$$

$$O_3 + h\nu \rightarrow O_2 + O \tag{6·50}$$

$$O + O_3 \rightarrow 2O_2 (\lambda < 310[nm]) \tag{6·51}$$

따라서 광화학반응법에 의한 오존 생성은 원료가스 중에 포함된 산소 분자가 방전관에서 방사되는 단파장 자외선, 즉 광자에너지를 흡수함으로써 산소원자로 해리되어 생긴 산소 원자가 다른 산소 분자와 결합하여 오존생성반응을 일으키는 것이라고 할 수 있다.

여기에서 산소 분자가 해리되기 위한 필요에너지는 5.1[eV](117[kcal/mol])이며, 파장으로 환산하면 254[nm]로 알려지고 있다.

방사선조사법

방사선조사에 의한 오존발생의 원리는 기본적으로는 광화학반응법과 같으며, 방사선원만 있으면 전력이 필요 없고 오존 제조 비용이 저렴한 것이 특징이다.

1968년 Hochanadel은 1[atm] 산소의 펄스 전자선 조사에 의한 오존발생을 파장이 다른 자외선을 사용하여 분석한 결과, 254[nm]에 흡수 극대를 가진 기저상태의 오존을 생성하기 전에 310[nm], 286[nm] 부근에서 극대를 지닌 진동 여기 오존이 존재하는 것을 발견하였다.

280[nm]에서의 오존생성속도는 Kaufman이 산소 원자 소실 속도에서 구한 반응 정수 $k(O_2) = 6.5 \times 10^{-34}[cm^6 molecule^{-2} S^{-1}]$에 대단히 근접하는 $6.4 \times 10^{-34}[cm^6 molecule^{-2} S^{-1}]$이고 248[nm]에서 측정된 반응속도는 $2.7 \times 10^{-34}[cm^6 molecule^{-2} S^{-1}]$로 약 1/2로 된다.

이러한 과정을 통하여 방사선에 의한 오존발생기구는 다음과 같이 제안되고 있다.

$$O + O_2 \rightleftarrows O_3^{**} \tag{6·52}$$

$$O_3^{**} + M \rightarrow O_3^* + M \tag{6·53}$$

$$O_3^* + M \rightarrow O_3 + M \tag{6·54}$$

$$O + O_2 + M \rightarrow O_3^{\alpha + M} \tag{6·55}$$

$$O_3^{\alpha} + M \rightarrow O_3^{\beta} + M \quad (6\cdot56)$$

$$O_3^{\beta} + M \rightarrow O_3 + M \quad (6\cdot57)$$

최근에는 다음과 같이 새로운 기구가 제안되고 있다.

$$O + O_2 + O_2 \rightarrow O_3(^1A_1) + O_2 \quad (6\cdot58)$$

$$O + O_2 + O_2 \rightarrow O_3(^3B_2) + O_2 \quad (6\cdot59)$$

$$O + O_2 + O_2 \rightarrow O_3^*(^3B_2) + O_2 \quad (6\cdot60)$$

$$O_3(^3B_2) + O_2 \rightarrow O_3(^1A_1) + O_2 \quad (6\cdot61)$$

$$O_3^*(^1A_1) + O_2 \rightarrow O_3(^1A_1) + O_2 \quad (6\cdot62)$$

$$O_3(^3B_2) + O_2 \rightarrow O_3^*(^1A_1) + O_2 \quad (6\cdot63)$$

즉, 재결합 시에 기저상태의 오존, 전자여기상태의 오존($^3B_2$), 진동 여기 상태의 오존 O_3* ($^1A_1$) 3종이 동시에 생성하는 복잡한 기구이다.

1976년 Kruger는 방사선 조사에 의해 생성된 산소 원자와 오존의 양을 질량분석계로 비교측정한 결과 생성된 오존량이 감소한 산소의 원자량보다 수배 많아져서

$$O_2^* + O_2 \rightarrow O_3 + O \quad (6\cdot64)$$

와 같은 오존생성반응을 포함할 필요가 있고, 또한 O_2^*의 생성에 필요한 에너지는 약 4[eV]이고, 이것은 산소 분자의 직접 해리에 필요한 5.1[eV]보다 작은 것으로 알려지고 있다. 그러나, 방사선 발생원의 관리가 어렵고 고농도 오존 제조가 불가능하고 오존발생기의 재질에 방사선이 악영향을 준다는 난점 등으로 인하여 실용화 측면에서는 개선할 부분이 많다.

액상 오존의 자기분해 및 분해 기구

오존이 기체 상태로 존재하는 경우 반감기가 약 1～2시간 정도이고, 액체 상태의 오존은 대단히 불안정하여 반감기가 20～30분 정도로 비교적 빨리 분해되어 최종적으로 산소와 물로 분해된다.

오존의 분해 속도는 pH에 크게 영향을 받는데 이는 수산화기(OH^-)에 의하여 오존이 스스로

분해(self－decomposition)될 수 있는 특성이 있기 때문이다. 즉, 오존은 산성 영역에서는 비교적 안정되나, 알칼리 영역으로 갈수록 분해 속도가 빨라지게 된다.

특히, 액상에서의 오존의 반응은 오존에 의한 직접 산화반응(direct reaction)과 오존분해 생성물인 OH－radical에 의한 간접 산화반응(indirect reaction)이 있다.

오존의 분해 기구(decomposition mechanism)는 대단히 복잡하며, 가수 분해로 HO_2를 생성하고, 이것이 개시제(initiator)가 되어 수중(水中)의 분해반응은 다음과 같은 연쇄반응에 의해 분해되는 것으로 알려지고 있다.

$$O_3 + H_2O \rightarrow HO_3^+ + OH^- \qquad (6\cdot65)$$

$$HO_3^+ + OH^- \rightarrow 2HO_2 \qquad (6\cdot66)$$

$$O_3 + HO_2 \rightarrow HO + 2O_2 \qquad (6\cdot67)$$

$$O_3 + HO \rightarrow HO_2 + O_2 \qquad (6\cdot68)$$

$$HO_2 + HO_2 \rightarrow H_2O_2 + O_2 \qquad (6\cdot69)$$

$$HO + HO_2 \rightarrow H_2O + O_2 \qquad (6\cdot70)$$

$$HO + HO \rightarrow H_2O_2 \qquad (6\cdot71)$$

위의 반응에서 생성된 OH－radical은 표 6·19와 같이 오존 분자보다 높은 산화・환원전위를 갖고 있다. 또한 HO_2은 오존보다 약한 산화제이지만, 이것은 식 (6·67)과 같이 OH－radical을 생성하면서 자기분해를 함으로써 대상물질의 산화분해를 촉진한다.

표 6·19 각종 산화제의 산화환원전위

산 화 제	산화환원전위(eV)
$F_2 + 2e^- \rightarrow 2F^-$	2.87
$OH + H^+ + e^- \rightarrow H_2O$	2.85
$O_3 + 2H^+ + 2e^- \rightarrow O_2 + H_2O$	2.07
$H_2O_2 + 2H^+ + 2e^- \rightarrow 2H_2O$	1.77
$HO_2 + H^+ + e^- \rightarrow H_2O_2$	1.50
$O_2 + 4H^+ + 4e^- \rightarrow 2H_2O$	1.23

오존농도의 측정

오존을 적절하게 이용하기 위해서는 오존농도를 정확하게 파악할 필요가 있다. 그러나, 오존이 지닌 높은 반응성과 자기분해 때문에 오존농도를 구한다는 것이 쉽지는 않다. 표 6·20에 대표적인 오존농도 측정 방법을 나타냈다.

표 6·20 오존농도 측정 방법

방법		원리	대상
요오드법	요오드적정법	오존과 KI 반응시켜 유리(遊離)되는 요오드(I_2)를 측정한다. $O_3 + 2I^- + H_2O \rightarrow I_2 + 2OH^- + O_2$	기체, 액체
	흡광광도법		
	전량법		
발색/탈색법	DPD 법	DPD의 발색을 측정한다(530[nm]).	기체, 액체
	ACVK 법	ACVK의 탈색을 측정한다(550[nm]).	액체
자외선흡수법		자외선 영역 254[nm] 부근에서의 흡광도를 측정한다.	기체, 액체
화학발광법		오존과 에틸렌이 반응하여 발생하는 화학 발광량을 측정한다.	기체
전기화학방법		전극 간에 전압을 인가할 때 발생하는 기전력을 측정한다.	기체, 액체
반도체법		산화에 의한 반도체의 전기저항 변화를 측정한다.	기체

현재까지 오존이 자외선 영역에서 흡수된다는 사실로부터 자외선 파장 254[nm] 부근의 흡광도를 측정하여 미리 작성한 검량선을 이용하여 시료 중의 오존농도를 측정하는 자외선 흡광광도법을 이용한 오존측정기(ozone monitor)가 가장 광범위하게 활용되고 있다. 최근에는 전기화학식 센서를 이용하여 오존화 가스의 산화 및 환원 반응 시에 발생하는 전자의 양을 감지하여 해당 가스의 농도를 측정하는 정전위 전해법을 이용한 오존측정기도 개발되었다.

이러한 오존농도 측정원리를 이용하여 시판되고 있는 오존측정기는 오존농도, 오존의 적용분야 등에 따라서 0.1∼200[g/m^3] 측정범위의 고농도 오존측정기, 0.001∼2[ppm] 정도의 초소형 오존발생기의 농도를 측정하는 저농도 오존측정기, 대기 중 오존을 측정하는 기상용 오존측정기, 미반응 오존을 측정하는 off-gas 용 오존측정기, 0.001∼20[ppm] 정도 물속에 녹아 있는 오존을 측정하는 용존 오존측정기 등으로 나누어 볼 수 있다.

또한, 표 6·21은 오존농도의 표시 단위, 표 6·22는 기상(氣相)에서 단위의 환산 예를 나타내었다.

표 6·21 오존농도의 표시 단위

단 위	정 의	대 상	비 고
vol ppm	$\dfrac{\text{오존이 차지하는 체적}}{\text{오존을 함유한 기체의 체적}} \times 10^6$	기체	$[m\ell/m^3]$
mg/ℓ	$\dfrac{\text{오존의 질량 mg}}{\text{오존을 함유한 기체(액체)의 체적 } \ell}$	기체, 액체	$[g/m^3]$와 동일
mol/m^3	$\dfrac{\text{오존의 몰수 mol}}{\text{오존을 함유한 기체(액체)의 체적 } m^3}$	기체, 액체	1[mol]=48[g]
vol%	$\dfrac{\text{오존이 차지하는체적}}{\text{오존을 함유한 기체의 체적}} \times 100$	기체	
wt%	$\dfrac{\text{오존의 질량}}{\text{오존을 함유한 기체(액체)의 질량}} \times 100$	기체, 액체	

표 6·22 기상 오존농도 단위 환산표(0[°C], 1[atm])

농도단위	g/m^3	mg/L	wt%/air	$wt\%/O_2$	vol%	mol/L	vol ppm
환산치	1	1	0.0772	0.0700	0.0467	2.08×10^{-5}	467
	13	13	1	0.906	0.606	2.70×10^{-4}	6059
	14.3	14.3	1.10	1	0.669	2.98×10^{-4}	6689
	21.4	21.4	1.65	1.49	1	4.46×10^{-4}	10000
	100	100	7.50	6.84	4.67	2.08×10^{-3}	46667
	200	200	14.56	13.38	9.33	4.16×10^{-3}	93333

그리고 수용액 중의 오존농도를 나타내는 경우, 1[ℓ] ≒ 1[kg]으로 하여 1[mg/ℓ]를 1[ppm]으로 나타내는 경우도 있지만, [mg/ℓ]로 하는 것이 바람직하다.

3) 오존산화에 미치는 조작 인자의 영향

PH

그림 6·14와 같이 오존 자기분해 속도는 폐수처리 시 대부분은 PH 가 강알칼리 영역에서

분해 속도가 빠르다. 단, 상수나 용수는 PH 영향을 받지 않는다.

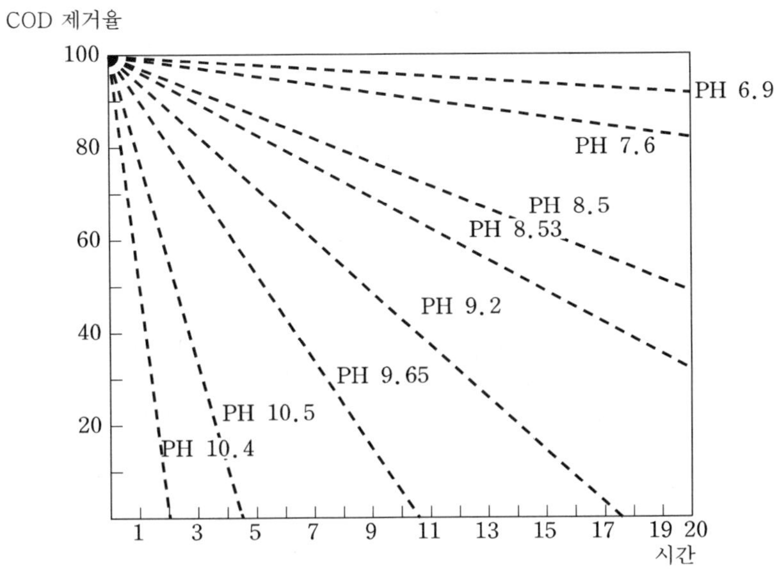

그림 6·14 오존의 분해에 미치는 PH 의 영향

● 오존주입률

오존을 그림 6·9와 같이 다양한 분야로 적용하기 위해서는 오존의 강한 산화분해 메커니즘을 적정하게 활용하여 표 6·23과 같이 적재적소에 최적의 오존 주입률을 고려하는 것이 좋다.

표 6·23 오존 주입률

처리대상 수	오존 주입률
음료수 살균 시	1 ~2.5[ppm]
하수처리 유출수 살균 시	8 ~10[ppm]
공업용수 처리수	3 ~10[ppm]
페놀 처리 시	페놀 200 [ppm]에 오존 400 [ppm]
시안 처리 시	시안 100 [ppm]에 오존 500 [ppm]
폐수 유기물 처리 시	40 ~80 [ppm]
폐수탈색 처리 시	20 ~60 [ppm]
용수탈색 처리 시	1.0 ~3.0 [ppm]

● 흡수율 및 수심

오존 흡수율은 그림 6·15 및 6·16과 같이 수심과 산기장치, 접촉 방법, 유기물의 영향, 수온 등에 영향을 많이 받으며, 대개 수심 3[m] 이상이면 90[%] 이상을 유지한다.

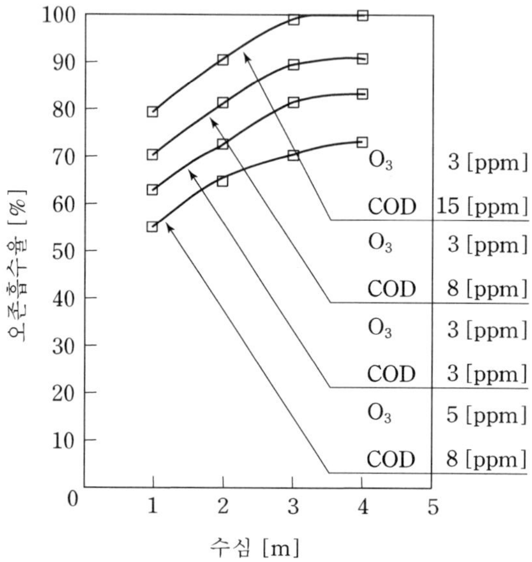

그림 6·15 수심과 오존 흡수율의 관계

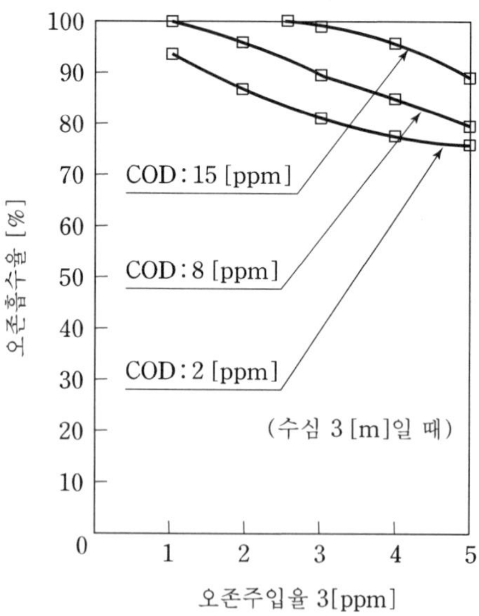

그림 6·16 오존 주입률과 오존 흡수율의 관계

접촉시간

오존발생기의 용량과 접촉구조물의 크기, 처리용량에 따라 차이가 있으나, 살균을 목적으로 하는 경우는 약 10분 정도이며 폐수처리장에 적용할 때는 60～100분 정도이다. 때에 따라서는 피 산화성 물질의 분자구조가 매우 안정돼 있거나 방해 물질이 있을 때는 많은 양의 오존과 접촉시간이 장시간 필요로 한다.

원료가스의 유량

인가전압을 일정하게 두었을 때, 원료가스의 유량을 감소시키면 원료가스에 포함된 산소 분자가 방전 공간에서 체류하는 시간이 길어지면서 오존생성농도는 상승하나, 오존의 분해반응도 활성화되기 때문에 오존의 발생 속도는 늦어지게 된다.

원료가스에 함유된 수분

오존을 발생하기 위한 원료가스(산소 혹은 공기 등)에 수분이 포함되어 있으면 식 (6·72), (6·73), (6·74), (6·75) 및 (6·76)과 같은 연쇄반응에 의하여 오존이 파괴되기 때문에 오존생성 수율이 저하된다.

$$H + O_3 \rightarrow O_2 + OH \tag{6·72}$$

$$OH + O \rightarrow O_2 + H \tag{6·73}$$

$$HO_2 + O \rightarrow O_2 + OH \tag{6·74}$$

$$OH + O_3 \rightarrow O_2 + HO_2 \tag{6·75}$$

$$HO_2 + O_3 \rightarrow 2O_2 + OH \tag{6·76}$$

결국 H_2O로부터 생성된 활성 종인 OH 및 HO_2가 무성방전에 의하여 생성된 산소 원자 및 오존을 파괴하여 오존생성농도 및 오존생성수율을 저하시키게 되는 것이다.

전원장치의 주파수

일반적으로 오존발생기의 방전전류 및 방전전력은 전원장치의 주파수에 비례한다. 그러므로 주파수를 증가시킴에 따라서 오존발생속도는 빠르게 되므로 고농도의 오존을 얻을 수 있다.

그러나 주파수를 높게 하면 유전체 및 전극부 등이 발열되면서 방전영역에서의 온도상승 효과를 초래하여 오존의 분해작용 또한 활발해지므로 오존생성수율의 저하를 초래하기도 한다.

전극간거리

무성방전을 비롯한 방전식 오존발생기에 인가되는 전압이 낮은 경우는 전극간거리가 작은 것이 오존생성속도를 빠르게 하지만, 전압이 높은 영역에서는 역전되어 전극간거리가 클수록 오존생성수율이 높게 나타난다. 이것은 전극간거리에 비례하여 단위 전류 당의 오존생성속도가 상승하기 때문이다.

전극 재료

오존발생기의 전극부 재료로써 내산화성이 강한 glass, stainless, Al, Ni, Cu, 폴리에틸렌 및 폴리아크릴 등이 사용되고 있지만, 현재까지 알려진 바로는 glass－glass 및 glass－stainless (SUS 304) 등을 이용한 것이 전극부의 오존생성수율이 높은 것으로 알려지고 있다.

4) 대표적인 오존발생장치

오존은 불소와 물의 반응, 인(燐)의 산화, 황산의 전해, 공기의 방전이나 자외선 조사, X 선조사 등으로도 발생하지만, 실용의 오존발생기는 표 6·24와 같이 무성방전과 연면방전을 이용한 방전식 오존발생기, 광화학반응법을 이용한 자외선 lamp 식 오존발생기, 수전해 cell을 이용한 전기분해식 오존발생기가 주로 사용되고 있다. 본 절에서는 이들 각 오존발생기의 구성, 원리 및 특징에 관하여 서술하고자 한다.

자외선 lamp 식 오존발생장치

자외선에 의한 오존의 생성은 성층권의 오존층을 만드는 원인으로서도 알려져 있다. 식 (6·77)～(6·81)에 1930년 Chapman에 의해 알려진 오존층의 생성 기구를 나타냈다. 즉, 일반적으로 오존은 산소 분자의 해리로 생성된 산소 원자가 다른 산소 분자와 결합함으로써 생성된다. 따라서, 자외선에 의한 오존생성 시는 자외선을 이용하여 산소 분자의 산소－산소 간의 결합을 절단할 필요가 있다.

표 6·24 실용의 오존발생장치

방 식	자외선 lamp 식	방전식		전기분해(전해)식
발생기	저압 수은 Lamp	무성방전관	세라믹 판	수전해 cell
전 원	185[nm] 자외선, 50, 60[Hz] 수W~수백W	10~20[kV] 50[Hz]~2[kHz]	3~7[kV] 5~10[kHz]	수 V 직류
원 리	$O_2+h\nu(185[nm]) \rightarrow 2O$ $O+O_2+M \rightarrow O_3+M$	$O_2+e(>5.1[eV]) \rightarrow 2O$ $O+O_2+M \rightarrow O_3+M$		$3H_2O \rightarrow O_3+6H^++6e$
원 료	주변공기 혹은 산소	건조공기	건조산소	이온교환수
오존생성수율	1.9[g/kwh]	50[g/kwh]	100[g/kwh]	16.7[g/kwh]
오존농도	0.5[%]	3[%]	6[%]	20[%]
오존발생량	수[μg/h] ~ 수[g/h]	~30[kg/h]	~60[kg/h]	0.1~1[kg/h]
특 징	장치가 간단	대용량 오존 제조~300[kg/h] NO_x~1/100 O_3		고농도 오존 제조 수분 함유

$$O_2 + h\nu \rightarrow O + O \qquad J_1 \tag{6·77}$$

$$O + O_2 + O_2 \rightarrow O_3 + O_2 \qquad k_1 \tag{6·78}$$

$$O_3 + h\nu \rightarrow O_2 + O \qquad J_2 \tag{6·79}$$

$$O + O_3 \rightarrow O_2 + O_2 \qquad k_2 \tag{6·80}$$

$$[O_3]_{con} = [O_2] \times \sqrt{J_1 k_1 [M]/J_2 k_2} \tag{6·81}$$

여기서 J_1, J_2는 광분해 계수를 나타내고 k_1, k_2 는 반응속도 정수이다. 그리고 $[O_3]_{con}$는 오존의 농도를 나타낸 것이다.

광화학반응을 이용한 자외선 lamp 식 오존발생기는 일반적으로 석영유리를 채용한 저압 수은 lamp(0.001~0.01 [mmHg]) 수 [W]~200 [W]를 사용하고 있다. 이때, lamp가 방출하는 184.9[nm](약 6.65 [eV]) 및 253.7 [nm](약 4.88 [eV])의 스펙트럼 중 오존선 185[nm]는 산소 분자를 해리하기 때문에 오존 생성에 이바지하지만, 254[nm]의 살균선은 오존의 분해에 작용한다. 이 때문에 자외선 lamp 식 오존발생기로는 고농도 오존을 얻을 수는 없지만, 각종 오존발생기 중에서 취급이 가장 간단하다. 저압 수은 lamp의 수명은 약 5,000시간 정도이고, 원료가스 오염도에 약한 단점이 있다. 200 [nm] 이하의 자외선 투과를 억제하는 석영유리를

표 6·25 수은 램프의 특성 비교

특 성	저압 수은 lamp	고압 수은 lamp
스펙트럼	184.9, 253.7[nm]	184.9～400[nm]
발광효율(100～290[nm])	20～40[%]	8～15[%]
소비전력	0.8 [W/cm^2]	80 [W/cm^2]
100～290[nm] 조사량	0.2 [W/cm^2]	8 [W/cm^2]
관벽온도	60～120[°C]	600～900[°C]

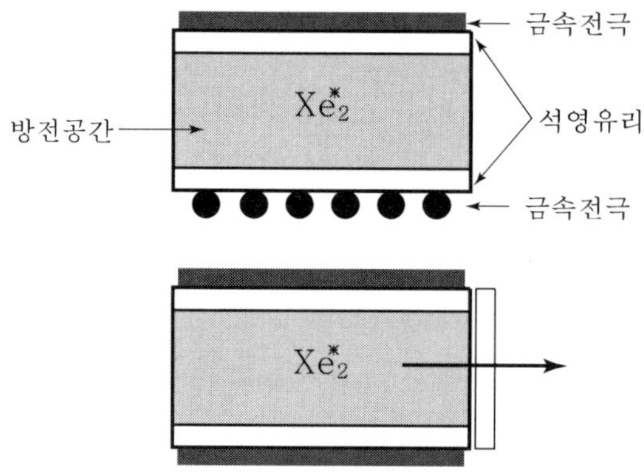

그림 6·17 Xenon eximer lamp 식 오존발생장치

채택한 저압 수은 lamp는 살균등 및 오존분해 lamp로써 널리 이용하고 있다. 표 6·25에 저압 및 고압 수은 lamp의 분광 특성을 나타냈다.

또한, 최근 Xenon eximer를 이용한 172[nm]의 자외선을 사용한 lamp 식 오존발생기가 실용화되고 있다. 이것은 그림 6·17과 같이 석영 이중 관의 방전 공간에 0.1～1[atm]의 Xenon 가스를 채워서 식 (6·82)와 같이 자외선을 투과하면서 무성방전을 발생시키는 것으로써 50[W]의 lamp로 수[%]의 오존을 발생시키는 것이 가능한 것으로 알려지고 있다.

$$Xe_2^* \rightarrow Xe + Xe + h\nu \tag{6·82}$$

전해식 오존발생장치

전해액으로써 고체고분자전해질막(solid polymer electrolyte, SPE)와 4불화붕소산(HBF_4)을 이용하는 방법이 있다.

① SPE 전해식 오존발생장치

SPE 전해식 오존발생장치는 양극에 이산화납을 사용하고, 전극 간에 전해액이 없는 SPE를 채용한 것이다. 이 발생장치는 실온에서 15～20[%] 정도의 고농도 오존이 발생할 수 있다.

실제의 오존발생 cell은 음극에 스테인레스 또는 백금 촉매 층을 가진 다공질(多孔質) 티타늄(Ti), 양극으로 이산화납 촉매 층을 가진 티타늄을 사용하고 전극 간에 양이온 교환 막을 설치한 구조이다. 교환 막은 이온의 전도체(伝導體)와 전극을 분리하는 역할을 한다.

양극 측에는 106[Ω·cm] 이상의 순수(純水)를 공급하고, 2～3.5[V]의 직류전압을 인가하면 수소이온은 SPE를 통하여 음극으로 이동하여 수소를 생성하고, 나머지 수산화물이온은 양극에서 방전으로 오존을 생성한다. 일반적으로, 대기압～20[kg/cm^2], 전류밀도 1～2[A/cm^2] 정도에서 사용하고 있다. 전류밀도가 비교적 높게 나타나는 것은 전극 간 거리가 작고, 전해질과 전극 간에 기포가 존재하므로 ohm 손이 작아지기 때문이다. 음극의 백금 촉매 층(Pt 1[mg/cm^2])은 수소 처리용으로 다음과 같은 산소 환원반응에 의해 물을 생성한다.

$$O_2 + 4H^+ + 4e^- \rightarrow 2H_2O \tag{6·83}$$

최근에는 음극에 직접 산소 가스를 통과시킴으로써 직접 산소 환원을 일으키는 것이 개발되고 있다.

cell에서 발생한 오존화 가스는 순환수를 통하여 기액 분리 실에서 가스와 물로 분해된다. 또한 오존농도는 air pump를 이용하여 희석하는 것이 가능하도록 구성되어 있다.

SPE 는 고체임에도 불구하고 이온전도성을 나타내는 물질로써, 오존발생기에 이용되는 것은 주로 불소 수지계의 양이온 교환 막이다.

일반적으로 불소 수지계 막은 내열성과 내약품성이 우수하고, 식염 전해용 격막(隔膜)이나, 연료전지용 격막으로 사용되고 있다. 막의 두께는 0.1～0.3[mm], 비저항 140～240[Ω·m], 이온교환용량 0.7～0.9[meq/g]이고, 양이온에 대하여 선택투과성을 가지고 있다.

② 4불화붕소산 전해식 오존발생장치

4불화붕소산(HBF_4)을 사용하고, 공기 음극과 유리형 탄소 양극을 채용한 오존발생기이다. 유리형 탄소는 고밀도 다공체 1.0～1.5[g/cm^3], 도전율 2～3[Ω·m], 흑연에 비하여 밀도는 1/2, 도전율이 약간 작은 고형탄소(固形炭素)이다. 양극의 유리형 탄소는 길이 20[cm], 직경 2.5[cm], 두께 3[mm], 유효면적 100[cm^2]로써 내부를 －5[°C]에서 0[°C]로 냉각한다. 음극은 연료전지에 사용되는 전극과 동일하며, 탄소로써 물 분자와의 결합력을 조절하기 위하여 테프론을 함침 시키고 표면에 백금 촉매 층(Pt 1[mg/cm^2])을 채용한 것을 사용하고 있다. 48[%] HBF_4를 사용하고, 10[°C], 400[mA/cm^2]로 오존발생기를 기동하면 35[vol%]의 오존이 발생하는 것으로 알려지고 있다.

이상과 같은 전해식 오존발생장치의 특징으로

① 질소산화물이나 금속 dust를 함유하지 않는 고순도의 오존을 얻을 수 있으므로 정밀기계 제품의 세정수 등으로 이용할 수 있다.

② 사용전압이 낮으므로 저렴한 오존발생장치를 제작할 수 있다.

③ 고농도 오존의 발생이 가능하므로 오존의 반응효율을 높일 수 있다.

④ 단점으로써 방전을 이용한 오존발생장치보다 에너지 소비(약 17[g/kWh])가 많고, 전해 개시 후 일정한 전류효율에 도달하기까지 많은 시간이 필요하다는 것이다.

무성방전형 오존발생장치

본 절에서는 상용화되어 있는 오존발생장치 중 에너지 효율, 성능의 안정성, 조작 및 제어의 간편성 등에서 가장 우수한 무성방전형 오존발생장치에 관하여 서술하고자 한다.

그림 6·18과 같이 무성방전형 오존발생기는 전극의 한쪽 혹은 양쪽을 유리나 세라믹 등의 유전체로 코팅한 구조의 전극부의 방전간극을 1～3[mm]로 대향시키고 5～20[kV], 50[Hz]～수[kHz] 정도의 교류 고전압을 인가하면 방전 공간에서는 엷은 청색의 미세한 펄스 방전으로 오존을 발생시키는 구조이다.

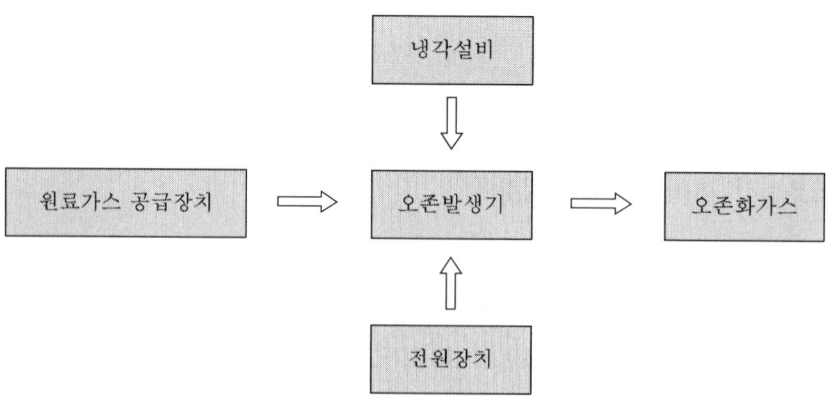

그림 6·18 무성방전형 오존발생장치의 구성

1857년 독일의 Werner Von Siemens 가 최초로 고안한 무성방전형 오존발생장치는 그림 6·18과 같이 (1) 오존의 원료를 공급하는 원료가스 공급장치, (2) 무성방전을 이용하여 오존을 발생시키는 오존발생기, (3) 오존발생기에 전력을 공급하는 전원장치, (4) 오존발생기의 방전공간 냉각을 위한 냉각장치로 구성된다.

① 원료가스 공급장치

일반적으로 무성방전형 오존발생장치의 원료가스로써 대기 중의 공기를 냉각 건조한 공기 원료방식과 산소 발생장치 혹은 액체산소를 이용한 산소 원료방식을 사용하고 있다.

• 공기 원료방식

공기를 원료로 하는 오존발생장치의 특징은 그림 6·19와 같이 효율적인 오존발생을 위하여 공기를 drying(건조), cleaning(청정), cooling(냉각) 과정을 거쳐서 오존발생기에 공급하여야 한다.

이 방식은 오존발생량이 10[kg/h] 이하에 적합하고 오존 흡수율이 낮고 소비전력이 산소원료 방식보다 높으며 질소산화물(NO_X) 생성의 우려가 있으며, 오존농도는 1~3[%] 정도이다. 표 6·26은 공기원료 준비 장치의 특징을 나타낸 것이다.

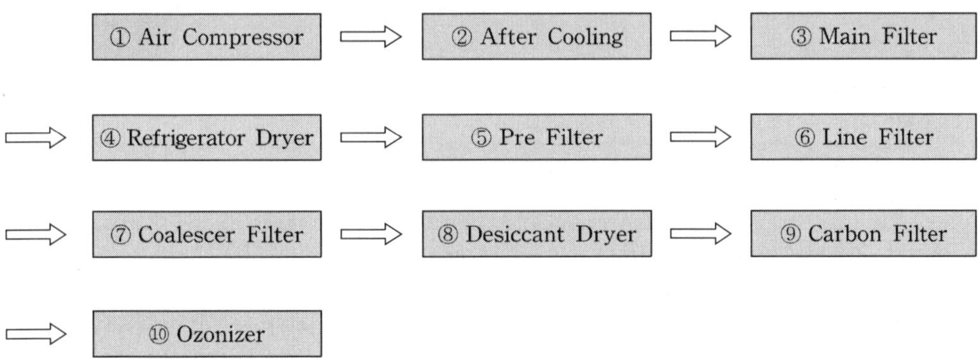

① 공기압축기 ② 전치냉각 ③ 주필터 ④ 냉동건조기
⑤ 전치필터 ⑥ 라인필터 ⑦ 흡착필터 ⑧ 건조제용 건조기
⑨ 탄소필터 ⑩ 오존발생기

그림 6·19 공기원료 공급방식의 일반적 구성

표 6·26 공기원료 준비 장치의 특징

특 징 \ 사용압력		저압식	중압식	고압식
사용범위	Compressor 압력	1[kg/cm²]	3~4[kg/cm²]	6[kg/cm²]
	오존발생기 용량	중·대용량	중·대용량	중·소용량
구성부품		Compressor, 송풍기 After cooler Air Filter 냉동건조장치 제습건조장치	Compressor After cooler Air Filter 냉동건조장치 제습건조장치	Compressor After cooler Air Filter 제습건조장치
장·단점		1. 압력손실을 줄이기 위해 설비가 크다. 2. 오존 접촉조 높이가 7[m] 이상일 경우 사용 불가 3. 유지관리비가 저렴하다.	1. 설비가 compact 하다. 2. 오존 접촉조 높이가 10[m]도 가능하다. 3. 가장 일반적인 방식이다.	1. 소용량(10[kg/h]) 오존발생기에 적합하다. 2. 가격이 저렴하다. 3. 제습도가 낮다.

표 6·27 산소 원료방식의 특징

특 징 \ 사용방식		PSA 방식	VPSA 방식	액체산소 공급방식
사용범위	compressor 압력	5[kg/cm²]	2[kg/cm²]	–
	오존발생기 용량	중·소용량	중·대용량	중·소용량
구성부품		compressor after cooler 산소 발생 탑 air filter	compressor after cooler 산소 발생 탑 air filter 진공펌프	–
장·단점		1. 산소생산 단가가 높다. 2. 가격이 저렴하다. 3. 토출압력이 높다. 4. 소용량에 적합하다.	1. 토출압력이 낮다. 2. 가격이 고가이다. 3. 생산단가가 매우 저렴하다. 4. 대용량에 적합하다.	1. 산소가격이 매우 고가로 국내에서는 경제성이 낮다. 2. 순 산소 폭기 법을 이용하는 폐수처리장에 쉽다.

• 산소 원료방식

산소 원료방식의 산소 가스는 대기 공기 중에서 PSA(pressurized swing adsorption) 장치를 사용하여 산소 가스를 분리해 이용하거나, 액체산소를 기화한 것을 채용하고 있다.

이 방식은 중·대용량에 적합하고 오존생성효율이 높으며 소비전력이 낮고 질소산화물이 없어서 오존농도가 2~10[%] 정도 얻을 수 있지만 가격이 비교적 고가이다. 표 6·27에 산소원료방식의 특징을 나타내었다.

② 오존발생기(Ozonizer)

오존발생기는 탱크 내에 수십~수백 개의 오존 tube가 장착되어 있으며, 표 6·28과 같이 탱크, 오존 tube, 전극부, fuse 및 고전압 애자로 구성된다.

표 6·28 무성방전형 오존발생장치의 구성

구 성	개 요
탱 크	오존발생기의 탱크로써 일반적인 재질은 STS 316L 을 사용하며 원통이나 각형을 사용한다. 공기의 압력이나 냉각수의 수압에 잘 견디도록 제작되어야 한다.
오존 tube	재질은 glass type과 ceramic type(세라믹) 2가지가 있으며, 내부에 알루미늄 코팅이나 STS 316L의 코팅이 되어 있다.
전 극	일반적인 재질로 STS 304 혹은 316L 을 사용한다.
fuse	방전관이나 전극의 파손 시 보조 fuse 로 1개의 방전관마다 설치되어야 한다.
고전압 애자	전원공급장치로부터 공급되는 고전압 및 중주파수가 연결되는 부분이다.

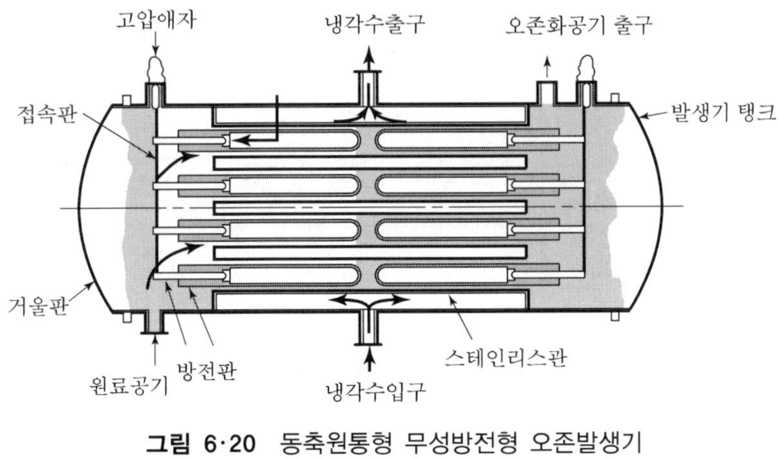

그림 6·20 동축원통형 무성방전형 오존발생기

오존발생기의 전극구조는 일반적으로 동축원통형, 평판형 및 연면방전형 3가지 형태가 있지만, 상업적인 이용목적에서는 주로 동축원통형인 구조가 많고 평판형은 극히 소수이며 연면방전형은 초소형에 적용이 쉽다.

동축원통형은 그림 6·20과 같이 유전체인 원통 형태의 유리관 내면에 금속 전극이 코팅되어 있고, 유리관 외측에 1~3[mm] 방전 간극을 두고 대향 금속 전극이 설치되어 있다. 평판형은 동축원통형과 같은 전극 구성이지만, 그림 6·21과 같이 전극과 유리, 세라믹 등의 유전체가 평판형으로 되어 있다. 전극 가운데 유전체로 코팅된 전극이 보통 고전압 전극이기 때문에 대향 금속 전극이 접지전극으로 되어 있다.

연면방전형은 그림 6·22와 같이 유전체의 양측에 전극을 코팅하여 설치하거나, 고전압 전극

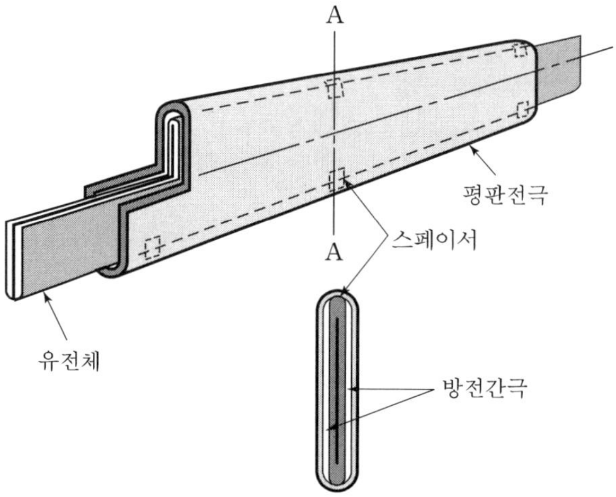

그림 6·21 평판형 무성방전식 오존발생기

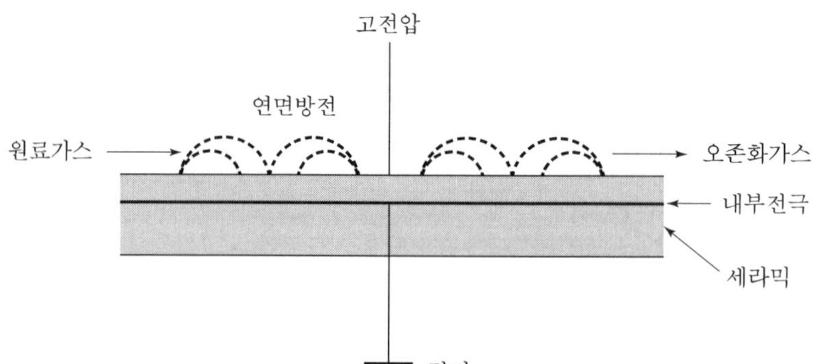

그림 6·22 연면방전형 무성방전식 오존발생기

이 유전체 내부에 코팅되어 있고 접지전극이 선상(line type)으로 구성이 되어 있는 것이 특징이다.

③ 전원장치

무성방전형 오존발생장치의 전원으로써 일반적으로 교류 고전압을 사용하고 있으며, 이때 오존발생장치의 용량, 구조 및 활용 분야 등에 따라서 표 6·29와 같이 저주파, 중주파 및 고주파 고전압 발생장치를 이용한다.

④ 냉각장치

무성방전형 오존발생장치의 성능을 저하하는 주요 원인으로 방전부에서 발생한 열로 인한 오존분해반응이 활성화되는데 의한 것으로 알려지고 있다. 이러한 측면에서 물을 이용한 냉각기, 냉각탑 혹은 칠러(chiller) 등을 사용하여 청정한 냉각 건조공기 혹은 순수(純水)를 상온 20[°C]로 순환시켜 방전 부의 온도상승을 제어하고 있다.

표 6·29 전원장치의 특징

구 분	특 징	장·단점
저주파 방식	· 50～60[Hz], 8～15[kV] 전압 채택. · 방전 공간의 민감성이 작다. · 제작이 쉽다. · 소용량에 적합하다.	· 가격이 저렴하다. · 제작이 쉽다. · 대용량 제작이 어렵다. · 설치 면적이 크다. · 생산 오존농도가 낮다. · 소비전력이 높다.
중주파 방식	· 600～1,500[Hz], 6～8[kV] 전압 채택 · 방전 공간에 민감하다. · 원료가스의 압력이 필요하다.	· 생산 오존농도가 높다(2～3[%]). · 장치 설치 면적이 작다. · 대용량의 장치 구성이 쉽다. · 정수장 및 대용량 폐수처리장에 사용 가능
고주파 방식	· 1,500[Hz] 이상, 2～3[kV] 전압 채택 · 최근 3,500[Hz] 이상도 생산	· 고농도 오존생산이 적합하다(6～12[%]). · 표백, 접착성 강화용에 적합하다. · 소용량 생산이 쉽다. · 소비전력이 다소 높다.

5) 오존접촉시스템

오존은 물에 대한 용해도가 비교적 낮은 기체이므로 수처리에 적용하는 경우 산기 반응 장치로써 기상의 이온을 액상으로 효율 높게 이동시켜야 한다. 오존의 물에 대한 용해도는 물의 온도, 압력, 오존의 농도에 따라 달라진다. 오존접촉시스템은 오존발생장치로부터 공급된 오존을 처리 수에 효과적으로 접촉하기 위한 시스템인데, 폐수 처리의 경우 대부분 세라믹 다공질 디퓨져(diffuser)를 이용한 접촉시스템이 주류를 이루고 있다.

일반적으로 오존농도가 $Y[\mathrm{g/m^3}]$인 오존화 가스를 물과 접촉했을 때 얻을 수 있는 물속의 오존농도 $C[\mathrm{g/m^3}]$는 다음 식으로 주어진다.

$$C = kY \tag{6·84}$$

표 6·30 오존접촉시스템의 종류

특징 \ 종류	터빈 교반식	레디알 방식	포러스디퓨져 방식	인젝터 방식
작동 원리	· 수조 하부에 오존화된 가스가 배관을 통해 분사될 때, 터빈 회전력에 의해 물을 회전시켜 오존화된 가스를 물과 혼합해 접촉한다.	· 수조 하부에 오존화된 가스가 배관을 통해 분사될 때, 펌프 토출압력으로 분사되는 물의 수압으로 물이 와류상태로 되어 오존 가스를 흡입해 접촉한다.	· 수조 하부에 오존화된 가스가 배관을 통과할 때, 디스크 판의 작은 기공을 이용하여 오존화 가스를 미세화시켜 접촉한다.	· 인젝터를 이용하여 펌프 압력으로 오존화 가스를 진공상태의 인젝터 내부로 흡수시켜 물과 같이 산기한다.
장 점	· 적당한 수조의 높이에 동력을 이용하여 산기시켜서 前 오존 접촉조 같은 수질 상태가 안 좋은 경우 사용하면 좋다.	· 적당한 수조 높이에 외부 펌프 수압을 이용하므로 前 오존 접촉조 같은 수질 상태가 안 좋은 경우 사용하면 좋다. 고장 및 보수가 적고 쉽다. 터빈 방식을 개선한 것이다.	· 동력의 소요 없이 오존화 가스를 높은 효율로 산기시킬 수 있다. 유지관리가 매우 편리하다. 대용량·소용량 모두 적용할 수 있다.	· 수조의 수두에 영향이 적으므로 수조가 낮은 수두 압력이 작은 접촉지에 쉽게 사용할 수가 있다.
단 점	· 동력이 과다하게 소비되며 터빈 일부가 물속에 들어가기 때문에 유지관리 보수가 어렵다.	· 펌프의 동력이 소요된다.		· 펌프의 동력이 들어가고 정확한 인젝터 선정이 필요하고, 효율 면에서 타 방식에 비해 낮다.

정수 k 는 기체의 압력과 온도에 의존하는데 식 (6·85)와 같이 통상적으로 대기압으로 취급하여 계산하고 있다.

$$k = \frac{0.604 \times (1 + t/273)}{1 + 0.063t} \tag{6·85}$$

여기서 t [°C]는 오존화 가스의 온도이다.

표 6·30은 오존화 가스의 압력, 오존처리 수량 등에 따라서 구분되는 오존접촉시스템의 작동 원리 및 장·단점을 나타낸 것이다. 표에서 각 방식의 개략적인 형태는 다음 그림과 같다.

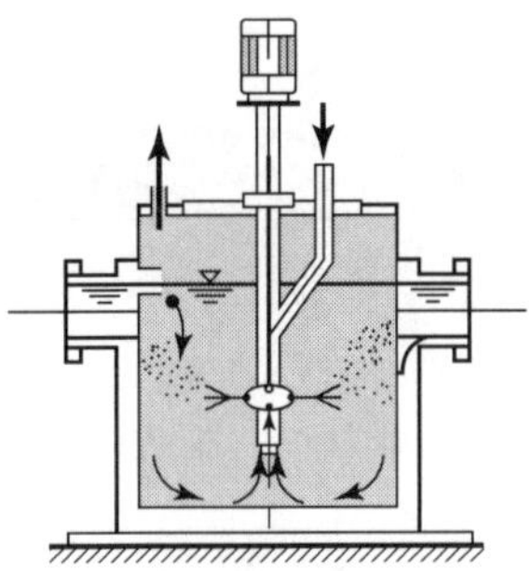

터빈(turbine) 교반식

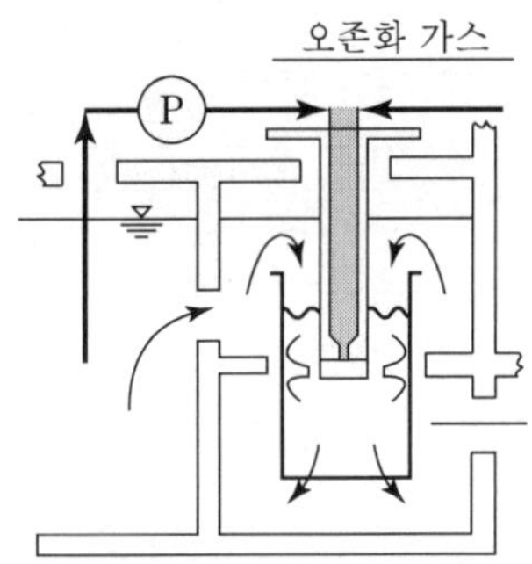

레디알(radial) 방식

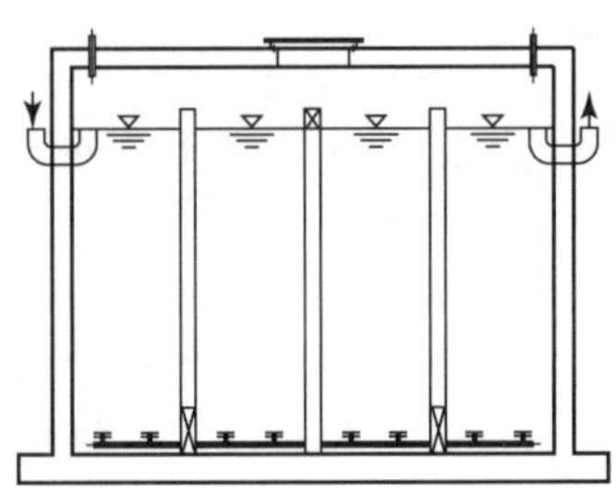

포러스디퓨져(porous diffuser) 방식

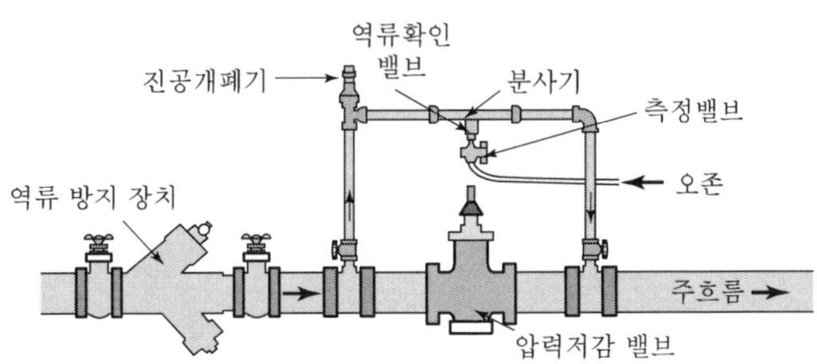

인젝터(injector) 방식

6) 오존 주입량 제어시스템

오존 주입량 제어는 오존처리의 목표 수질을 직접 측정이 가능한 측정기구가 있으면 이에 따라 최적 제어점 선정이 가능하나, 고도처리가 필요한 각종 물질의 경우 직접 측정할 수 없는 경우가 많다. 그러므로 pilot test를 통하여 적정 오존 발생량과 오존 주입률을 설정한 후에 오존 주입량을 제어한다. 오존 주입량 제어 방법에는 표 6·31과 같이 처리수량에 의한 방법, 용존 오존농도에 의한 방법 및 배출 오존농도에 의한 방법이 있으며, 표 6·32에 오존 발생량을 제어하는 방법을 나타내었다.

표 6·31 오존 주입량 제어 방식

항목	처리수량 제어	용존오존농도 제어	배출 오존농도 제어
제어 방법	· pilot test 로 오존 주입률을 설정하고, 처리수량을 계측하여 오존 주입량을 제어한다.	· 용존 오존농도를 설정하고, 접촉지 출구의 용존 오존을 계측하여 오존 주입량을 제어한다.	· 배출 오존농도를 설정하고, 배출되는 오존농도를 계측하여 오존 주입량을 제어한다.
적용 범위	1. 망간의 제거 2. 응집 및 침전 효과 개선 3. 활성탄 여과의 전처리	· 박테리아 혹은 바이러스 제거	· 하수처리장 소독용으로 적합
특징	1. 가장 일반적으로 사용됨. 2. 수질의 갑작스러운 변화에 대해서 대처 능력이 없다. 3. 응답시간이 빠르다.	1. 수질 변화에 대처할 수 있다. 2. 일반적으로 처리수량의 변동이 적은 경우에만 사용 가능 3. 측정기에 따라 수중 SS, Fe, Mn 및 기타 용해 물질 영향을 받아 정밀도가 떨어진다.	1. 수질 변화에 대처 가능 2. 낮은 주입률의 범위에서도 제어 가능 3. 배출 오존을 측정하므로 감지기가 막힐 염려가 없다.

표 6·32 오존 발생량 제어 방식

항목	오존농도 제어	오존화 가스양 제어
제어 방법	· 원료가스 혹은 산소 공급량을 일정하게 하고, 오존발생기 방전 전력을 제어하여 오존농도를 변화시켜 오존 발생량 목표치에 대응시키는 방식 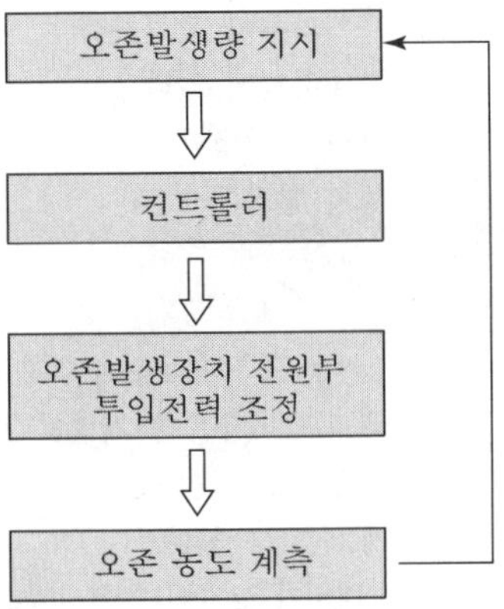	· 오존 발생량 목표치에 대하여 발생 오존농도가 일정하도록 원료가스 혹은 산소 공급량과 발생기 방전 전력을 각각 제어하는 방식 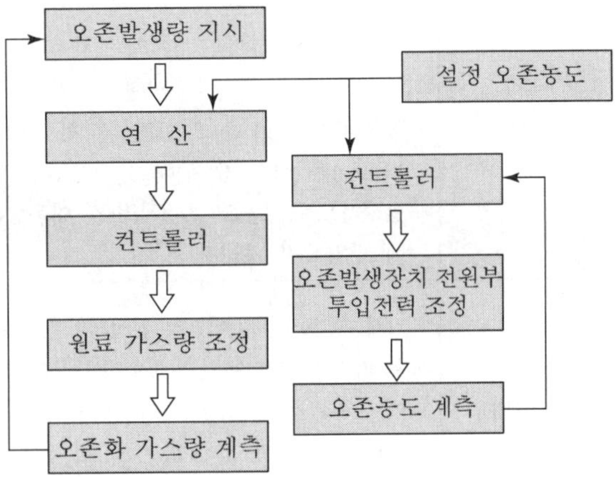
특징	1. 응답성이 빠르다. 2. 제어범위가 좁다. 3. 시스템이 간단하다. 4. 소비전력의 저감이 적다.	1. 응답성은 늦으나, 제어범위가 넓다. 2. 시스템이 복잡하다. 3. 소비전력의 저감이 크다.

7) 잔류 오존 제거 시스템

오존접촉시스템에 공급된 오존을 완전히 녹여서 이용하는 것은 특수한 경우를 제외하고 불가능하다. 이때, 반응하지 않은 잔류 오존은 배출되어 광화학스모그를 유발할 수도 있으므로 대기오염을 미리 방지하고 작업환경 보전을 위하여 배출 오존농도를 국내외 환경기준에 적합한 범위 내로 제어할 필요가 있다.

잔류 오존을 제거하는 방법으로는 표 6·33과 같이 활성탄 흡착법, 열분해법, 약액 세정법 및 촉매법 등이 있으며, 그중에서도 열분해법과 MnO_2 촉매법은 고농도의 잔류 오존 처리에 유리하며, 공존 가스의 영향이 적어서 가장 일반적으로 사용되고 있다. 열분해법은 주로 유럽에서, MnO_2 촉매법은 미국에서 주로 사용되고 있다.

표 6·33 잔류 오존 제거 시스템

<table>
<tr><th colspan="2">특 징
종 류</th><th colspan="2">제거 방법</th><th>장·단점</th></tr>
<tr><td colspan="2">활성탄 흡착식</td><td colspan="2">· 활성탄과 오존 직접반응에 의해 활성탄 표면에서 촉매적 분해가 평형하게 일어난다.
$2O_3 + 2C \rightarrow 2CO_2 + O_2$
$2O_3 + C \rightarrow CO_2 + 2O_3$
$2O_3 + C \rightarrow 3CO_2 + C$
· 활성탄 0.27 [g] 은 오존 1 [g]을 분해한다. 오존 1 [mol]은 대기 중 분해 시 34[kcal]의 열을 발생하므로 고농도 오존처리 및 대용량은 설계에 반영하지 않는다.</td><td>1. 소용량에 적합하다.
2. 설비가 간단하다.
3. 수처리용에 적합하다.
4. 화재위험이 있다.
5. 감시가 어렵다.
6. 설치 면적이 크다.</td></tr>
<tr><td colspan="2">열분해법</td><td colspan="2">· 기체 속의 오존은 비교적 안정되어 있지만, 고온을 가하게 되면 불안정해지면서 급속히 분해되어 산소가 되는 성질을 이용하는 것이다. 300 [°C] 이상에서 1~3초 접촉 시 잔류 오존이 100 [%] 파괴된다.</td><td>1. 오존농도가 고농도이면 활성탄 방식보다 처리비용보다 저렴하다.
2. 공존 가스에 영향을 받지 않지만, NO는 제거할 수 없다.
3. 설치비가 고가이나 유지관리비는 낮다.
4. 폐열이용이 가능하다.</td></tr>
<tr><td>약액 세정법</td><td>환원법</td><td colspan="2">· 오존에 대하여 환원성을 갖는 약제인 티오황산소다 혹은 아황산소다 등의 환원제를 사용하여 분해한다.</td><td>1. 저농도 오존, 대 풍량의 경우 유리하다.
2. 폐액 처리 장치가 필요하다.
3. NO_X가 공존하는 경우 동시에 제거할 수 없다.
4. 폐수처리장에 주로 사용한다.</td></tr>
<tr><td>약액 세정법</td><td>NaOH법</td><td colspan="2">· 오존의 자기분해를 촉진하는 약제를 사용하는 방법으로 시험에 의하여 5 [%] 정도의 NaOH 농도로 1분 접촉하면 95 [%] 제거된다.</td><td>1. 시설용량이 크고 완전한 오존 제거가 어렵지만, 처리비용이 싸다.
2. 폐액처리장치가 필요하다.</td></tr>
<tr><td rowspan="2">촉매법</td><td>산화니켈</td><td rowspan="2">· 금속산화물 촉매작용으로 오존을 분해하는 방법이다. 촉매로 사용할 경우는 배기가스에 포함된 수분으로 처리효율 약화와 촉매의 수명을 단축해서 heating 설비와 동시에 사용한다.</td><td>· 처리용량 10,000[ℓ/h], 온도 120~150 [°C]로 운전되고 수명은 약 3개월이다.</td><td>1. H_2S 가스 공존시 수명이 단축된다.
2. 초기 충전 촉매량이 많고 설비비가 많이 든다.</td></tr>
<tr><td>MnO_2법</td><td>· 처리용량 10,000[ℓ/h], 온도는 40[°C] 이상으로 운전된다.</td><td>1. 공존 가스의 영향이 있다.
2. 고농도 잔류 오존 처리에 유리하다.
3. 습기에 약하다.
4. 특정 화합물로 지정되어 있으므로 취급에 유의하여야 하며, 폐수처리장에서는 수중 가스의 영향으로 잘 사용하지 않는다.</td></tr>
</table>

6·5 전자환경(電磁環境)

1) 전자파환경과 EMC

전자파환경이란 전기 · 전자 · 통신 기기들의 정상적인 동작에 영향을 미치는 전자기적인 주위 상황을 지칭한다. 전자파환경은 자연현상에 기인한 전자기장에 의한 자연 전자파환경과 인위적으로 만들어진 인공시스템으로 인해 생기는 전자기장에 의한 인위적 전자파환경으로 구분될 수 있다.

앞으로 더욱 다양한 전기, 전자기기가 출현할 것이란 점을 예상하면 인공시스템이 전자파환경을 통하여 다른 시스템, 자연현상 및 생체에 대하여 영향을 주는 것을 적극적으로 억제하고 동시에 전자파환경의 영향에 대한 내성(immunity)을 향상해 감수성(susceptibility)을 저하하는 것이 더없이 중요하게 될 것이다. 이와 같은 전자파환경과 인공시스템 간의 양립성이 전자파 양립성(electromagnetic compatibility, EMC)이다.

● 전자파환경

▶ 자연 전자파환경

자연 전자파환경에 의한 잡음은 다음과 같이 주로 대류권의 전자기현상, 지구과학적 전자기 현상, 그리고 지구 밖에서 오는 전자파 등에 의해서 형성된다.

- 대기전기장 잡음
- 뇌운에 의한 지표 전기장 잡음
- 뇌 방전에 의한 전자기장 잡음
- 대전미립자의 방전에서 생기는 전자기장
- 우주전파에 의한 잡음
- 태양전파에 의한 잡음
- 지표 근방의 지구자기장에 의한 잡음
- 지구자기권에 의한 잡음
- 지구자기장의 변동에 의한 잡음

▶ 인위적 전자파환경

인위적 전자파환경에 기인하는 대표적인 잡음으로는 다음과 같다.

- 무선통신 · 계측 · 제어 시스템으로 인한 잡음
- 전력 시스템으로 인한 잡음
- 고주파를 이용하는 설비에 의한 잡음
- 정보기기에 의한 잡음
- 수송기계에 의한 잡음
- 전기기기, 조명기기에 의한 잡음
- 핵무기

EMC의 개요

▶ 역사적 관점과 기본 정의

전자파환경이 뚜렷하게 대두된 시기는 라디오 방송이 시작되면서 라디오 수신방해 문제가 크게 대두된 시점이었다. 1934년 창립된 국제무선특별위원회(international special committee of radio interference, CISPR)는 각종 전기기기에서 발생하는 방해파의 한도치, 측정법, 측정기 규격을 국제적으로 통일하였다.

미국은 연방통신위원회(federal communications commission, FCC)에서 전자파 장해검정을 관장했으며, 독일은 이 분야에 관하여 가장 앞선 선진기술로 유럽지역의 표준규격으로 통용되고 있고 중앙전기통신기술국(FTZ)에서 전자파장해를 규제하고 비정부단체인 독일 전기기술자협회(VDE)에서 기준안과 시험을 담당하고 있다.

우리나라는 1989년 전파법에 전자파 장해방지 및 보호 기준 등 법적 근거를 마련한 데 이어서 1990년 전자파장해검정규칙을 제정 · 공포하여 전자파장해 시험방법 및 절차 등에 대한 세부 기술기준을 고시하였다.

또한 전자기장의 인체의 영향이 관심 사항으로 대두되면서 한국전자파학회가 1996년부터 연구를 시작하여 국제비이온화방사방호위원회(ICNIRP)의 기준을 토대로 1999년 5월 전자기장 노출에 대한 인체보호 기준을 마련하였다.

2000년 1월부터 과학기술정보통신부에서는 전파법에 따라 '전자파 인체보호 기준' 법령을 고시하여 필요한 사항을 규정하고 있다. 특히, 일반인(전자기장에 노출되고 있는 사실을 모르거나 조치를 할 수 없는 자)과 직업인(직무상 작업수행 과정에서 자신이 전자기장에 노출되고 있음을 알고 있고, 이의 잠재적인 위험성을 알고 주의하도록 훈련받은 자)에 대한 전자파 노출(인체의 전부 또는 일부가 전자기장에 노출되는 것) 강도 기준을 제시하여 규정된 전기장 강도 또는 자속밀도와 전력밀도 허용치를 초과하지 않도록 규제하고 있다.

▶ EMC 문제와 EMC 설계의 개념

① EMC 문제의 사례

가정용 전자기기, 통신기기, 계산기기 등 다른 목적에서의 전기 · 전자회로의 광범위한 사용은 전자파장해(electromagnetic interference, EMI)로 인하여 가까운 거리에 있는 다른 회로의 동작에 악영향을 미친다.

그 예로써 무선 수신기가 실제 환경에 설치되면, 그림 6·23과 같이 외부의 잡음신호원에 노출된다. 잡음 전류는 AC 전원선에 의하여 수신기 속으로 전도되거나 낙뢰 등 여러 가지 잡음원에 의해 무선 수신기는 전자파 방사에 노출된다.

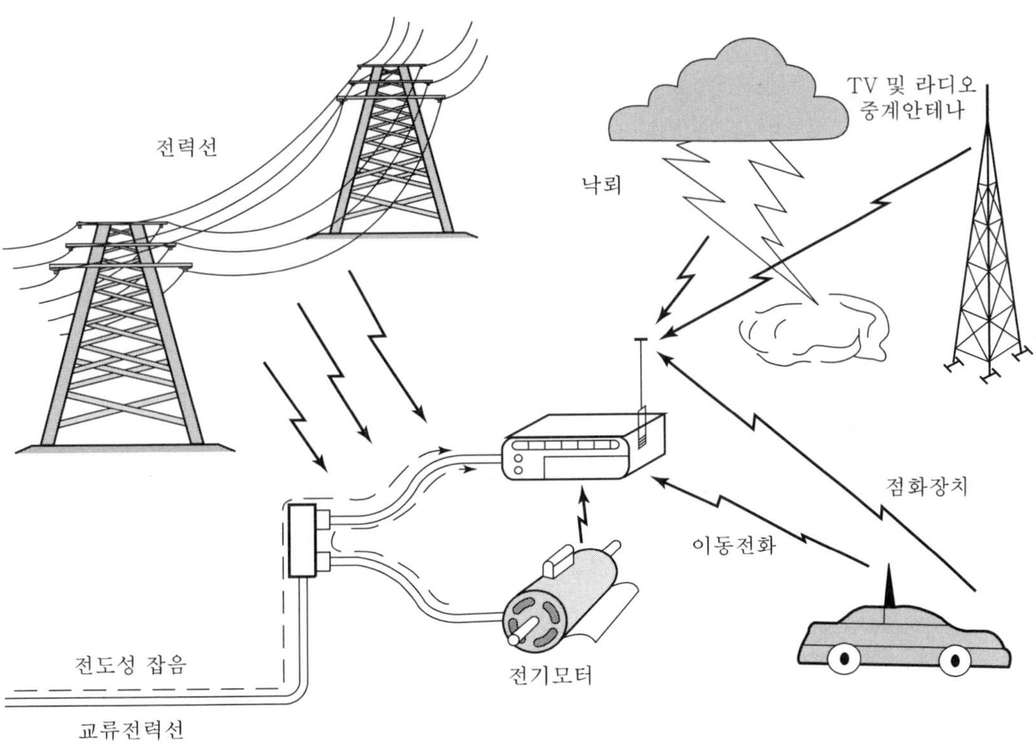

그림 6·23 다양한 잡음 원에 의한 라디오 수신기의 영향

② EMC 설계의 개념

EMC는 첫째, '의도된 전자파환경에서 적절히 동작할 수 있는가?' 둘째, '전자파환경에 잡음원이 되지 않도록 설계되었는가?' 하는 전자 시스템의 능력이다. 즉, 전자파환경은 방사에너지와 전도 에너지로 이루어진다. 그러므로 EMC는 방사성과 감응성이라는 두 가지 측면이 있다. 전자파 감응성(electromagnetic susceptibility, EMS)은 기기나 회로가 원하지 않는 전기적 에너지(잡음)에 대처하는 능력이다. 회로나 기기의 감응성 레벨은 잡음 환경에서 장비가 성능저하 없이 뚜렷하고 안전한 이득으로 만족스럽게 동작할 수 있는가 하는 것이다. 내성 레벨을 결정하는 데 있어서 한 가지 어려운 점은 무엇이 성능저하를 결정하는지를 정의하는 것이다. 복사성 잡음, 즉 전자파장해를 일으킬 가능성이 있는 기기와 관계가 있다.

2) 전자 시스템의 EMC 요구

전자 시스템에서의 간섭과 EMC 문제

전자 시스템에서의 전자파 간섭은 크게 전기·전자장치에서의 간섭 현상과 방송·통신장치에서의 간섭 현상이 있다.

① 전기·전자장치에서의 간섭 및 EMC 문제

EMI 및 EMS는 그림 6·24에 나타내는 바와 같은 경로에 의하여 이루어진다. 여기서, 잡음원은 이러한 전자파장해 현상을 보다 구체적으로 결합경로의 형태에 따라 크게 분류하면 그림 6·25와 같다.

② 방송·통신장치에서의 전자파 간섭 및 EMC 문제

이러한 전자파장해는 일반적인 전기·전자장치로부터 발생하는 광대역 장해 전자파에 의한 것과 의도적으로 전파를 발생시키는 송신장치에 의해 발생한다.

그림 6·24 EMI 및 EMS의 잡음 경로

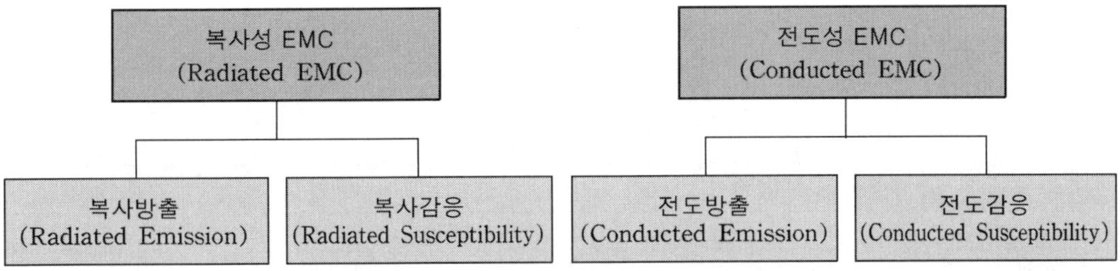

그림 6·25 EMC의 결합경로에 따른 분류

간섭 문제 해결과 일반적인 EMC 대책법

전자파장해의 대책기법도 그림 6·26 및 그림 6·27과 같이 두 부분으로 나누어진다. 시스템 내부에서의 장해 현상에 대한 대책기법에는 기본적으로 대책 회로와 부품, 필터링 기법 및 밸런싱 기법, 차폐 기법, 배선 및 접지 기법이 포함되며, 본딩, 커넥터, 개스킷 등도 이러한 범주 내에 속한다. 시스템 상호 간의 장해 현상에 대한 대책기법에는 기본 주파수 제어기법, 시간 제어기법, 위치제어기법, 방향성 제어기법이 포함된다.

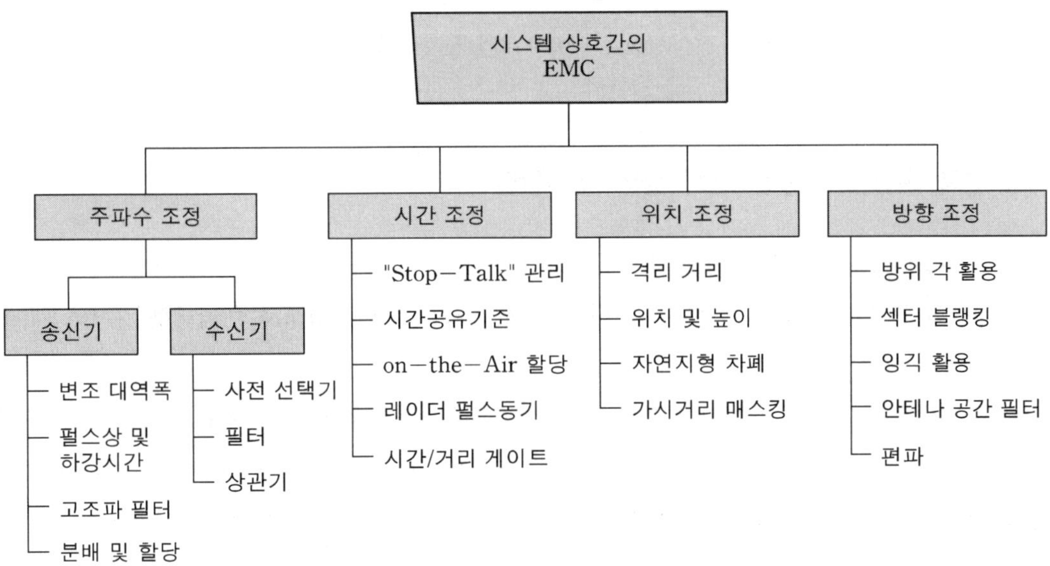

그림 6·26 시스템 상호 간의 전자파장해 대책기법

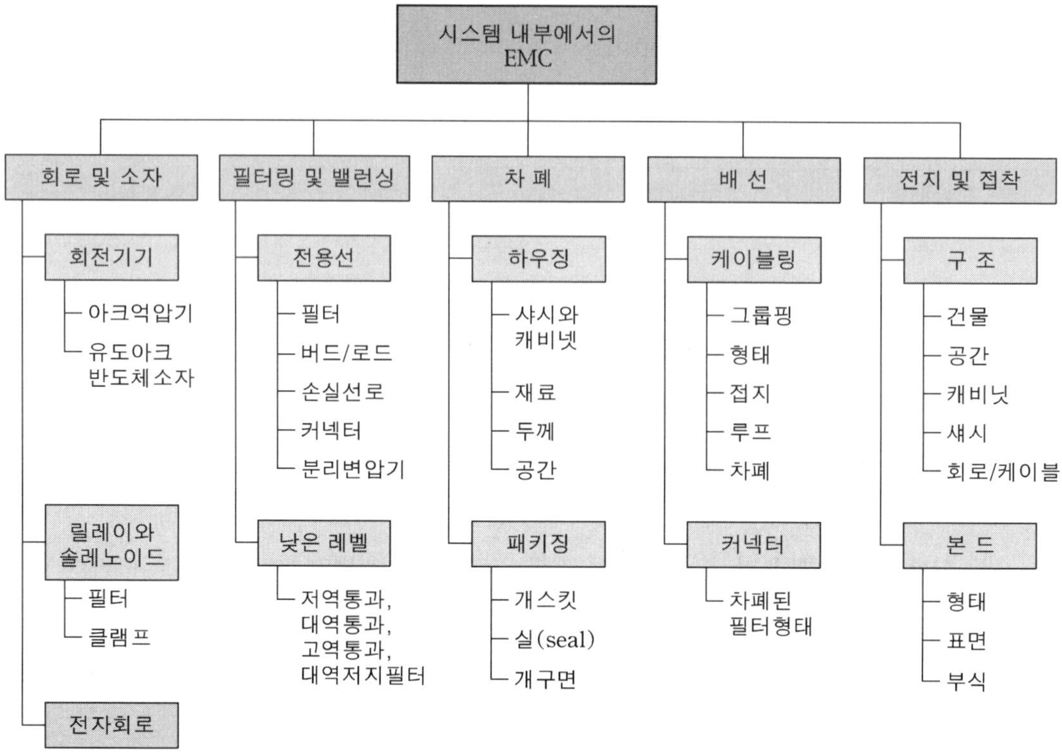

그림 6·27 시스템 내부에서의 전자파장해 대책기법

3) 전자 환경을 이용한 전력 설비 절연진단

전력수요의 급증과 사회의 정보 네트워크화가 확대됨에 따라서 양질이면서 안정적인 전력공급이 대단히 중요하다. 따라서 현대사회에서 전력공급의 장애가 발생하면 막대한 경제적, 사회적 문제가 발생한다.

전력 설비에 있어 전기적 사고원인의 상당한 부분은 제작 시 절연체 내에 기포 및 보이드의 존재, 운반·조립 시의 기계적 충격에 의한 균열과 장시간 사용에 의한 절연 성능저하에 따른 열화 진전과 정확한 절연진단의 부재로 인해 전력 설비 교체시기 선정의 부적절성 등이다.

이러한 원인으로 전력기기가 심각한 사고를 일으키므로 사고의 예방적인 차원에서 절연파괴의 전구 현상인 부분방전을 검출하는 절연진단 기술은 대단히 중요하다. 부분방전의 검출법에는 화학적, 기계적, 광학적 및 전기적인 방법 등이 있으나 검출에 이용되는 센서들은 접촉형이 많다.

특히, 부분방전이 발생하는 경우 주변의 전계 변화에 따른 전자파장해(방사 전자파)를 안테나로 측정하여 부분방전을 검출하는 방법은 검출감도가 좋고, 검출범위가 넓어서 하나의 센서로 광범위한 진단이 가능하고, 실제 전기설비에 적용할 수 있게 다양한 형태의 안테나 제작이 가능하고, 전기설비의 활선 상태에서 진단이 가능하다는 등의 여러 가지 장점이 있다.

또한, 안테나와 스펙트럼 분석기만으로 소형 경량의 절연진단 시스템을 구성할 수 있어서 기존 전력 설비의 절연진단 방법보다 경제성이 대단히 뛰어나다.

현재까지 전력 설비의 절연열화에 따른 전자파장해의 측정에는 발생하는 주파수 범위가 광대역이고 측정점과 안테나의 거리, 주변 노이즈와의 구별, 측정환경 등 다양한 변수에 따른 특성의 분석 및 응용 통한 전력 설비의 절연진단 방법을 실현하고 있으며, 더욱더 간편하고 정확한 방법을 위한 연구가 지속해서 연구·개발되고 있다.

6장 연습문제

6·1 전기집진의 원리를 설명하고 종류를 설명하시오.

6·2 NO_X 및 SO_X 제거 기술을 설명하시오.

6·3 방전형 오존발생기의 구성을 나타내고 각 구성설비와 오존발생특성과의 관계를 설명하시오.

6·4 오존을 이용하여 환경개선에 응용하는 원리를 설명하시오.

6·5 EMC, EMI, EMS에 관하여 설명하고 문제점, 대책 그리고 그 이용법에 관하여 설명하시오.

참고문헌

[1] 이광식 외, Estimation of ESD Current Waveshapes by Radiated Electromagnetic Fields, Transaction of IEICE Transactions on communications Vol. E83-B, No.3, pp.608~612, 2000.

[2] 이광식 외, Basic Characteristics of Electromagnetic Wave due to Arc Discharge and Dielectric Strength under Atmospheric Pressure and Pressurized State of Liquid Nitrogen, Japan-Korea Joint Symposium, pp.205~208, 1997년.

[3] 이광식 외, A Relationship Between Discharge Patterns and Electromagnetic Wave in Liquid Nitrogen, Korea-Japan Joint Symposium, pp.28~31, 1998년.

[4] 이광식 외, The Characteristic of Ozone Generation in Superposed Discharge Type Ozonizer, Korea-Japan Joint Symposium, pp.99~102, 1998년.

[5] 이광식 외, Ultrasonic Signal Characteristics Due to Deterioration in Epoxy Resin, The 9th Asian Conference on Electrical Discharge, pp.A2-3, 1998년.

[6] 이광식 외, A Study on the Generation Low Energy Large Aperture Electron Beam, The 9th Asian Conference on Electrical Discharge, pp.B1-1, 1998년.

[7] 이광식 외, The Characteristics of Double Gap Type Ozonizer Using Three- Phase Voltage, The 9th Asian Conference on Electrical Discharge, pp.B2-1, 1998년.

[8] 이광식 외, On the Estimation ESD Current Waveshapes by Radiated Electro-

magnetic Fields, International Symposium on Electromagnetic Compatibility, pp.145~148, 1999년.

[9] 이광식 외, Development of a Low Energy Large Aperature Electron Beam Generator, APFA/APPTC, pp.1~11, 1999년.

[10] 이광식 외, On the estimation of ESD current waveshapes by radiated electromagnetic fields, 1999 International Symposium on Electromagnetic Compatibility, pp.145~148, 1999년.

[11] 이광식 외, Ozone Generation and NO Removal Characteristics of Superposed Discharge Type Ozonizer, The 10th Asian Conference on Electrical Discharge, pp.231~234, 2000년.

[12] 이광식 외, Improvement of the Performance Characteristics of a Combined Discharge Type Ozonizer, The 10th Asian Conference on Electrical Discharge, pp.235~238, 2000년.

[13] 이광식 외, The Characteristics of Frequency Spectrum of Electromagnetic Wave Radiated with Discharge Progress in Liquid Nitrogen, The 10th Asian Conference on Electrical Discharge, pp.339~342, 2000년.

[14] 이광식 외, Lamp형 오존발생기의 시작 및 특성에 관한 연구, 한국조명·전기설비학회 논문지 Vol.10, No.6, pp.62~72, 1996년.

[15] 이광식 외, 수질환경개선용 고농도·고수율 다중방전형 오존발생기의 특성, 한국조명·전기설비학회 논문지, Vol.13, No.2, pp.71~79, 1999년.

[16] 이광식 외, 다중방전형 오존발생기의 시작 및 특성(Ⅰ), 대한전기학회 논문지, Vol. 48c, No.7, pp.533~540, 1999년.

[17] 이광식 외, 개선된 램프형 오존발생기에 관한 연구, 한국조명·전기설비학회 논문지, Vol.13, No.3, pp.110~117, 1999년.

[18] 이광식 외, 동축형 전극길이 변화시의 연면무성방전에 의한 오존발생특성(Ⅰ), 대한전기학회 논문지, Vol.48c, No.12, pp.791~797, 1999년.

[19] 이광식 외, 3상 전압을 사용한 중첩방전형 오존발생기의 오존생성 및 방전잡음특성, 한국조명·전기설비학회 논문지, Vol.14, No.2, pp.59~67, 2000년.

[20] 이광식 외, 램프형 오존발생기용 Forward type 고주파 펄스 전원장치의 특성에 관한 연구, 한국조명·전기설비학회 논문지, Vol.14, No.2, pp.89~96, 2000년.

[21] 이광식 외, 3상 전압인가형 중첩방전 오존발생기의 오존생성 상승효과, 대한전기학회 논문지, Vol.49c, No.8, pp.468～476, 2000년.

[22] 이광식 외, 고주파 전압인가에 의한 무성방전형 오존발생기의 원료가스 온도의존특성에 관한 연구, 한국조명·전기설비학회 논문지, Vol.15, No.5, pp.46～54, 2001년.

[23] 이광식 외, 방전갭 변화에 따른 동축원통형 오존발생기의 방전특성과 오존생성특성, 한국조명·전기설비학회 논문지, Vol.15, No.6, 2001년.

[24] 木村博司, 電力應用, オーム社.

[25] 宮本健郎, エネルギー工學入門, 培風館.

[26] 中村光一, 電力發生工學, コロナ社.

[27] 高田信一, 廢水處理裝置, 明現社.

[28] 田沼靜一, エネルギー変換, 裳華房.

[29] 浜川圭弘, 太陽光發電入門, オーム社.

[30] 電氣學會, エネルギー基礎論, 1989.

[31] 電氣學會, エネルギー工學序論, 1996.

[32] コロナ社, 電氣エネルギー 工學 應用, 1992.

[33] 通商産業調査會, 新エネルギー年鑑, 1996.

[34] 한국조명·전기설비학회, 절전 홍보용 자료조사 최종보고서, 1992.

[35] 서울특별시, 에너지 절약 사례집(건축물), 1999.

[36] 에너지경제연구원, 전기소비 절약 방안, 1992.

[37] B. Ravindranath, Power System Protection and Switchgear, John Wiley & Sons, 1987.

[38] 조정수, 에너지공학, 부산대학교 공과대학 전기공학과.

[39] Brian Chapman, Glow Discharge Processes, John Wiley & Sons, 1980.

[40] G.S. Mathad, Plasma Processing, Electrochemical Society, 1987.

[41] T. J. Gallagher, High Voltage Mesurement, Testing and Design, John Wiley & Sons, 1983.

[42] William D. Stevenson, Jr, Elements of Power System Analysis, Mcgraw-Hill, 1982.

[43] Glover Sarma, Power System Analysis & Design, with personal computer applications, PWS, 1994.

[44] 김종욱, 환경과학개론, 북스힐, 2001.
[45] Donald Rapp, Solar EnergyⅠ, Prentice-Hall, Inc, 1981.
[46] Donald Rapp, Solar EnergyⅡ, Prentice-Hall, Inc, 1981.
[47] 도대호 외, 발변전공학, 도서출판 태영문화사, 2000.
[48] 한국전기공업협동조합, 전기정보, 1998.
[49] 이광식, 에너지 공학 특론, 영남대학교 공과대학 전기전자공학부 에너지 및 환경전자연구실, 1998.
[50] 電氣學會, エネルギー 工學概論, 1993.
[51] 田中忠良, 環境エネルギー 工學, 1996.
[52] 山本賢三, 原子力工學概論(下), 1996.
[53] Hans J. Lugt, ,자연과 기술에서의 과유동, 대영사, 1991.
[54] 김기채 외, 전자파환경공학, 대영사, 2001.
[55] 에너지경제연구원, 에너지통계연보, 2024.
[56] 통계청, 2022년 기준 장래인구추계를 반영한 세계와 한국의 인구 현황 및 전망, 2024.
[57] Energy Institute, Statistical Review of World Energy, 2023.
[58] Energy Institute, Statistical Review of World Energy, 2024.
[59] 산업통상자원부, 제1차 에너지 기본계획, 2008.
[60] 산업통상자원부, 제2차 에너지 기본계획, 2014.
[61] 산업통상자원부, 제3차 에너지 기본계획, 2019.
[62] 한국에너지공단, www.energy.or.kr, 2024.
[63] 환경부, 전국 폐기물 발생 및 처리 현황, 2023.
[64] 한국전력공사, 한국전력통계, 2024.
[65] 한국수력원자력, 원자력발전백서, 2024.
[66] IAEA, PRIS Reference Data Series No.2 2024 Edition, 2024.
[67] 법제처, 신에너지 및 재생에너지 개발·이용·보급 촉진법, 2022.
[68] 산업통상자원부, 제5차 신재생에너지 기술개발 및 이용·보급 기본계획, 2020.
[69] 산업통상자원부, 신재생에너지백서, 2022.
[70] GWEC, 글로벌 풍력보고서, 2024.
[71] 한국핵융합에너지연구원, Fusion Insight, 2024.
[72] 한국원자력연구원, 차세대 친환경 고효율 자기유체역학(MHD) 직접발전 기술개발 선행

연구, 2020.

[73] 법제처, 대기환경보전법, 2025.

[74] 법제처, 환경정책기본법 시행령, 2023.

[75] 법제처, 대기환경보전법 시행세칙 대기오염물질의 배출허용기준, 2025.

[76] 환경부, 환경백서, 2023.

[77] 통계청, 지표누리 한국의 사회지표 대기오염물질 배출량, 2025.

[78] 국가통계포털, 질소산화물 배출량, 2025.

[79] 환경부, 제3차(2023~2032년) 대기환경기준 종합계획, 2022.

[80] 과학기술정보통신부, 전자파 인체보호기준, 2019.

찾아보기

ㄹ

ㅁ

ㅂ

ㅅ

ㅇ

ㅈ

ㅊ

ㅋ

ㅌ

지속 가능한 에너지 전략을 위한
신재생에너지공학

초판 1쇄 인쇄 | 2025년 8월 10일
초판 1쇄 발행 | 2025년 8월 15일

지은이 | 송현직, 송경영, 윤태림
펴낸이 | 조승식
펴낸곳 | (주)도서출판 북스힐

등 록 | 1998년 7월 28일 제 22-457호
주 소 | 서울시 강북구 한천로 153길 17
전 화 | (02) 994-0071
팩 스 | (02) 994-0073

홈페이지 | www.bookshill.com
이메일 | bookshill@bookshill.com

정가 25,000원

ISBN 979-11-5971-702-4

Published by bookshill, Inc. Printed in Korea.